DIE URSPRÜNGE DER MENSCHHEIT

Fiorenzo Facchini

Die Ursprünge der Menschheit

Aus dem Italienischen übersetzt
von Karin Schuler und Brigitte Fleischmann

Bibliografische Information Der Deutschen Bibliothek
Die Deutsche Bibliothek verzeichnet diese Publikation
in der Deutschen Nationalbibliografie;
detaillierte bibliografische Daten sind im Internet über http://dnb.ddb.de abrufbar.

Umschlaggestaltung:
Stefan Schmid Design, Anne Lyrch, Stuttgart

Die Herausgabe des Werkes wurde durch die Vereinsmitglieder der WBG ermöglicht.
Übersetzung: Karin Schuler und Brigitte Fleischmann/Weltbild Ratgeber Verlage, München
Lektorat: Dr. Mirko Vonderstein, Berlin
Satz: ew print & medien service gmbh, Würzburg
Druck und Bindung: D'Auria Industrie Grafiche spa, Sant'Egidio alla Vibrata (Teramo)

ISBN-13: 978-3-8062-1991-3
ISBN-10: 3-8062-1991-5

Besuchen Sie uns im Internet: www.theiss.de

INHALT

VORWORT

von

Yves Coppens

Die Geschichte des Menschen, also unsere Geschichte zu erzählen, ist immer wieder etwas Besonderes. Dieses Vorhaben fasziniert, weil es zudem auch die Geschichte eines Übergangs ist: Vor vier Milliarden Jahren entstand auf unserem Planeten aus toter Materie Leben, aus dem sich vor drei Millionen Jahren denkendes Leben entwickelte – der Mensch. Zu dessen Naturgeschichte kommt so eine Kulturgeschichte hinzu, die sich auf einer kognitiven, intellektuellen und spirituellen Ebene vollzieht und in der die Freiheit und die Verantwortung – also die Freiheit und ihre Beschränkung – miteinander eine paradoxe Verbindung eingehen.

Schon in der Vorgeschichte tritt ein ganzes Dutzend prähistorischer Menschen auf, die unter der Vorgabe des sich herausbildenden aufrechten Ganges und der Vergrößerung des Gehirns eine Vielfalt an Varianten ausbilden; dazu gehören die Verkleinerung des Gesichtsschädels, kleiner werdende Zähne und eine Verdickung des Zahnschmelzes. Auf der Basis eines Grundstocks an möglichen Merkmalen scheint die Natur Spaß daran gefunden zu haben, diese nach Lust und Laune immer neu miteinander zu kombinieren und sie neu zu verteilen, um dann zu schauen, was dabei herauskommt: bipeder Gang, Klettern und kleine Zähne mit einer dicken Schmelzschicht – der *Orrorin*; bipeder Gang, Klettern und große Zähne mit dünnem Schmelz – der *Ardipithecus*; ausschließlich bipeder Gang und große Zähne – der *Australopithecus anamensis*; bipeder Gang, Klettern und hervortretender Gesichtsschädel – der *Australopithecus afarensis.*

Und dann taucht der Mensch mit seinem großen Gehirn und dem Kiefer des Gemischtkostlers auf. Er gestaltet in einer Neuerung, die er wohl allein hervorgebracht hat, willentlich Werkzeuge, weil er wie in einem Spiegel die kreative Kraft des eigenen Denkens entdeckt hat. Und unter dem Druck der Anpassung an ein trockener werdendes Klima bildet sich sein Bewusstsein heraus.

Dann beginnt sich der Mensch rasch überallhin zu bewegen: Seine Wanderschaft führt ihn zunächst durch Afrika und dann durch Eurasien. Da das Territorium, nicht aber seine Population riesig ist, entstehen bald darauf zersplitterte Bevölkerungsinseln, in denen die Natur sich erneut einen Spaß daraus macht, verschiedene Merkmale zu verteilen. Dies ist die Blütezeit des Neandertalers und des *Pithecanthropus*, in der aber auch bereits der moderne Mensch vorkommt, während sich der Flores-Mensch weiterhin behauptet.

Der *Homo sapiens* breitet sich – wahrscheinlich in längeren Phasen des Populationszuwachses – über Amerika und Ozeanien, aber auch über Europa, Java und Flores aus und setzt sich dort gegen seine Vettern durch, die alle – wie er selbst – vom *Homo erectus* abstammen.

In dieser Zeit bringt er immer mehr und immer bessere Werkzeuge hervor und entwickelt unablässig sein Denken, Wissen und Urteilsvermögen sowie die moralischen, ästhetischen und symbolischen Kategorien weiter, in denen er sich selbst zum Ausdruck bringt. Er macht sich das Feuer untertan, erfindet das weiche Schlagwerkzeug und teilt mit, was er weiß und woran er glaubt, indem er Gegenstände bearbeitet und Wände mit Ritzzeichnungen und Malereien versieht.

Danke Fiorenzo Facchini, danke, lieber Professor und Freund, für die ebenso brillante wie elegante Erzählung dieser spannenden Geschichte unseres Aufstiegs von der Welt der Tiere in die des Menschen. Ich bin sicher, Sie stimmen mir zu, dass sie die faszinierendste Geschichte der Welt ist.

Yves Coppens

DIE ERFORSCHUNG FOSSILER MENSCHEN

1

1. Im russischen Kostenki in der Nähe von Voronež wurde dieser Mammut-Stoßzahn mit eingeritzten Verzierungen (22 000 bis 21 000 Jahre alt) gefunden. Zusammen mit einigen weiteren Fundstätten in der Umgebung bildet Kostenki einen der wichtigsten altsteinzeitlichen Siedlungsräume Osteuropas.

Mit dem Studium fossiler Menschen beschäftigt sich die Paläoanthropologie. Dabei geht es nicht nur um Menschenformen, die vor uns da waren, sondern auch um Lebewesen, die noch keine Ähnlichkeit mit uns Menschen hatten, die es heute nicht mehr gibt und die als unsere fernen Vorfahren oder Verwandten gelten können.

Der Mensch hat nicht von Anfang an auf der Erde gelebt. Gemessen an der Erdgeschichte und der Entwicklungsgeschichte anderer Lebewesen gibt es ihn sogar erst seit sehr kurzer Zeit: Wenn man sich das gesamte Leben auf der Erde als das Ziffernblatt einer Uhr mit 24-Stunden-Einteilung vorstellt, so hat sich das Menschengeschlecht erst in den letzten paar Minuten entwickelt.

Sein Auftauchen bezeichnet den Endpunkt einer Reihe von evolutionären Veränderungen in einem Zweig des Primatenstamms und gleichzeitig den Ausgangspunkt einer neuen Evolutionsstufe, die sich vor allem durch das auszeichnet, was den Menschen ausmacht und ihn von allen anderen Lebewesen unterscheidet: die Kultur.

Die Paläoanthropologie beschäftigt sich nicht nur mit dem Körperbau, den funktionalen Eigenschaften, den Veränderungen des fossilen Menschen, sondern auch mit seinen Werkzeugen, seiner Lebensweise, seiner Beziehung zur Umwelt und seiner Kultur. Diese zuletzt aufgezählten Aspekte, die entscheidend zum evolutionären Erfolg des Menschen beigetragen haben, rechtfertigen aufgrund ihrer Bedeutung und der Dimensionen des Themas zudem auch eine Annäherung mit Hilfe der prähistorischen Forschung, die sich aus der ihr eigenen Perspektive mit den Kulturformen und dem Leben des fossilen Menschen beschäftigt. Dabei dürfen allerdings auch nicht die Kernbereiche der Paläoanthropologie außer Acht geraten; nur mit ihrer Hilfe gewinnen wir grundlegende Kenntnisse zum prähistorischen Menschen und seinem Lebensraum.

3. Im Canyon des Río Pinturas im argentinischen Patagonien befindet sich im Inneren der Cueva de las Manos diese Felswand, die mit im Negativ abgebildeten Händen (entstanden etwa 5000 v. Chr.) überzogen ist. Schon in der ältesten paläolithischen Kunst werden Hände dargestellt. Ihre Bedeutung ist noch umstritten, jedenfalls aber sind sie Zeichen einer bewussten menschlichen Präsenz in einem Kontext kultureller Kreativität.

2

2. Ausgrabungen in Hofuf in Saudi-Arabien. Die Erforschung dieses Gebiets hat 14 Millionen Jahre alte Fossilien ans Licht gebracht.

3

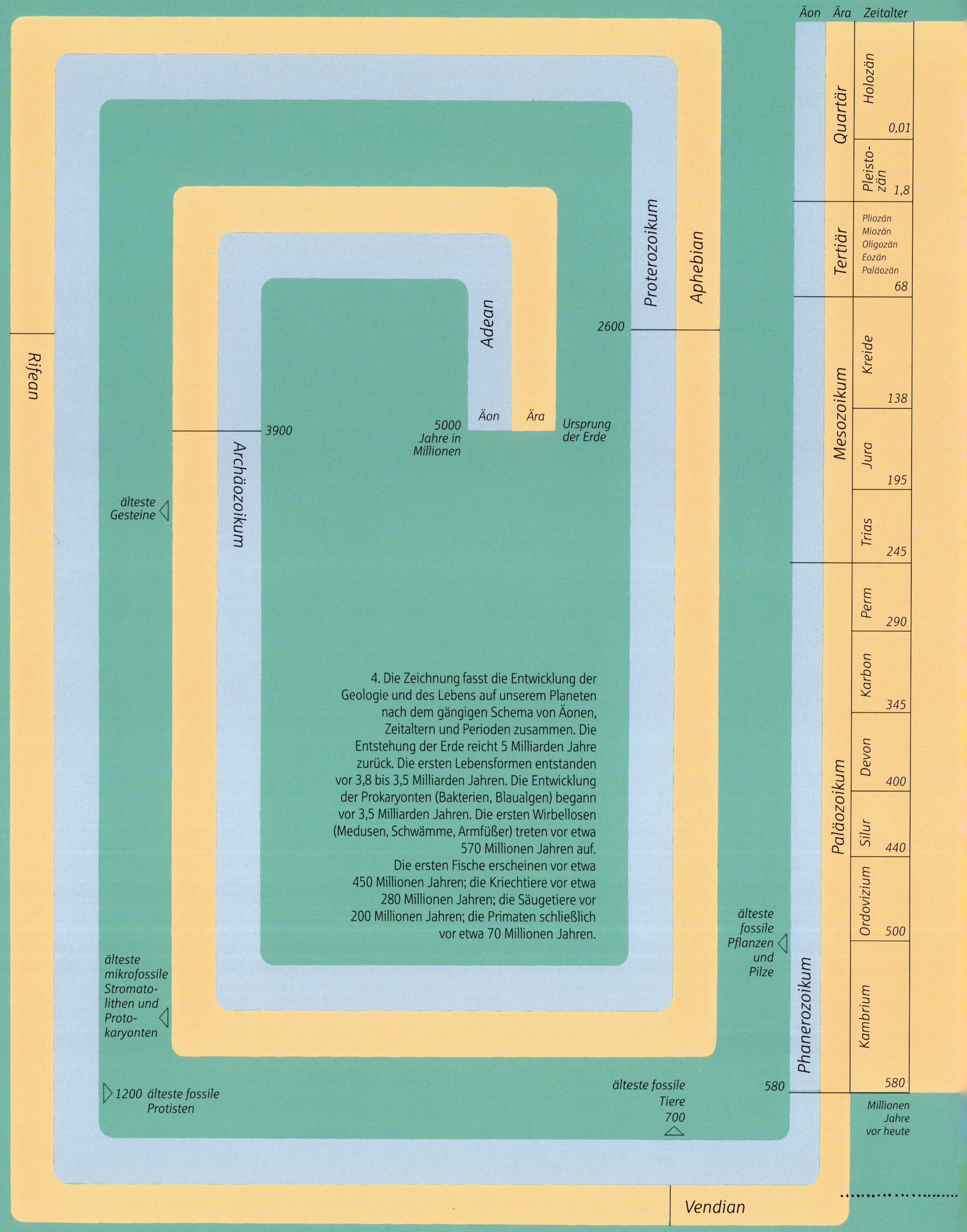

4. Die Zeichnung fasst die Entwicklung der Geologie und des Lebens auf unserem Planeten nach dem gängigen Schema von Äonen, Zeitaltern und Perioden zusammen. Die Entstehung der Erde reicht 5 Milliarden Jahre zurück. Die ersten Lebensformen entstanden vor 3,8 bis 3,5 Milliarden Jahren. Die Entwicklung der Prokaryonten (Bakterien, Blaualgen) begann vor 3,5 Milliarden Jahren. Die ersten Wirbellosen (Medusen, Schwämme, Armfüßer) treten vor etwa 570 Millionen Jahren auf. Die ersten Fische erscheinen vor etwa 450 Millionen Jahren; die Kriechtiere vor etwa 280 Millionen Jahren; die Säugetiere vor 200 Millionen Jahren; die Primaten schließlich vor etwa 70 Millionen Jahren.

Schwämme
Hohltiere
Urtiere
Ringelwürmer
Fühlerlose
Krebstiere
Tausendfüßler
Insekten
Weichtiere
Stachelhäuter
Branchiotremata
Lanzettfische und Manteltiere
Knorpelfische
Knochenfische
Lurche
Kriechtiere
Vögel
Säuger
Trilobiten
Panzerfische
Dinosaurier
Holozän
0,01
Pleisto-zän
1,8
Pliozän
Miozän
Oligozän
Eozän
Paläozän
68
Kreide
138
Jura
195
Trias
245
Perm
290
Karbon
345
Devon
400
Silur
440
Ordovizium
500
Kambrium
580
Millionen Jahre vor heute

UNSERE AHNEN: DIE ERSTEN FUNDE IN EUROPA UND ASIEN

1

1. Die Zeichnung »Skelette in der Tropfsteinhöhle« von Caspar David Friedrich aus dem Jahr 1803 bezeugt das romantische Interesse an prähistorischen Szenerien und am Leben unserer Vorfahren (Kunsthalle Hamburg).

2. Porträt von Johann Carl Fuhlrott (1804–1877): Der Naturforscher fand in einer Höhle des Neandertals (bei Düsseldorf) eine menschliche Schädeldecke und verschiedene primitiv wirkende postkraniale Knochen. Er schrieb sie der »Diluvialzeit« zu. Durch diesen Fund erfuhr man erstmals von der Existenz des Neandertalers.

3. Von Fuhlrott gefundene Schädeldecke eines Neandertalers.

4. 5. Schädeldecke (von vorn und von der Seite gesehen) eines weiblichen, etwa 25 Jahre alten Neandertalers, gefunden in einer Höhle bei Spy (Namur, Belgien) im Jahr 1886. Außer den menschlichen Überresten fand man Knochen großer Säugetiere aus dem jüngeren Pleistozän wie Wollmammut, Fellnashorn und Höhlenbär sowie Artefakte (Abguss des Anthropologischen Museums der Universität Bologna).

6. Erst nach der Entdeckung durch Fuhlrott und nach der Intensivierung der Forschungen in diesem Bereich wurde der 1848 in Gibraltar gefundene Schädel eines erwachsenen Individuums, wahrscheinlich weiblichen Geschlechts, als Neandertaler klassifiziert und auf ein Alter von 50 000 Jahren datiert (Abguss des Anthropologischen Museums der Universität Bologna).

Das Leben eines jeden von uns ist verbunden mit dem seiner Eltern, Großeltern, Vorfahren. Wie viele Generationen können wir in der Geschichte zurückverfolgen? Eine? Zwei? Drei? Wenn wir unseren Stammbaum rekonstruieren könnten, würden uns vor allem die Ähnlichkeiten zwischen uns und unseren Ahnen interessieren: im Aussehen, im Temperament, in den Gewohnheiten …

Noch größer ist die Neugier auf die Vorfahren des Menschengeschlechts. Wie sahen die ersten Menschen aus? Ähnelten sie uns? Oder waren sie anders als jede menschliche Gruppe auf unserem Erdball heute?

Bis zur Entdeckung der fossilen Menschen, ihrer im Erdboden verborgenen Knochen, konnte man glauben, dass die Unterschiede nicht ins Gewicht fielen, dass sie nicht größer waren als die zwischen verschiedenen Menschentypen heute. Die Auffindung von menschlichen Resten aus einer lange vergangenen Zeit jedoch hat uns zu der Einsicht gebracht, dass der Mensch nicht immer so aussah, wie wir ihn heute kennen.

Es mag schwierig sein, eine lückenlose Geschichte der Funde in der Paläoanthropologie zu schreiben, aber wenigstens die wichtigsten Etappen können wir nachvollziehen.

1856: DER NEANDERTALER

Nur wenige Kilometer von Düsseldorf entfernt liegt am Flüsschen Düssel der Eingang zu einem Tal, das nach dem evangelischen Theologen Joachim Neander (1650–1680) benannt ist, der sich dorthin zurückzog, um seine Sonntagspredigten zu schreiben: das Neandertal.

In diesem Tal liegt die Feldhofer Höhle, in der im Sommer 1856 bei Arbeiten in einer Kalksteingrube menschliche Skelettreste geborgen wurden, darunter eine Schädeldecke. Johann Carl Fuhlrott, Vorsitzender eines Naturforschervereins, untersuchte sie als erster und erkannte ihre außergewöhnliche Bedeutung, sowohl hinsichtlich ihres Alters wie auch ihrer Morphologie. Er legte die Funde einem Anatomen in Bonn, Hermann Schaaffhausen, vor, der die Entdeckung 1857 der wissenschaftlichen Welt präsentierte.

2

3

4

5

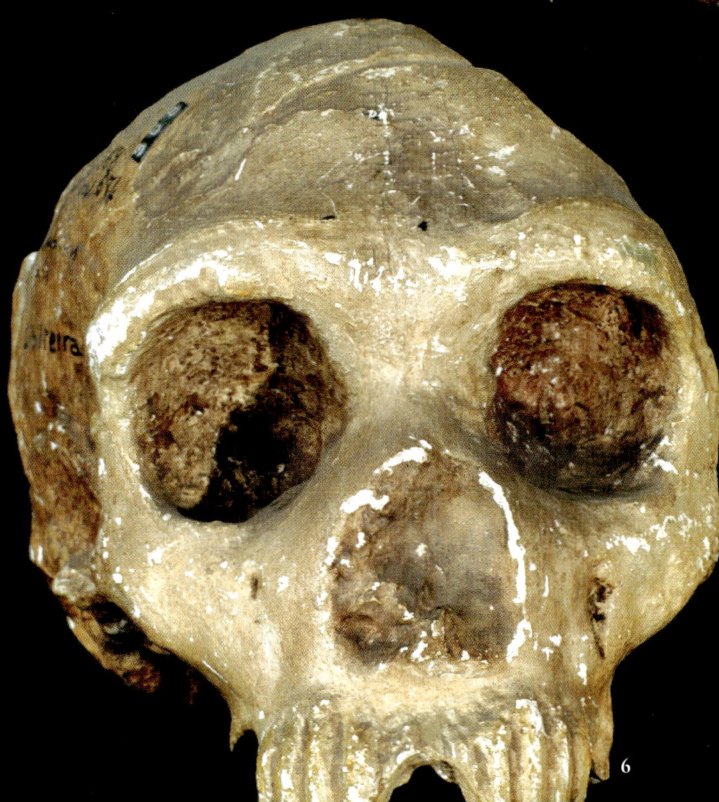

6

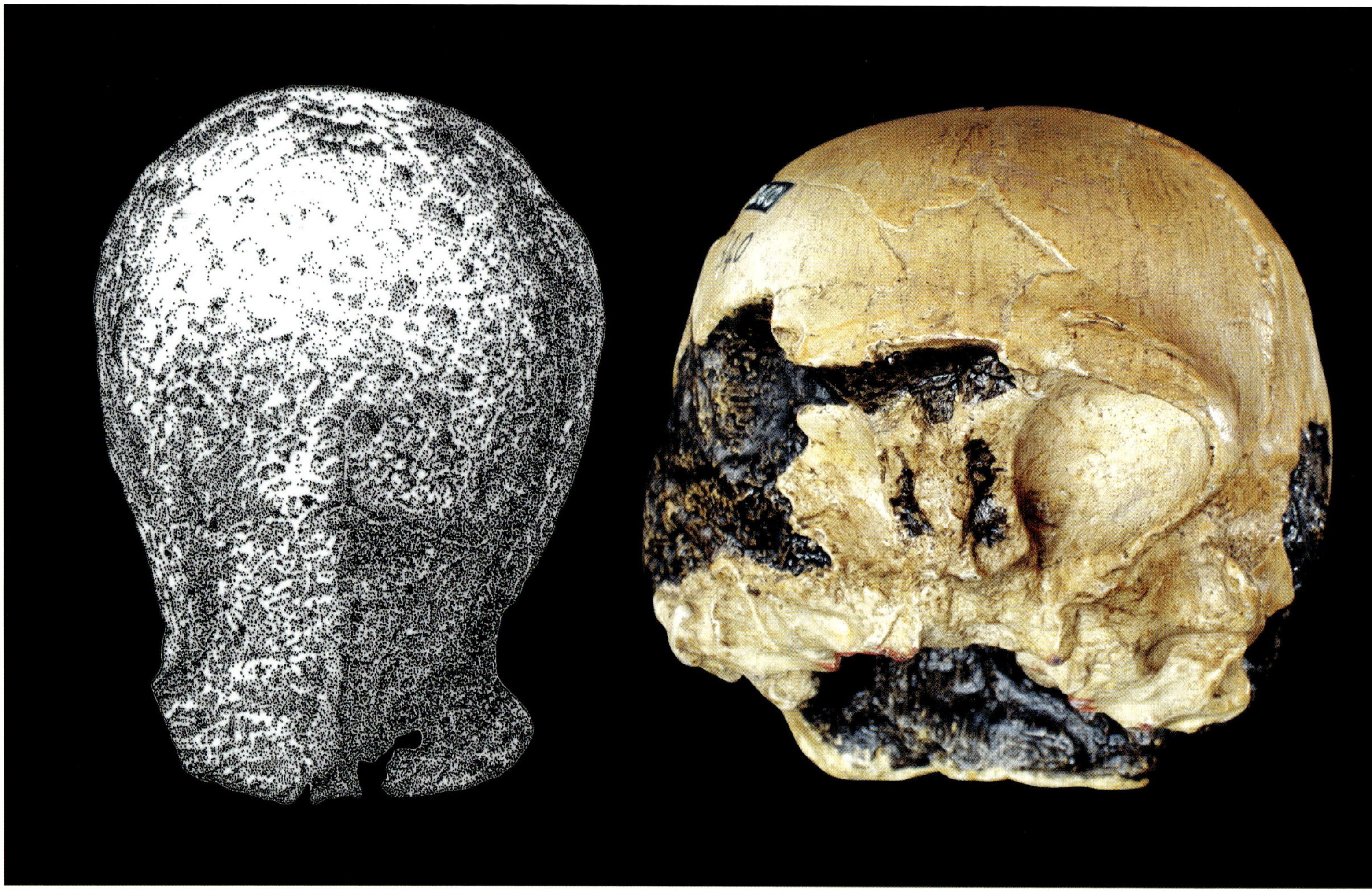

7

Der Schädel des Neandertalers weist Überaugenwülste auf, dazu eine fliehende Stirn, eine flache Schädeldecke und ein vorspringendes Hinterhaupt. Dies alles erinnerte an andere Funde, die zuvor in Engis nahe dem belgischen Lüttich (1830) und in Gibraltar (1848) ans Licht gekommen waren.

Der Neandertaler wurde von den Wissenschaftlern zunächst ganz unterschiedlich beurteilt: ein primitiver Mensch, ein pathologischer Fall …

Im Laufe der nächsten anderthalb Jahrhunderte folgten jedoch weitere Funde dieser Art in Europa und beleuchteten viele Aspekte der Evolution des Menschen, die im Neandertaler eine spezifisch europäische Ausprägung fand.

1891: DER PITHECANTHROPUS ERECTUS AUF JAVA

Im Jahr 1891 fand der niederländische Arzt Eugène Dubois in Trinil, einem Dorf auf der Insel Java, eine Schädeldecke; ein Jahr später entdeckte er in derselben mittelpleistozänen Schicht etwa fünfzehn Meter vom ersten Fundort entfernt einen Oberschenkelknochen. Dubois ordnete seine Funde einer Art zu, die er *Pithecanthropus erectus* nannte. Seine Beobachtungen beschrieb er in einem 1894 veröffentlichten Artikel mit dem Titel »*Pithecanthropus erectus*, eine auf Java entdeckte Übergangsform menschlicher Art«: »Bedeutend größerer Schädel als bei den Großaffen, aber kleiner als der des Menschen; Gehirnkapazität beträgt etwa zwei Drittel von der des Menschen. Stärkere Krümmung der Nackenfläche des Hinterhauptsbeins als bei den Großaffen. Anderes Gebiss als bei

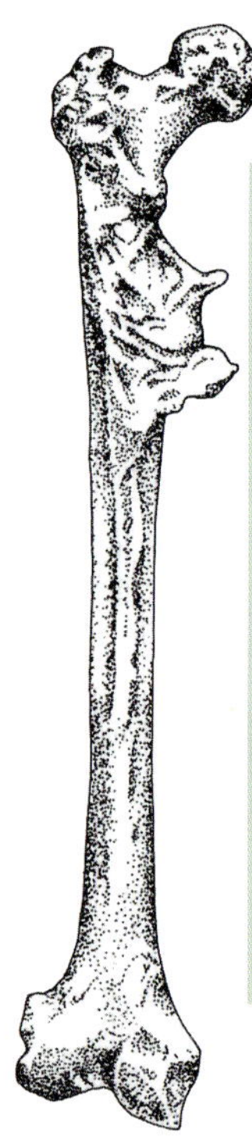

8

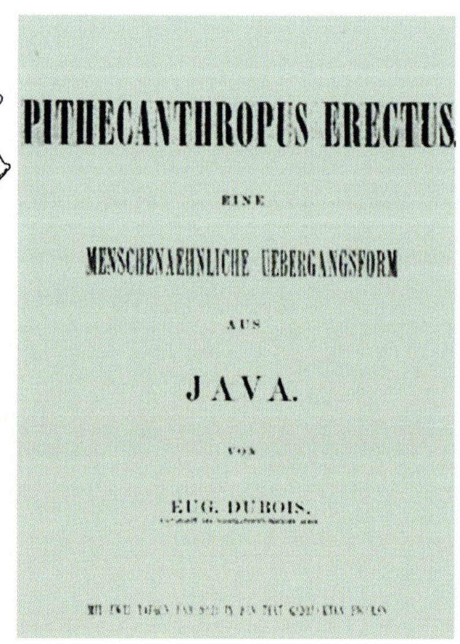

PITHECANTHROPUS ERECTUS.

EINE

MENSCHENAEHNLICHE UEBERGANGSFORM

AUS

JAVA.

VON

EUG. DUBOIS,

9

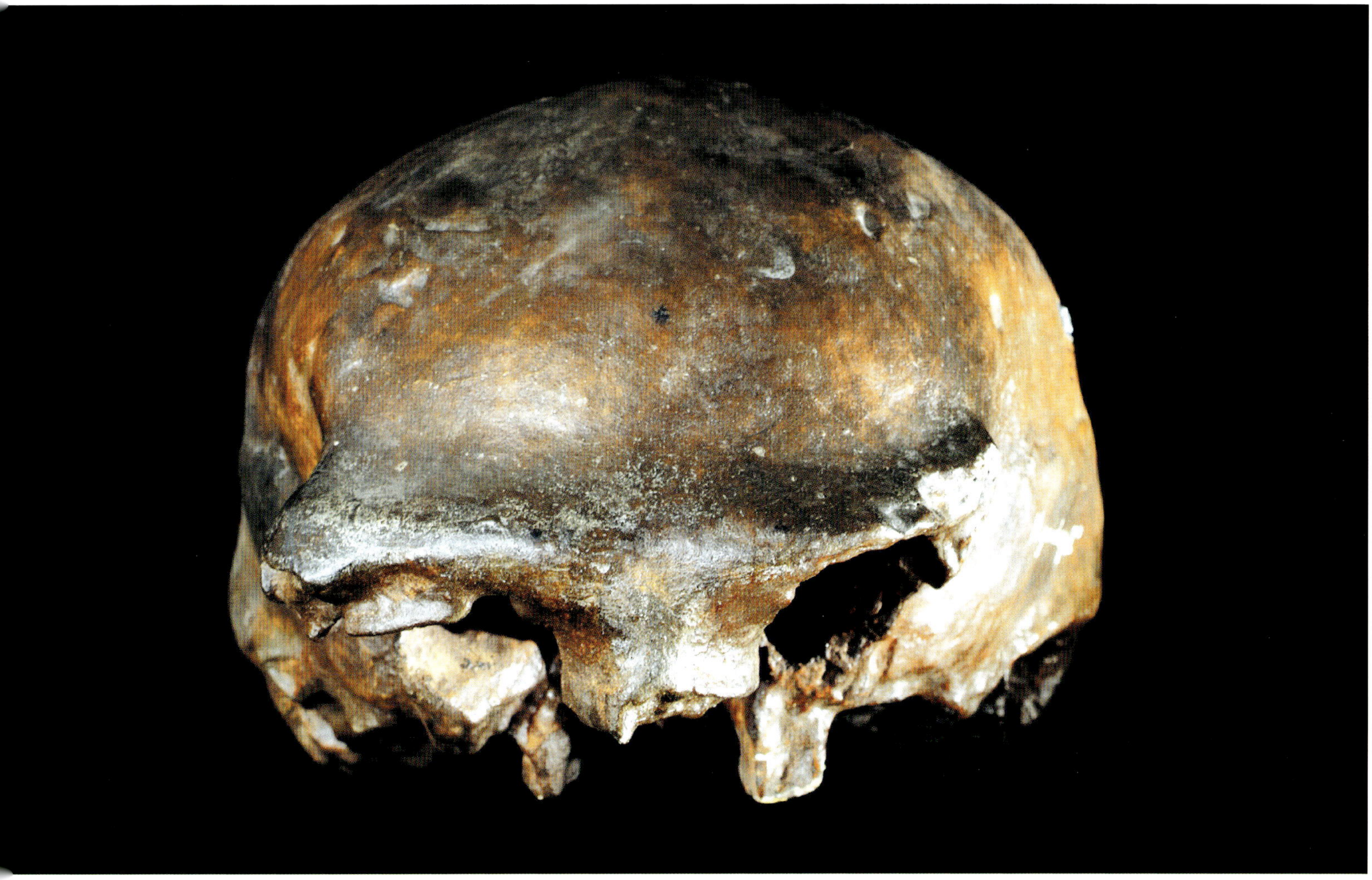

7. Auf schwarzem Hintergrund von links: Zeichnung der Schädeldecke des von Dubois auf Java gefundenen Pithecanthropus; Schädel eines etwa 2 Jahre alten Pithecanthropus, gefunden in Modjokerto, ebenfalls auf Java, und schließlich Schädeldecke des Homo soloensis, gefunden in Ngandong (Indonesien), die eine weiter entwickelte Morphologie aufweist: größeres Schädelvolumen, höheres Gesicht (Abgüsse des Anthropologischen Museums der Universität Bologna).

8. Zeichnung des von Dubois in Trinil (Java) gefundenen Oberschenkelknochens.

9. Deckblatt einer Veröffentlichung, in der der niederländische Arzt von seiner Entdeckung auf Java berichtet.

letzteren, wenngleich archaische Form. Oberschenkelknochen menschlicher Größe. Befähigt zum aufrechten Gang.«

Nach und nach folgten in den 30er Jahren weitere wichtige Funde an den Terrassen des Flusses Solo bei Ngandong durch Ter Haar und in den Schichten von Djetis und Trinil durch Forschungen von Gustav Heinrich Ralph von Koenigswald seit 1936. Nach dem Krieg und auch in letzter Zeit wieder sind zahlreiche Funde an verschiedenen Stätten Javas angezeigt worden. Sie dokumentieren morphologische Ähnlichkeiten in einer nahezu linearen Evolution.

1929: DER SINANTHROPUS PEKINENSIS

Bei einer Grabungskampagne des Geological Survey of China, an der bekannte Wissenschaftler wie Chung-Chei Young, Pierre Teilhard de Chardin und Wen-Chung Pei teilnahmen, stieß letzterer am 2. Dezember 1929 an der Fundstätte Choukoutien (Zhoukoudian), 40 Kilometer von Peking entfernt, auf einen in einen Kalksteinblock eingebetteten Schädel.

Davidson Black, der den Fund als erster Anatom untersuchte, gab ihm später den Namen *Sinanthropus pekinensis*.

Der Schädel hatte eine flache Decke und eine weniger fliehende Stirn als der *Pithecanthropus*; zu den weiteren Merkmalen gehörten Überaugenwülste und verhältnismäßig dicke Knochen.

10

11

10. Schädeldecke des Peking-Menschen (Abguss des Anthropologischen Museums der Universität Bologna).

11. Rekonstruktion des Schädels eines Sinanthropus, der vor etwa 300 000 Jahren eine Höhle in der Nähe des heutigen Dorfes Choukoutien bewohnte (F. Weidenreich).

12

Zu Beginn des Zweiten Weltkriegs entdeckte man zahlreiche weitere Knochen, vor allem Schädel, die charakteristische Ähnlichkeiten mit der ersten Kalotte aufwiesen. Nach dem Krieg wurden die Forschungen in der Höhle von Choukoutien wieder aufgenommen und haben Zähne (1949), einen Kieferknochen (1959), eine unvollständige Schädeldecke (1966) und weitere, verschiedenen Epochen zuzuordnende Funde ans Licht gebracht.

14

13

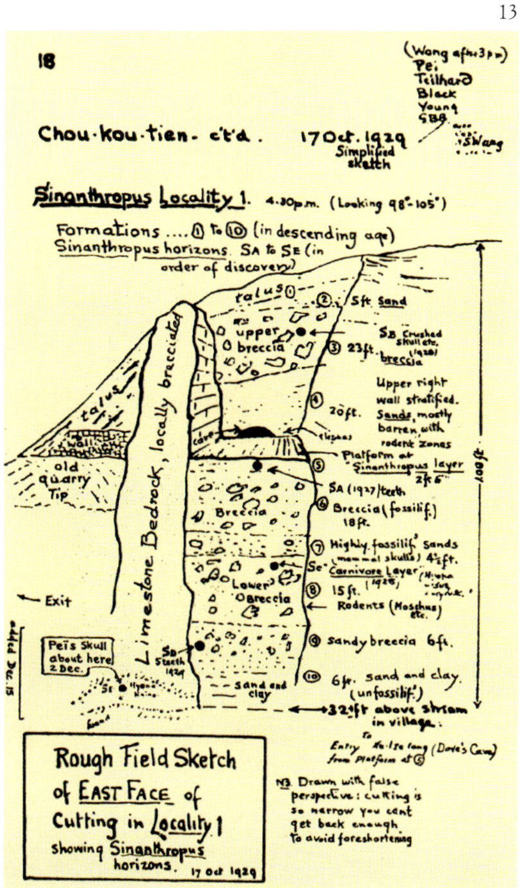

15

12. 13. Auf dem Foto: Stratigraphischer Schnitt in der Höhle von Choukoutien. Die tieferen Schichten wurden auf ein Alter von 400 000 Jahren datiert, die oberen sind etwa 200 000 Jahre alt. Die Skizze zeigt eine stratigraphische Zeichnung im Reisetagebuch von George Barbour, einem schottischen Geologen und Begleiter der Gruppe, die den Sinanthropus erforschte und deren Namen auf der Zeichnung rechts oben zu lesen sind: Pei, Teilhard de Chardin, Black, Young. Unten links verweisen die eingerahmten Worte (»Pei's skull about here 2 Dec.«) und ein Pfeil auf den Fundort.

14. Berglandschaft, nicht sehr weit von Peking entfernt, von der Chinesischen Mauer aus aufgenommen. Hier könnte der Sinanthropus gelebt haben.

15. Ein Steinwerkzeug des Peking-Menschen: In der Höhle nahe der chinesischen Hauptstadt wurden ungefähr 20 000 solcher steinernen Gerätschaften gefunden.

DIE ERSTEN FUNDE IN AFRIKA

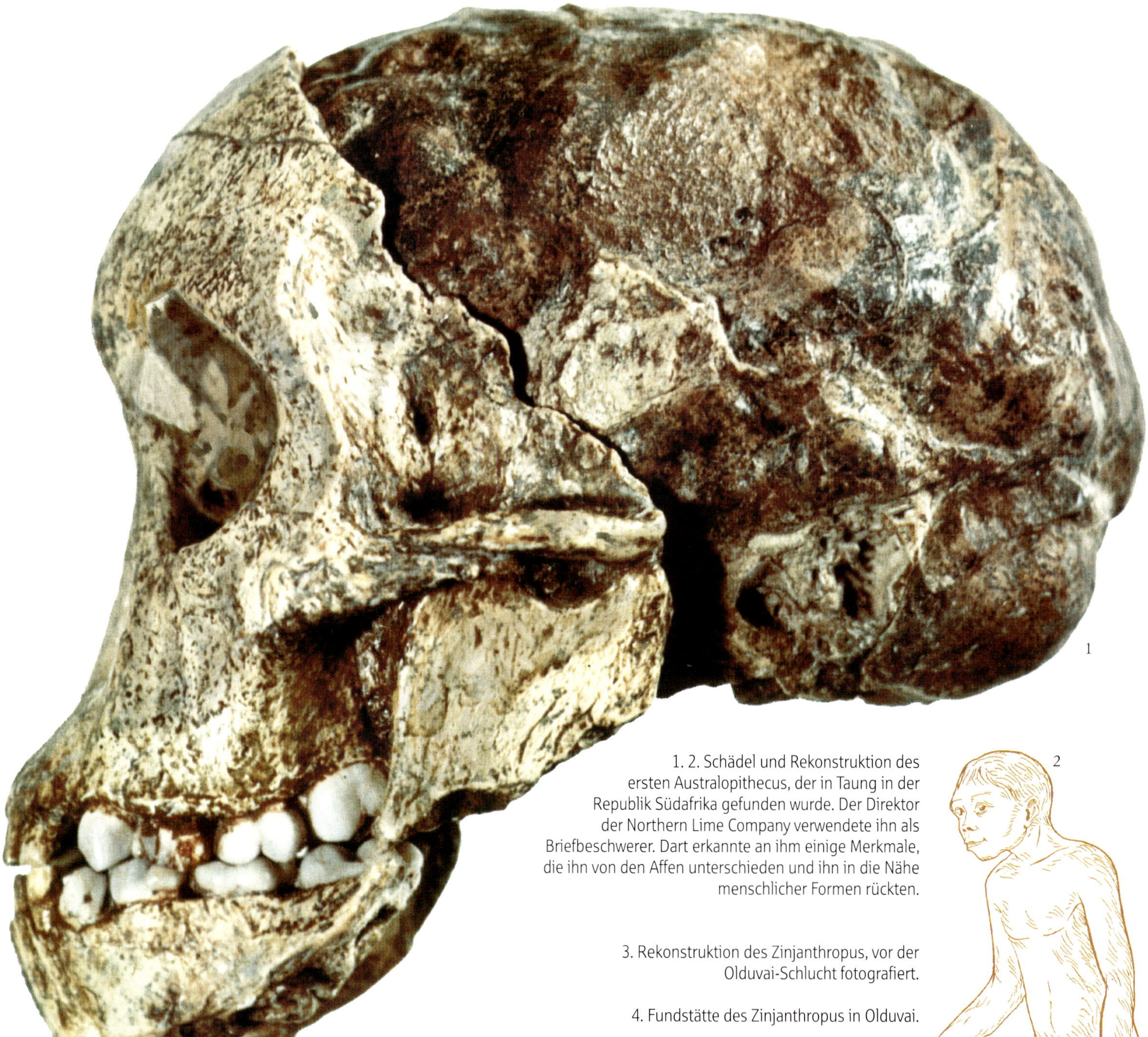

1

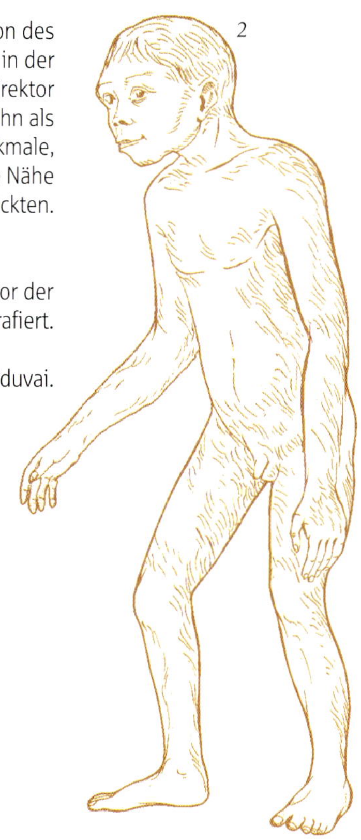

2

1. 2. Schädel und Rekonstruktion des ersten Australopithecus, der in Taung in der Republik Südafrika gefunden wurde. Der Direktor der Northern Lime Company verwendete ihn als Briefbeschwerer. Dart erkannte an ihm einige Merkmale, die ihn von den Affen unterschieden und ihn in die Nähe menschlicher Formen rückten.

3. Rekonstruktion des Zinjanthropus, vor der Olduvai-Schlucht fotografiert.

4. Fundstätte des Zinjanthropus in Olduvai.

Schon 1925, einige Jahre vor der Entdeckung des *Sinanthropus*, schrieb Raymond Dart, Anatomieprofessor an der südafrikanischen Universität Witwatersrand, erstmals über den Schädel eines fossilen Primaten, den er *Australopithecus africanus* nannte und mit der Evolution des Menschen in Zusammenhang brachte.
Das kleine Kranium war in einem Bergwerk in Taung, einer Kleinstadt etwa 130 Kilometer nördlich von Kimberley, gefunden worden; sein Gebiss wies einige humanoide Eigenheiten auf (Fehlen des Diastemas, kleiner Eckzahn), vor allem aber waren die vom Hinterhauptsbein gebildeten Gelenkköpfe ziemlich weit vorgerückt. Dies führte zu der

3

4

Annahme, dass der Schädel auf solche Weise so mit der Wirbelsäule verbunden war, dass er eine aufrechte Haltung zuließ. Die Größe allerdings sprach, auch wenn man das jugendliche Alter einbezog, ganz eindeutig für einen Affen. Dart maß dem Fossil trotz der geringen Hirngröße große Bedeutung bei, aber erst spätere Funde, vor allem aus Süd- und dann aus Ostafrika, ließen das Interesse am *Australopithecus* wachsen. Er repräsentiert eine besondere Phase der Hominisation (Menschwerdung), für die bereits der aufrechte Gang charakteristisch ist, obwohl die Hirngröße der eines Menschenaffen entspricht.

In den 30er und 40er Jahren folgten in der Republik Südafrika zahlreiche Funde, die dem Typ des *Australopithecus* zugeordnet wurden. Morphologie und Größe variierten: Einige Exemplare waren sogar noch kleiner, feingliedriger, andere größer und besonders robust. Sterkfontein, Makapansgat, Kromdraai, Swartkrans sind die wichtigsten Fundstätten der Australopithecinen, die drei Millionen bis etwa eine Million Jahre alt sind.

Am 17. Juli 1959 fand Mary Leakey in Olduvai, Tansania, in der Schlucht des Flusses Olduvai die Reste eines besonders robusten *Australopithecus*, der vor etwa 1,8 Millionen Jahren gelebt hatte. Er wurde *Zinjanthropus boisei* benannt, später dann *Australopithecus boisei.* Die Datierung und die Morphologie des Fundes bestätigten die weite Verbreitung des *Australopithecus* auf afrikanischem Gebiet in schon relativ früher Zeit. In Olduvai wurde aber 1964 auch eine weiter entwickelte Form entdeckt, der man den Namen *Homo habilis* gab, weil sie ein größeres Hirnvolumen besaß und Werkzeuge herstellen konnte.

In den folgenden Jahren wurden immer mehr Überreste des *Australopithecus* in Ostafrika nachgewiesen. Das Gebiet um den Turkana-See erwies sich dabei als besonders ergiebig,

5

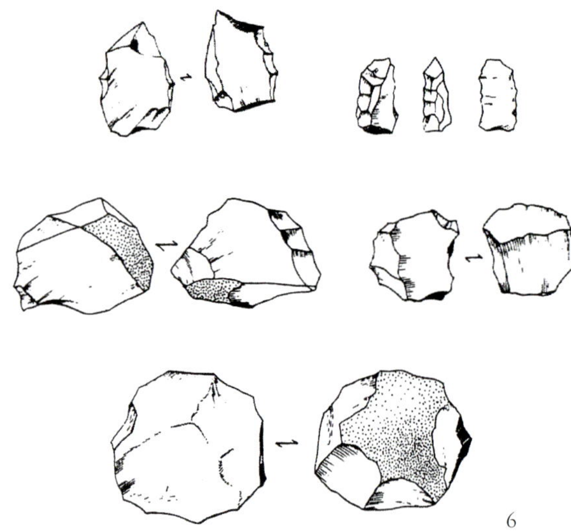

6

vor allem der Norden im Flusstal des Omo (Äthiopien) und der Osten an der Stätte Koobi Fora (Kenia). Man fand auch höher entwickelte Formen des *Australopithecus*, die dem *Homo habilis* zugeordnet wurden, jenem Hominiden, der bereits aus der Olduvai-Schlucht bekannt war. Nach und nach lieferten noch weitere afrikanische Fundstätten wichtige Hominidenfossilien, darunter die Region Afar in Äthiopien, Malawi und der Tschad. Diese Funde konnten genauer datiert werden als die südafrikanischen, da sie aus vulkanischen Schichten stammen.

Es stellte sich heraus, dass der *Australopithecus* älter war, als man zunächst angenommen hatte: Er muss schon vor drei, vielleicht sogar vor vier Millionen Jahren gelebt haben. Einige Funde sind berühmt geworden, so etwa »Lucy«, ein *Australopithecus* weiblichen Geschlechtes, dessen Skelettreste 1974 im Gebiet Hadar in Äthiopien von einer Expedition unter der Leitung des Amerikaners Donald Johanson und der Franzosen Yves Coppens und Maurice Taieb geborgen wurden. Die Knochen waren fast drei Millionen Jahre alt. Analoge, auch ältere Funde machten Johanson, Coppens und Tim White 1978 im tansanischen Laetoli. Diesen archaischen Formen des *Australopithecus* haben die Forscher den Namen *Australopithecus afarensis* gegeben. 1983 schlug Coppens vor, ihn *Prae-Australopithecus* zu nennen.

5. Ein Abschnitt des äthiopischen Omo-Tals. Dort wurden Fossilien geborgen, die sich als entscheidend für die Erforschung der Hominiden-Evolution erwiesen.

6. Zeichnungen von einigen Gegenständen, die als die ältesten Werkzeuge der Welt gelten. Kerne, Abschläge und zerschlagene Kiesel aus dem Omo-Tal (Äthiopien) aus Schichten, die zwischen drei und zwei Millionen Jahre alt sind.

7

7. Blick auf die paläontologischen Lagerstätten von Hadar im flachen Tal des Flusses Awash, etwa 500 Kilometer von der äthiopischen Hauptstadt Addis Abeba entfernt.

Die 1990er Jahre brachten weitere wichtige Erkenntnisse mit den Funden des *Ardipithecus ramidus* (1994), des *Australopithecus bahr-el-ghazali* (1995) sowie des *Australopithecus anamensis* (1999). Zu Beginn des neuen Millenniums kamen noch zwei Fossilien hinzu, die die Diskussion um die Ursprünge der Menschheit neu belebten: *Orrorin tugenensis* (2001) in Kenia und *Sahelanthropus tchadensis* (2002) im Tschad.

Die afrikanischen Funde haben der Erforschung der menschlichen Evolution starke Impulse gegeben und lassen es als fast sicher erscheinen, dass die Wiege der Menschheit auf dem afrikanischen Kontinent stand. Damit hat sich das Erkenntnisinteresse von Asien, wo man am Anfang des letzten Jahrhunderts die Wurzeln der Menschheit vermutete, nach Afrika verschoben.

Manch einer hat spöttelnd gemeint, dass die Wiege der Menschheit offenbar Räder hat und von einer Region in die andere rollt, je nachdem, wo gerade zuvor unbekannte menschliche Fossilien gefunden werden. Die Vielfalt und das Alter der Funde aus Afrika deuten jedoch darauf hin, dass die Wiege jetzt schließlich in Afrika »zum Stillstand« gekommen ist. Die Fossilien erwecken den Eindruck eines echten Phylums (Stamm), das sich innerhalb eines Primatenstamms in Ostafrika entwickelte.

DIE EVOLUTION UND DIE EVOLUTIONSTHEORIEN

1. Porträt Darwins von einem unbekannten Künstler (1890), heute in Turin im Museum des Istituto di Anatomia Umana Normale.

1

2

Vor allem die Ähnlichkeiten zwischen verschiedenen Arten ein und derselben Familie legten die Vermutung nahe, dass die Arten sich durch fortlaufende Veränderungen aus gemeinsamen Vorfahren entwickelt hatten.

Georges-Louis Buffon (1707–1788) lenkte die Aufmerksamkeit auf die Variabilität der Arten, innerhalb derer sich aus einem allgemeinen Prototyp die verschiedenen Rassen bilden, und unterstrich die Bedeutung der Umwelt für die menschliche Variabilität. Dieser große französische Naturwissenschaftler kann daher als Wegbereiter der Evolutionstheorie angesehen werden.

Jean-Baptiste de Lamarck (1744–1829) führte die Ideen Buffons zu Beginn des 19. Jahrhunderts fort. In seinem Werk *Philosophie zoologique*, veröffentlicht in Paris im Jahr 1809, stellte er die Theorie einer progressiven Evolution vor, bei der interne Faktoren die Veränderungen der Arten steuern und Umwelteinflüsse neue Arten entstehen lassen. Die durch Anpassung an die Umwelt erworbenen Merkmale vererben sich seiner Theorie zufolge auf die Nachkommen.

Charles Darwin (1809–1882) vertrat, ausgehend von Beobachtungen, die er auf langen Reisen in verschiedene Weltgegenden und vor allem an den Schildkröten, Eidechsen und Vögeln der Galapagos-Inseln gemacht hatte, nicht nur die biologische Evolutionstheorie, sondern er erklärte in seinem Buch *Vom Ursprung der Arten* (1859) auch den entsprechenden Mechanismus. Der berühmte englische Naturforscher berief sich auf die natürliche Auslese, bedingt etwa durch klimatische Faktoren oder Konkurrenz zu anderen Arten, um die Entstehung neuer Arten zu erklären. Diese natürliche Auslese entsteht durch kleine, zufällige Veränderungen, die sich innerhalb der Arten beobachten lassen. So überleben die besser an ihre Umgebung angepassten Formen einer Art; eine Veränderung der Umwelt bewirkt einen Selektionsdruck, durch den einige Varianten einer Spezies sich behaupten können, während andere schließlich aussterben. Zu den

2. Schimpanse (1) und Gibbon (2) in einer Radierung von Buffon für seine mehrbändige »Naturgeschichte«, die seit 1749 erschien. Der Zusatz »menschlich« beim Schimpansen sorgte für erregte Diskussionen.

3. Porträt des Biologen Lamarck, der die Ideen Buffons weiterführte und sich mit seiner Evolutionstheorie gegen die Theorien Darwins richtete.

3

4

5

4. Der Galapagos-Leguan hat sich im Laufe der Evolution an ein Küstenhabitat mit Salzwasser angepasst. Darwin, der die Galapagos-Inseln besuchte, fand dort reiches Forschungsmaterial.

5. Vogel der Galapagos-Inseln, von Darwin gezeichnet.

gleichen Schlüssen kam in jenen Jahren auch ein anderer englischer Naturforscher, Alfred Russell Wallace (1823–1913).

Die Übertragung dieser Evolutionstheorie auf den Menschen vertraten mit Nachdruck der englische Biologe Thomas Huxley (1825–1895) und der deutsche Biologe und Philosoph Ernst Haeckel (1834–1919).

Schon Darwin hatte die morphologischen Ähnlichkeiten des Menschen mit den Menschenaffen betont und seine Gedanken zur Evolution des Menschen in seinem Werk *Vom Ursprung des Menschen* (1871) präzisiert. Nach Darwin stammt der Mensch nicht von heute lebenden Affen ab, sondern von gemeinsamen Ahnen. Der Evolutionsmechanismus ist der gleiche wie bei anderen Arten, auch hier gilt die natürliche Auslese, basierend auf der Konkurrenz der Männer um die Eroberung der Frauen.

Die Debatte um die Evolution konnte sich in jenen Jahren noch nicht auf Fossilienbelege stützen, obwohl schon einige Funde bekannt geworden waren (Engis, 1830; Gibraltar, 1848; Neandertal, 1856). Auch von den entscheidenden Experimenten des tschechischen Mönches Gregor Mendel (1822–1884) wusste man noch nichts. Die Früchte seiner Arbeit aus eben jenen Jahren wurden wissenschaftlichen Kreisen erst Anfang des 20. Jahrhunderts durch den niederländischen Botaniker Hugo de Vries (1848–1935) bekannt.

Die individuellen Variationen, die die natürliche Auslese im Laufe der biologischen Evolution bewirkte, konnten durch die Entdeckungen der Genetik bestätigt werden. Diese Variationen sind das Ergebnis von Veränderungen der Gene, die für die Weitergabe von biologischen Merkmalen verantwortlich sind – so zuerst formuliert vom deutschen Biologen August Weismann (1834–1914), der die Erkenntnisse von Mendel und de Vries über das biologische Erbgut auf Darwins Evolutionstheorie anwandte.

In Wirklichkeit waren die »kleinen Variationen«, die Darwin bei einigen Spezies an verschiedenen Orten beobachtet hatte, »Genmutationen«, also plötzliche, zufällige Ver-

6

änderungen, die nicht unbedingt günstig für das Individuum und die Spezies waren. Später stellte man fest, dass die Mutationen einzelne Teile von Chromosomen oder ganze Chromosomen betreffen konnten. Auf diese Mutationen wirkt dann die natürliche Auslese – so die synthetische Evolutionstheorie, die in einem einzigartigen evolutionären Mechanismus genetische Veränderungen und Umweltveränderungen, Mutationen und natürliche Auslese miteinander kombiniert (Neodarwinismus). Auch die besonderen Evolutionsrichtungen, die sich erkennen lassen (etwa bei der Entstehung von Stämmen und Serien wie jenen des Pferdes oder des Elefanten) sind nach Ansicht der Neodarwinisten nicht auf vorher festgelegte Pläne zurückzuführen, sondern auf eine Interaktion von genetischen und Umweltfaktoren.
Ein klassisches Beispiel für die Demonstration der synthetischen Evolutionstheorie ist der Falter *Biston betularia*, der Birkenspanner, der sich innerhalb eines Jahrhunderts von einer Form mit hellen Flügeln zu einer Form mit dunklen Flügeln wandelte, um seine Tarnung entsprechend anzupassen. Man stellte fest, dass die Häufigkeit der Form mit schwarzen Flügeln in Industrieregionen zunahm, wo die Bäume durch Smog geschwärzt waren, während die Zahl der Spanner mit hellen Flügeln sank. Die dunkle Farbe

7

6. Ein Birkenwäldchen, das Habitat des Falters Biston betularia, dessen Anpassung an neue Umweltbedingungen als beispielhafter Beleg der Evolutionstheorie galt.

8. Auf der Zeichnung: die hellen Flügel des Birkenspanners, durch die er sich auf der weißen Birkenrinde tarnt. In Industriegebieten wurden die Flügel der Falter mit der Zeit dunkler.

9. Gemälde von Giorgio Bacchin: Eine Koks-Fabrik um die Mitte des 19. Jahrhunderts. Der dichte Rauch aus den Schornsteinen veränderte die natürliche Umwelt, dazu gehörte auch eine Schwärzung der Birkenrinde.

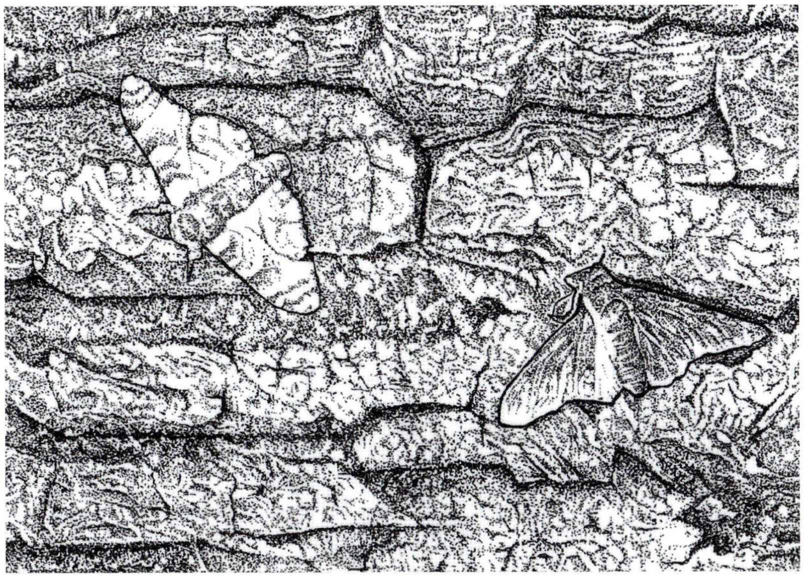

8

9

sorgte dafür, dass der Spanner weniger leicht zur Beute für Vögel wurde, während die Form mit hellen Flügeln in dieser Umgebung leicht zu erkennen war und langsam ausstarb.

In den letzten Jahrzehnten ist die synthetische Evolutionstheorie durch Erkenntnisse der Molekularbiologie (Jacques Monod, François Jacob) bereichert worden. So gelang der Nachweis, dass selbst kleine Veränderungen im Molekül der DNA (Desoxyribonukleinsäure) des Keimzellkerns (etwa die Substitution einer Aminosäure durch einen Fehler bei

7. Porträt Mendels auf einer Medaille der japanischen Gesellschaft für Genetik zum 100. Jahrestag der Veröffentlichung der Prinzipien der Vererbung durch Mendel (Tokio 1965).

10

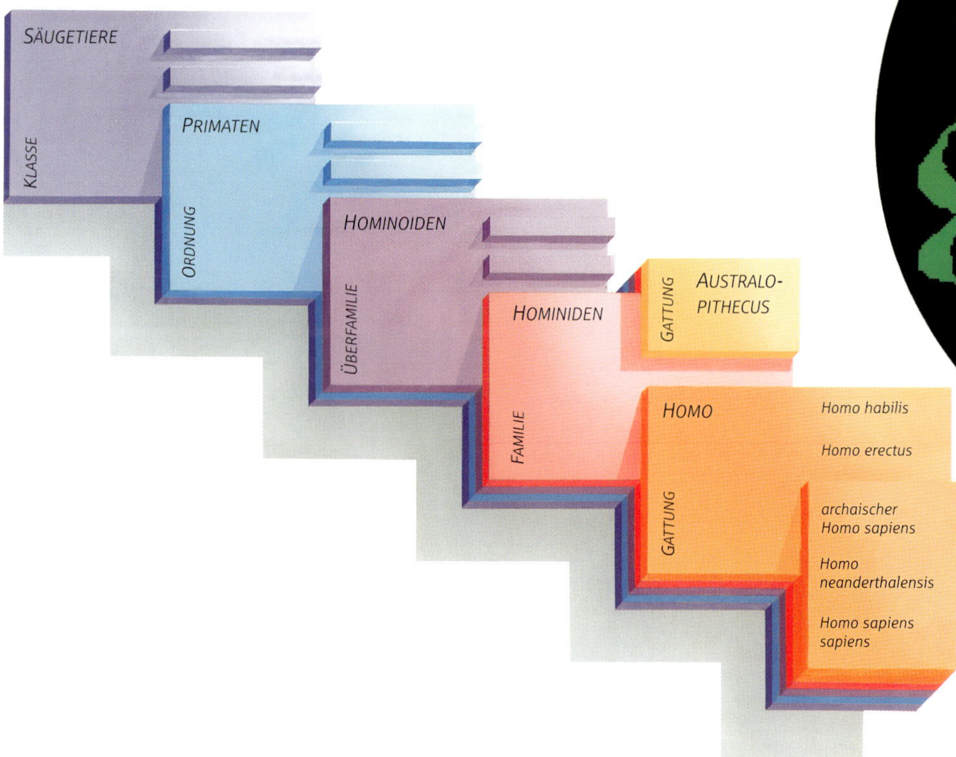

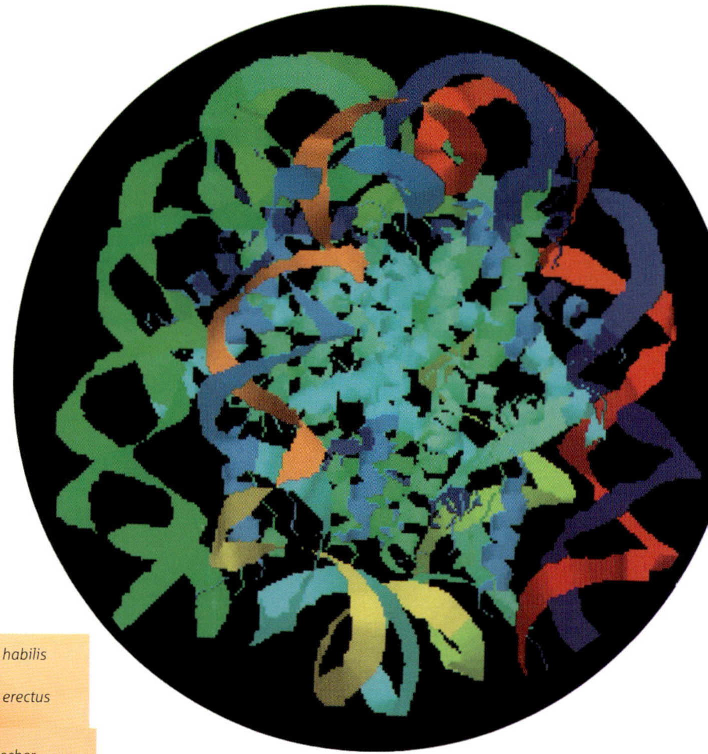

11

der DNA-Reduplikation) zu erblichen Mutationen führen können, die sich in bestimmten körperlichen Merkmalen manifestieren. Man stellte außerdem fest, dass einige Gene kompliziertere Funktionen steuern. Mutationen dieser Steuerungsgene können zu Veränderungen führen, die auch in der Organisation des Lebewesens auffallen.

Langsam und allmählich führt die Evolution zu neuen Informationen und Strukturen auf genetischer Ebene. Es gibt keine von außen einwirkenden Programme oder Pläne (J. Monod), hingegen solche, die sich niemand ausgedacht hat (F. Jacob). All dies vollzieht sich im Zeichen eines von der Notwendigkeit berichtigten Zufalls.

Dieser Mechanismus, der auf der mikroevolutionären Ebene der Rassen und Unterarten erforscht wurde, wird auch herangezogen, um den gesamten evolutionären Prozess zu erklären, von den niederen (oder weniger organisierten) Lebensformen bis zu den höheren Arten, den Menschen eingeschlossen.

Gerade aber diese Ausweitung kritisieren einige Forscher: Reichen zufällige Genmutationen aus, um den gesamten Evolutionsprozess zu erklären? Die Entstehung der Tierarten ebenso wie jene der Klassen, Ordnungen, Familien und Gattungen? Ist die Evolution also, zumindest in bestimmten Punkten, deutlich auf etwas ausgerichtet? Nach Pierre-P. Grassé »müssen alle Systeme, die den Anspruch erheben, die Evolution zu erklären, einen anderen Evolutionsmechanismus heranziehen als nur die Mutation und den Zufall.« (1973)

Das allmählich voranschreitende Evolutionsmodell des Darwinismus und der synthetischen Evolutionstheorie erklärt nicht das nahezu plötzliche Auftauchen von neuen Arten oder Gruppen, wie es durch paläontologische Studien belegt ist. Man postuliert daher unterschiedliche Evolutionsphasen: Zeitabschnitte einer schnellen Evolution, in denen sich neue Spezies bilden (Kladogenese) im Wechsel mit Zeiten evolutionären Stillstands. Diese Theorie des unterbrochenen Gleichgewichts, entwickelt von Stephan J.

10. Im Schema: Die Klassifikation des Menschen. Nach der Systematik der Biologie ist der Mensch Säugetier, Primat, Hominoide, Hominide, Homo. Viele Wissenschaftler sind der Ansicht, dass der Gattung Homo nur eine einzige Spezies angehört, deren Formen sich im Laufe der Zeit veränderten.

11. Mit Hilfe der Brechung von Röntgenstrahlen ist auf dem Bild die Doppelhelix-Struktur der DNA mit zwei übereinander liegenden Ästen zu sehen.

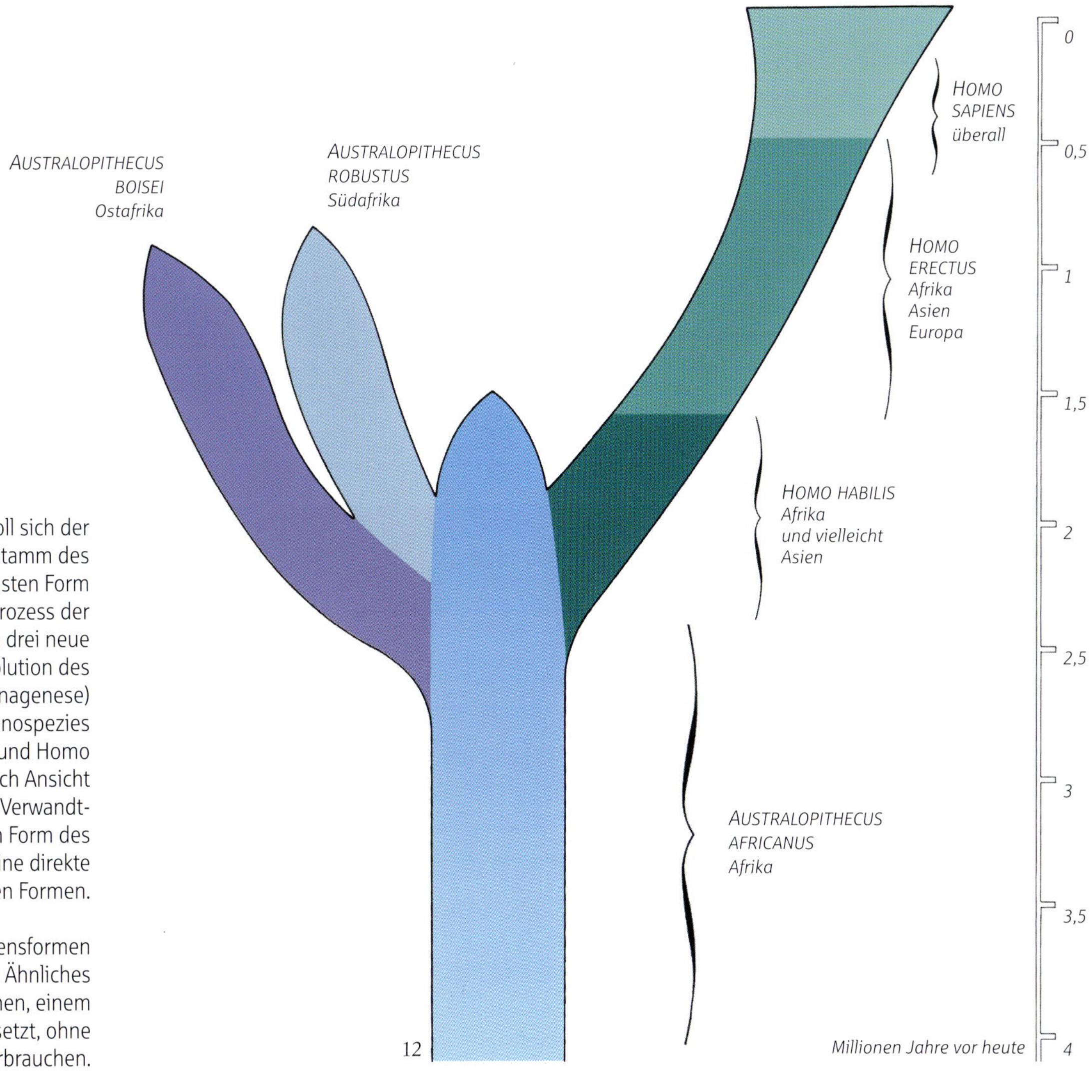

12

12. Nach der Deutung von Phillip Tobias soll sich der Stammbaum des Menschen auf den Stamm des Australopithecus africanus in seiner archaischsten Form zurückführen lassen, aus dem sich in einem Prozess der schnellen Artenbildung oder Kladogenese drei neue Linien bildeten. In der Folge sei die Evolution des Menschen dann allmählich vorangeschritten (Anagenese) mit der Entstehung aufeinander folgender Chronospezies auf der Linie des Homo habilis: Homo erectus und Homo sapiens. Es gibt auch andere Hypothesen: Nach Ansicht des Autors des vorliegenden Bandes ist eine Verwandtschaft des Homo habilis mit der älteren Form des Australopithecus eher anzunehmen als eine direkte Abstammung von entwickelteren Formen.

13. Die ersten zur Vermehrung fähigen Lebensformen glichen im Aufbau wahrscheinlich einem Virus. Ähnliches kann man heute beim Tabakvirus sehen, einem Stäbchenvirus, das sich selbst zusammensetzt, ohne Energie zu verbrauchen.

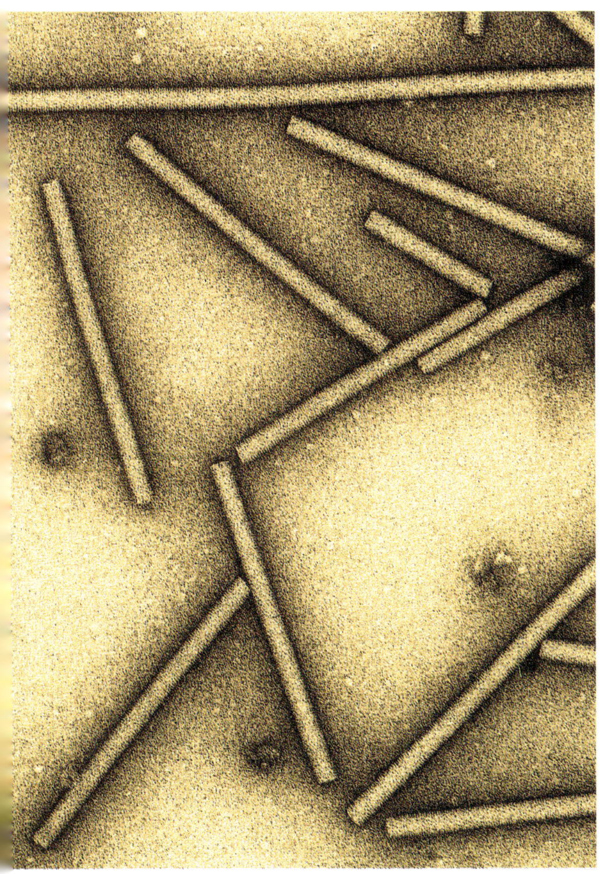

13

Gould und Niels Eldredge (1972), wird auch auf den Prozess der Hominisation durch die Bildung der Gattung *Homo* aus *Australopithecus* angewandt (Phillip Tobias).

Die Diskussion über die Evolutionsmechanismen ist noch nicht abgeschlossen, insbesondere nicht in Hinblick auf das Wachsen und den Fluss der genetischen Informationen und die Morphogenese. Man spricht auch von vertikaler (oder phyletischer) Evolution, die durch einen größeren Informationsfluss zu einer Steigerung der Komplexität beiträgt, und von einer horizontalen Evolution hin zu einer im Wesentlichen morphologischen Differenzierung (Biodiversität). Bioingenieure versuchen, diese Vorgänge weiter zu erhellen. Studien zufolge können mittels Viren neue Gene in die Keimzellen und in das befruchtete Ei eingeführt und die so entstandenen neuen Merkmale an die Nachkommenschaft vererbt werden.

Diese neuen Informationen sollen sich auch in Körperzellen des Organismus bilden und von ihnen aus durch Träger wie Viren auf die Keimzellen übergehen können. Damit gäbe es also eine Art Rückkopplung von den Körperzellen auf die Keimzellen mit der Bildung neuer Merkmale, die an die Nachkommen weitergeben werden. Diese Hypothese der körperlichen Evolution und Auslese, die in einer Linie mit einem Neo-Lamarckismus gesehen wird, würde sich dann mit jener der genetischen Auslese gemäß dem Neodarwinismus (oder der synthetischen Evolutionstheorie) verbinden.

Die Tatsache der Evolution an sich ist, insbesondere nach den rasant anwachsenden Fossilienfunden der letzten hundert Jahre, allgemein anerkannt, aber man muss feststellen, dass die Evolutionsmechanismen für die Makroevolution und die Bildung der großen evolutionären Stämme noch nicht zufriedenstellend geklärt sind.

DER BEITRAG DER MOLEKULARBIOLOGIE

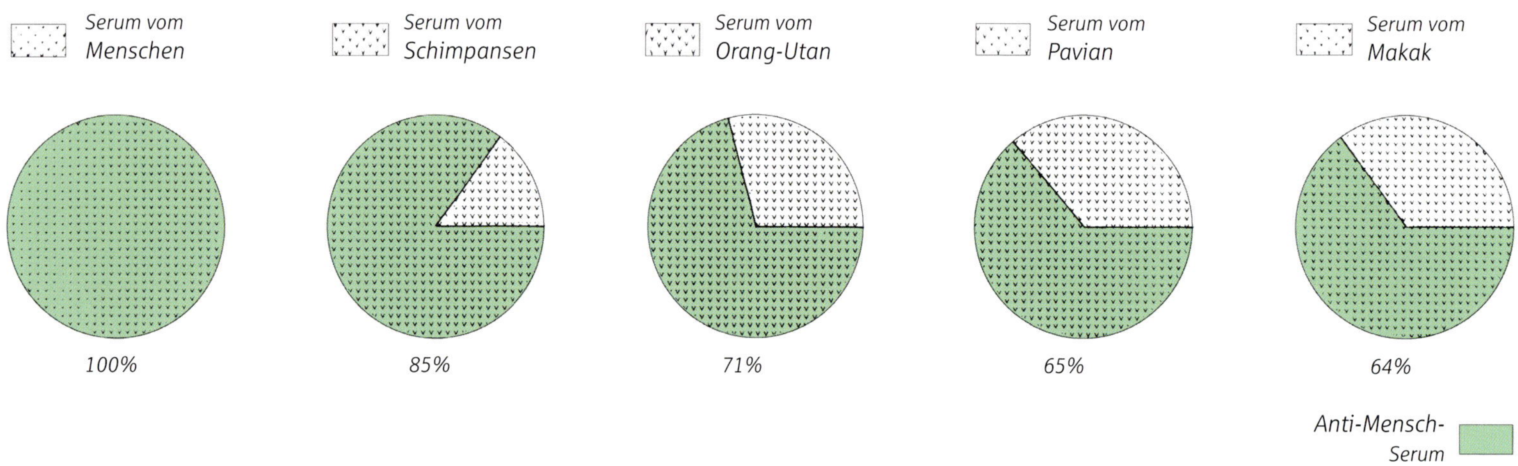

1

Die strukturellen und funktionalen Ähnlichkeiten zwischen Mensch und Menschenaffen bildeten die ersten Argumente für die These von gemeinsamen Vorfahren. Die fossile Dokumentation kam erst später dazu und hat ein solches Ausmaß erreicht, dass die Evolutionstheorie immer plausibler erscheint.

Vergleiche zwischen Mensch und Affe haben dennoch weiterhin ihre Bedeutung in der Evolutionsforschung, insbesondere Untersuchungen in Hinsicht auf serologische und biomolekulare Verwandtschaft. Ziel dieser Untersuchungen ist es, den Grad der biochemischen Verwandtschaft festzustellen und daraus auf der Grundlage gemeinsamer und jeweils eigener Elemente die Reihenfolge der Trennung der verschiedenen Evolutionslinien zu rekonstruieren.

Die ersten Studien hierzu stammen vom Anfang des 20. Jahrhunderts. Theodor Mollison analysierte die Reaktionen von menschlichem Serum auf Antiseren bei Labortieren, die mit menschlichem Serum oder dem von anderen Primaten behandelt worden waren. Das Anti-Mensch-Serum kann »in vitro« nicht nur die Eiweiße des menschlichen Serums ausfällen, sondern auch die der anderen Primaten mit immer schwächerer Wirkung in der Reihenfolge Schimpanse, Orang-Utan, Meerkatze und Rollschwanzaffe.

In späteren Forschungen ging es um Plasmaproteine, Hämoglobine, Nukleotidsequenzen in den Molekülen der Zellkern- und mitochondrialen DNA, um Chromosomen. Die Unterschiede in der biochemischen Zusammensetzung wurden als Indikatoren der biologischen Verwandtschaft oder Distanz zwischen den verschiedenen Spezies aufgefasst, um so die Divergenz der jeweils behandelten Arten und damit auch die seit der Teilung dieser Arten vergangene Zeit zu bestimmen. So fand man heraus, dass sich der Orang-Utan früher von der gemeinsamen Linie mit den Menschen abgespalten hat als die afrikanischen Menschenaffen (Schimpanse, Gorilla). Oft handelt es sich um Unterschiede, die auf Mutationen einzelner Gene zurückzuführen sind.

Wir wissen nicht genau, mit welcher zeitlichen Regelmäßigkeit sich diese Mutationen gebildet haben; dennoch gibt es Hypothesen über den Rhythmus, mit deren Hilfe man die Zeitabschnitte der biomolekularen Evolution errechnen und rekonstruieren kann. So gelangt man zu einer *molekularen Uhr*, mit der man die Epoche bestimmen kann, in der eine neue Evolutionslinie entstand. Man muss allerdings festhalten, dass die aufgrund von biomolekularen Forschungen errechneten Entwicklungszeiten nicht mit den von

1. Von Mollison (1912) entwickeltes Schema zur Präzipitinreaktion. Es zeigt die prozentuale Intensität der Eiweißfällung bei Reaktionen von Anti-Mensch-Serum mit verschiedenen Seren. Beim menschlichen Serum beträgt die Fällung 100 %, bei den Seren vom Schimpansen, Orang-Utan, Pavian und Makaken wird sie immer geringer.

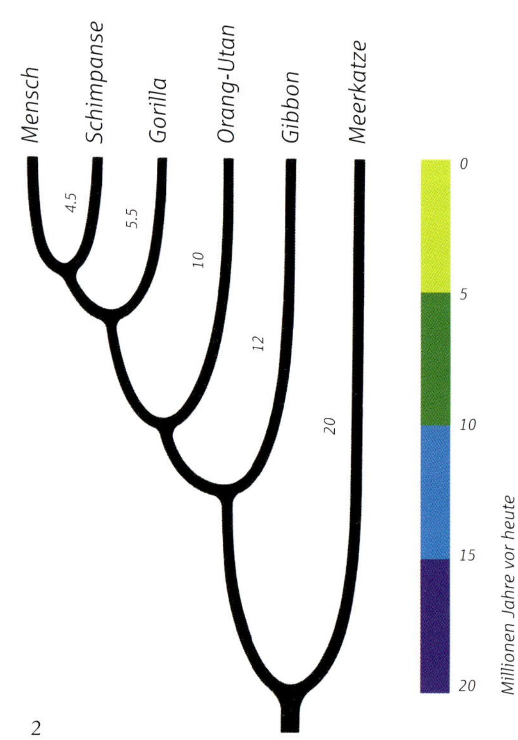

2

3. Gegenüberstellung der Chromosomen des Menschen (a), des Schimpansen (b), des Gorilla (c) und des Orang-Utan (d). Die Abfolge wiederholt sich bei allen dargestellten Chromosomen. Darstellung mit Hilfe der so genannten Trypsin-Bänderung, einer Einfärbung mit einem Eiweiß-Enzym.

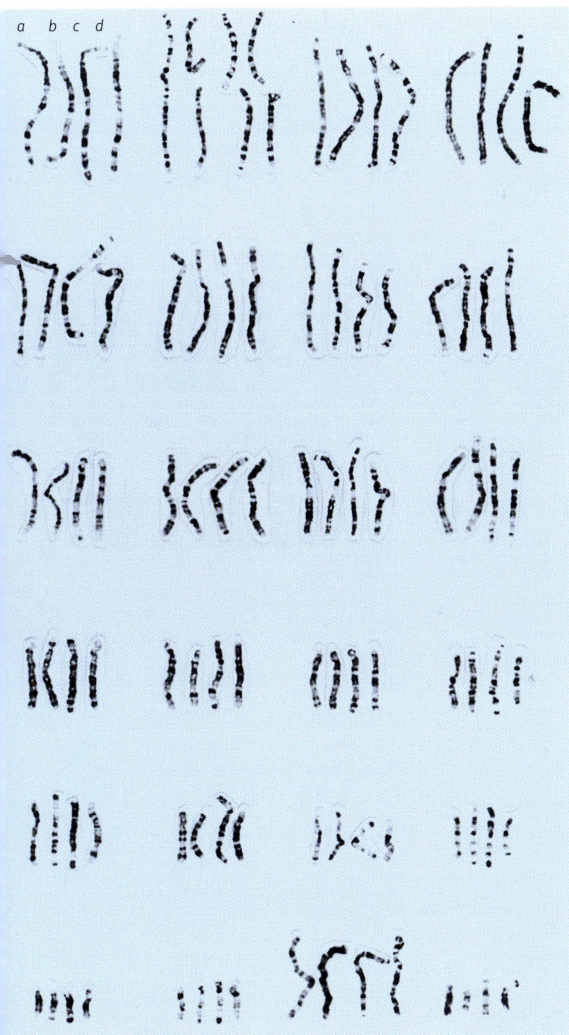

3

der Paläontologie etablierten übereinstimmen. So sollen sich zum Beispiel die Linien der Gorillas und der Schimpansen, ausgehend von den Unterschieden in der molekularbiologischen Struktur ihres Hämoglobins, vor etwa 1,2 Millionen Jahren getrennt haben, die der Schimpansen und der Menschen vor etwa einer Million Jahre (Goodman 1981). Solche Datierungen können ganz sicher nicht akzeptiert werden.
Die Unterschiede zwischen den Ergebnissen biomolekularer und paläontologischer Forschungen sind auf die unterschiedlichen Ansätze der beiden Methoden zurückzuführen. Wahrscheinlich hat sich die Evolution der Aminosäurensequenzen verlangsamt, so dass die Mutationen weniger häufig aufgetreten sind, als man heute annimmt.
Auch die Erforschung des *Karyotyps*, also der Chromosomen, hat sich bei der Bestimmung des Verwandtschaftsgrads zwischen dem Menschen und den Primaten als äußerst interessant erwiesen. In Laufe der Evolution, die zur Entstehung des Menschen führte, ist die Zahl der Chromosomenpaare offenbar von 24 auf 23 gesunken, vielleicht durch die Verschmelzung zweier akrozentrischer Chromosomen, die bei den Menschenaffen vorhanden sind und die das Chromosom Nummer 2 des Menschen gebildet haben könnten. Die Unterschiede erschöpfen sich allerdings nicht in einem Chromosomenpaar. Es ist auch zu Umstellungen von Chromosomenteilen mit dem Verlust oder Gewinn von Informationsmaterial gekommen. Aufgrund der Zahl dieser Umformungen hat man versucht, die Reihenfolge der Abspaltungen zu rekonstruieren und dazu zwei Hypothesen aufgestellt: a) von einer gemeinsamen Linie, die zum Schimpansen und zum Gorilla führte, trennte sich die Linie des Menschen; b) von einer gemeinsamen Linie hat sich zunächst die Linie des Gorillas abgespalten, dann die des Schimpansen und schließlich die des Menschen.
Sicher von Interesse ist die Untersuchung von DNA-Sequenzen von Menschenaffen und Menschen auch für die Rekonstruktion der verschiedenen nachfolgenden Entwicklungsschritte. Die Unterschiede zwischen dem menschlichen Genom und dem des Schimpansen betreffen offenbar 1,2 % der kodierenden Sequenzen und erreichen 4 %, wenn man auch die nicht kodierenden Teile mitzählt. Man weiß allerdings noch nicht, was genau diese Unterschiede bewirken.
Insgesamt belegen die biomolekularen Forschungen eine große Ähnlichkeit zwischen dem Menschen und den Menschenaffen. Wenn man sich auf den Karyotyp bezieht, so sind der Informationsgehalt der Gene und die genetischen Interaktionen wichtiger als die Zahl der Chromosomen. Von all dem wissen wir aber noch sehr wenig.
Interessante Anwendungen der Molekularbiologie ergeben sich bei der Erforschung des Ursprungs heutiger Populationen. Untersuchungen der mitochondrialen DNA (die nur von der Mutter weitergegeben wird) von heute lebenden Gruppen haben größere Variationen unter afrikanischen Frauen belegt im Vergleich zu denen anderer Regionen. Man könnte also annehmen, dass die afrikanische Gruppe die älteste ist, von der sich vor etwa 150 000 Jahren die anderen menschlichen Gruppen getrennt haben. Auch die Untersuchungen der DNA des Y-Chromosoms verweisen auf einen Ursprung der Menschheit in Afrika. Ein anderes Anwendungsfeld ist die Gegenüberstellung der DNA alter Populationen mit der des modernen Menschen. Einige Untersuchungen, begonnen von Krings und Kollegen im Jahr 1997 und von anderen weitergeführt, haben die mitochondriale DNA aus Neandertaler-Funden der des modernen Menschen gegenübergestellt und sind zu dem Ergebnis gekommen, dass die Nukleotidsequenzen der Neandertaler nicht zum Pool der mitochondrialen DNA des modernen Menschen beigetragen haben.

2. Stammbaum der Hominiden, basierend auf dem Abgleich der DNA und der Proteine. Die Trennung zwischen Hominiden und Nicht-Menschenaffen, die durch die Meerkatze (Cercopithecus) repräsentiert sind, wird für die Zeit vor 20 Millionen Jahren angenommen. Der Mensch steht dem Schimpansen (ein Panide) etwas näher als dem Gorilla (ebenfalls ein Panide), und sie alle sind vom Orang-Utan (Pongo) und Gibbon (Hylobates) entfernt.

ZEUGNISSE DER VERGANGENHEIT: DIE FOSSILIEN

1

Ein Fossil ist jede Spur tierischen oder pflanzlichen Lebens aus fernen Zeiten. Als Fossilien können nicht nur die Organismen selbst oder Teile von ihnen gelten (zum Beispiel Knochen, Pollen, Sporen, Holz oder Muscheln), sondern auch die Manifestationen ihrer Existenz (Abdrücke von Fußspuren, Exkremente, bearbeitete Kieselsteine, Pfostenlöcher von Hütten oder ähnliches).

Ein organischer Körper, tierisch oder pflanzlich, kann durch Prozesse verschiedener Art in einen fossilen Zustand übergehen. Der Organismus kann von dünnen Sedimentschichten (Sand, Lehm, Kalkstein) bedeckt werden: Die Weichteile zerfallen schnell, die harten Knochen oder Schalen dagegen werden vom Sediment geschützt und bleiben erhalten. Manchmal wird der Organismus in Harz, Eis oder Torf eingebettet – der Verwesungsprozess wird gestoppt und der Körper als ganzer konserviert. Ein anderer Prozess der Fossilisierung ist die Versteinerung oder Mineralisation, bei der die organischen Moleküle durch mineralische Substanzen wie Kieselerde oder Kalk ersetzt werden, die im zirkulierenden Wasser gelöst sind. Häufig zu beobachten ist, besonders bei marinen Sedimenten, die Fossilisierung durch Modellieren: Muschelschalen oder Knochenteile werden durch zirkulierendes Wasser ausgewaschen, erhalten bleibt die äußere Form im Sediment. Bei Pflanzen spricht man auch von Fossilisierung, wenn sie als Torf, Braun- oder Steinkohle erhalten geblieben sind.

Die Paläontologie befasst sich mit allem, was in der Vergangenheit lebendig war, und mit den erhaltenen Spuren, angefangen von den ersten primitiven Lebensformen bis hin zu jenen, aus denen sich in den letzten Jahrtausenden direkt die heute vorhandenen Lebewesen entwickelt haben.

Diese Wissenschaft versucht, die Ursprünge und die Entwicklung der Lebewesen zu rekonstruieren, auf der Grundlage des Studiums der verschiedenen Spezies und ihrer Lebensbedingungen, ihrer Aktivitäten und ihrer Umwelt. Ihre Lebensweise und die Um-

1. Trilobiten: Wirbellose, denen ihr dreigliedriges Außenskelett als Schutzpanzer diente. Sie lebten im mittleren Kambrium (vor 570 bis 500 Millionen Jahren) und stammen aus der böhmischen Fundstätte Jince.
Wir können sie heute noch bewundern, weil sie von Ton- und Sandsedimenten und von Konglomeraten mit vulkanischem Material geschützt wurden.

2. Käfer aus einem vor etwa 49 Millionen Jahren existierenden See, gefunden in der Grube Messel, einer reichen Fossilienfundstätte in einem wenige Kilometer von Darmstadt entfernten alten Bergwerk.
Alle konservierbaren Teile der Organismen wurden von Tonsedimenten auf dem Grund des Sees umhüllt. Die Erhaltungsqualität ist phänomenal: Der fossilierte Käfer auf dem Foto bewahrte sogar noch Reste der ursprünglichen Farben. Die in Messel gefundenen Fossilien befinden sich heute in verschiedenen Museen, vor allem in Deutschland, aber auch in Österreich und Belgien.

2

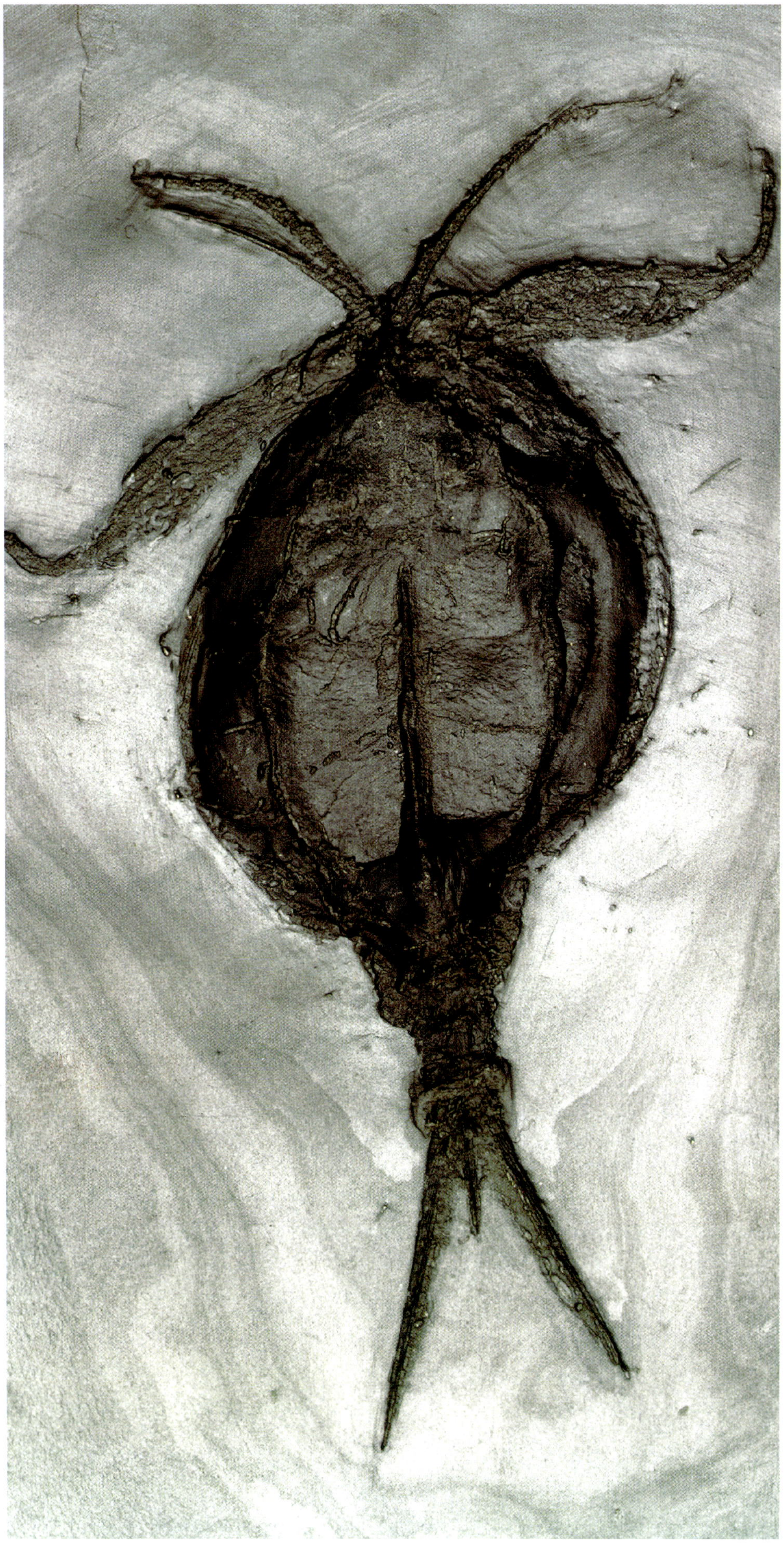

3

4

5

3. Ein wirbelloses Tier aus der großen Gruppe der Gliederfüßer der Devon-Zeit (410 bis 345 Millionen Jahre vor heute). Es stammt aus einer der Hunsrückschiefer-Lagerstätten, die im gleichnamigen Bergland wie auch in großen Gebieten am Mittelrhein und der Mosel zu finden sind. Die Herkunft der gefundenen Fossilien ist zwar noch unklar, die Experten erkennen aber Hinweise auf ein marines Sediment. Die vollständige Erhaltung vieler Organismen ist einem plötzlichen Tod, dessen Ursachen noch strittig sind, und einer schnellen Abdeckung der sterblichen Überreste sowie dem Verwesen der Weichteile unter Sauerstoffzufuhr zu verdanken.

4. 5. Bernstein ist ein fossiles Harz, in das Pflanzen und Tiere eingeschlossen sein können. Auf den Fotos: Reste von 27 bis 30 Millionen Jahre alten Blättern und Blütenblättern.

6

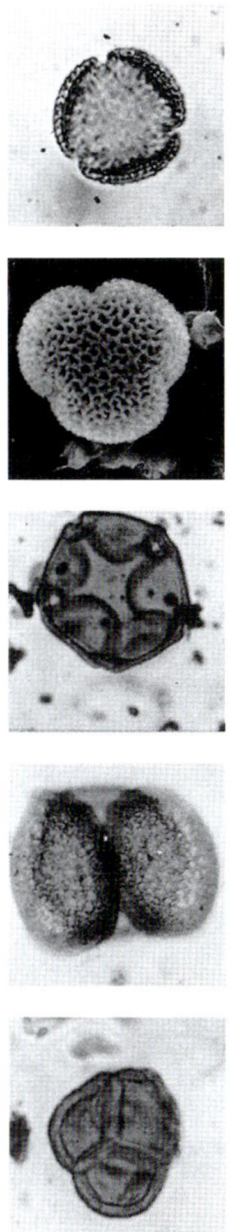

7

6. Verschiedene Pollenarten unter dem Elektronen- und dem optischen Mikroskop. Pollen verfügen über eine sehr widerstandsfähige und jeweils charakteristische Hülle. So kann man anhand von Pollenkörnern, die Spuren in einem Sediment hinterlassen haben, im Vergleich mit heutigen Pollen Aussagen über die Pflanzenarten und die Umwelt einer bestimmten Epoche machen. Die runzelige Oberfläche der Körner mit unterschiedlicher Zeichnung je nach Art ist so etwas wie ein Personalausweis für lebende wie für ausgestorbene und fossile Pflanzen.

7. Das Bild zeigt Teile von Lilien-Staubgefäßen, darunter Pollenkörner, und rundherum das Phänomen des Pollenregens, die Verteilung von Pollen durch den Wind in die Umgebung der Pollenquelle.

8. Unterkiefer eines jugendlichen Homo habilis, gefunden 1960 in der Olduvai-Schlucht, Tansania. Untersuchungen der Kaufläche der Zähne unter optischem und Elektronenmikroskop zeigten im Schmelz unzählige Abnutzungsspuren, die Rückschlüsse auf die jeweilige Nahrung erlauben.

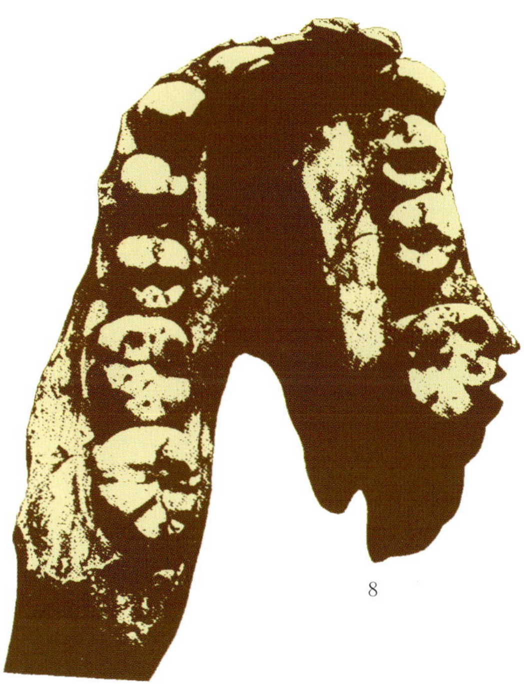

8

weltveränderungen, die sich anhand der Erdgeschichte ablesen lassen, waren neben den genetischen Veränderungen wesentlich für die Evolution der Lebewesen.

DAS STUDIUM MENSCHLICHER FOSSILIEN

In Bezug auf die Vorfahren des Menschen geht es nicht nur um ihr Aussehen oder um die Zeit, in der sie lebten. Auch viele andere Dinge sind wichtig: Wie lebten sie, wovon ernährten sie sich, unter welchen Krankheiten litten sie, wie begegneten sie verschiedenen Umweltbedingungen, auf welchen Wegen verteilten sie sich auf die verschiedenen Kontinente und wie könnte ihr Denken strukturiert gewesen sein.

Antworten auf diese Fragen über den prähistorischen Menschen liefern weder irgendwelche phantastischen Vorstellungen noch das Verhalten heute lebender Primaten. Auch der Rückgriff auf Völker, die als primitiv gelten, weil sie als Jäger und Sammler leben und als solche prähistorischen Gruppen eher ähneln müssten, reicht nicht aus. Diese Ansätze können manche Hinweise liefern, aber auch in die Irre führen, weil sie im Grunde auf Extrapolationen von Situationen beruhen, die sich sehr von den Lebensbedingungen der ersten Menschen unterscheiden, und sei es nur durch die zeitliche Entfernung von Millionen Jahren.

Man muss sich also grundsätzlich mit den Knochenfunden sowie den Lebenszeugnissen befassen, die mit ihnen entdeckt wurden. Und man muss das Territorium rekonstruieren, die Umgebung der menschlichen Evolution.

Zu diesem Zweck bedient sich die Paläontologie verschiedener Methoden. Das Studium der Pollen (Palynologie) und der Tierknochen, die an von Menschen besuchten Orten

11

10

9

9. Indem man die Entwicklung des Klimas und der Landschaft in vorgeschichtlicher Zeit untersucht, bestimmt man auch die Einflüsse der natürlichen Umwelt auf die Lebensweise der Menschen. Bei der Untersuchung von Pollen aus der Höhle Hortus bei Valflanès, 21 Kilometer nördlich von Montpellier, konnte man drei aufeinander folgende Klimaphasen rekonstruieren, die jeweils mehrere Jahrtausende andauerten. Die Zeichnung basiert auf einem zusammenfassenden Diagramm der Untersuchungsergebnisse und rekonstruiert die Vegetation eines kalt-feuchten Klimas. Die Landschaft ist von Bäumen und Gräsern geprägt, der Mensch sucht die Höhle gelegentlich und nur für kurze Zeiträume auf.

10. Hier ist eine weniger kalte und feuchte Phase dargestellt. Es sind Wärme liebende Pflanzen zu sehen, die Gräser sind zurückgedrängt. Die Höhle wird oft vom Menschen besucht, der dort sesshafte Tätigkeiten wie das Zerlegen der Jagdbeute ausübt.

11. In einer dritten Phase waren die Winter streng und die Sommer heiß, es entwickelte sich eine Steppenlandschaft. In dieser Zeit errichteten die prähistorischen Jäger richtige Lager, die zeitweise bewohnt wurden.

12. Das Schema fasst die Entwicklung des Klimas und der Landschaft in der Umgebung der Höhle Hortus zusammen.

12

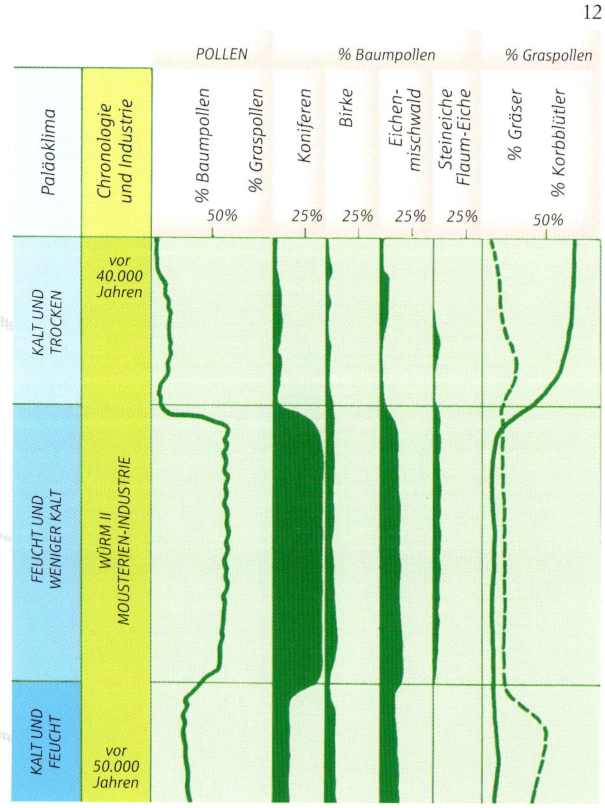

13

14

15

13. 14. Ein französisches Team auf der Suche nach Hominoiden in Saudi-Arabien. Hier wird gerade ein 16 Millionen Jahre altes Rhinozeros-Skelett freigelegt. Dazu eine Momentaufnahme der Grabungen in derselben Region.

15. Nahe einer Siedlungszone in Milovice (Südmähren, 20 000 Jahre alt) fand man eine Ansammlung von Mammutknochen, die als Abfallplatz gilt.

gefunden wurden, kann Informationen über die Umwelt liefern. Die Analyse der Abnutzung der Zähne und ihrer Krankheiten bietet Hinweise auf die Ernährung. Die Beschäftigung mit Steinwerkzeugen und anderen Zeugnissen prähistorischer Kultur kann uns helfen, das soziale und geistige Leben des prähistorischen Menschen besser zu verstehen.

Eine besondere Bedeutung kommt der Umwelt zu, die Ressourcen bot und Anpassungen forderte. Sie wird heute immer deutlicher als das Zusammenspiel verschiedener Komponenten sichtbar. Wenn diese Beziehungen im Gleichgewicht sind, reichen die natürlichen, sich erneuernden Ressourcen aus, um die Bedürfnisse der verschiedenen Arten zu befriedigen. Man denke etwa an die Nahrungskette (Pflanzen, Pflanzenfresser, Fleischfresser).

Der Mensch musste sich von Anfang an mit seiner Umwelt auseinandersetzen und sich in sie einfügen, auch in Konkurrenz zu anderen Arten. Seinen Erfolg verdankte er den biologischen Anpassungen, zu denen er fähig war, vor allem durch die Kultur, eine typisch menschliche Beziehung zur äußeren Welt.

Die Beschäftigung mit der menschlichen Evolution basiert auf Knochenfunden, die uns allerdings nicht viel sagen, wenn sie nicht in ihrer Zeit und ihrer Umwelt gesehen werden. Die Rekonstruktion des Aussehens, des Verhaltens und der Lebensweise unserer Vorfahren erfordert die Zusammenarbeit vieler Spezialdisziplinen und wissenschaftlicher Techniken.

Wenn man das Glück hat, einen Fund zu machen, der irgendeine Bedeutung für das Wissen über den vorgeschichtlichen Menschen haben könnte, gebührt seiner Bergung äußerste Aufmerksamkeit, besonders wenn er mit kalkhaltigem oder vulkanischem Material verkrustet oder darin eingebettet ist. Die Arbeitsgänge bei einem Fund »in situ« sind zahlreich und komplex. Von großer Bedeutung sind: a) die Geomorphologie des Geländes, in dem der Fund gemacht wird, und eventuell der Schichten, zwischen denen er liegt; b) der stratigraphische Kontext mit der Flora und Fauna, die man findet (auf der Grundlage der Untersuchung von Pollen sowie der Mikro- und Megafauna); c) das mögliche Vorhandensein von menschlichen Erzeugnissen; d) die Lage des Fundes; e) bestimmte Kennzeichen oder Brüche an Tier- und Menschenknochen; f) die Lage im Gelände; g) die Verteilung der Werkzeuge und der Tier- oder Menschenknochen in der Schicht und in den Schichten darüber und darunter.

Die aufgelesenen menschlichen Knochenreste werden zunächst gereinigt und danach restauriert. Manchmal ist auch die Festigung des Materials mit Hilfe bestimmter Substanzen nötig. Die Restaurierung kann mit der Rekonstruktion fehlender Teile abschließen, bei der man sich des Vergleichs mit geeigneten anderen archäologischen Funden bedient. Auf jeden Fall muss man, soweit möglich, Lage, Form und Größe der Knochen »in situ« aufnehmen, bevor man sie aus ihrer Fundumgebung entfernt. Falls nötig, kann man auch Abgüsse der Funde anfertigen, bevor man sie entfernt. Damit eröffnet sich die Möglichkeit, die ursprüngliche Oberfläche der Fundstätte zu rekonstruieren.

Beim Sammeln von Werkzeugen muss man besonders darauf achten, unbearbeitete Objekte nicht für Artefakte zu halten. Dazu sollte geprüft werden, ob das aufgefundene Exemplar einmalig ist oder im Gebiet der Fundstätte häufiger auftritt, ob das verwendete Material sonst nicht an dieser Stelle vorkommt, ob die entdeckten Exemplare prozentual häufiger vorkommen als andere Objekte, ob sich Analogien in Schnitt und Abnutzung finden und ob sie von der gleichen Patina überzogen sind.

DIE ZEIT DER EVOLUTION UND IHRE MESSMETHODEN

1

2

Der große Verbündete der Evolution ist die Zeit. Die Evolution des Menschen bildet den Höhepunkt der Geschichte des Lebens auf der Erde und entspricht nur den letzten Minuten auf der Lebensuhr.
Das Leben selbst wurde erst durch die Kosmogenese möglich, die Entwicklung des Universums, des Sonnensystems, der Erde.
Dem menschlichen Leben gehen Bakterien, Algen, Pflanzen und Tiere voraus. Ohne eine Vergangenheit von Jahrmillionen, ja sogar Jahrmilliarden, hätten wir das Gegenwärtige nicht. Und das volle Verständnis der Gegenwart erfordert das Wissen um die Vergangenheit.
Die längste Phase in der Evolution des Lebens, über zwei Milliarden Jahre, prägten die Bakterien (prokaryotische Zellen ohne Kern) und Archäobakterien, die vor etwa 3,5 Milliarden Jahren auftauchten.
Vor anderthalb Milliarden Jahren entstanden die ersten eukaryotischen Zellen.
Die ersten mehrzelligen Lebewesen: vor 700 bis 800 Millionen Jahren.
In der Zeit vor 530 bis 520 Millionen Jahren ereignete sich ein Phänomen, das wir als Kambrische Explosion kennen. Es entstanden die wichtigsten Tier- und Pflanzenordnungen, die es heute noch auf der Erde gibt.
Die Evolution der Fische begann vor 450 Millionen Jahren.
Die Evolution der Reptilien: vor 280 Millionen Jahren.
Die Evolution der Säugetiere: vor 200 Millionen Jahren.
Die Evolution der Primaten: vor 60 bis 70 Millionen Jahren.
Die Evolution der Hominiden: vor 5 bis 6 Millionen Jahren.
In Anbetracht der zeitlichen Dimensionen ist bei der Beschäftigung mit Fossilien die Bestimmung des Zeitalters, aus dem sie stammen, von fundamentaler Bedeutung.
Anhaltspunkte für eine relative Chronologie können wir den Schichten über oder unter

1. Die Stromatolithen, entstanden aus Resten von Blaualgen, sind Zeugnisse prokaryoter Organismen. Foto: Teil eines Stromatolithen (Präkambrium, zwei Milliarden Jahre alt).

2. Felsgestein mit fossilen Algen (200 Millionen Jahre alt).

3. Fossil einer Pflanze aus dem Karbon, 345 bis 280 Millionen Jahre vor heute: Fragment eines Stammes.

4. Skelett eines marinen Reptils, des Notosaurus, der kurz nach der Mitte der Trias (245 bis 195 Millionen Jahre vor heute) lebte und auf dem Monte San Giorgio an der Grenze zwischen Italien und der Schweiz gefunden wurde. Die Lagerstätte entstand wohl in einem Brackwasserbecken und ist reich an Meeresfossilien.

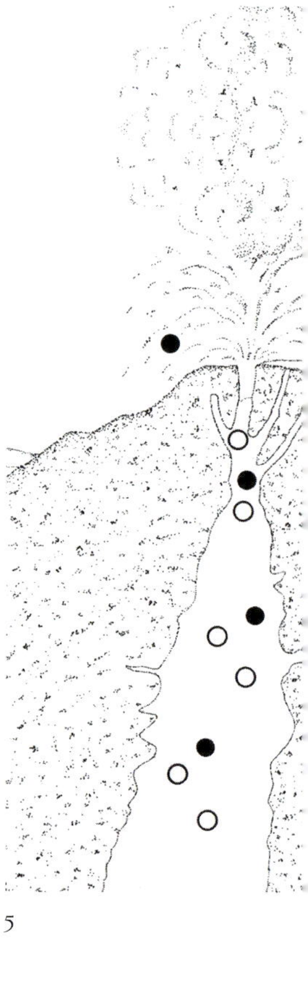

5

3

4

5. Schema einer Datierung nach der Kalium-Argon-Methode. Das radioaktive Isotop ^{40}K verwandelt sich nach einem Vulkanausbruch in Kalzium 40 und das Gas Argon 40, das, in den Fels eingeschlossen, Informationen über das vulkanische Material und die dort ebenfalls enthaltenen Knochenfunde liefern kann.

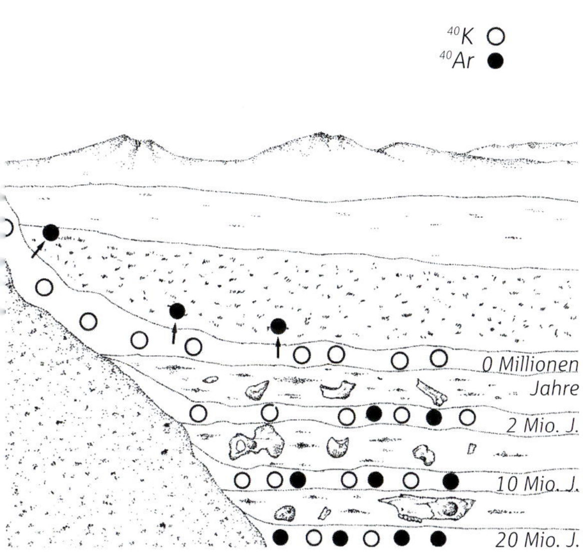

einer bestimmen Fundstätte entnehmen. Sofern es keine Umlagerungen gab, ist anzunehmen, dass die Funde, die sich weiter oben befinden, später abgelagert wurden als die darunter liegenden.

Für eine absolute Datierung werden vor allem die Methoden herangezogen, die auf radioaktiven Isotopen bestimmter Elemente basieren (radiometrische Methoden wie die Kalium-Argon- oder die Radiokarbon-Methode).

Sie verwandeln sich im Laufe der Zeit in andere Isotope und setzen dabei Elementarteilchen frei. Diese Zerfallszeit ist bei jedem Element anders. Wenn man weiß, wie viel radioaktive Substanz in einem Fossil oder in dem Gestein, der es umschließt, vorhanden ist, und dazu die Halbwertzeit dieser Substanz kennt, kann man damit die Zeit errechnen, in der ein Fossil lebte oder sich in dem Gestein ablagerte.

KALIUM-ARGON-METHODE

Eine weithin gebräuchliche Methode für die Datierung älterer Fundstücke ist die Kalium-Argon-Methode. Dabei wird die Menge von Argon 40 bestimmt, einem Zerfallsprodukt des radioaktiven Kalium-Isotops ^{40}K, das gemeinsam mit den stabilen Isotopen 39 und 41 in einer Menge von 0,012 % im natürlichen Kalium vorkommt.

Das Isotop ^{40}K zerfällt sowohl in Kalzium 40 wie auch in Argon 40, die im Gestein verbleiben. Weil man weiß, dass die Halbwertzeit, also die Zeit, in der sich die Menge des radioaktiven Isotops halbiert, $1{,}3 \times 10^9$ Jahre beträgt, kann man anhand der vorhandenen Argonmenge in vulkanischem Gestein erschließen, wann sich dieses Gestein gebildet hat. Diese Methode kann ausschließlich bei Material vulkanischen Ursprungs angewendet werden.

6. 7. Teil eines 225 Millionen Jahre alten fossilen Baumstammes aus dem Petrified Forest National Park in Arizona, USA.
Daneben: versteinerte Stämme im Petrified Forest.

6

7

RADIOKARBON-METHODE

Im Kohlendioxid (CO_2) der Atmosphäre ist Kohlenstoff sowohl in »normaler«, stabiler Form (^{12}C) wie auch, in geringer Menge, als radioaktives ^{14}C vorhanden. Dieses instabile Isotop entsteht in der Atmosphäre durch die Reaktion von Neutronen der kosmischen Strahlung mit ^{14}N nach der Reaktionsformel $^{14}N + n = {}^{14}C + {}^{1}H$. Der radioaktive Kohlenstoff verbindet sich mit dem Sauerstoff der Atmosphäre und es entsteht CO_2 mit ^{14}C, das sich in der Atmosphäre mit dem CO_2 aus nicht radioaktivem ^{12}C vermischt. Man geht davon aus, dass das Verhältnis $^{14}C/^{12}C$ in der gesamten Zeit gleich gewesen ist.
Das CO_2, das durch Fotosynthese in die organische Substanz von Pflanzen und dadurch auch in die Tiere übergeht, die sich pflanzlich ernähren, enthält also radioaktiven Kohlenstoff und normalen Kohlenstoff im selben Verhältnis wie die Atmosphäre. Dieses Verhältnis bleibt konstant bis zum Tod des Tieres oder der Pflanze; dann zerfällt das ^{14}C in ^{14}N und setzt Beta-Partikel frei (ein Gramm Kohlenstoff emittiert 13 Elektronen pro Minute). Als Folge davon ändert sich das Verhältnis $^{14}C/^{12}C$ im Laufe der Zeit. Da die Halbwertzeit von ^{14}C bei 5730 Jahren liegt, kann man von der Menge des ^{14}C in einem organischen Material auf die Zeit schließen, in der das Tier oder die Pflanze abgestorben ist. So können Funde aus einer Zeit bis vor 40 000 bis 50 000 Jahren datiert werden. Wie schon gesagt, gründet sich die Methode auf die Annahme, dass das Mengenverhältnis von ^{14}C und ^{12}C in der Atmosphäre über die gesamte Zeit hinweg gleich geblieben ist. Das ist allerdings – zumindest für unsere heutige Zeit – nicht ganz zutreffend. Das mag an der Zunahme der Radioaktivität in der Atmosphäre durch Nuklearexplosionen und daher höheren ^{14}C-Werten liegen oder an einer größeren Konzentration von CO_2 mit ^{12}C durch die gestiegene Verbrennung von fossilem Kohlenstoff und anderen Materialien. Man hat aber Methoden entwickelt, um diese Differenzen auszugleichen, für die letzten Jahrtausende etwa durch den Abgleich mit der Dendrochronologie.

8. Funktionsschema der Radiokarbon-Methode. Im Laufe der Zeit nimmt die Menge von ^{14}C im organischen Material ab. Nach 5730 Jahren ist nur noch die Hälfte vorhanden, nach 17 190 Jahren ein Achtel, nach 57 000 Jahren findet man keine ^{14}C-Spuren mehr.

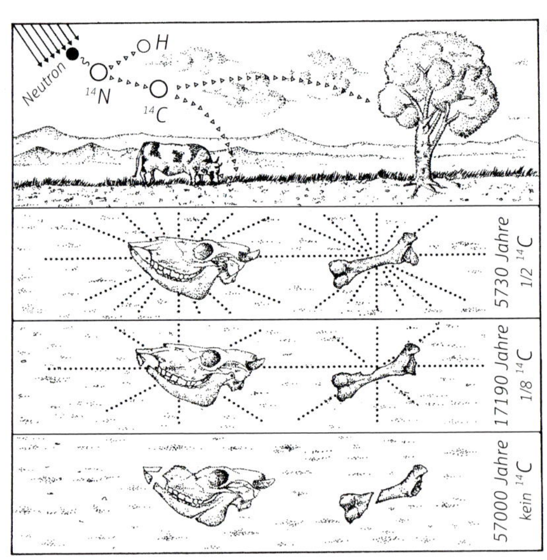

8

DENDROCHRONOLOGIE

Die Methode basiert auf den Jahresringen von Pflanzenstämmen und auf ihren physikalisch-chemischen, morphologischen und densitometrischen Eigenschaften. Diese Eigenschaften werden in Koordinatensysteme übertragen (auf der horizontalen x-Achse die Lebensjahre der Pflanze, auf der vertikalen y-Achse die Werte der ermittelten Größen).

9

9. Ein bemaltes Gefäß des keramischen Neolithikums (erste Hälfte des 6. Jahrtausends v. Chr.) aus Tell el'Ueli, Mesopotamien (heute Südirak).

Die dendrologischen Kurven (je langlebiger die Pflanzen, desto länger die Kurven) werden dann mit Standardkurven der jeweiligen Art in dem jeweiligen Gebiet auf analoge Eigenschaften hin verglichen. So kann man den Zeitraum bestimmen, aus dem der Fund stammt.
Das Verfahren ist aber nur auf relativ junge Funde im Alter von einigen tausend Jahren anwendbar.

THERMOLUMINISZENZ-METHODE

Das für die Keramikherstellung verwendete Material enthält radioaktive Elemente, die Teilchen, insbesondere Elektronen, freisetzen, die während des Brennvorgangs in den Kristallgittern gefangen bleiben. Erhitzt man die Keramik, vereinigen sich die Teilchen und geben Licht ab. Je mehr Zeit seit dem Jahr Null, also dem Brennvorgang, vergangen ist, desto intensiver ist das Licht. Diese Methode wird auch bei Steinerzeugnissen und Steinen angewandt, die irgendwann einmal Wärmequellen ausgesetzt waren.

10. Abguss des restaurierten Schädels des gefälschten Piltdown-Menschen. Die tatsächlich gefundenen Stücke sind hier dunkel gefärbt.

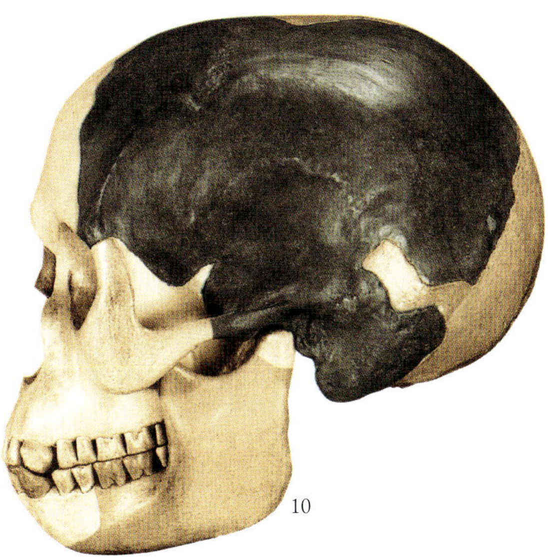

10

FLUORTEST

Mit dieser Methode erhält man keine absolute, sondern nur eine relative Datierung. Das Grundwasser enthält Fluor-Ionen, die die Hydroxylgruppen des in den Knochen enthaltenen Hydroxyapatits ersetzten können. Funde, die einer Schicht entstammen und denselben Vorgängen ausgesetzt waren, müssen die gleiche Menge Fluor enthalten. Der Fluortest wird bei relativen Datierungen eingesetzt, um sicherzustellen, dass zwei Funde als Teil desselben Stratums und damit als gleichzeitig gelten können.
Mit dieser Methode ist der gefälschte Piltdown-Schädel entlarvt worden, ein Fossil, das den Anthropologen lange Zeit Kopfzerbrechen bereitet hatte, weil dort ein Fragment eines eindeutig äffischen Unterkiefers mit der Schädeldecke eines modernen Menschen verbunden war. 1912 hatte Charles Dawson diesen Fund angezeigt und behauptet, die Teile im englischen Sussex gefunden zu haben. Durch den Fluortest, den Kenneth Oakley 1953 auf den Schädel anwandte, zeigte sich, dass die beiden Funde nicht als gleichzeitig gelten können. Der Kieferknochen stammte von einem modernen Orang-Utan, die Schädeldecke von einem Menschen des 13. Jahrhunderts.

ZUM UMFELD DER PRIMATENEVOLUTION

1

Kreidezeit

2

Eozän

3

Oligozän

4

Miozän vor mehr als 17 Millionen Jahren

5

Späteres Miozän

Die ältesten bekannten Primaten tauchten vor etwa 70 Millionen Jahren in der ausgehenden Kreidezeit (Mesozoikum) in den nordamerikanischen Rocky Mountains auf. Die hohe Zeit der Primaten ist jedoch eindeutig das Tertiär, das verschiedene Perioden umfasst und an dessen Ende schließlich der Mensch auftritt. Die Geographie wie auch die Flora und Fauna der Erde sahen zu jener Zeit ganz anders aus als heute.
In der Kreidezeit bildeten Europa und Nordamerika einen von Asien, Afrika und Südamerika getrennten Kontinent. Soviel man weiß, entwickelten sich die ältesten Primatenformen, die Halbaffen, auf dem euroamerikanischen Erdteil.
Im mittleren Eozän, also vor etwa 45 bis 40 Millionen Jahren, löste sich Nordamerika von Europa und entfernte sich allmählich, während Europa und Asien sich einander annäherten und schließlich einen großen Kontinent bildeten. Eine Landbrücke verband diesen Erdteil mit Afrika und ermöglichte den Halbaffen die Ausbreitung dorthin. Später

1. Die Erde der Kreidezeit, vor 138 bis 67 Millionen Jahren. Noch bilden Europa und Nordamerika einen Kontinent, die Wiege der Primaten. Asien, Afrika und Südamerika sind jeweils davon getrennt.

2. Die Erde im Eozän. Vor etwa 45 bis 40 Millionen Jahren trennte sich Nordamerika von Europa. Europa und Asien näherten sich an und bildeten einen Kontinent, der über eine Landbrücke auch mit Afrika verbunden war. Auf diesem Weg gelangten die Halbaffen nach Afrika.

3. Die Alte Welt im Oligozän, zwischen 37–36 und 24,5 Millionen Jahren vor heute. Eurasien und Afrika sind nicht mehr verbunden, ein Meeresarm, das Tethysmeer, trennt sie voneinander.

4. Die Alte Welt im Miozän, bis 17 Millionen Jahre vor heute. Das Tethysmeer trennt Eurasien und Afrika noch immer.

5. Die Alte Welt seit der Zeit vor 17 Millionen Jahren. Die afrikanisch-arabische Platte kollidiert mit Eurasien, es entsteht eine Landpassage, die das Tethysmeer abschließt. Über diese Passage gelangen die afrikanischen Primaten des Miozän nach Europa und Asien.

6. Im Hintergrund einer wandernden Elefantenherde erhebt sich ein gewaltiges verschneites Gebirge, ein Beispiel der intensiven orogenetischen und vulkanischen Bewegungen im Miozän, die das Gesicht des afrikanischen Kontinents veränderten.

6

brachen die Verbindungen nach Afrika ab, weil ein langer Meeresarm, das Tethysmeer, den Atlantik mit dem Indischen Ozean verband.

Inzwischen veränderte sich auch das Klima. Im Eozän und Oligozän sank die Durchschnittstemperatur in den mittleren Breiten der Nordhalbkugel von 22 auf 20 Grad ab. Damit schrumpfte der Lebensraum im Wald. Wahrscheinlich ist so die Verbreitung der Halbaffen in einigen Regionen Afrikas und Asiens zu erklären.

Im Miozän schließlich verstärkten sich die geologischen und klimatischen Veränderungen. Vor etwa 17 Millionen Jahren kollidierte die afrikanisch-arabische mit der eurasischen Platte. Dabei entstand ein Riss, der Afrika heute der Länge nach vom Roten Meer bis nach Mosambik durchzieht und zur Bildung der Bergketten und des Rift Valley oder Ostafrikanischen Grabenbruchs führte sowie zu einer Querspalte Richtung Osten im Bereich des heutigen Golf von Aden. Es bildete sich eine neue, die drei Kontinente verbindende Landbrücke, die das Tethysmeer abschloss.

Wahrscheinlich waren Europa und Afrika auch im Bereich des heutigen Gibraltar miteinander verbunden. Diese Landbrücken erlaubten die Wanderung der ältesten Affen von Afrika nach Eurasien. Fossilien von *Cercopitheci* finden sich so in Europa und in Asien, nicht nur in Afrika. Gleiches gilt für die *Pliopitheci*, die *Dryopitheci* und andere Formen des Miozäns.

Um ihre Nahrung zu sichern, suchten sie nach Lebensräumen in Wäldern oder zumindest in der Nähe von Wäldern. Diese Waldgebiete jedoch gingen wegen der sinkenden Temperatur und der damit verbundenen Aridisierung des Klimas immer weiter zurück.

Im Miozän fanden auch starke orogenetische und vulkanische Bewegungen statt. Es entstanden wuchtige Bergketten, von den Alpen bis zum Himalaya und den amerikanischen Gebirgen. In Afrika führten starke tektonische Vorgänge nicht nur zur Entstehung des Rift Valley und zur Erweiterung des Kontinentalsockels unter Eurasien, wodurch die drei Kontinente verbunden wurden, sondern auch zur Bildung der großen Seen entlang des Rift Valley (Turkana-, Victoria-, Tanganjika- und Niassa-See). Große Gebirge und endlose Talebenen entstanden. Überaus aktive Vulkane trugen zu äußerst schwankenden Umweltverhältnissen bei. Die häufigen Eruptionen wirkten sich einschneidend auf das Leben der Pflanzen und Tiere aus, deren Spuren sich in den Sedimentschichten von Seen bewahrt haben und dort immer wieder von vulkanischem Material überdeckt wurden.

Auch die Niederschlagsmenge sowie Windstärke und -richtung änderten sich; in den Regionen östlich des Rift Valley wurde das Klima trockener, und die Waldlandschaft, die

7

8

7. Eine üppige Landschaft im äthiopischen Regenwald.

8. Skelett und Rekonstruktionszeichnung eines Affen des jüngeren Miozän: der Pliopithecus. Seine Gruppe endete nach Ansicht einiger Forscher in einer Sackgasse, seine Nachkommenschaft ist nicht gesichert. Dennoch haben wir einen Primaten mit besonders agiler und effizienter Fortbewegung vor uns. Er ist nicht nur als Schwinghangler mit dem Waldhabitat vertraut, sondern auch an das Laufen auf der Erde angepasst.

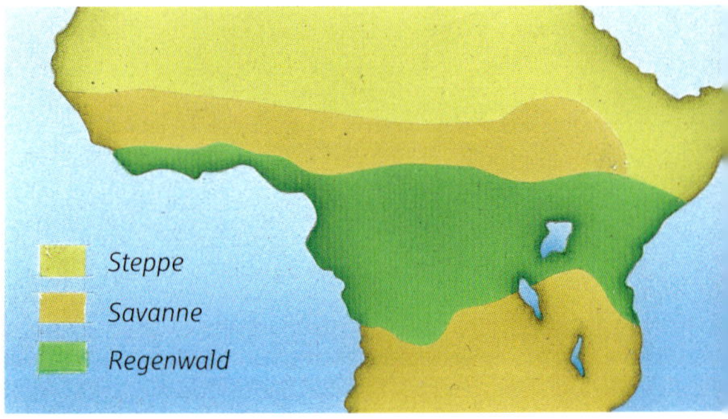

9

9. 10. Dargestellt sind die Umweltbedingungen vor und nach der Entstehung des Rift Valley. Das feuchte und bewaldete Habitat schrumpft und macht einem trockeneren, offeneren Platz: Ersteres begünstigte die Menschaffen, letzteres die Hominiden, die einen Körperbau entwickeln konnten, der weniger auf den Lebensraum Wald konditioniert war, etwa durch eine Fortbewegung, die zur Bipedie führte.

11

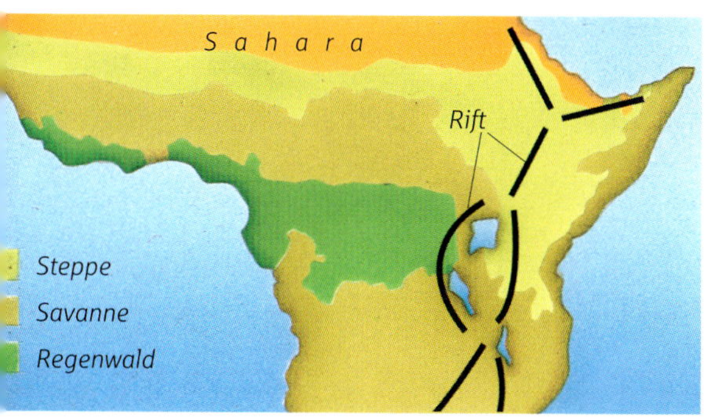

10

11. Auf dem Foto: Eine typische afrikanische Savannenlandschaft: ein weiter Horizont, wenige Bäume, Gebüsch. Das Habitat erscheint schwieriger, die Verteidigung gegen schnelle Raubtiere etwa ist problematisch, aber offenbar förderte es eine evolutionäre Anpassung.

sich zuvor vom Atlantik bis zum Indischen Ozean erstreckt hatte, schrumpfte zusammen. Im Osten entstand so eine offene Landschaft, während westlich des Rift Valley das Klima durch die vom Atlantik heranziehenden Niederschläge feucht blieb – das Gebiet war bewaldet. Nach Yves Coppens – der nicht nur zu den Hominiden, sondern auch zu den fossilen Großsäugern und zur Umwelt der Zeit wichtige Untersuchungen durchgeführt hat – war diese Vielfalt der Lebensbedingungen grundlegend für die Evolution der Hominiden. Im Waldgebiet entwickelten sich die Menschenaffen, die auch heute noch dort leben, während im Osten, in einer offeneren und trockeneren Umgebung, die Hominiden mit ihrem aufrechten Gang entstanden und sich ausbreiteten. Sie hatten Erfolg im Bestehen von immer schwierigeren Umweltbedingungen, bis schließlich der Mensch sich den Herausforderungen seiner Umgebung mit Hilfe der Errungenschaften der Kultur stellen konnte. So erklärt sich die Anwesenheit von Hominiden östlich des Rift Valley, wo Fossilien von Menschenaffen bisher nicht gefunden worden sind. Diese Theorie, als »East Side Story« bekannt, bewahrt ihren Wert auch nach der Auffindung eines weiblichen *Australopithecus* im Tschad, 2000 Kilometer westlich des Rift Valley, wie wir im Folgenden noch sehen werden.

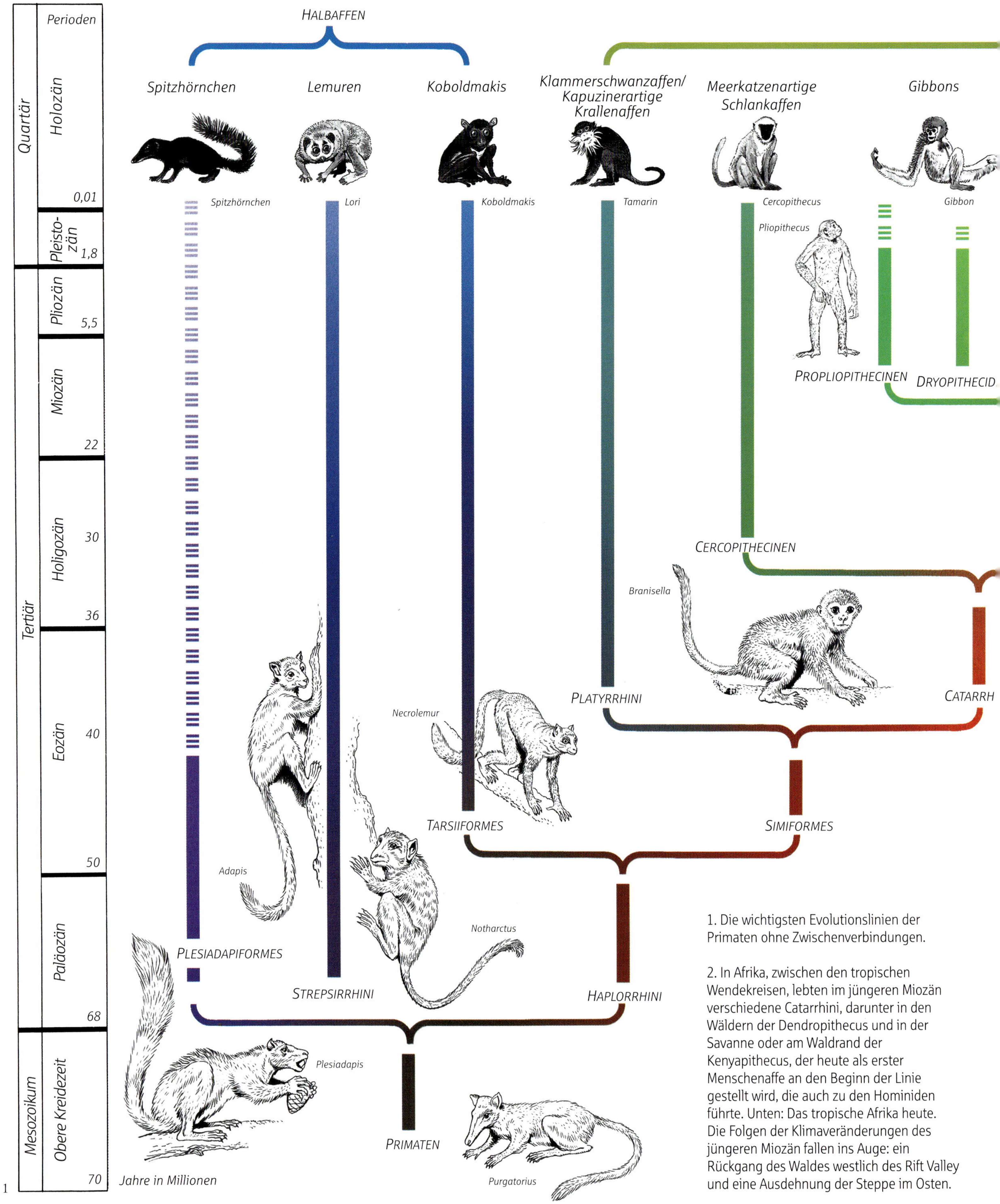

1. Die wichtigsten Evolutionslinien der Primaten ohne Zwischenverbindungen.

2. In Afrika, zwischen den tropischen Wendekreisen, lebten im jüngeren Miozän verschiedene Catarrhini, darunter in den Wäldern der Dendropithecus und in der Savanne oder am Waldrand der Kenyapithecus, der heute als erster Menschenaffe an den Beginn der Linie gestellt wird, die auch zu den Hominiden führte. Unten: Das tropische Afrika heute. Die Folgen der Klimaveränderungen des jüngeren Miozän fallen ins Auge: ein Rückgang des Waldes westlich des Rift Valley und eine Ausdehnung der Steppe im Osten.

DIE EVOLUTIONS-LINIEN DER PRIMATEN

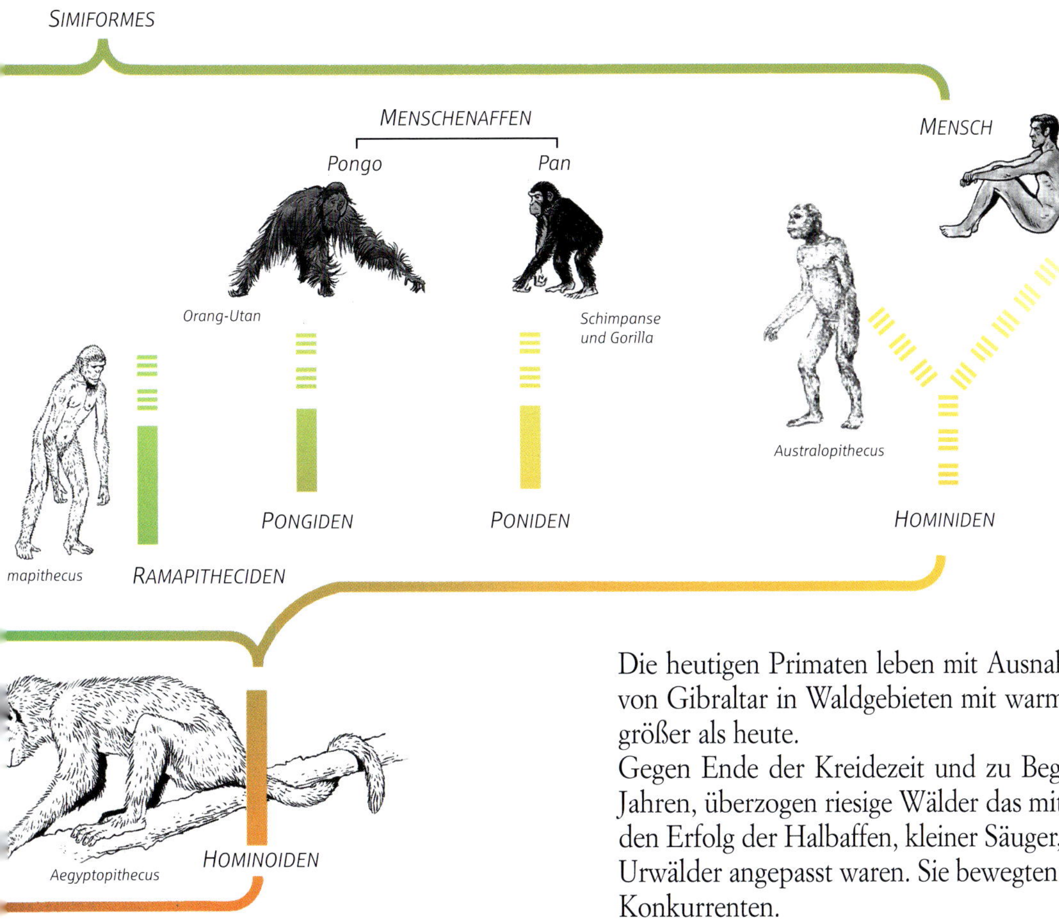

Die heutigen Primaten leben mit Ausnahme der Makaken Japans und den Berberaffen von Gibraltar in Waldgebieten mit warmem Klima. Diese Gebiete waren einst sehr viel größer als heute.

Gegen Ende der Kreidezeit und zu Beginn des Tertiärs, vor etwa 70 bis 65 Millionen Jahren, überzogen riesige Wälder das mit Nordamerika verbundene Europa. Das erklärt den Erfolg der Halbaffen, kleiner Säuger, die an das lichtarme Habitat (Wohngebiet) der Urwälder angepasst waren. Sie bewegten sich überaus geschickt und hatten keine echten Konkurrenten.

Gegen Ende des Eozäns vor etwa 26 Millionen Jahren verschlechterten sich die Umweltbedingungen, und die Halbaffen zogen sich nach Afrika – besonders Madagaskar – sowie in einige Gebiete Asiens zurück.

Gleichzeitig setzte sich in Afrika, immer in bewaldeten Regionen, bei den *Haplorrhini* allmählich der wichtige Stamm der *Simiformes* durch; seine Vorfahren waren die Stämme der *Platyrrhini* und der *Catarrhini*. Die Affen breiteten sich also von Afrika her aus und erreichten dann Europa, Asien und Amerika. Die Vorfahren der Menschenaffen und des Menschen kamen allerdings erst später.

Erst im Miozän (vor 15 bis 17 Millionen Jahren) finden sich fossile Primaten, die Eigenschaften der Menschenaffen und vielleicht auch der Hominiden zeigen und als Hominoiden bezeichnet werden.

Wir wissen nicht genau, wann sich die Linie der Menschenaffen (Paniden und Pongiden) von jener trennt, die später zu den Hominiden führt. Einige Fossilien (*Kenyapithecus*) gelten als gemeinsame Vorfahren der Menschenaffen und des Menschen.

Der gemeinsame Stamm der Menschenaffen und der menschlichen Evolutionslinie hat sich seinerseits durch Evolution aus einer anderen Gruppe oder durch Separation von einem anderen Stamm entwickelt. Durch die Rekonstruktion eines Netzes von Evolutionslinien der *Catarrhini*, der Altweltaffen, versucht man immer weiter in der Zeit zurückzugehen. Der Anfang liegt wenigstens 35 Millionen Jahre zurück. Aber auch die ältesten *Catarrhini* waren nicht die ersten Primaten, denn die Halbaffen tauchten schon vor 60 bis 70 Millionen Jahren am Beginn des Tertiär auf. In ihnen können wir kaum die Vorfahren des Menschen sehen; sie sind eher Vorläufer aller lebenden Primaten einschließlich des Menschen.

Unsere Kenntnisse der menschlichen Evolutionslinie, also der Formen, die einen direkten oder indirekten Bezug zum Menschen haben können, beginnen mit Primaten, die vor fünf bis sechs Millionen Jahren lebten: Es sind einige *Australopithecus*-Funde aus Zentral- und Ostafrika. Sie werden der Familie der Hominiden zugeordnet, die sowohl vormenschliche wie auch menschliche Formen umfasst.

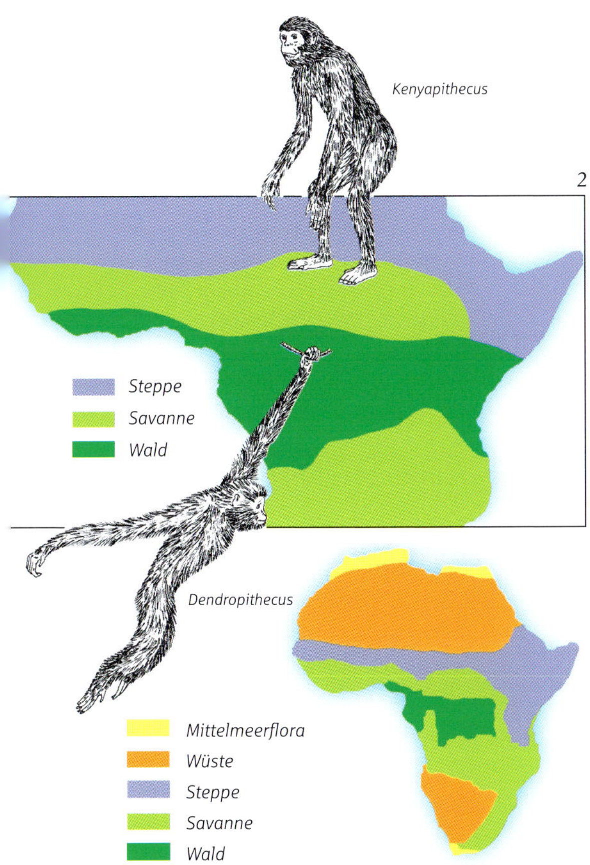

DIE ÄLTESTEN PRIMATEN: DIE HALBAFFEN

1

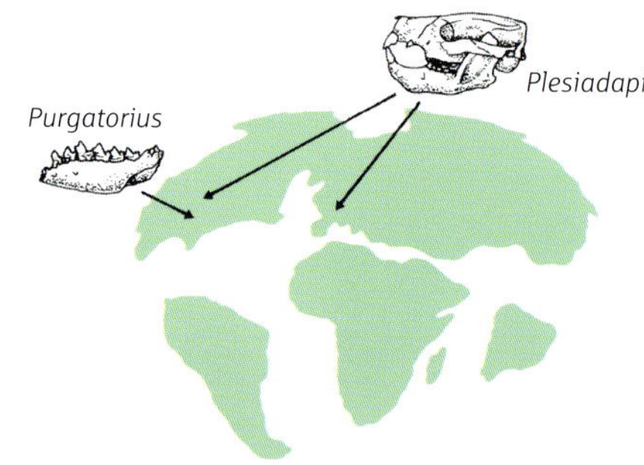

3

2

1. Eine Rekonstruktionszeichnung des Purgatorius im Wald-Habitat der jüngeren Kreidezeit (70 Millionen Jahre vor heute).

2. Stück eines Unterkiefers des Purgatorius, um das Vierfache vergrößert.

3. 4. Verteilung der Halbaffen im Paläozän (vor 64 bis 53,5 Millionen Jahren) und im Eozän (vor 53,5 bis 36 Millionen Jahren).

Die ältesten Primatenformen sind die Vorfahren der heute lebenden Halbaffen, einer Unterordnung der Primaten, die sich durch vier oder drei vordere Backenzähne (Prämolaren) pro Kieferhälfte, durch geschlossene Augenhöhlenringe mit einer breiten Verbindung zwischen den Augenhöhlen und der Schläfengrube und durch die Anordnung der Augenhöhlen an der Stirnebene zur stereoskopischen Sicht auszeichnen. Die Halbaffen leben in den Wäldern einiger Regionen des afrikanischen (Madagaskar, Zentralafrika) und asiatischen Kontinents (Indien, Malaysia, Indonesien). Einige Arten führen ein Leben im Dunkel der Nacht, andere sind tagaktiv.
Die ausgestorbenen Arten zeigten einige Evolutionstendenzen hin zu den Eigenschaften der modernen Halbaffen, hatten sie aber nicht im vollen Maße erreicht. So war etwa der Augenhöhlenring bei fossilen Lemurenarten nicht geschlossen. Die ältesten Repräsentanten stammen vom Übergang der Kreidezeit zum Paläozän und lebten in Europa und Amerika, die damals, wie schon erwähnt, einen großen Kontinent bildeten.
Vor 70 Millionen Jahren schließlich existierte ein Lebewesen, das einem Insektenfresser ähnelte. (Das zeigt ein Fossil, das 1965 in Nordamerika entdeckt wurde, an einer Stätte in Montana, die von den Paläontologen »Hügel des Fegefeuers« oder »Purgatorius-Hügel« genannt wird, weil es dort so unendlich mühsam ist, die Fossilien zu bergen.) Das Tier hatte eine lange Schnauze mit 44 Zähnen, die an ein Primatengebiss erinnern (3 Schneidezähne, 1 Eckzahn, 4 vordere Backenzähne und 3 Backenzähne pro Kieferhälfte), es lebte auf Bäumen und ernährte sich von Blättern, Früchten und Insekten. Nach seinem Fundort wurde es *Purgatorius* genannt.
Der Wald, vor allem Nadelwald, als Lebensraum bot nicht nur Nahrung, sondern auch hinreichend Schutz. Damals tauchten in offenen Lagen neben den Farnen auch Bedeckt-

5

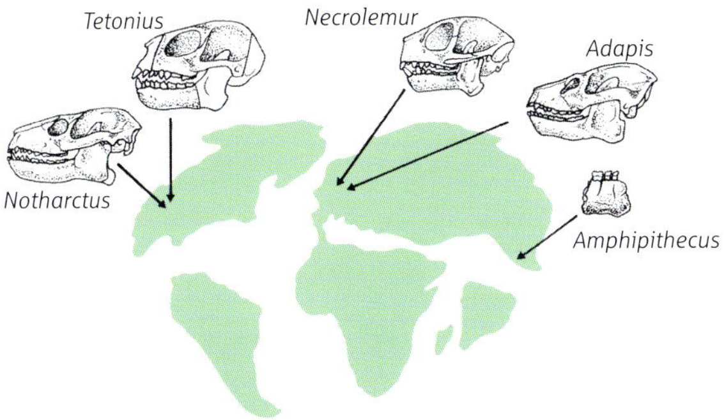

4

5. Schädel (gefunden im französischen Quercy) und Rekonstruktion eines Necrolemur. Dieser Halbaffe des Eozän war klein, hatte große Augen, einen gerundeten Schädel und 34 Zähne. Er ernährte sich von Früchten und gilt als eine Vorform (Omomyidae) der heute lebenden Tarsiiformes.

6. Skelett eines Archaeolemur edwardsi, eines Lemurenartigen auf Madagaskar, der erst in jüngerer Zeit ausstarb. Er muss teilweise auf der Erde gelebt haben. Sein Gebiss war darauf eingerichtet, vegetarische Nahrung zu schneiden, zu schälen und zu zerquetschen.

7. Lebensräume der heute lebenden Halbaffen.

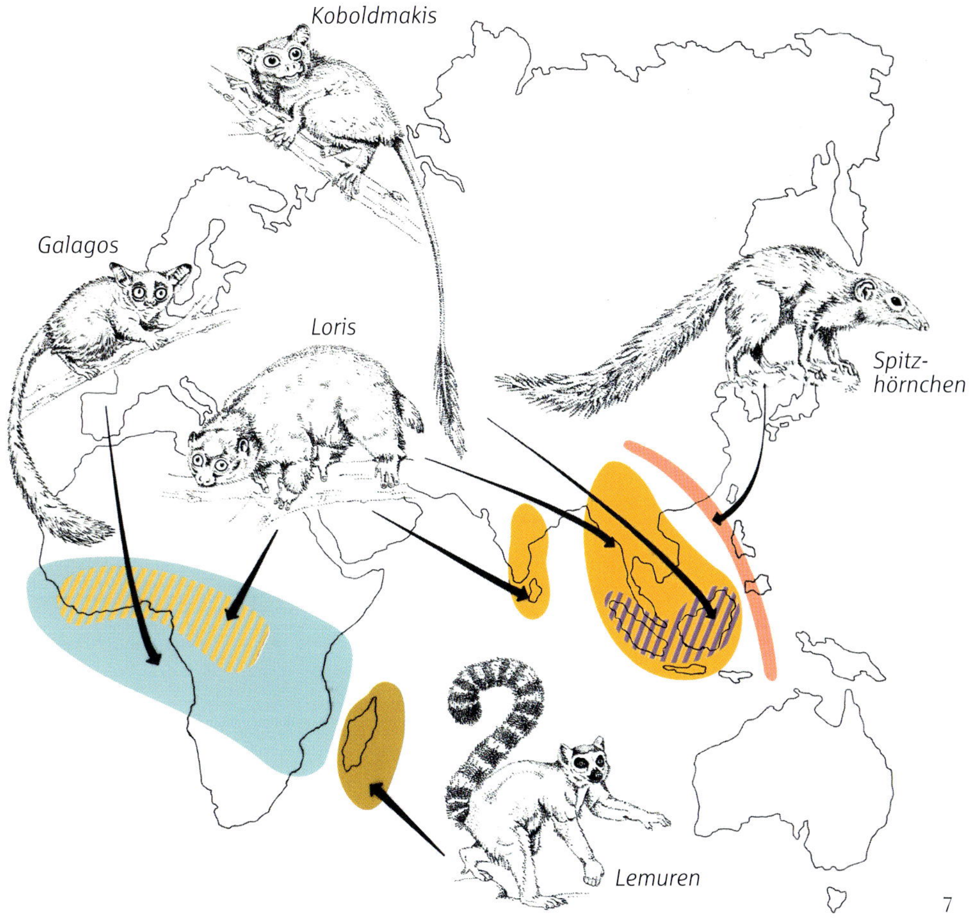

7

samer auf, die Dinosaurier *(Tyrannosaurus, Triceratops)* lebten noch, starben aber gegen Ende des Mesozoikums aus, während sich die Evolutionslinien der Beutel- und der Plazentatiere durchsetzten.

Bekannter als der *Purgatorius* sind andere, ebenfalls als Halbaffen klassifizierte Funde aus den amerikanischen Rocky Mountains und Westeuropa. Es handelt sich um die Plesiadapiden *(Plesiadapis)*, so groß wie Eichhörnchen und überaus beweglich, sowie die Adapiden *(Adapis, Notharctus)* – Baumbewohner, die im Paläozän und im Eozän etwa 30 Millionen Jahre lang lebten. Während die Plesiadapiden im mittleren Eozän ausstarben, ohne Nachfahren zu hinterlassen, gelten die Adapiden als Vorfahren verschiedener heute lebender Halbaffengruppen, wie der Lemuren und Indri auf Madagaskar sowie der Loris in Afrika und dem südöstlichen Asien. Die Adapiden Amerikas *(Smilodectes, Notharctus)* sind älter als die europäischen *(Adapis)*: Erstere lebten schon vor 54 bis 47 Millionen Jahren, letztere erst seit 40 bis 35 Millionen Jahren.

Diese Primaten werden als *Strepsirrhini* (Feuchtnasenaffen) klassifiziert, während die *Tarsiiformes* (Halbaffen, die in Südostasien leben) und die *Simiformes* (*Platyrrhini* und *Catarrhini*) als *Haplorrhini* (Trockennasenaffen) bezeichnet werden. Von ihnen wird noch die Rede sein.

Die heutigen *Tarsiiformes*, die als die am weitesten entwickelten Halbaffen gelten, weisen sehr lange Fußwurzelknochen zum Springen auf und haben klar von der Schläfengrube getrennte Augenhöhlen. Ihre Vorfahren waren vermutlich die *Omomyidae*, als deren Kennzeichen eine begrenzte Hirnentwicklung und 34 Zähne gelten. Sie erscheinen im unteren Eozän vor etwa 50 Millionen Jahren und sind Zeitgenossen der Plesiadiapiden und Adapiden. Man findet sie in Amerika *(Rooneya)*, in Europa *(Necrolemur)* und auch

6

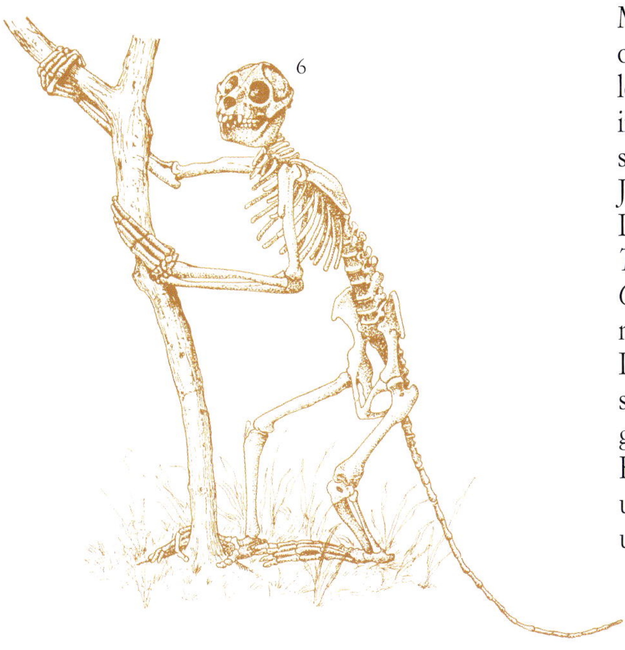

8

in Asien (*Altanius* aus der Mongolei), weil diese Erdteile im Paläozän und im Eozän noch miteinander verbunden waren.

Im mittleren Eozän, nach der Abtrennung Nordamerikas von der europäischen Landmasse, verlief die Evolution der Halbaffen auf beiden Kontinenten unabhängig voneinander. Allerdings verlieren sich nach dem Eozän die Spuren der fossilen Halbaffen in Amerika und Europa; heute leben Halbaffen in einigen Regionen Asiens und Afrikas, wohin sie gegen Ende des Eozän über die Landbrücke, die Europa damals mit Afrika verband, gewandert waren.

Die modernen Halbaffen haben sich unter relativ isolierten Bedingungen in geschützten Randregionen Zentralafrikas, auf Madagaskar und in Südostasien erhalten. In anderen Zonen dagegen sind sie ausgestorben. Auf die Insel Madagaskar gelangten die Halbaffen wahrscheinlich auf schwimmenden Bauminseln. Einige Formen sind erst in jüngerer Zeit ausgestorben und gelten als subfossil, so etwa der Archäolemur, dessen Reste in den Küsten- und Hochebenen Madagaskars verhältnismäßig zahlreich zu finden sind.

Im Eozän lebten die Halbaffen lange Zeit sowohl auf Bäumen wie auch am Boden, in bewaldeter oder offener Landschaft. Ihr Erfolg ist auf verschiedene Faktoren zurückzuführen: die Möglichkeit, auf die Ressourcen der Pflanzenwelt zurückzugreifen, die mit der Entwicklung der Bedecktsamer reichhaltiger geworden waren; die Anpassung des Gebisses an eine Lebensweise als Allesfresser; die Umwandlung der Krallen zu Nägeln, was einen besseren Einsatz der Extremitäten ermöglichte und zugleich einen stärkeren Austausch mit dem Gehirn förderte; das stereoskopische (räumliche) Sehen und eine Entwicklung der zerebralen Sichtzone und des Hirnvolumens, wodurch die Halbaffen zu wendigen Raubtieren wurden. Diese Eigenschaften, die schon bei den Halbaffen des Paläozäns angelegt waren, entwickelten sich besonders bei denen des Eozäns weiter.

Ihr Niedergang ist vielleicht einem allmählichen Rückgang der Wälder zuzuschreiben und vor allem der Konkurrenz der anderen, höher entwickelten Primaten, die im Oligozän zu entstehen begannen: die *Simiformes*, die sich vermutlich im Umfeld der *Omomyidae* entwickelten. Die genauen Bedingungen dieser Abspaltung liegen allerdings noch im Dunkeln.

9

8. Ein Katta (Lemur Catta), fotografiert auf Madagaskar im Berenty-Nationalpark. Dieser Halbaffe verbringt viel Zeit am Boden und schließt sich häufiger als andere Lemuren in Gruppen mit bis zu 15 Individuen zusammen. Er richtet sich mit aufrecht stehendem Schwanz auf und ernährt sich von Blüten, Früchten, Blättern und anderen Pflanzenteilen.

9. Die Bedecktsamer, also die Blütenpflanzen, deren Samen sich im Inneren einer Frucht befinden, entwickelten sich vor allem im Eozän, einem Zeitalter, in dem die Halbaffen gut gediehen. Die Zeichnung zeigt eine Magnolie. Wissenschaftler gehen davon aus, dass die ältesten Bedecktsamer kleine verholzte Pflanzen waren, die den heutigen Magnolien ähnelten.

10. Ein Larvensifaka (Propithecus verreauxi) im Berenty-Nationalpark auf Madagaskar. Dieser tagaktive, auf Bäumen lebende Lemur spielt mit der Schwerkraft. Er springt von einem stachligen Baum zum nächsten, ohne sich zu verletzen. Am Boden bewegt er sich in typischen seitlichen Sprüngen auf den Hinterbeinen vorwärts, die vorderen Gliedmaßen hält er dabei immer über dem Kopf wie ein Tänzer.

10

DIE PLATYRRHINI: EINE VOR 20 MILLIONEN JAHREN ZUM STILLSTAND GEKOMMENE ENTWICKLUNG

1

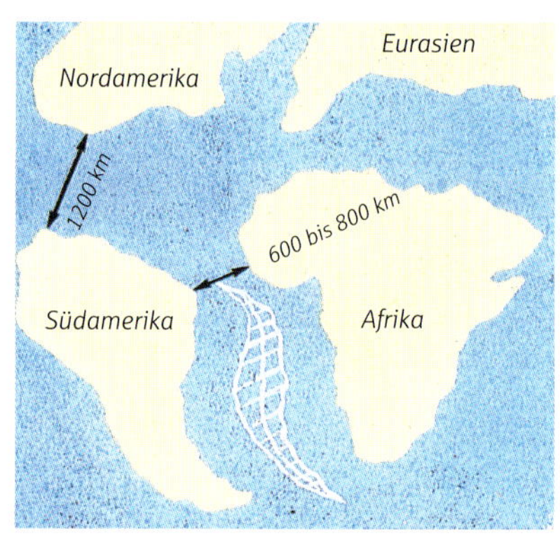

2

Die *Platyrrhini* sind kleine tagaktive Affen von sehr unterschiedlicher Größe, die in Zentral- und Südamerika leben. Sie haben eine breite Nasenscheidewand, daher ihr Name (Breitnasen- oder Neuweltaffen), eine gute Greiffähigkeit der Extremitäten, einen langen Schwanz, mit dem die *Cebidae* (Greif- oder Klammerschwanzaffen) ebenfalls greifen können. Ihre Entwicklungsgeschichte endet im Miozän. Seit dieser Zeit gleichen die Fossilien den heute lebenden *Platyrrhini* in allen Einzelheiten. Ihre Herkunft allerdings ist noch unbekannt.

Wahrscheinlich entstand im unteren Eozän vor etwa 50 Millionen Jahren eine neue Evolutionsrichtung der Primaten, die sich durch eine stärkere Hirnentwickung und

1. 2. Fossilien von Platyrrhini sind nur in Südamerika gefunden worden (Tremacebus, Dolichocebus und Homunculus in Argentinien, Branisella in Bolivien und Cebupithecia in Kolumbien). Sie stammen aus dem Oligozän (36 bis 2,5 Millionen Jahre vor heute), als der Kontinent sich weiter nach Osten erstreckte (hellblaues Gebiet) als heute (beiges Gebiet). Mit der Kontinentaldrift wurden die Entfernungen größer. Der Übergang von Simiformes von Afrika nach Südamerika fand im vorausgehenden Zeitalter, dem Eozän (53,5 bis 36 Millionen Jahre vor heute) statt, als die Entfernung zwischen den beiden Kontinenten noch nicht so groß und das Meer nicht so tief war. Zeichnungen: Links Brachyteles arachnoides, rechts Lagothrix lugens, zwei Breitnasenaffen, die heute in Südamerika leben (Brasilien bzw. Kolumbien). Kleines Bild: Die Entfernungen der Kontinente zu Beginn des Oligozän.

3. Ein kleiner Schwarzer Klammeraffe (Ateles paniscus) schaut ängstlich hinter einem Blatt hervor. Er gehört zur Gruppe der Atelinen oder Klammerschwanzaffen und lebt in Brasilien.

4. Der südamerikanische Totenkopfaffe (Saimiri sciureus) gehört ebenfalls zu den Breitnasenaffen. Er hangelt nicht, sondern bewegt sich fort wie andere baumbewohnende Säugetiere, etwa die Eichhörnchen.

3

4

strukturelle Veränderungen an den Gliedmaßen auszeichnete. Diese Linie wird mit den *Omomyidae* Nordamerikas oder mit einem afrikanischen Stamm von Voraffen, der sich noch aus den *Omomyidae* entwickelt hatte, in Verbindung gebracht.

Im Eozän sah die Geographie Amerikas ganz anders aus als heute. Nordamerika, in frühester Zeit mit Europa verbunden, hatte sich abgelöst und war durch Meere auch vom südamerikanischen Kontinent getrennt, der sich aufgrund der Kontinentaldrift allmählich von Afrika entfernte. Allerdings war der Meeresteil, der beide Kontinente am Ende des Eozän voneinander schied, weitaus schmaler als heute. Vielleicht 600 bis 800 Kilometer trennten Südamerika von Südafrika, während Nordamerika weiter entfernt

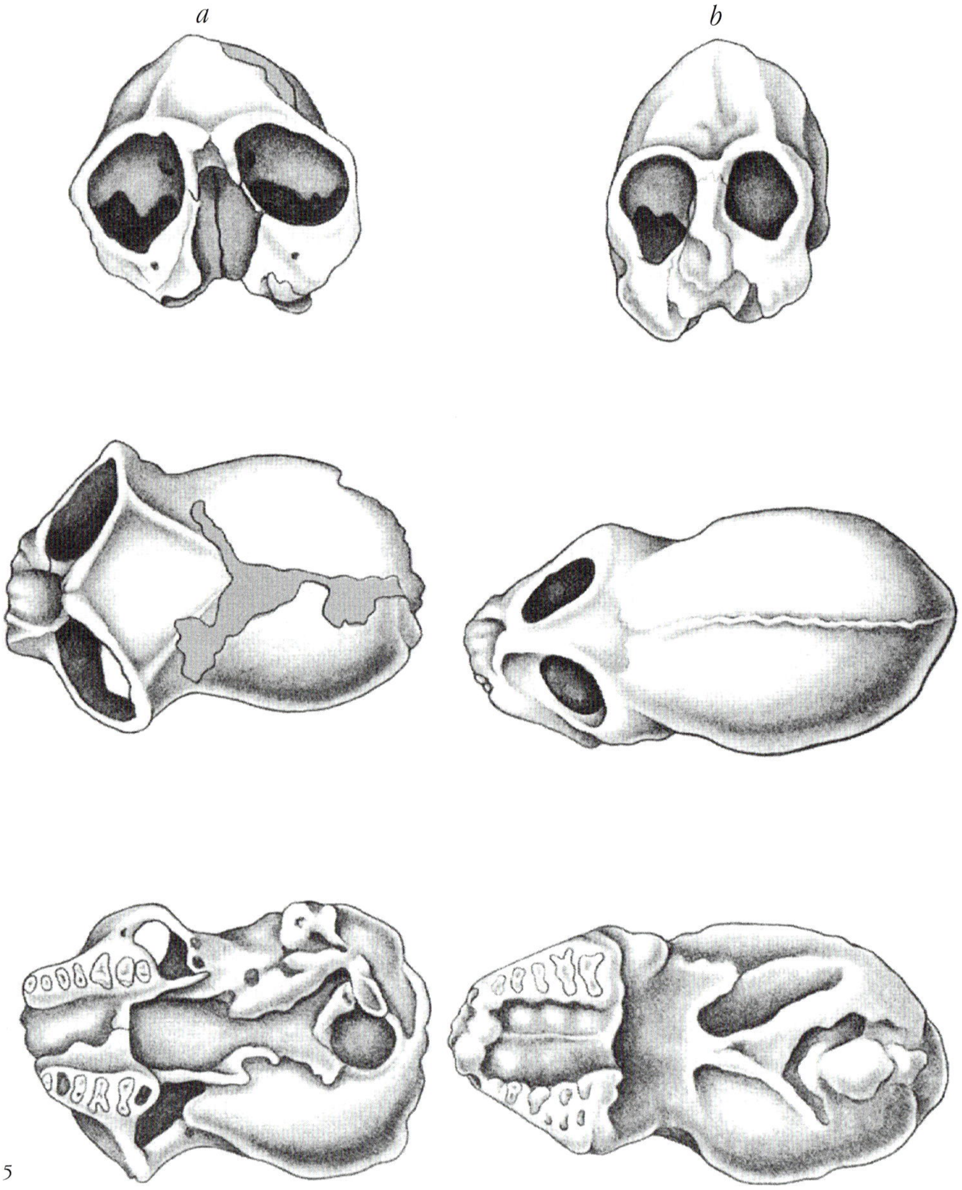

5

5. Vergleich zweier Schädel von fossilen südamerikanischen Primaten des Oligozän: Tremacebus (a) und Dolichocebus (b). Auffällig sind die gut definierten Schläfenlinien des einen und der lange und gestreckte Schädel des anderen. Bei beiden Fossilien sind die Augenhöhlen seitlich ausgerichtet, das Gebiss des Tremacebus ist sehr primitiv, das des Dolichocebus unterscheidet sich durch die vierhöckrigen oberen Backenzähne.

6. Rekonstruktion des Branisella, eines Breitnasenaffen, der im Oligozän, vor etwa 35 Millionen Jahren, in Bolivien lebte.

7. Ein Löwenäffchen (Leontopithecus rosalia) mit Jungen. Dieser Breitnasenaffe lebt heute nur noch in den Bergwäldern südwestlich von Rio de Janeiro.

lag. Außerdem durchzog den Atlantik in Nord-Süd-Richtung ein Höhenrücken, der bis zu 2000 Meter über dem Meeresgrund aufragte. So kann man die Abstammung der Breitnasenaffen von *Simiformes*-Ahnen in der Alten Welt erklären, die zu Beginn des Oligozäns den Abstand zwischen Afrika und Südamerika auf schwimmenden Bauminseln überwanden.
In das ältere Oligozän, die Zeit vor etwa 35 Millionen Jahren, wird ein Branisella genanntes Fossil mit einigen Gebiss-Merkmalen der *Platyrrhini* datiert, das man in Bolivien gefunden hat. Andere Fossilien, repräsentiert durch Schädelfragmente und Gliedmaßen, ordnen sich in diese Entwicklungslinie ein: *Dolichocebus* und *Tremacebus* des Oligozäns in Argentinien, *Homunculus* und *Cebupithecia* des Miozäns in Argentinien bzw. Kolumbien.
Die Ähnlichkeiten mit den heute lebenden Breitnasenaffen fallen sofort ins Auge. Ihre Evolution muss daher relativ früh abgeschlossen gewesen sein, vielleicht schon im Miozän. Es ist nicht der einzige Fall, in dem die Evolution einer Gruppe vor langer Zeit stehen ge-

6

7

blieben ist. Einige Brachiopoden (Armfüßer) des Ordovizium und des Karbon leben noch heute in den Meeren; der *Coelacanthus*, ein Fisch, in den Tiefen des Indischen Ozeans, unterscheidet sich nicht von Artgenossen aus der Zeit des Perm oder der Trias.
Dieser Sachverhalt, der sich manchmal bei »generalisierten« Spezies findet, also bei Arten, die morphologisch dem ursprünglichen Stamm nahe stehen, oder aber auch bei Spezies, die äußerst spezialisierte Lebensräume oder Lebensweisen haben (wie etwa der *Coelacanthus*), ist schwer zu erklären. Einige Wissenschaftler verweisen auf das Fehlen von Faktoren der natürlichen Auslese (also von Veränderungen in der Umwelt) und damit auf die Stabilität der jeweiligen ökologischen Nische. Sicher ist hingegen, dass sich im Evolutionsprozess der Arten einige Linien abzeichnen, entlang derer die Evolution bis in die heutige Zeit voranschreitet (wie etwa die Linie der Hominiden innerhalb der Primaten), andere dagegen, in denen ein bestimmtes Niveau der Spezialisierung erreicht ist und die man auch heute noch findet, und wieder andere, die mit dem Aussterben der Spezies enden.

DER URSPRUNG DER CATARRHINI: AFRIKA ODER ASIEN?

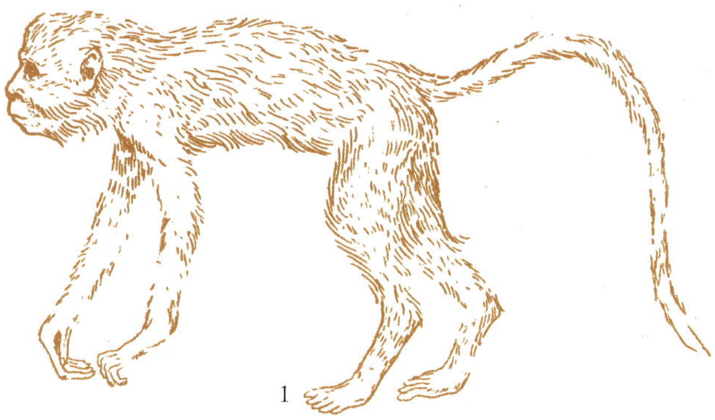
1

2

Die Ursprünge der *Simiformes*, auf die die *Platyrrhini* und *Catarrhini* (Schmalnasenaffen) zurückgehen, sind noch nicht zweifelsfrei geklärt, sie werden allerdings mit den Voraffen Adapides in Verbindung gebracht. Die Zeit des ersten Auftretens im Eozän ist unstrittig, zur Region, in der dies geschah, gibt es verschiedene Ansichten. Vertreten wird zum einen die Hypothese einer asiatischen Herkunft, gestützt durch einige Funde aus dem mittleren Eozän: *Amphypithecus, Pondaungia* aus Birma aus einer Zeit vor etwa 40 Millionen Jahren, *Eosimias* aus China (45 Millionen Jahre) und *Siamopithecus*, der den Propliopitheciden Afrikas ähnelt. Zum anderen gibt es die Hypothese eines afrikanischen Ursprungs: *Algeripithecus, Tabella, Djebelemur* aus Nordafrika sowie *Altiatlasius* aus Marokko aus dem jüngeren Paläozän (vor etwa 60 Millionen Jahren). Die fossilen Affen Nordafrikas und Südostasiens wirken wie Geschwistergruppen, die von einem gemeinsamen Vorfahren abstammen – aber von welchem?
Im Oligozän erscheint der afrikanische Stamm der *Simiformes* gut repräsentiert und auch differenziert ausgebildet. Die ältesten Zeugnisse wurden etwa 100 Kilometer von Kairo entfernt am Djebel Qatrani im Faijum (Ägypten) gefunden, einer Fundstätte von etwa 300 Meter Stärke, die Fossil tragende Schichten des jüngeren Eozäns und des Oligozäns einschließt. Andere sehr alte Funde stammen aus Taqah und Thaytiniti im Sultanat Oman und aus Malembe in Angola. Die Fundstätten dort sind auf den Übergang vom Eozän zum Oligozän (vor etwa 34 Millionen Jahren) zu datieren. Einen großen Teil des Eozäns und das ganze Oligozän über erstreckte sich das Tethysmeer vom Atlantischen bis zum Indischen Ozean und trennte Eurasien von Afrika. Ausnahmen gab es vielleicht im Bereich der Iberischen Halbinsel, von Sizilien-Tunesien und Arabien – Regionen, für die

3

1. Rekonstruktion des Oligopithecus, eines Schmalnasenaffen mit 32 Zähnen, der vor etwa 32 Millionen Jahren in Afrika, im Bereich des Faijum, etwa 100 km von Kairo entfernt, lebte. Dazu kommen der Victoriapithecus (Victoria-See) und der Mesopithecus (Europa) des Miozän. Sie alle gelten als Vorfahren der Cercopithecidae (Meerkatzen und Schlank- und Stummelaffen).

2. Rekonstruktion des Propliopithecus, eines Schmalnasenaffen, der vor 30 Millionen Jahren im Faijum lebte. Er gilt – über verschiedene Zwischenstufen wie den Dendropithecus (Afrika) und den Pliopithecus (Europa) – als der Urvater der heutigen Gibbons und wird zu den Hominoiden gezählt.

3. Landschaft entlang einer alten Karawanenstraße, der Weihrauchstraße, im Sultanat Oman.

sich Landbrücken über das Tethysmeer zeitweise nicht ausschließen lassen. Die Wüsten Nordafrikas waren von Galeriewäldern überzogen, in denen verschiedene Primatenarten lebten.

In den oberen Schichten von Qatrani (etwa 34 Millionen Jahre alt), die durch Veränderungen des Klimas und der Fauna gekennzeichnet sind, kann man zwei große Gruppen von Affen unterscheiden: die *Parapithecidae* und die *Propliopithecidae*. Die *Parapithecidae* waren klein mit drei vorderen Backenzähnen, die *Propliopithecidae* größer mit zwei Vorbackenzähnen pro Kieferhälfte und umfassten verschiedene Gattungen: *Propliopithecus* und *Aegyptopithecus*. Letzterer, bekannt in der Art *Aegyptopithecus zeuxis*, lebte auf Bäumen und bewegte sich auf allen Vieren fort. Sein Gehirn war klein (27 Kubikzentimeter) mit einer Tendenz zum Wachstum des Stirnlappens sowie des Gesichtsfelds. Mit ihm ist eine umfangreiche Nachkommenschaft verbunden, repräsentiert durch die Dryopitheciden im Miozän, deren älteste Vertreter die Proconsuliden sind.

Die Propliopitheciden umfassen auch die Gattung *Moeropithecus* aus Taqah (Oman), von dem man einen Kieferknochen und einige Zähne gefunden hat. Die vorderen Backenzähne waren heteromorph, der erste hatte fünf kleine Höcker.

Andere, kleinere Affen lebten im Faijum und in Taqah in noch älteren Zeiten: die Art *Qatrania*, der *Oligopithecus* und der *Catopithecus* (Vorfahren der Parapitheciden?).

Im Oligozän findet man also Gemeinschaften von *Simiformes* in zwei verschiedenen Gebieten, im Oman und im Faijum. Die phylogenetischen Beziehungen sind schwer zu rekonstruieren.

4

4. Blick auf die Lagerstätten im Faijum, einer großen natürlichen Senke der heutigen Libyschen Wüste in Ägypten. Faijum kommt vom koptischen »pa-yom« und bedeutet »See«: Tatsächlich bestehen diese Fundstätten aus Ablagerungen eines alten Sees, der viele Reste von Tieren des Oligozän bewahrt und uns einige der ältesten Primaten-Fossilien überhaupt geliefert hat.

5

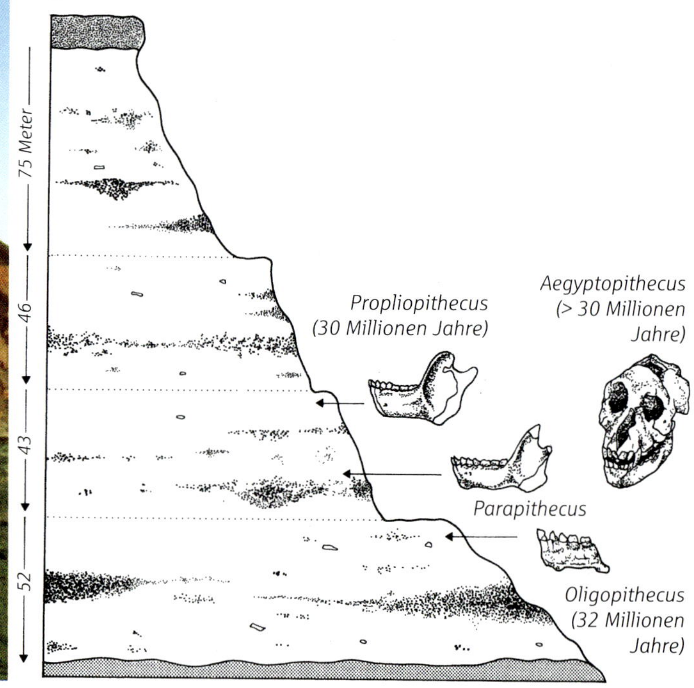

5. Schnitt durch die geologische Formation des Djebel Qatrani im Faijum. Eingezeichnet sind die ältesten Belege für fossile Primaten in den verschiedenen Schichten des Oligozän.

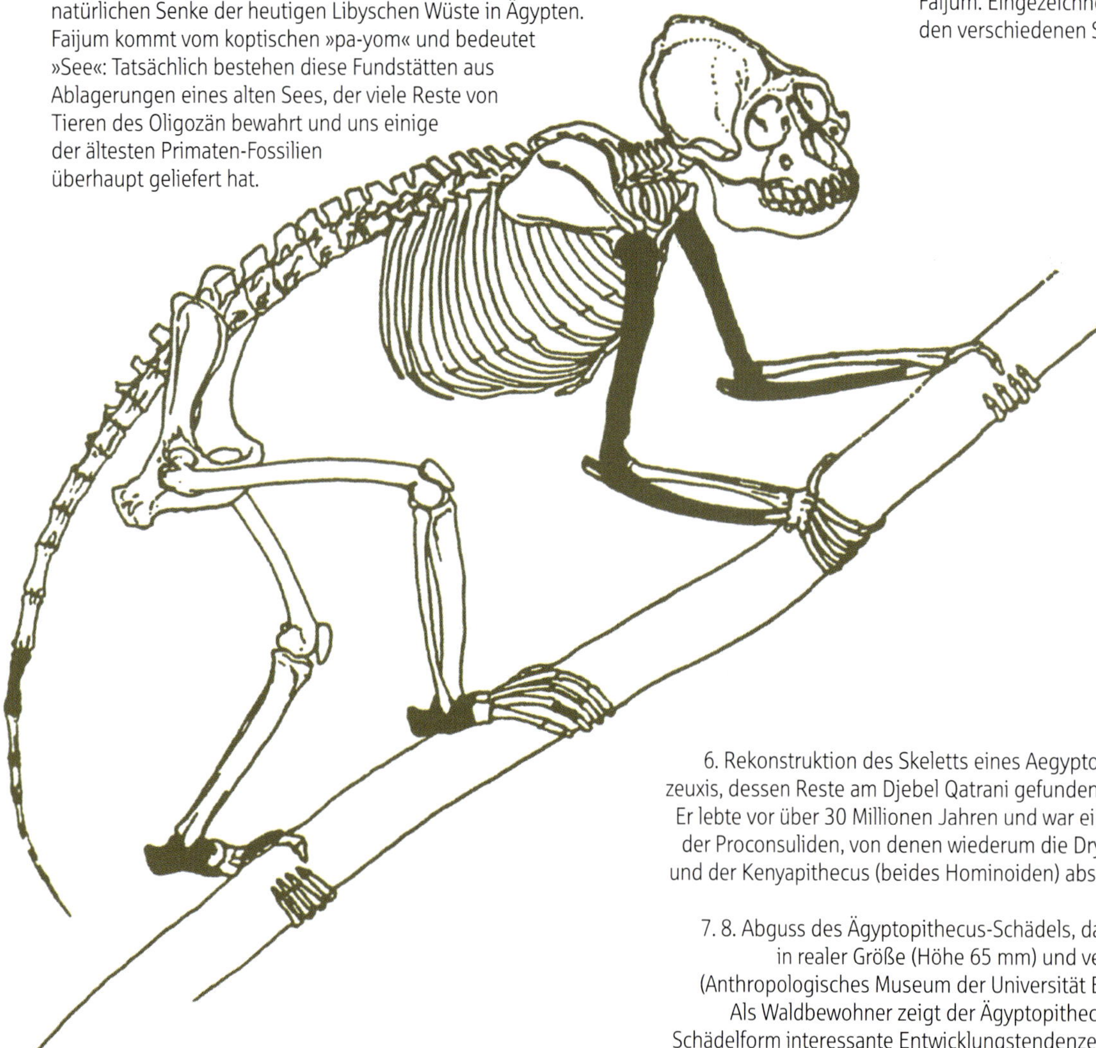

6

6. Rekonstruktion des Skeletts eines Aegyptopithecus zeuxis, dessen Reste am Djebel Qatrani gefunden wurden. Er lebte vor über 30 Millionen Jahren und war ein Vorfahr der Proconsuliden, von denen wiederum die Dryopitheci und der Kenyapithecus (beides Hominoiden) abstammen.

7 8▷

7. 8. Abguss des Ägyptopithecus-Schädels, dargestellt in realer Größe (Höhe 65 mm) und vergrößert (Anthropologisches Museum der Universität Bologna). Als Waldbewohner zeigt der Ägyptopithecus in der Schädelform interessante Entwicklungstendenzen hin zur Überfamilie der Hominoiden.

DIE URSPRÜNGE DER HOMINOIDEN

1

Wahrscheinlich steht die Wiege der Schmalnasenaffen in Afrika. Die große Familie der Hominoiden, die Vorfahren der modernen Menschenaffen (Orang-Utan, Schimpanse, Gorilla) wie auch der Hominiden (unter ihnen der Mensch) umfasst, kann durchaus mit den frühesten afrikanischen Catarrhini in Zusammenhang stehen. Als Stammvater der Hominoiden gilt vielen der *Aegyptopithecus* aus dem Faijum, der vor 32 Millionen Jahren lebte. Andere rücken in der Zeit weiter nach vorn mit dem *Komayapithecus* (Kenia, 27–24 Millionen Jahre), dem ebenfalls kenianischen, schimpansengroßen *Afropithecus turkanensis* und dem *Morotopithecus*, der vor etwa 20 Millionen Jahren in den Wäldern Ugandas lebte. Die ältesten und am besten bezeugten Hominoiden jedoch sind die Proconsuliden, Primaten mit generalisiertem Bewegungsapparat, der nicht auf das Schwing- und Hängeklettern spezialisiert war, und mit einigen Eigenschaften von Menschenaffen, was das Gebiss betrifft.

Der Kern dieser Formen wanderte vom Norden her in Richtung Zentralafrika. Die Insel Rusinga im kenianischen Victoria-See hat verschiedene Funde geliefert, die der Gattung *Proconsul* zugeschrieben werden. Der Name ist von einem Schimpansen im Londoner Zoo abgeleitet, der »Consul« hieß. Die ersten Funde stammen aus den 30er Jahren,

1. In einem imaginären »Zeittunnel« sehen wir die Rekonstruktionen der Hominoiden Proconsul und Kenyapithecus.

2. 3. 4. Von links nach rechts: die Schädel von Ägyptopithecus, Proconsul und Kenyapithecus im Vergleich.

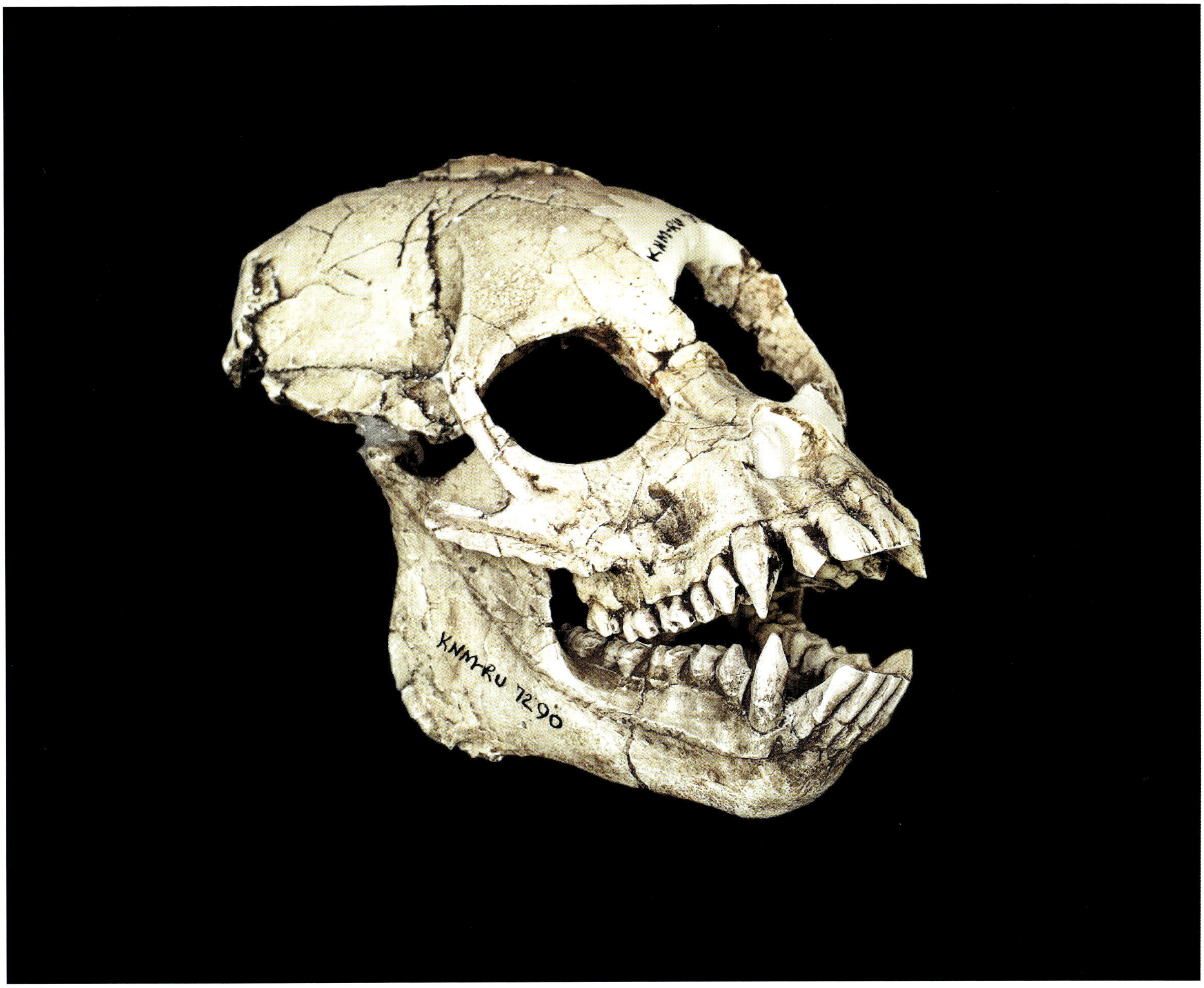

5

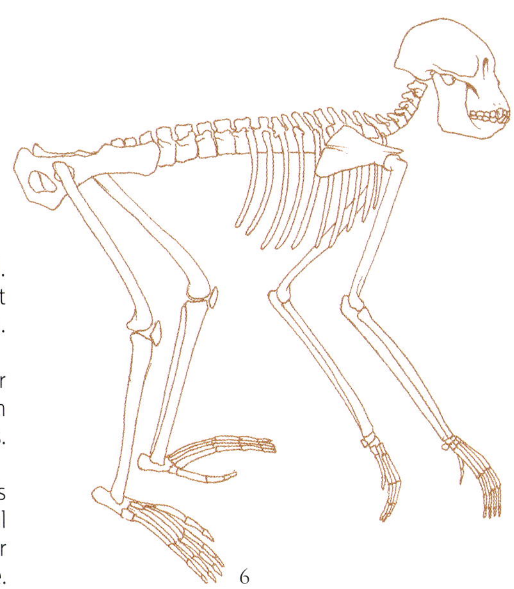

6

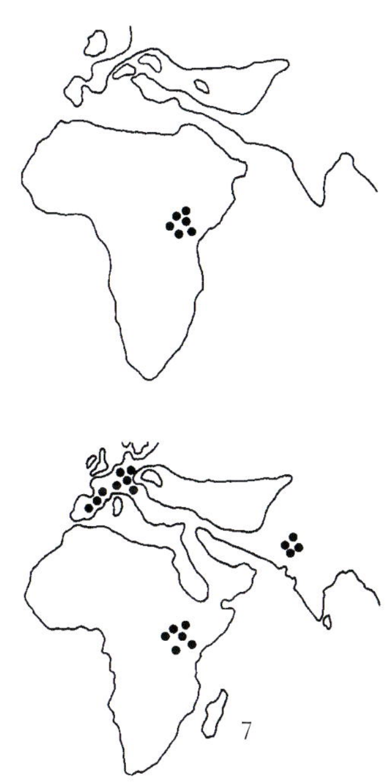

7

5. Schädel des Proconsul africanus (Höhe 90 mm). Abguss des Anthropologischen Museums der Universität Bologna.

6. Skelett-Rekonstruktion des Proconsul africanus von der Insel Rusinga (Kenia), eines baumbewohnenden Vierfüßers und guten Kletterers.

7. Oben: Verbreitung des Proconsul vor mehr als 17 Millionen Jahren. Unten: Vorkommen des Proconsul und seiner wahrscheinlichen Nachfahren, der Dryopitheci, seit 17 Millionen Jahren vor heute.

8 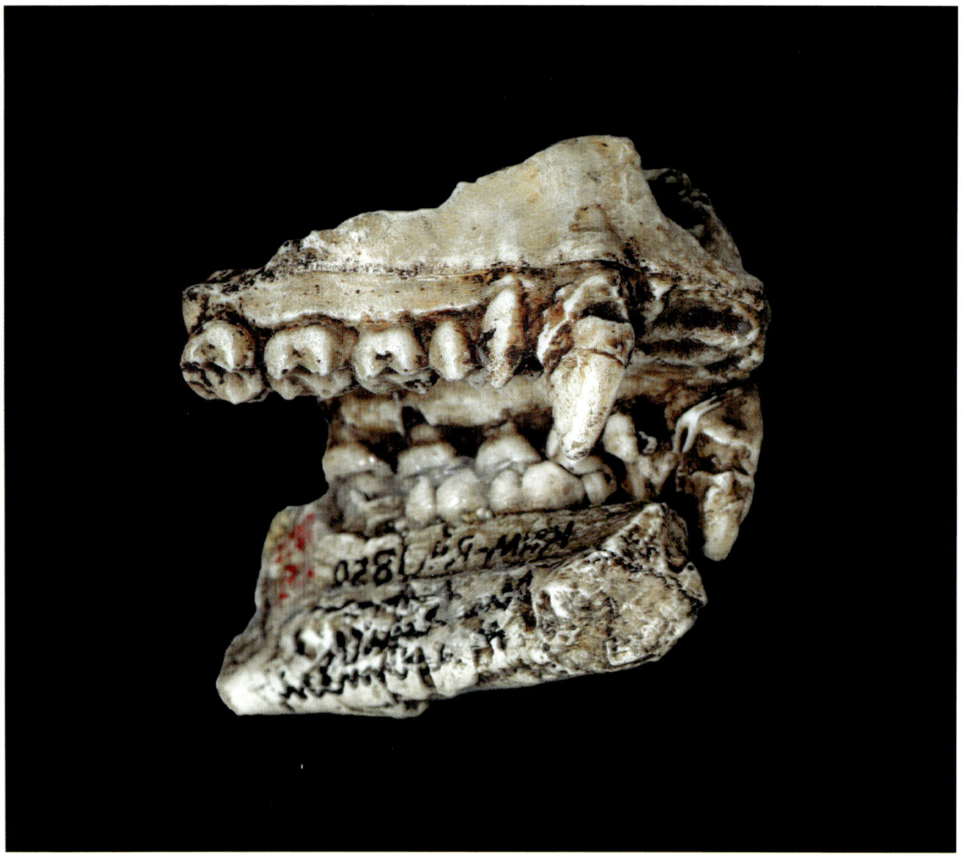

8. Ober- und Unterkiefer des Hominoiden Dendropithecus (Breite 25 mm). Abguss des Anthropologischen Museums der Universität Bologna.

andere folgten auch noch in jüngerer Zeit an verschiedenen Fundstätten in Kenia und Uganda. Es sind verschiedene Arten beschrieben worden: die kleinen *P. africanus* und *P. heseloni* (geschätztes Gewicht: 20 Kilogramm), der mittelgroße *P. nyanzae* und der größere *P. maior* (geschätztes Gewicht: 50 Kilogramm).

Als Nachfahre des *Aegyptopithecus*, mit dem ihn die Proportionen der Backenzähne und ein Schmelzwulst *(cingulum)* an den vorderen und oberen Backenzähnen verbinden, lebte *Proconsul* in der Zeit zwischen etwa 23 bis 22 und 16 bis 14 Millionen Jahren vor heute in Wäldern und Baumsavannen. Er war Vierfüßer, Baumbewohner und schwanzlos; er hangelte sich wendig durch das Geäst, bewegte sich aber auch auf dem Boden fort. Die größte Art hatte ein Hirnvolumen von 150 Kubikzentimeter, die Schnauze war relativ kurz, die unteren Backenzähne hatten fünf Höcker in Form eines Y (wie bei den Dryopitheciden: drei Höcker außen und zwei innen), eine Eigenschaft, die er mit den Pongiden und auch mit den Hominiden gemeinsam hat und die damit vor der Trennung der beiden Linien erworben wurde. Er hatte keine Überaugenwülste, die Nasenöffnung war klein, die mittleren Vorderzähne größer als die seitlichen, und die Eckzähne hatten unterschiedliche Größen je nach Geschlecht.

Im unteren Miozän sind in Ostafrika weitere Arten von Hominoiden belegt: der *Turkanapithecus*, der *Limnopithecus*, der *Micropithecus* und der *Dendropithecus*. Aber auch in anderen, weit entfernten Regionen Afrikas, etwa in einem Berggebiet Namibias, fand man einen interessanten Hominoiden, der im mittleren Miozän lebte: den *Otavipithecus*.

Im Zeitalter des *Proconsul* hatte sich das große Rift Valley noch gar nicht gebildet und es gab noch keine Verbindungen zum eurasischen Kontinent. Vor 17 bis 18 Millionen Jahren aber kam die afro-arabische Platte in Kontakt mit der eurasischen und es entstand

9

9. Eine Zeichnung, die die Besonderheiten des Lebensraums des Kenyapithecus verdeutlichen soll. Im Gebiet von Fort Ternan, Kenia, grenzen Feuchtwald und offene Savanne aneinander.

eine Landbrücke, die das Tethysmeer abschloss und die Übersiedlung von Pflanzen und Tieren in beiden Richtungen erlaubte. So kamen die Proconsuliden nach Europa und Asien und brachten die Dryopitheciden hervor.

Schließlich zeichnet sich in der afrikanischen Nachkommenschaft der Proconsuliden noch eine weitere Linie von großer Bedeutung für die Evolution der Menschenaffen und Hominiden ab: der *Kenyapithecus*. Wir befinden uns jetzt im mittleren Miozän, und die afrikanische Landschaft wird immer offener. Der erste Fund, ein Kieferknochen, wurde 1960 im kenianischen Fort Ternan entdeckt. Er ist 14 Millionen Jahre alt. Andere Teile von Kieferpartien und auch Fragmente von Armknochen wurden später in Kenia gefunden. Einige Charakteristika, wie das kleinere Gesicht, die großen Prämolaren und Molaren mit dickem Schmelz sowie die kleinen und vertikal stehenden Vorderzähne lassen ihn als einen Primaten erscheinen, der offenbar auch an eine offene Umgebung angepasst war und sich im Vierfüßergang am Boden fortbewegen konnte.

Das Hirnvolumen wird auf etwa 300 Kubikzentimeter geschätzt. Die bleibenden Zähne brachen offenbar erst relativ spät hervor, woraus man auf eine verlängerte Kindheit und Jugend, eine Eigenschaft der Hominiden, schließen kann.

Der *Kenyapithecus* ist ein überaus wichtiger Primat mit einer gewissen Ambivalenz zwischen den Linien der Menschenaffen und der Hominiden. Auch er verließ wie sein Vorfahr *Proconsul* Afrika, wanderte nach Europa und Asien und machte damit einer heterogenen Nachkommenschaft Platz, die sich jener des *Proconsul* anschloss.

Als ein später Nachfahre des *Kenyapithecus* kann wahrscheinlich der neun Millionen Jahre alte *Samburupithecus kiptalami* gelten, von dem man ein Kieferfragment in Kenia gefunden hat. Er wurde in die Nachbarschaft des Gorilla gerückt, doch es gibt auch Eigenschaften, die ihn von diesem Menschenaffen unterscheiden.

DIE EVOLUTIONÄRE VIELFALT DER HOMINOIDEN IN EURASIEN

1

1. Teil des Unterkiefers eines Dryopithecus (Höhe 46 mm). Abguss des Anthropologischen Museums der Universität Bologna.

Nachfahren der Faijum- und der ostafrikanischen Affen nutzten die neue Landbrücke zwischen Eurasien und Afrika und fanden in den Wäldern der gemäßigten Zonen günstige Entwicklungsbedingungen vor.

Im Zeitraum zwischen 14 und 8 Millionen Jahren vor heute lebten baumbewohnende, vierfüßige Affen in vielen Gebieten, von der Iberischen Halbinsel über Frankreich, Kontinentaleuropa bis zu den zuvor vom Tethysmeer bedeckten Regionen, und drangen sogar bis auf den fernen indischen Subkontinent und nach Ost- und Südostasien vor, wo man heute die wenigen Vertreter der asiatischen *Catarrhini* findet (Meerkatzen, Stummelaffen, Gibbons, Orang-Utan).

Die Stammesbeziehungen der verschiedenen Gruppen zu rekonstruieren, ist schwierig. Es sollen daher nur die wichtigsten Repräsentanten vorgestellt werden.

2

▲ *Ramapithecinen*
● *Dryopithecinen*

DRYOPITHECUS

Die *Dryopitheci* des mittleren Miozän (vor etwa 13 Millionen Jahren) waren vermutlich Nachkommen der Proconsuliden. Das erste von Lartet beschriebene Exemplar bekam den Namen *Dryopithecus fontani*, zu Ehren des Finders Fontan, der 1856 bei San Gaudens in den Pyrenäen auf Reste dieses Hominoiden gestoßen war. Weitere Funde, auch Schädel und Gliedmaße, wurden in Rudabanya (Ungarn), in Wudu und Keiyuan (China) und in Katalonien gemacht. Letztere wurden der Art *Dryopithecus laietanus* aus dem oberen Miozän zugeordnet. Die Augenhöhlen waren groß mit leichten Überaugenwülsten. Der *D. laietanus* zeigte einen auffälligen geschlechtlichen Dimorphimus in Gesicht und Gebiss. Er war Baumbewohner, bewegte sich hangelnd durch das Geäst, auch wenn er nicht unbedingt die Beweglichkeit des Gibbons hatte. Er ernährte sich von Früchten und Blättern, wie man aus seiner Lebenswelt und dem dünnen Zahnschmelz erschließen kann.

RAMAPITHECUS – SIVAPITHECUS

Der *Ramapithecus*, ein kleiner Affe, der 1934 in einer mio- bis pliozänen Fundstätte des Siwalik-Gebirges in Nordindien gefunden wurde, erhielt seinen Namen zu Ehren des Fürsten Ramajama.

2. Verteilung der Orte, an denen Reste von Dryopithecinen und Ramapithecinen gefunden wurden. Die ersteren, älteren, stammen wahrscheinlich von den afrikanischen Proconsuliden ab, letztere könnten von euroasiatischen Dryopithecus-Formen oder vom Kenyapithecus abstammen.

3. 4. Rekonstruktion und Schädel eines Ramapithecus.

5. Die Hochebene von Potwar in Nordpakistan, wo zahlreiche Überreste des Sivapithecus und des Ramapithecus gefunden wurden.

3

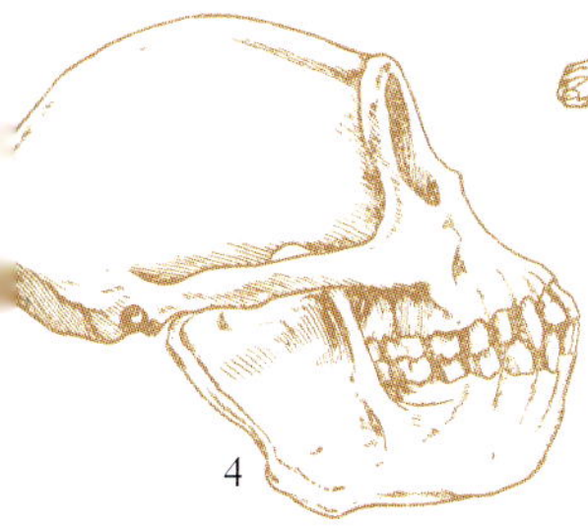

4

5

Bei den ersten Fundstücken handelte es sich um Bruchstücke eines Kiefers, die einige humanoide Eigenschaften des Gebisses aufwiesen: breite und kurze Backenzähne mit niedrigen, abgerundeten Höckern und einem bemerkenswert dicken Zahnschmelz.
Ähnliche spätere Funde in derselben Region und an anderen Stätten Europas und Asiens, meist beschränkt auf Stücke von Ober- und Unterkieferknochen, erweiterten die Kenntnisse über den *Ramapithecus*, der vor 14 bis 8 Millionen Jahren lebte. Er wies auch einige Ähnlichkeiten mit den Hominiden auf: ein flaches Gesicht, reduzierte Schneide- und Eckzähne und keine Affenplatte im Unterkiefer. Außerdem ist ein späterer Durchbruch der bleibenden Zähne festzustellen. Das Gebiss scheint für eine harte Pflanzennahrung aus Wurzeln und Samen geeignet, wofür der Primat auch mit einer kräftigen Kiefermuskulatur ausgestattet war.
Infolge der klimatisch bedingten Schrumpfung der Wälder passte sich der *Ramapithecus* an einen weniger durch den Wald geprägten Lebensraum an, wie wir am Gebiss ablesen können.
Auch wenn wir das postkraniale (kranial = zum Schädel gehörend) Skelett nicht kennen, haben einige Forscher vor allem auf Grund des Gebisses vermutet, dass der *Ramapithecus* eine eingeschränkte Möglichkeit oder Tendenz gehabt haben könnte, den Körper aufzurichten. Die weniger wald- und stärker bodenbezogene Lebensweise legt das nahe.
Der *Ramapithecus* galt bis in die 80er Jahre des letzten Jahrhunderts nach der Deutung von Simons und Pilbeam, die auch den *Kenyapithecus* auf den *Ramapithecus* zurückführten *(Kenyapithecus wickeri)*, als Vorfahr der Hominiden. Diese Sichtweise scheint aber nach neuesten Untersuchungen an den Siwalik-Primaten und andere Funden überholt. Tatsächlich hat die Stätte im Siwalik-Gebirge noch weitere, aber robustere Funde geliefert, die mit dem *Sivapithecus* in Verbindung gebracht werden, einem Primaten, der vor 12,5 bis 7 Millionen Jahren lebte. Er besaß ein sehr robustes Gebiss und war viel größer. Der neuen Lehrmeinung von De Bonis und anderen nach war der *Sivapithecus* die männliche Form des *Ramapithecus*, beide bilden also zusammen eine Art. Damit wäre ausgeschlossen, dass es sich um einen Vorfahren der Hominiden handeln könnte. Auch die Teile eines Oberarmknochens des *Sivapithecus* von Siwalik haben Eigenschaften, die ihn in die Nähe der heutigen Großaffen rücken. Die Gesichtsknochen eines *Sivapithecus*, die 1982 in Pakistan gefunden wurden, zeigen im Bereich der Augenhöhlen, der Nase, des Gaumens und auch des Gebisses auffällige Ähnlichkeiten mit dem Orang-Utan. Die Verwandtschaft mit dem Orang ist auch durch immunologische Reaktionen von Anti-*Ramapithecus*-Serum mit Seren von Schimpanse, Orang-Utan und Mensch bestätigt worden: Die Reaktionen mit dem Orang-Utan-Serum sind im Vergleich zu den anderen stärker.
Wenn die *Ramapitheci* Asiens als die Vorfahren des Orang-Utans gelten müssen, könnte das bedeuten, dass die Abspaltung der Linie der asiatischen Menschenaffen von einem afrikanischen Vorfahren, wie es der *Kenyapithecus* sein könnte, sehr früh stattgefunden hätte und der Trennung zwischen den Linien des Schimpansen/Gorillas und des Menschen vorausgegangen wäre.

PIEROLAPITHECUS CATALAUNICUS

Im November 2004 wurden in Katalonien (Spanien) verschiedene Funde eines Affen angezeigt, der vor 13 Millionen Jahren dort lebte. Den Namen *Pierolapithecus catalaunicus* bekam er nach der Fundstätte Hostalets de Pierola in der Provinz Barcelona. Er hatte kleine Hände und gerade Finger wie die vierfüßigen Affen, außerdem aber ein bewegliches Handgelenk wie die Hominiden, er lebte im Wald und war in gewissem Umfang zur Aufrichtung des Oberkörpers fähig, wie sich an einigen Teilen der Wirbelsäule und des Beckens ablesen lässt (siehe die Ausführungen von Rook und seinen Kollegen). Es ist allerdings eine aufrechte Haltung, die nicht auf dem Boden wie bei der Bipedie, sondern beim Klettern zum Einsatz kommt. Eine Orientierung am Waldleben wie bei den großen afrikanischen Affen nach der Trennung von den asiatischen Arten ist erkenn-

6

bar. Man kann den *Pierolapithecus* damit in der Nähe des gemeinsamen Vorfahren der afrikanischen Menschenaffen und der Hominiden einordnen.

6. Unterkiefer des Oreopithecus (Breite 40 mm). Abguss des Anthropologischen Museums der Universität Bologna.

7. Rekonstruktion des Oreopithecus in hangelnder Bewegung.

OREOPITHECUS

Vielleicht wissen wir zu viel von ihm – oder zu wenig über seine Zeitgenossen; daher die Schwierigkeit, einen Primaten einzuordnen, von dem wir in der Toskana ein nahezu vollständiges, acht bis neun Millionen Jahre altes Skelett aus dem oberen Miozän gefunden haben. 1877 stieß man in Baccinello nördlich von Grosseto in einer Braunkohlegrube auf erste Reste, brachte sie mit dem *Cercopithecus* in Verbindung und bezeichnete sie als *Oreopithecus* (Bergaffe). Diese Reste untersuchte der Baseler Paläontologe J. Hürzeler nach dem Zweiten Weltkrieg erneut und ordnete sie einer ausgestorbenen Seitenlinie der Hominiden zu. Er begab sich noch einmal in die Grube von Baccinello und hatte Glück: 1957 entdeckte er ein fast vollständiges Skelett des *Oreopithecus*.

Der *Oreopithecus* war etwa 1,10 Meter groß, wog etwa 40 Kilogramm und hatte ein Hirnvolumen von 200 Kubikzentimeter. Er zeigte eine erstaunliche Mischung aus anthropoiden und hominiden Eigenschaften. Die oberen und unteren Schneidezähne sitzen senkrecht im Kiefer, der erste untere Prämolar hat zwei Höcker, das Gesicht ist relativ kurz, die Nasenpartie vorspringend, Überaugen- und Jochbeinbögen sind sehr robust. Dies alles ließe sich mit einer menschlichen Abstammung in Übereinstimmung bringen. Die Verengung des vorderen Zahnbogens jedoch, die noch großen Eckzähne und die Höhe der Höcker der Prämolaren und Molaren separieren ihn von der zum Menschen führenden Linie.

Noch stärkere Widersprüche weist das postkraniale Skelett auf: Das Hüftbein ist breit, die Spina ischiadica (Sitzbeinstachel) gut entwickelt, aber die Knochen der vorderen Gliedmaßen sind sehr lang und damit vor allem geeignet für eine hangelnde Fortbewegung in den Bäumen, wie sie für heutige Menschenaffen typisch ist. Nach einigen

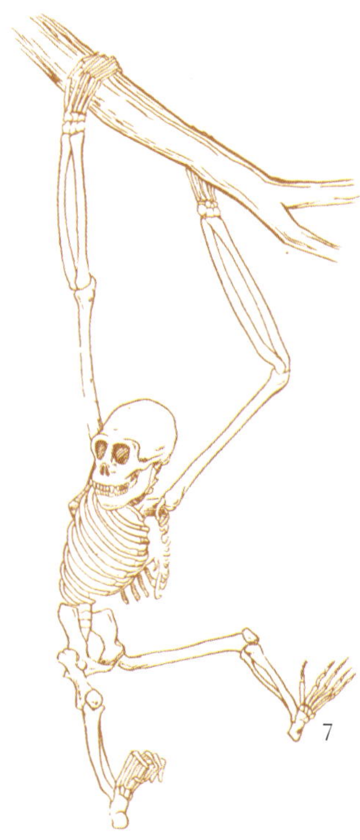

7

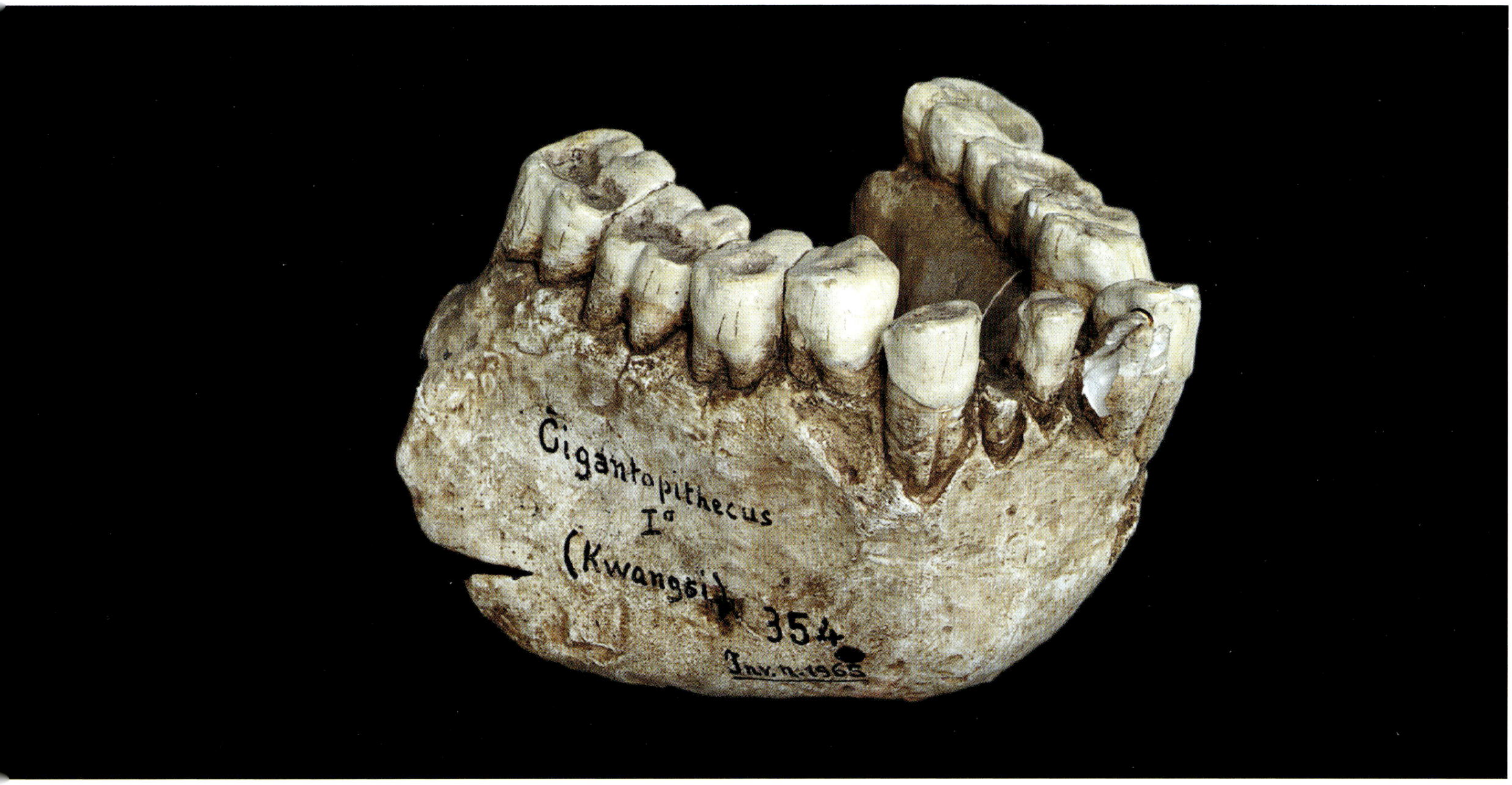

8

8. Unterkiefer des Gigantopithecus (Höhe 80 mm). Abguss des Anthropologischen Museums der Universität Bologna.

9. Rekonstruktion des möglichen Aussehens des Gigantopithecus.

9

Autoren (Rook, 1999; Moyà Solà, 2000) könnte der *Oreopithecus* sich schon auf zwei Beinen bewegt haben, doch die Anpassung an ein Leben in den Bäumen ist noch deutlich: Der *Oreopithecus* mag vielleicht in einem meist waldigen Gebiet nur hin und wieder auf zwei Beinen gelaufen sein.

Die unterschiedlichen Merkmale könnten Ausdruck einer ähnlichen morphologischen Phase sein, wie sie auch die Linie des Menschen durchlaufen hat. Der *Oreopithecus* wurde zu einer Seitenlinie, die keinen Erfolg hatte und vielleicht gerade wegen ihrer Ambiguität im Körperbau ausstarb.

GIGANTOPITHECUS

Weder der Mensch noch die heute lebenden Menschenaffen haben »Riesen« unter ihren Vorfahren. In der Geschichte der Evolution jedoch gibt es einen auffällig großen Primaten mit einigen humanoiden Eigenschaften des Gebisses, der ausgestorben ist, ohne Nachkommen zu hinterlassen: den *Gigantopithecus*.

Die Zähne dieses Affen sind schon lange in der chinesischen Arzneikunde als Drachenzähne bekannt, denen man heilende Kräfte zuschrieb. 1956 schließlich warf ein glücklicher Fund im chinesischen Guangxi, ein Unterkiefer mit Zähnen, die denen von »Drachen« glichen, ein Licht auf den Riesenaffen. Er lebte vor acht Millionen bis einer Million Jahren, einer Zeit zwischen dem oberen Miozän und dem mittleren Pleistozän, nicht nur in China, sondern auch in Indien und Pakistan. Dieser riesige Primat könnte sich aus einer Form des *Ramapithecus* (*Ouranopithecus* aus Griechenland) entwickelt haben. Er war zwei bis drei Meter groß und hatte einen mächtigen Kauapparat, wie man an der auffälligen Dicke des Zahnschmelzes sowie an der Größe und den Höckern der Molaren ablesen kann.

Der gewaltige Unterkiefer rechtfertigt die Zuschreibung dieser Funde zu einer besonders großen Form, die aus der Entwicklungslinie des Menschen (unter anderem, weil er zeit-

gleich mit dem *Homo erectus* lebte) wie auch anderer heute lebender Primaten auszuschließen ist.
Das Habitat des *Gigantopithecus* war wahrscheinlich eine relativ offene Landschaft. Die Ernährung auf der Basis von zähen Pflanzenfasern erforderte ein intensives Kauen, das ein »Schleif«-Gebiss entstehen ließ. Dieser Primat starb vielleicht gerade wegen seines zu stark spezialisierten Gebisses aus: Eine Spezialisierung kann die Evolution begünstigen, eine Überspezialisierung jedoch führt zum Tod, wie Teilhard de Chardin festgestellt hat.

ANKARAPITHECUS

Nahe der türkischen Hauptstadt Ankara wurden ein linker Unterkiefer und einige Zähne entdeckt, in der Umgebung von Yassora der untere Teil eines Gesichtsskeletts. Die Funde konnten auf ein Alter von etwa zehn Millionen Jahren datiert werden, die Benennung, *Ankarapithecus meteai*, ehrt den Geologischen Dienst der Türkei (MTA).
Die Merkmale des Gebisses verweisen auf einen geschlechtsspezifischen Dimorphismus, die Augenhöhlen sind groß, etwas höher als breit und erinnern an jene des Orang-Utan. Der *Ankarapithecus meteai* hat leichte Überaugenwülste, das Gesichtsprofil ist nicht konkav wie beim Orang-Utan, sondern gerade wie bei den großen afrikanischen Affen. Seine Einordnung in den Stammbaum, vermutlich eher in der Nähe der heutigen Großaffen, bleibt schwierig.

LUFENGPITHECUS

Der *Lufengpithecus* ist durch einige Funde aus Lufeng in der südchinesischen Provinz Yunnan vertreten, die zunächst dem *Ramapithecus* oder *Sivapithecus* zugeschrieben wurden. Er lebte vor etwa acht Millionen Jahren. Die Augenhöhlen sind auffallend groß und werden von leichten Überaugenwülsten überwölbt, die Nasenöffnung ist klein, die oberen Schneidezähne sind heteromorph, die Eckzähne, besonders bei den Männchen, sind lang. Der *Lufengpithecus* lebte in gemäßigt feucht-warmen Wäldern. Die phylogenetische Deutung ist schwierig, auch wenn sich Ähnlichkeiten zum Orang-Utan erkennen lassen.

OURANOPITHECUS

Das Gebiet, in dem die Reste dieses Hominiden entdeckt wurden, hat eine Geschichte, die mit den großen Namen der Paläoanthropologie verbunden ist. Etwa 30 Kilometer von Thessaloniki entfernt hatte der Beamte Camille Arambourg im Zweiten Weltkrieg auf eine interessante Fossilien führende Ablagerung hingewiesen. Er selbst untersuchte zusammen mit Jean Piveteau einige dort gefundene Fossilien. Aber erst Luigi De Bonis, der Anfang der 70er Jahre die Arbeiten an neuen Fossilien führenden Schichten des Gebietes zusammen mit der Universität Thessaloniki wieder aufnahm, brachte Reste eines hominoiden Primaten ans Licht, die man auf ein Alter von neun Millionen Jahren datiert und die sich von anderen bekannten unterscheiden. Er schlug den Namen *Ouranopithecus*

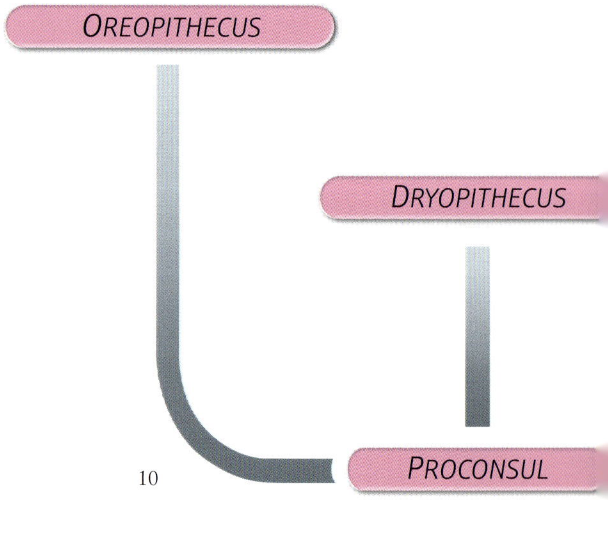

10. Evolutionsschema der Hominoiden.

11. Bruchstück des Unterkiefers eines Hominoiden mit der Bezeichnung Ouranopithecus macedonensis aus Griechenland (Höhe 30 mm). Abguss des Anthropologischen Museums der Universität Bologna.

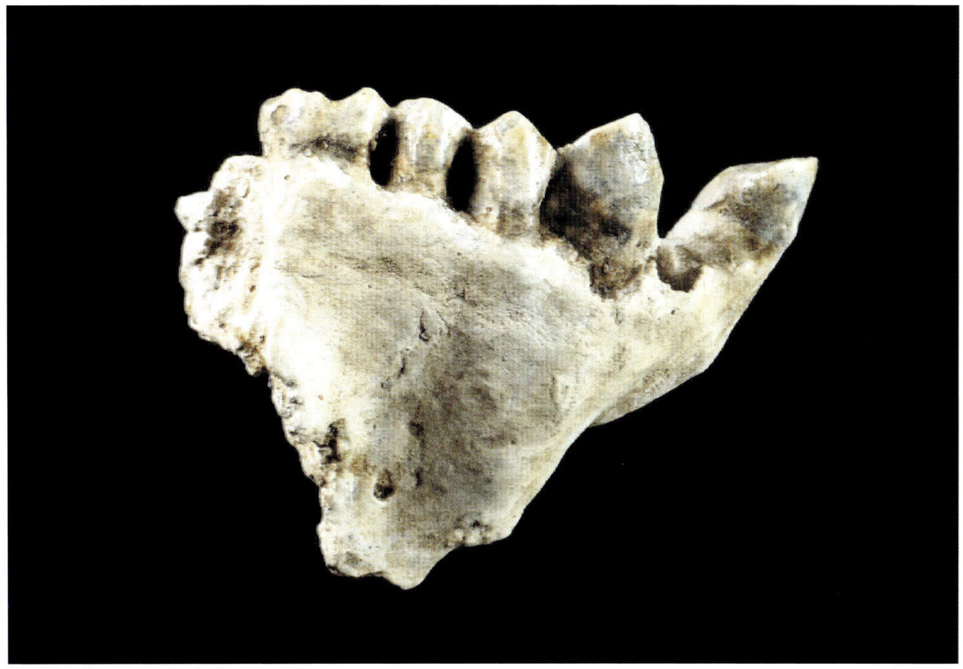

11

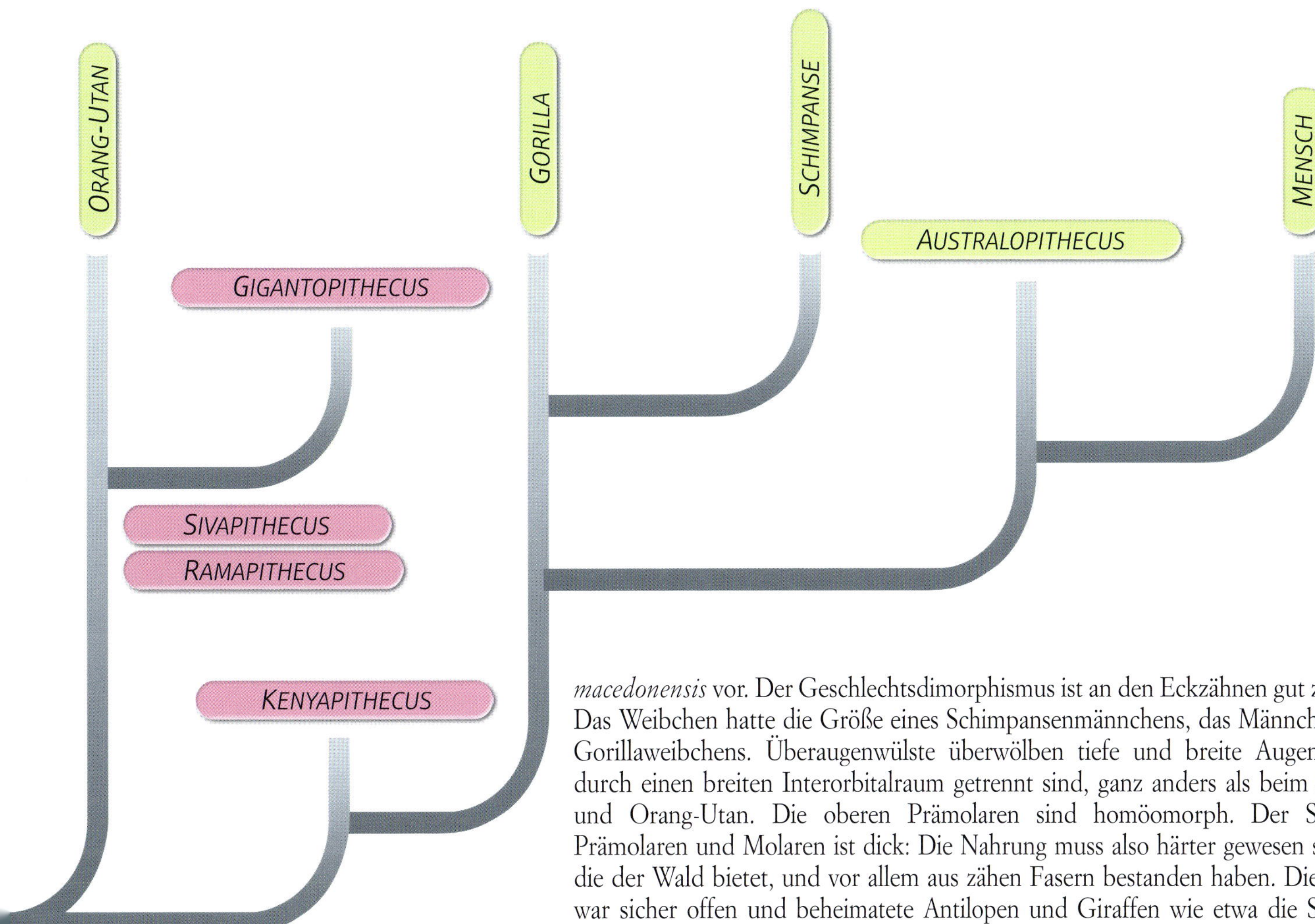

macedonensis vor. Der Geschlechtsdimorphismus ist an den Eckzähnen gut zu erkennen. Das Weibchen hatte die Größe eines Schimpansenmännchens, das Männchen die eines Gorillaweibchens. Überaugenwülste überwölben tiefe und breite Augenhöhlen, die durch einen breiten Interorbitalraum getrennt sind, ganz anders als beim *Sivapithecus* und Orang-Utan. Die oberen Prämolaren sind homöomorph. Der Schmelz der Prämolaren und Molaren ist dick: Die Nahrung muss also härter gewesen sein als jene, die der Wald bietet, und vor allem aus zähen Fasern bestanden haben. Die Landschaft war sicher offen und beheimatete Antilopen und Giraffen wie etwa die Savanne und Baumsteppe. Die Proportionen der Zähne rücken den *Ouranopithecus* eher in die Nähe der plio- bis pleistozänen Hominiden als in die der Großaffen. Das Gebiss weist schon voraus auf den *Australopithecus afarensis.* Nach De Bonis könnte er ein Vorfahre der Hominiden, insbesondere der australopithecinen Formen, sein.

NEUE STRATEGIEN FÜR EINE NEUE LEBENSWELT

1

Wenn man von einer Verwandtschaft zwischen Menschenaffen und Menschen sowie von einem gemeinsamen Ursprung ausgeht, stellt sich die Frage, wann und wo genau sich diese beiden Linien getrennt haben. Eine Zeitlang – man hatte gerade den *Pithecanthropus* und den *Sinanthropus* entdeckt – ging man davon aus, dass die Wurzeln der Menschheit auf dem asiatischen Kontinent zu finden seien.
Die Morphologie und die molekularbiologischen Untersuchungen jedoch lassen eine größere Nähe der afrikanischen Menschenaffen (*Panidae*) mit dem Menschen vermuten, und die Entwicklungsgeschichte der Primaten zeigt uns, dass der asiatische Stamm sich früher von jener Linie getrennt hat, die später die afrikanischen Menschenaffen und den Menschen hervorbrachte. In Afrika also sind offenbar die gemeinsamen Vorfahren von Menschenaffen und Menschen zu finden.
In der Evolution der ersteren muss eine erste Trennung zwischen afrikanischen und den asiatischen Formen (seit dem *Kenyapithecus?*) und eine zweite Trennung zwischen afrikanischen Menschenaffen und Hominiden stattgefunden haben.
Der Schlüssel für den Anlass und den Moment der Trennung von Hominiden und Paniden ist vermutlich in den Veränderungen in der Wirbelsäule und den Gliedmaßen zu sehen, also im Bewegungsapparat, der sich unterschiedlich ausgebildet hat: mit einer Tendenz zum Hangeln bei den afrikanischen Menschenaffen (wie im übrigen auch bei den asiatischen) und dem Aufrichten des Körpers und der Fortbewegung auf zwei Beinen in der Linie der Hominiden.
Die Veränderung des Bewegungsapparats hin zu einem Körperbau, der den aufrechten Gang ermöglichte, war von fundamentaler Bedeutung; sie gilt als der Auslöser für die Menschwerdung, auch wenn die Schwelle zum Menschen erst viel später überschritten wurde. Neben den mit der Fortbewegung verbundenen Veränderungen fallen auch die Unterschiede beim Gebiss auf (dicker Zahnschmelz, Zahnhöcker), die mit der Ernährung und, darauf zurückzuführen, auch mit den Ressourcen der Umwelt zusammenhängen. Wie Coppens erkannt hat, waren die klimatischen Veränderungen infolge der Bildung des Rift Valley in Afrika von entscheidender Bedeutung bei der Entstehung eines offenen Lebensraums. Sie führten, wie bereits erwähnt, östlich des Grabens zu einer Verringerung der Niederschläge und zu einem Monsunklima mit jahreszeitlich wechselnden Regenmengen. Dies bewirkte wiederum, dass sich die Wälder zurückzogen.
Gleichzeitig vollzog sich die Trennung der beiden Stämme: Die Primaten der westlichen Regionen lebten weiterhin in einem regenreichen und bewaldeten Lebensraum, und ihre

2

1. Ein Gorilla aus der Familie der Paniden, zu der auch die Schimpansen gehören. Beide werden wegen ihrer Ähnlichkeit mit dem Menschen als Menschenaffen bezeichnet.

2. Tropischer Regenwald westlich des Rift Valley in der Demokratischen Republik Kongo.

3

4

3. Blick aus der Vogelperspektive auf das Rift Valley in Tansania.

4. Waldsavanne in Tansania. In dieser Gegend wurden viele vormenschliche und menschliche Fossilien gefunden.

durch dieses Habitat beeinflusste Evolution führte zu den Menschenaffenformen. Heute leben Schimpansen und Gorillas in jenen Regionen (vom Golf von Guinea bis zum Rift Valley) und sind an das Leben am Boden wie auch auf den Bäumen gut angepasst.
In den östlichen Gebieten entstand dagegen ein Selektionsdruck auf die Primaten, die durch die Entwicklung neuer Fortbewegungsarten einen Vorteil aus einer offenen Landschaft ziehen konnten.
Der Ausgangspunkt für diese Evolution könnte die Aneignung des aufrechten Gangs gewesen sein, aber sie brauchte viel Zeit, wenn wir bedenken, dass sich das Rift Valley im späten Miozän bildete und die ältesten wirklich bipeden (sich auf zwei Beinen fortbewegenden) Hominiden erst für die Zeit vor vier Millionen Jahren bezeugt sind.
Wir haben schon einige Hominoiden des späten Miozäns *(Ouranopithecus)* erwähnt, die in einer nicht mehr durchgängig bewaldeten Umwelt lebten und die für eine Übergangsphase stehen, die allerdings noch nicht genau definiert ist. Vielleicht lässt sich die Lücke zwischen dem *Kenyapithecus* und älteren Hominiden irgendwann einmal schließen, aber wir müssen uns auch nicht besonders wundern, wenn die Veränderungen hin zu einem aufrechten Gang tatsächlich so viel Zeit in Anspruch genommen haben.
Für die oben angeführte Hypothese von Coppens spricht auch die sehr überraschende Tatsache, dass bisher unter den Tausenden von Wirbeltierknochen, die man östlich des Rift Valley gefunden hat, keine Knochenfragmente erhalten sind, die man einem »Prä-Gorilla« oder einem »Prä-Schimpansen« zuordnen könnte.
Ostafrika also müssen wir als die Region ansehen, in der sich die Entwicklungslinie, die letztlich zum Menschen führte, von anderen getrennt und durchgesetzt hat, angeregt und begünstigt durch ein trockeneres Klima und dessen Auswirkungen auf den Lebensraum. Die Antwort darauf war die Aneignung des aufrechten Ganges, eine entscheidende Errungenschaft in der Evolution des Menschen.
Gelegentlich stehen und gehen auch die Menschenaffen auf zwei Beinen, aber als kontinuierliche Fortbewegungsform ist dieser Gang nur den Hominiden eigen.

DER AUFRECHTE GANG UND DIE EVOLUTION DES MENSCHEN

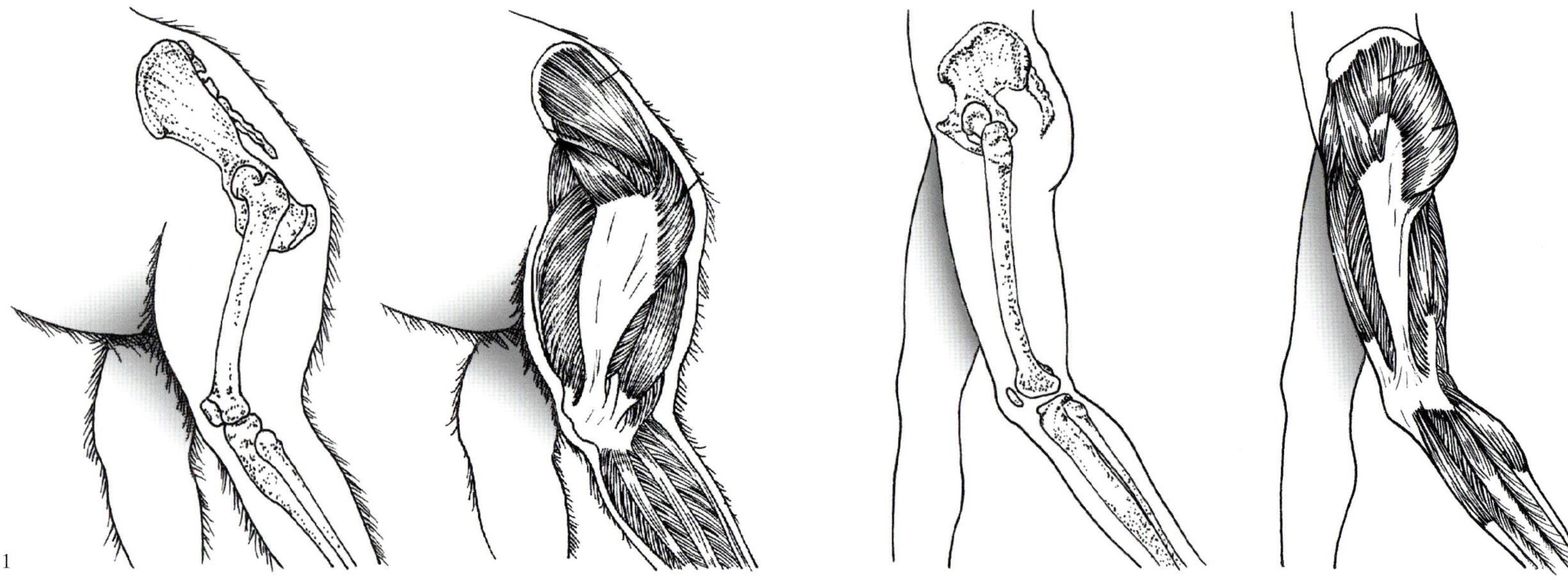

1

2

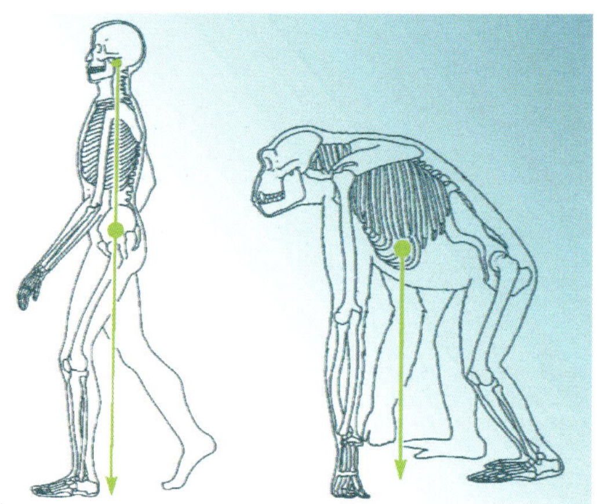

Man sagt, dass die Evolution des Menschen bei den Füßen begonnen habe. In dieser Behauptung steckt viel Wahres, weil das entscheidende Moment, das den Prozess der Menschwerdung auslöste, strukturelle Veränderungen waren, die zu einer aufrechten Haltung führten. Der Skelettteil jedoch, in dem sich die Neigung zu einer aufrechten Haltung zuerst manifestierte, war offenbar die Wirbelsäule, vor allem im Bereich des Beckens. Die Aneignung der aufrechten Haltung wurde begleitet von einer Entwicklung des Gebisses, das sich der Ernährung eines Getreide- und Allesfresser anpasste, der in den trockeneren und offeneren Lebensräumen des Pliozän in Ostafrika lebte.

Es wäre nun aber falsch zu glauben, dass Affen, die keine Lust mehr hatten, sich mit ihren langen Armen durch die Wälder zu hangeln, plötzlich auf den Boden hinabstiegen und anfingen, sich auf den hinteren Gliedmaßen vorwärts zu bewegen, während sie die vorderen weiterhin zum Hangeln benutzten. Das »Schwinghangeln« ist eine unumkehrbare Spezialisierung. Man sollte sich daher vielmehr Primaten mit einem eher generalisierten Bewegungsapparat vorstellen, die sich noch nicht auf das Hangeln spezialisiert hatten (und daher vor der Entstehung der Linie der Menschenaffen gelebt haben müssen).

Die Vorfahren der Hominiden dürften weder auf dem Boden lebende Vierfüßer noch Schwinghangler gewesen sein. Ihr Bewegungsapparat erlaubte eine Fortbewegung auf dem Boden wie in den Bäumen, mit der Fähigkeit, sich zeitweise wenigstens halb aufzurichten. Sie benötigten zunächst eine aufgerichtete Wirbelsäule und eine Erweiterung und Vorwärtsdrehung des Beckens, also eine Prädisposition zur aufrechten Haltung.

Diese Strukturen wurden nicht in einem einzigen Schritt erworben. Die Fossilienfunde dokumentieren Hominiden, die sich durchaus – wenn auch nicht perfekt – auf zwei Beinen fortbewegten, aber noch lange Vordergliedmaßen zum Klettern besaßen. Der Vorteil, in den Bäumen Schutz suchen zu können, glich offenbar den Nachteil des für die aufrechte Fortbewegung noch nicht vollkommenen Körperbaus aus.

1. Der Bewegungsapparat: Skelett und Muskeln bei Gorilla und Mensch im Vergleich.

2. Vergleich des gesamten Körperskeletts von Mensch und Gorilla: Auffällig sind die völlig aufrechte Haltung des Menschen, der Kopf im Gleichgewicht am oberen Ende der Wirbelsäule und das Becken, das das Körpergewicht auf die unteren Gliedmaßen ableitet. Auch ohne all diese Voraussetzungen kann der Gorilla sich aufrichten, aber nur zeitweise und unvollständig.

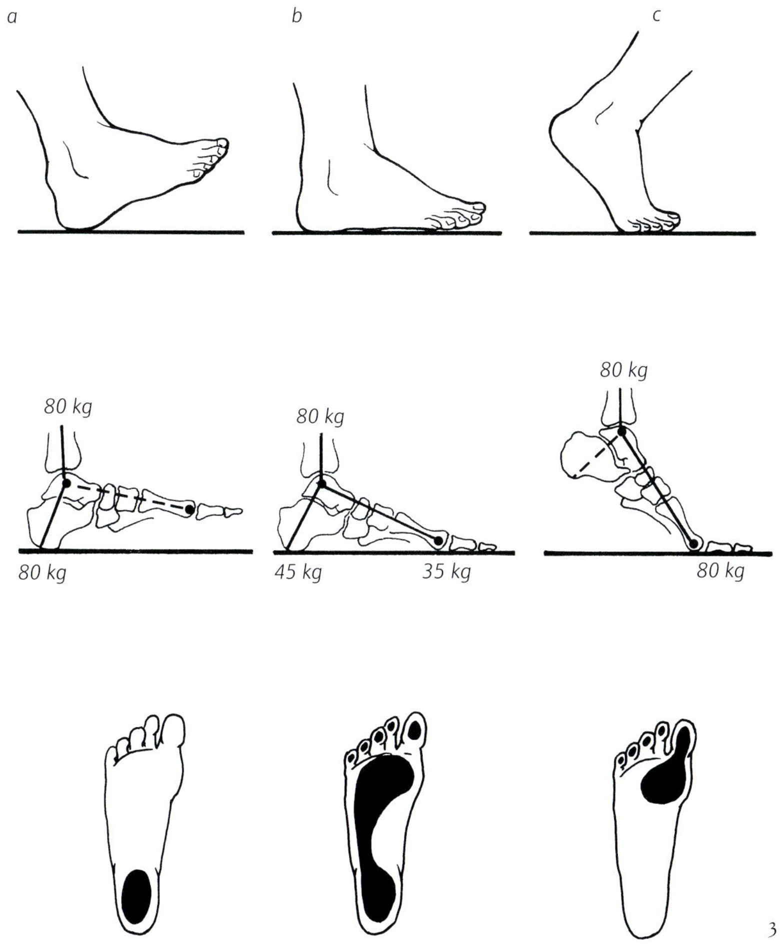

3

4

Die Anlage zum aufrechten Gang musste sich aufgrund der Vorteile durchsetzen, die die Bipedie in einem offenen Gelände mit wenigen Bäumen bietet. Der Primat, der sich auf den Hinterbeinen aufrichten konnte, hatte einen besseren Überblick über das Gelände und besaß außerdem bessere Möglichkeiten, Früchte zu pflücken; und schließlich konnte er die Hand, die ihn nicht mehr stützen musste, einsetzen, um Gegenstände zu greifen. Andere Vorteile der Zweibeinigkeit kann man in einer Zunahme der sozialen und familiären Bindungen sehen. Die Möglichkeit, sich Nahrung zu verschaffen und sie zum Lager der Familie zu transportieren, muss eine Aufteilung der Aufgaben zwischen Männern und Frauen begünstigt haben, bei der erstere vor allem mit der Nahrungssuche und letztere vor allem mit der Aufzucht des Nachwuchses beschäftigt waren. Zudem erforderte die Bipedie als ein Verhalten, das erst erlernt werden musste, eine engere Bindung an die Eltern.

Es ist berechtigt zu fragen, wann überhaupt die Zweibeinigkeit erreicht wurde. Vielleicht waren dazu mehrere Millionen Jahre nötig. Die Hominiden, die vor 3,6 Millionen Jahren ihre Spuren im vulkanischen Tuff von Laetoli in Tansania hinterließen, gingen auf zwei Beinen. Mary Leakey entdeckte 1978 die menschenähnlichen Fußspuren von Individuen verschiedener Körpergröße. Daneben waren auch Tierfährten zu sehen. Die Schicht, in der diese Abdrücke bewahrt wurden, besteht aus hart gewordener Vulkanasche. Diese Asche muss damals noch ein wenig feucht gewesen sein, und als sie an der Sonne trocknete, entstand eine zementartige Härte. So wurden die Spuren bis heute konserviert.

3. Die drei Phasen des Gehens: a) Fersengänger-Phase, b) Sohlengänger-Phase, c) Zehengänger-Phase.

4. Vor dem Hintergrund einer Landschaft bei Hadar (Äthiopien), einem guten Beispiel für ein offenes Gelände, das günstige Voraussetzungen für die Entwicklung der Bipedie bietet, zeigt die Zeichnung die anatomischen Muskelstrukturen für den aufrechten Gang.

5

6

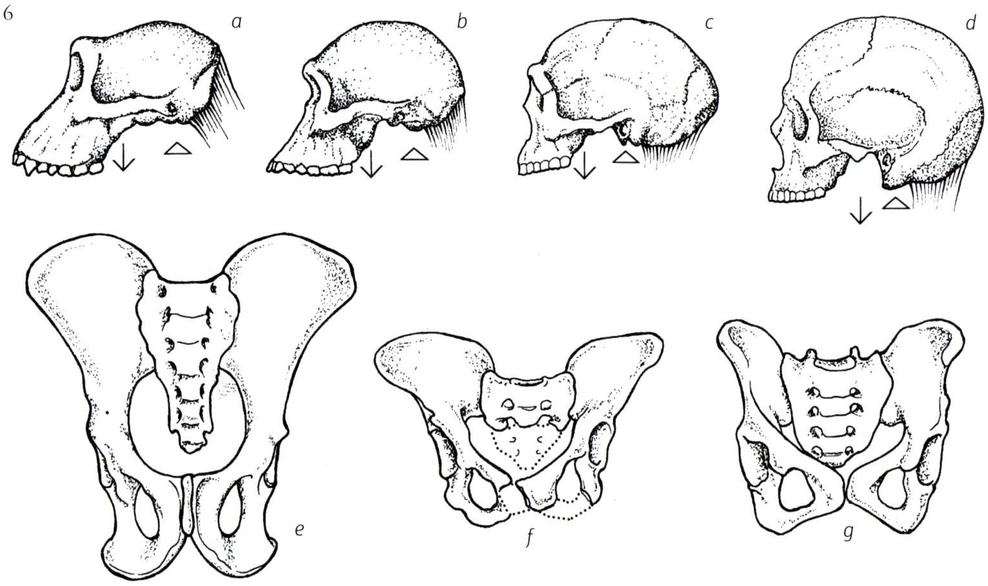

5. Rekonstruktion einer hypothetischen Szene aus dem Leben einer Gruppe Australopitheci. Einige Individuen bemühen sich, die Raben von einem Tierkadaver fernzuhalten, um sich das Fleisch selbst zu sichern; auf dem Baum hält ein Wächter Ausschau. Er überblickt das Territorium und warnt vor einem der gefürchteten Säbelzahntiger ganz in der Nähe, zu dessen Beutetieren auch die Australopitheci gehören; unter dem Baum ein Junges, das mit der Mutter den aufrechten Gang übt.

6. Obere Reihe: Schädel und Nackenmuskeln von Gorilla (a), Australopithecus (b), Homo erectus (c) und Homo sapiens sapiens (d). Der Pfeil zeigt die Linie des Gewichts oder des Schwerpunkts des Schädels an. Das Dreieck kennzeichnet die Position der Gelenkköpfe am Hinterhaupt, durch die der Schädel mit der Wirbelsäule verbunden ist. Im Prozess der Menschwerdung (Hominisation) nähern sich Pfeil und Dreieck auf Grund des nach vorne verschobenen Hinterhauptslochs an.
Untere Reihe: Becken von Schimpanse (e), Australopithecus (f) und Buschmann (g).

7

8

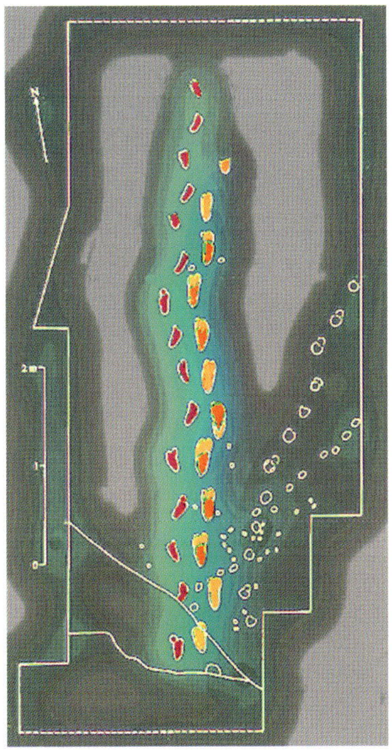

9

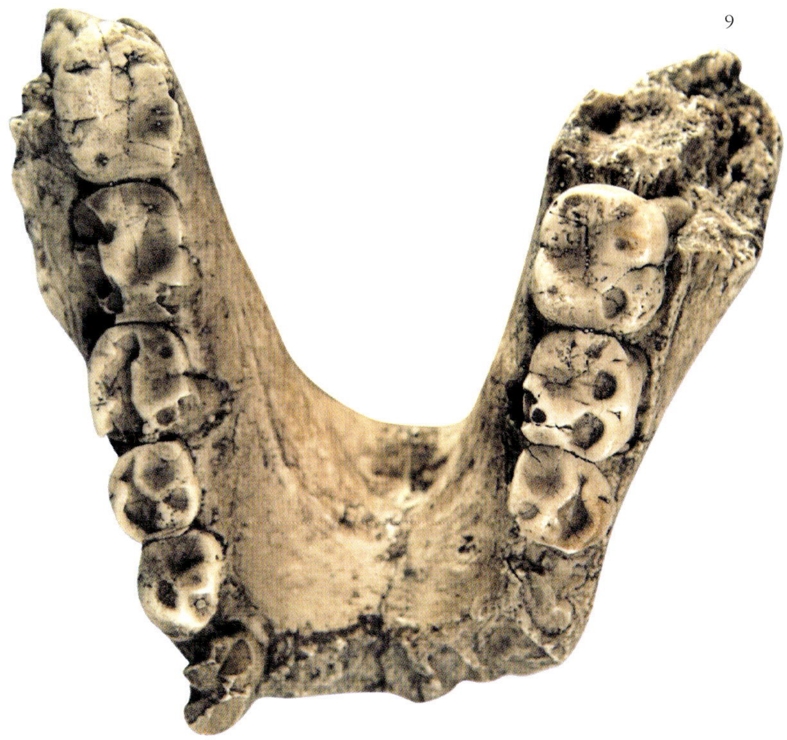

7. 8. Ein Foto der Fußabdrücke von Laetoli. In der Zeichnung daneben sieht man verschiedene Arten von Spuren: Die erste Linie, links und in rot, besteht aus kleinen Abdrücken (7,3 × 7,7 cm) eines etwa 120 cm großen Individuums, die zweite Linie, in der Mitte und in gelb, zeigt größere Abdrücke (26,4 × 8,8 cm), von zwei Individuen, von denen der zweite mit kleineren Füßen (21,2 × 8,8 cm) in den Fußstapfen des größeren lief, der etwa 140 cm groß war. Rechts Tierfährten von Pferdeartigen (Hipparion), Nagetieren und Hasenartigen.

9. Unterkiefer eines Australopithecus afarensis, gefunden in Laetoli. Er gehört zu den zahlreichen Zahn- und Knochenresten, die Wissenschaftler aus den verschiedenen Schichten dieser außergewöhnlichen Fundstätte geborgen haben (Abguss des Anthropologischen Museums der Universität Bologna).

An den Abdrücken erkennt man eine gut entwickelte Fußsohlenwölbung, außerdem stehen die großen Zehen in einer Reihe mit den anderen Zehen. Damit haben wir den direkten Beweis, dass damals der aufrechte Gang praktiziert wurde. Die Zuschreibung der Fußspuren ist schwierig, aber da archaische Formen des aufrecht gehenden *Australopithecus* in der Region sicher belegt sind, nimmt man an, dass von ihnen die menschenähnlichen Abdrücke stammen.

Es ist beobachtet worden, dass der Bewegungsapparat für die Bipedie bei einigen archaischen Formen des *Australopithecus* einhergeht mit Strukturen, die an das Klettern angepasst sind. Brigitte Senut vertritt die Ansicht, dass man in der vormenschlichen Phase zwischen zwei Typen der Bipedie unterscheiden kann: eine, die von den australopithecinen Formen der Linie des *afarensis* und seiner Nachfahren praktiziert wurde, und eine andere, die bereits stärker ausgeprägt war und kontinuierlicher vom *Prae-anthropus* und den Vertretern der Gattung Homo ausgeübt wurde. Diese interessante Hypothese steht in Einklang mit den Merkmalen einiger sehr alter Funde, die Yves Coppens vor einigen Jahren in Lothagam beschrieben und der Gattung *Homo* zugeordnet hat, und sie wartet darauf, durch weitere Funde bestätigt zu werden.

DIE ÄLTESTEN VERTRETER DER HOMINIDEN

1

Die ältesten Vertreter der Hominiden hat die Forschung bisher in den Formen des *Australopithecus* gesehen, doch in den letzten zehn Jahren wurden neue Formen entdeckt, durch die die Vorbereitungsphase bis zum Erscheinen des Menschen noch komplizierter und nicht auf eine lineare Entwicklung zurückführbar zu sein scheint. Zu den Australopithecinen gehört eine große Vielfalt von Formen, von denen einige vielleicht eine direkte Verbindung zur Linie des Menschen hatten, andere nicht.
Jedenfalls sind bei der Erforschung der Ursprünge des Menschen die Unterschiede der Hominiden-Linie (zu der die Australopithecinen und der Mensch gehören) von der Linie der Großaffen, die sich wahrscheinlich parallel entwickelte, von Bedeutung. Die Molekularbiologie versucht nun, in diesem Punkt weiterzukommen. Die immunologischen und molekularen Untersuchungen der DNA des Zellkerns und der Mitochondrien wie auch die Chromosomen-Vergleiche zwischen Menschen und Menschenaffen führen zu der Annahme, dass sich zunächst die asiatischen Menschenaffen (*Pongo* oder Orang-Utan) von der gemeinsamen Linie abspalteten. Es folgte die Aufspaltung der afrikanischen Affen, die nach Ansicht einiger Autoren praktisch zeitgleich beim Gorilla, dem Schimpansen und dem Menschen stattfand (Trichotomie, nach Andrews, Chaline, Bruce, Ayala, Smouse, Li u. a.); nach Meinung anderer trennte sich zunächst der Gorilla von der gemeinsamen Linie, die sich dann in Schimpansen und Menschen aufteilte (Dichotomie, nach Ruvolo, Goodman u. a.). Dies alles geschah vor etwa fünf bis sechs Millionen Jahren.
Stützt man sich auf die paläoanthropologischen Daten, ist das Problem nicht weniger kompliziert. Während man auch hier annimmt, dass die Linie des Orang-Utan sich als erste vom gemeinsamen Stamm trennte, muss man für die Reihenfolge einer Trennung der Linien Gorilla, Schimpanse und Mensch die Unterschiede zwischen den afrikanischen Menschenaffen und den Hominiden berücksichtigen.
Diese Trennung könnte im Licht jüngster Funde aus Kenia und dem Tschad früher eingetreten sein, als von der Molekularbiologie angenommen.

1. Im Hintergrund der Tschad-See, Rest eines riesigen Quartär-Meeres und einst – vor der Entstehung der Sahara – Mittelpunkt einer dicht bevölkerten Region. Die Darstellung vorn zeigt den Schädel des Sahelanthropus tchadensis.

2. Skelettreste des Orrorin tugenensis.

3. Hypothetische Rekonstruktion des Ardipithecus ramidus.

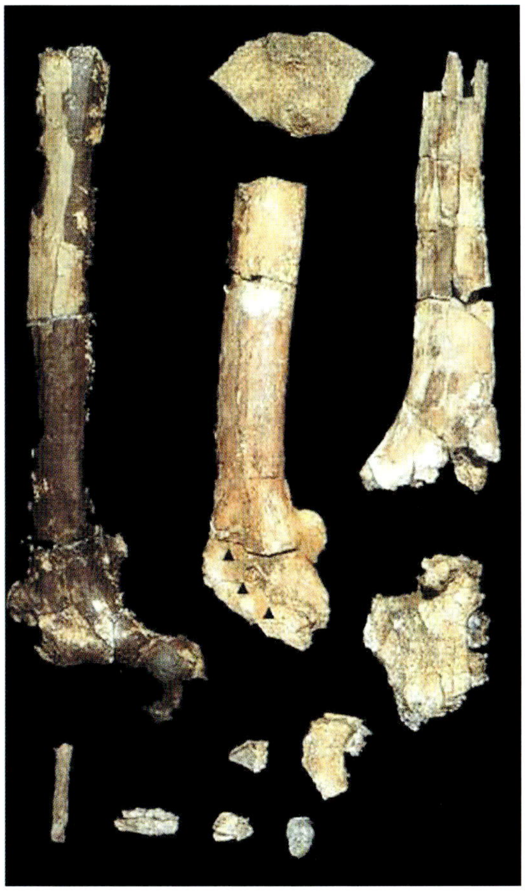

2

3

Nach der Trennung scheint die Entwicklung der Hominiden über einen längeren Zeitraum nicht linear verlaufen zu sein. Die Fossilien aus dem Zeitraum von sechs bis drei Millionen Jahren vor heute lassen verschiedene Interpretationen zu. Einige Wissenschaftler klassifizieren sie als archaische australopithecine Formen und suchen unter ihnen nach der Form, die eine engere Verbindung zur späteren menschlichen Evolutionslinie besaß.

SAHELANTHROPUS TCHADENSIS

Zu Sommeranfang des Jahres 2002 wurde die Entdeckung eines sehr interessanten, etwa sechs bis sieben Millionen Jahre alten Fossils bekannt: ein Schädel, der in Toumai im Tschad gefunden worden war. Seine Deutung ist umstritten wegen einiger anthropoider Merkmale des Gebisses (stark entwickelte Eckzähne) neben anderen, die ihn in die Nähe der Hominiden rücken (ein abgeflachtes Gesicht und die Form der Prämolaren). Bei der Interpretation spielt außerdem das Geschlecht eine Rolle: Wenn der gefundene *Sahelanthropus* weiblich war, dann stand er eher den Menschenaffen nahe, wie einige behaupten; wenn er männlich war, könnte er den Hominiden näher stehen, deren älteste Vertreter einen gewissen Geschlechtsdimorphismus aufwiesen. Leider fehlen Informationen zu den postkranialen Skeletteilen, um Hinweise auf den Bewegungsapparat zu gewinnen, so dass die Deutung als »Hominide« schwierig wird. Vielleicht kann dieser Fund aber an der Stelle der Linie eingeordnet werden, an der sich Hominiden und Paniden trennten.

ORRORIN TUGENENSIS

Im Februar 2001 wurden im kenianischen Orrorin postkraniale Reste und einige Zähne mit einem Alter von etwa sechs Millionen Jahren gefunden. Die Eckzähne erinnern an heutige Paniden, sind aber kleiner. Die Backenzähne ähneln mit ihrem dickeren Schmelz menschlichen Molaren. Große Bedeutung kommt den postkranialen Resten zu, weil sie eine klare Tendenz zur Bipedie erkennen lassen. Der Oberschenkelknochen ist etwas größer als der von Lucy. Der Oberschenkelhals und das Gelenk deuten darauf hin, dass *Orrorin* sich in offenem Gelände bewegte, auch wenn ein erstes Fingerglied, lang und gekrümmt, vermuten lässt, dass er zugleich in den Bäumen lebte. Zweifellos haben wir hier einen Vertreter einer Linie vor uns, die zu den Hominiden führte.

ARDIPITHECUS RAMIDUS

Ein weiterer Vertreter, der neuen Diskussionsstoff zur Frage um die ältesten Hominiden geliefert hat, ist mit verschiedenen Funden vertreten (Unterkiefer, einzelne Zähne, rechter Schulterknochen und Schädelfragmente), die Tim White und seine Gruppe 1992 in Afar (Äthiopien) gemacht haben. Es handelt sich um den *Ardipithecus ramidus*, der vor 4,4 Millionen Jahren gelebt hat (in der Sprache der Einheimischen des Gebietes, in dem die Knochen entdeckt wurden, bedeutet *ardi* »Erde« und *ramid* »Wurzel«). Aufgrund einiger spezifischer Eigenschaften (Länge der Gliedmaßen, Morphologie der Zähne) mag

4

5

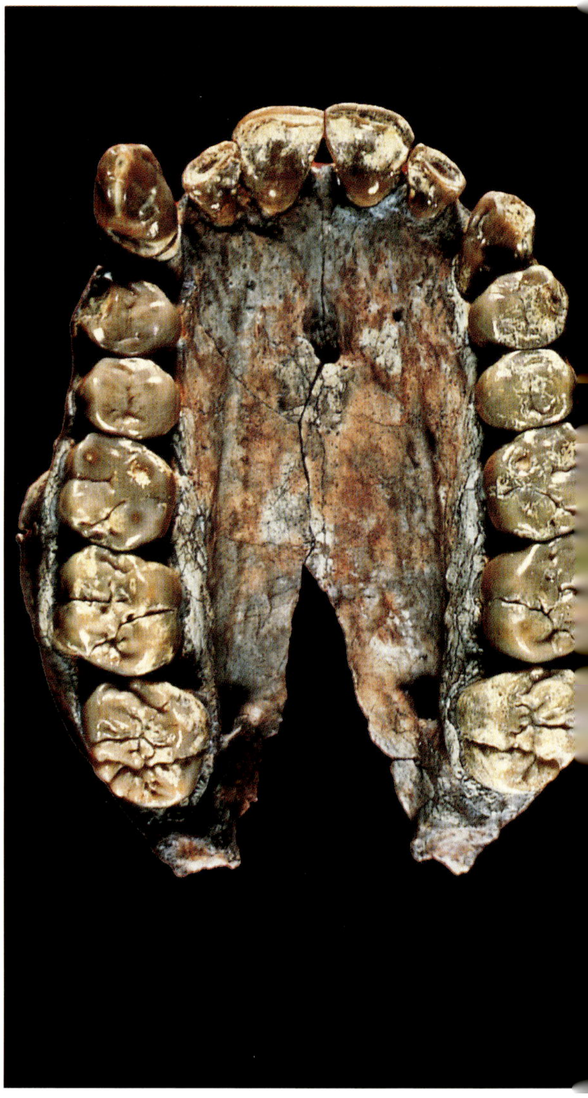

man ihn eher mit den Schimpansen als mit den Menschen verbinden, aber die Lage des Hinterhauptslochs lässt die Möglichkeit des aufrechten Gangs bestehen, weswegen der *Ardipithecus* nach Ansicht seiner Finder auf der Linie der *Australopitheci* als Vorfahr des *afarensis* seinen Platz finden muss; nach Meinung anderer Forscher, die die Bipedie nicht anerkennen, gehört er eher in die Linie der afrikanischen Menschenaffen.

AUSTRALOPITHECUS ANAMENSIS

Anam bedeutet in der Turkana-Sprache »See«, und dem *Australopithecus anamensis* sind einige Fossilien zugeordnet worden, die Maeve Leakey 1995 in Kanapoi und Allia Bay (Kenia) gefunden hat. Die Stätten sind auf ein Alter von 4,2 bzw. 3,9 Millionen Jahre datierbar. Dieser Spezies werden auch andere Funde aus Tansania (Garuti) zugerechnet, die Senut untersucht hat und die schon von Weinert 1950 als *Prae-Anthropus africanus* bezeichnet wurden – eine Benennung, die Senut und andere auch für den *Australopithecus anamensis* verwenden. Die Funde gleichen teilweise denen von Hadar, doch die postkranialen Reste scheinen deutlicher an der Bipedie orientiert als beim *A. afarensis*, weshalb sie nach Senut einer weiter entwickelten Linie angehören.

AUSTRALOPITHECUS AFARENSIS

Der heute so berühmte weibliche *Australopithecus* »Lucy« verdankt seinen Namen dem Beatles-Song *Lucy in the Sky with Diamonds*, der 1974 im Camp der Expedition unter Leitung von Yves Coppens, Donald Johanson und Maurice Taieb im Gebiet von Afar in Äthiopien oft gesungen wurde.
Es handelte sich um einen Hominiden, etwas größer als ein Schimpanse, der schon – wenn auch noch sehr ungelenk – auf den Hinterbeinen ging und vor etwa 3,5 bis 3,2 Millionen Jahren lebte. Die wissenschaftliche Bezeichnung lautet *Australopithecus afarensis.* Die zahlreichen Funde, die weite Verbreitung in Afrika mit weiteren Fundstellen (Tansania, Südafrika) und die Bedeutung für den Stammbaum des Menschen verdienen eine ausführlichere Behandlung, der sich das folgende Kapitel widmet.

KENYANTHROPUS

Ein weiterer Fund, den Leakey 1999 machte, ist offenbar ein nicht zu übergehender Protagonist in der Geschichte der Menschwerdung: der *Kenyanthropus platyops*, der vor 3,5 Millionen Jahren lebte, ein sehr graziler Hominide, wie man am fast komplett erhaltenen Schädel und anderen Bruchstücken der Kalotte erkennen kann. Er weist ein Mosaik aus ursprünglichen und fortgeschrittenen Merkmalen auf. Der Schädel ist klein, die Prämolaren und Molaren ähneln denen des *Australopithecus afarensis*, aber es fällt das im unteren Teil flache Gesicht auf, das ihn näher an den Menschen heranrückt. Gewisse Ähnlichkeiten mit dem *Homo rudolfensis* eröffnen die Möglichkeit, dass letzterer eine weiterentwickelte Art des eine Million Jahre älteren *Kenyanthropus platyops* gewesen sein könnte.

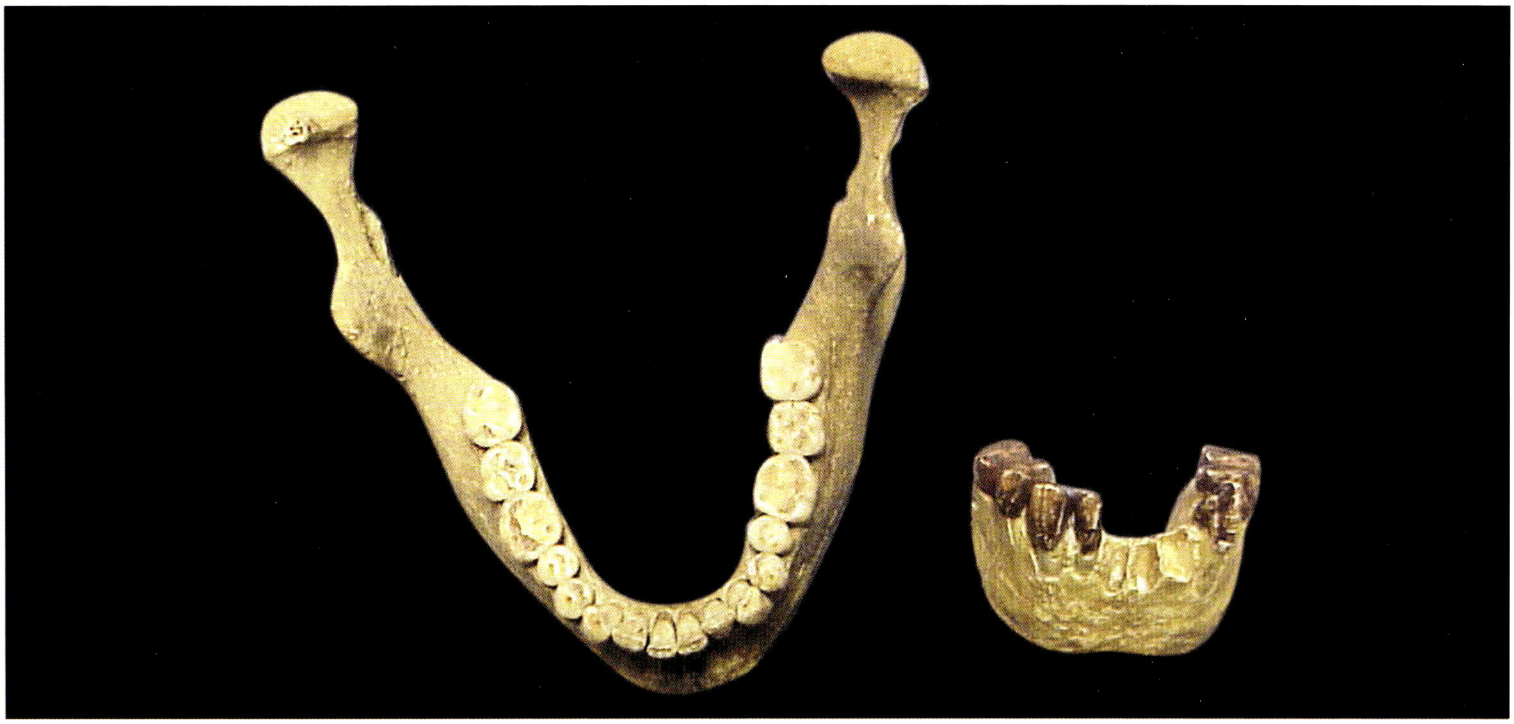

6

AUSTRALOPITHECUS BAHR-EL-GHAZALI

Ein etwa zeitgleich mit Lucy lebender weiblicher *Australopithecus* wurde 2500 Kilometer vom Rift Valley entfernt am Bahr-el-ghazali (»Gazellen-Fluss«) im Tschad gefunden. Er lebte vor 3,2 Millionen Jahren und bekam den Spitznamen »Abel«. Leider ist nur der Vorderteil des Unterkiefers erhalten. Die Prämolaren haben drei Wurzeln und dicken Zahnschmelz. Das Fragment muss zu einem breiten, kurzen, parabolen Zahnbogen und einem relativ gedrungenen Gesicht gehört haben. Es handelt sich um den ersten Fund eines *Australopithecus* westlich des Rift Valley und so weit von Ostafrika entfernt. Er hat einige Zweifel an Yves Coppens' »East Side Story« aufkommen lassen (der dennoch nicht zögerte, seinen Namen unter den Artikel zu setzen, in dem der Fund beschrieben wird). Man darf nicht vergessen, dass die Entwicklung der Hominiden in den Gebieten östlich des Rift Valley ein Ereignis ist, das sich über eine lange Zeit hinzieht und großflächige Territorien einbezieht, die durch jeweils unterschiedliche klimatische Bedingungen und Lebensräume kennzeichnet sind. Für Vereinfachungen ist da kein Platz. Jedenfalls kann man nicht ausschließen, dass *Australopitheci* schnell auch die westlichen Gebiete erreichten, wie man es etwa für Südafrika annimmt, und dabei günstige Umweltbedingungen nutzten.

Die ersten afrikanischen Hominiden, die sich im Laufe von drei Millionen Jahren entwickelt hatten, zeigen evolutionäre Tendenzen hin zu Formen, die verschiedene Verbindungen zur menschlichen Entwicklungslinie gehabt haben können. Die Individuation allerdings bleibt schwierig. Das allgemein anerkannte, in den 80er Jahren aufgestellte Schema sieht im *Australopithecus afarensis* den Vorfahren sowohl der anderen australopithecinen Formen wie auch des Menschen. Heute akzeptieren verschiedene Autoren diese Position nicht mehr, auch wenn es leicht wäre, die neuesten Funde in einer linearen Entwicklung zu sehen: *Orrorin, Ardipithecus ramidus* und *Australopithecus anamensis*, Vorfahren des *A. afarensis*, aus dem sich schließlich der *A. africanus* entwickelte, der nach der klassischen Hypothese bereits ein Mensch war.

4. Fossilien des Australopithecus anamensis: links Unterkiefer und Reste der vorderen Gesichtsknochen; in der Mitte Bruchstücke eines Armknochens; rechts ein Unterschenkelknochen.

5. Gaumen des Australopithecus afarensis. Auffallend die archaische Form des Zahnbogens.

6. Unterkieferstück des Australopithecus bahr-el-ghazali im Vergleich mit dem Unterkiefer eines modernen Menschen.

LUCY ODER DER AUSTRALOPITHECUS AFARENSIS

1

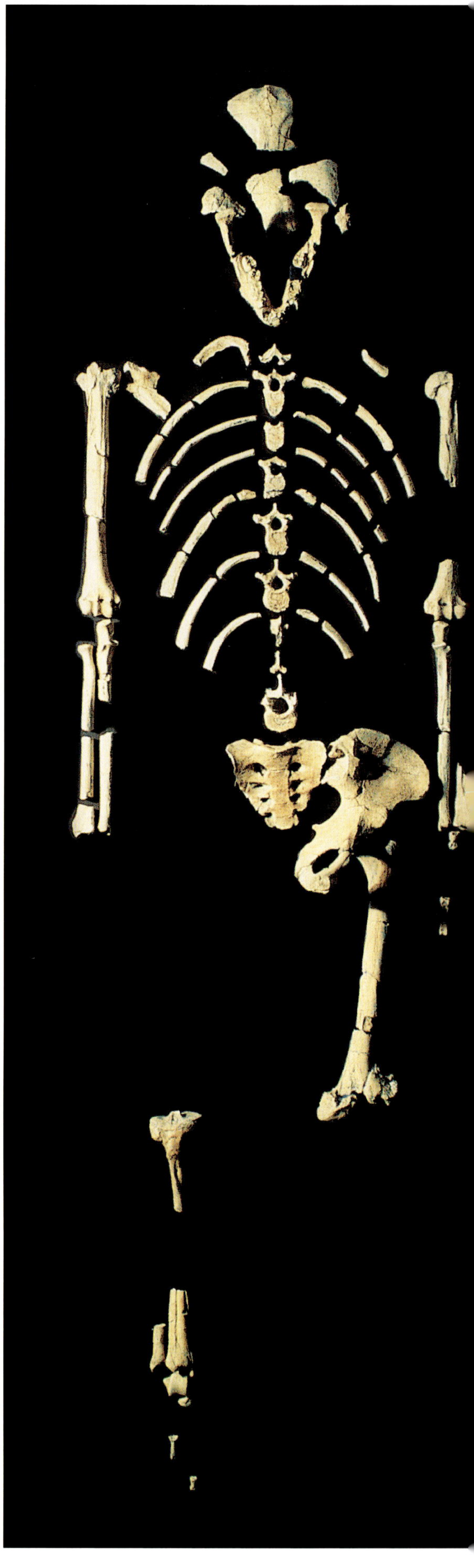

2

1. Hypothetische Rekonstruktion von Lucy.

2. Die zahlreichen Skelettreste von Lucy (Abguss des Anthropologischen Museums der Universität Bologna).

3. Von Tim White durchgeführte Rekonstruktion des Schädels eines Australopithecus afarensis unter Zusammenführung vieler Schädelfragmente verschiedener Individuen, die 1975 in der äthiopischen Region Hadar an der Fundstätte A.L. 333 geborgen wurden (Breite 75 mm). Abguss des Anthropologischen Museums der Universität Bologna.

4. Rekonstruktion des Schädels eines Australopithecus afarensis, von vorn gesehen.

5. Ein Vergleich von Schädeln des Australopithecus afarensis, Homo erectus und Homo sapiens.

Der *Australopithecus afarensis* nutzte den aufrechten Gang, bewegte sich aber auch als Kletterer im Geäst der Bäume, wie sich am Bau der vorderen Gliedmaßen ablesen lässt. Er gilt mit einem Alter von 3,2 Millionen Jahren als der älteste Vertreter der australopithecinen Formen. Der Glücksfund 1974 in der Afar-Region (Becken von Hadar), etwa 60 Kilometer von der äthiopischen Hauptstadt Addis Abeba entfernt, brachte 52 größtenteils postkraniale Knochen ans Licht, die nach Ausweis der Beckenknochen einem einzigen Individuum weiblichen Geschlechts zuzuordnen waren.
Trotz einiger ursprünglicher Züge, besonders der langen, zum Klettern geeigneten Vordergliedmaßen, bestehen keine Zweifel an seiner Zuordnung zur Gruppe der Australopithecinen, die schon durch Funde in Südafrika, Tansania und am Turkana-See bekannt war. Die Morphologie des Beckens und seiner Gelenkverbindung mit dem Oberschenkel zeigen, dass er schon gewohnt war, aufrecht zu gehen, auch wenn das Kniegelenk noch nicht so gut darauf eingestellt war wie beim modernen Menschen.
Spätere Forschungen in Hadar haben weitere Funde derselben Spezies ans Licht gebracht, die die ersten Beobachtungen bestätigen und bereichern. Die Afar-Hominiden weisen einige primitive Züge im Gesichtsknochenbau auf, wie etwa eine starke Prognathie (Vorspringen des Kiefers), Diastemata (Lücken) zwischen Schneide- und Eckzahn im Oberkiefer und zwischen Eckzahn und erstem Vorbackenzahn im Unterkiefer sowie große Schneide- und Eckzähne mit quadratischen Kauflächen. Das Hirnvolumen wird auf etwa 400 Kubikzentimeter geschätzt.

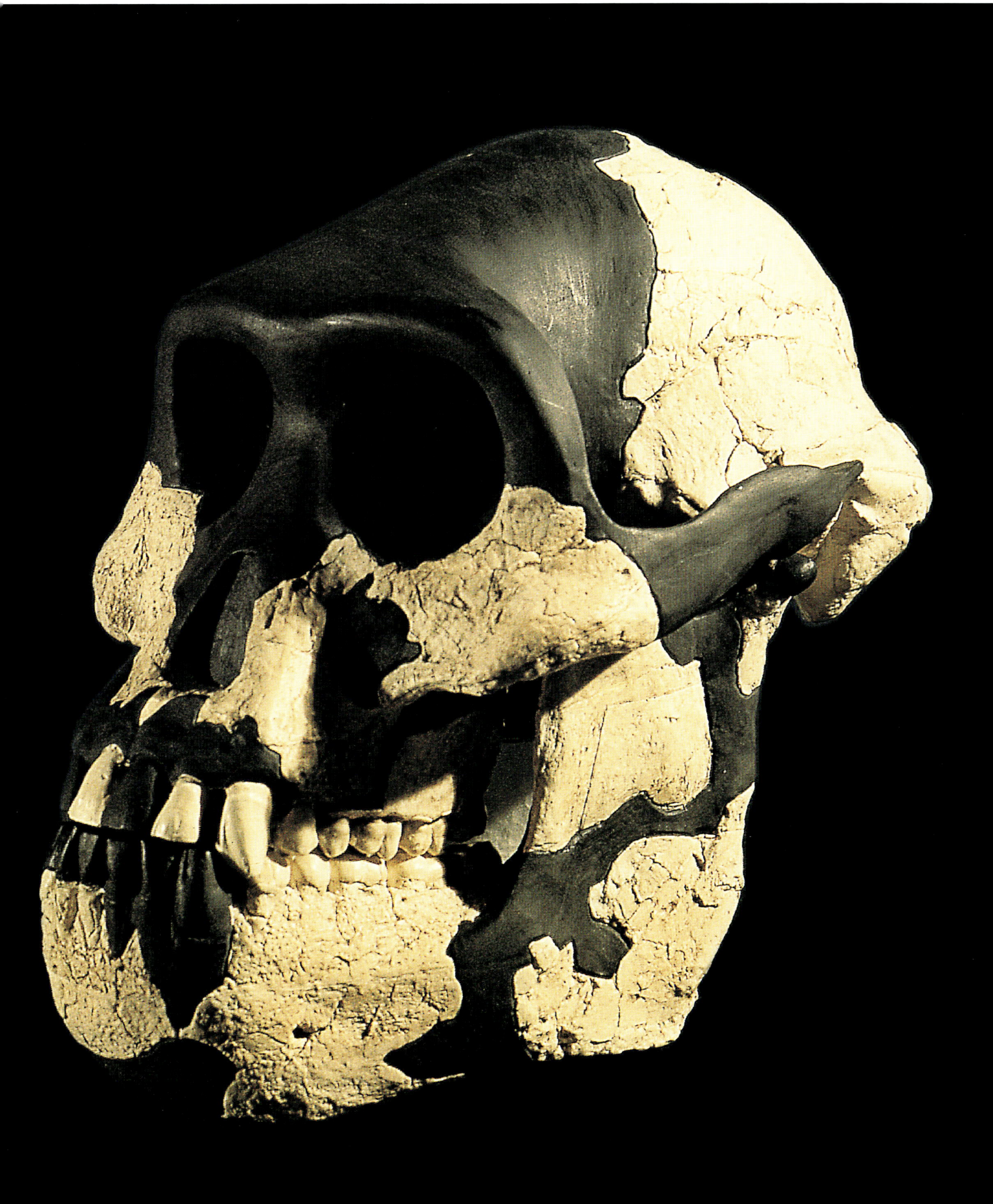

3

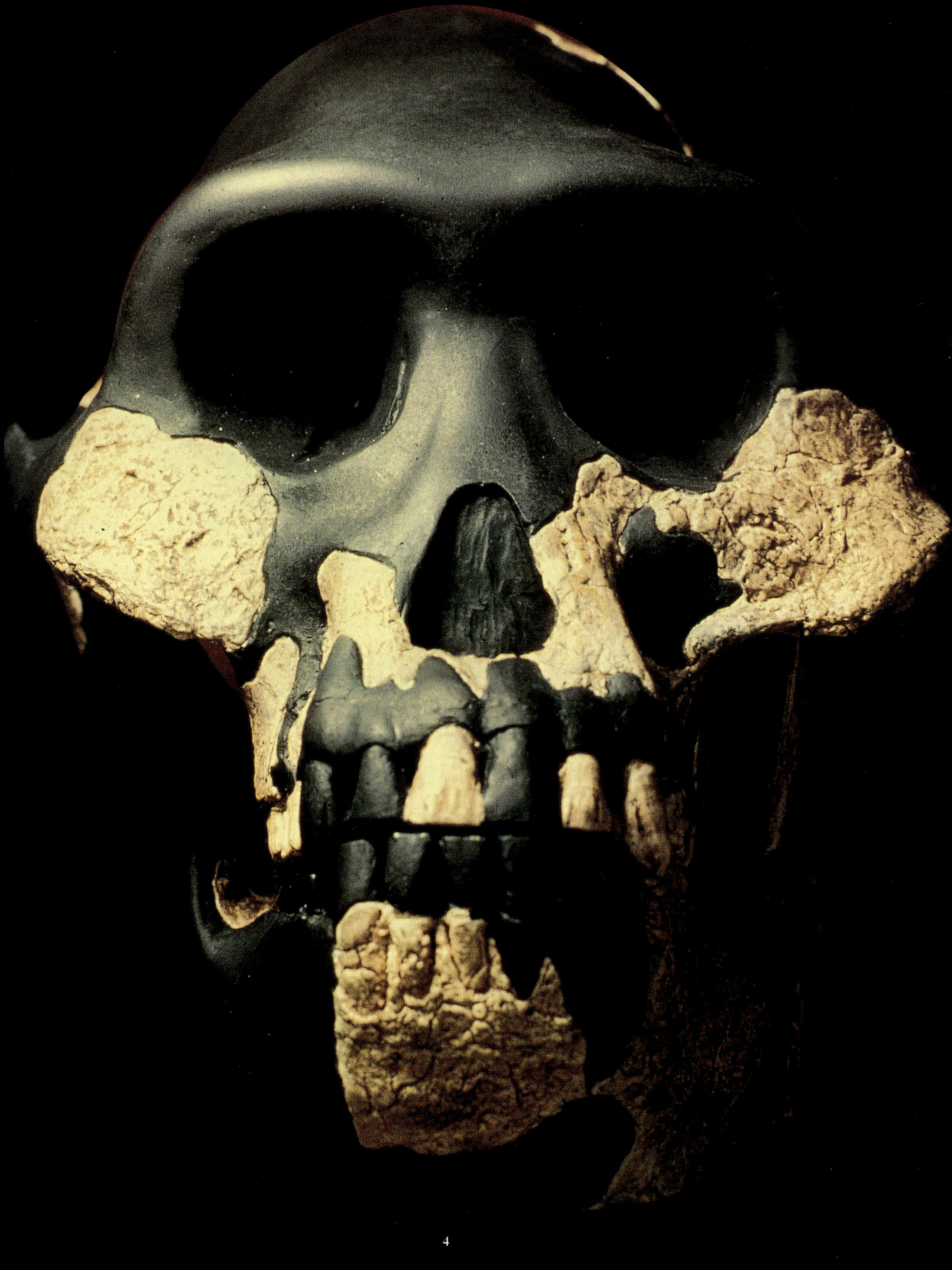

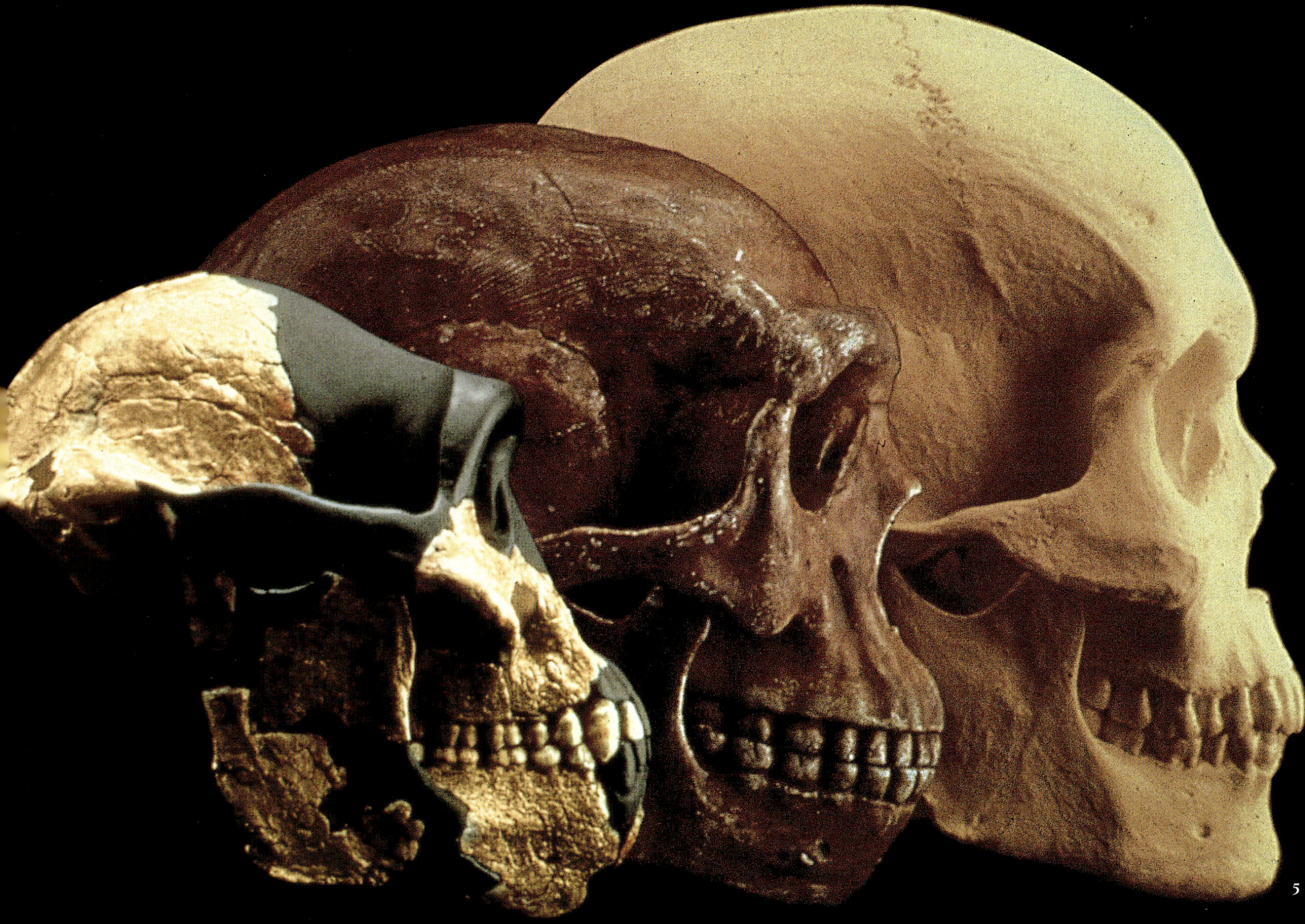

6

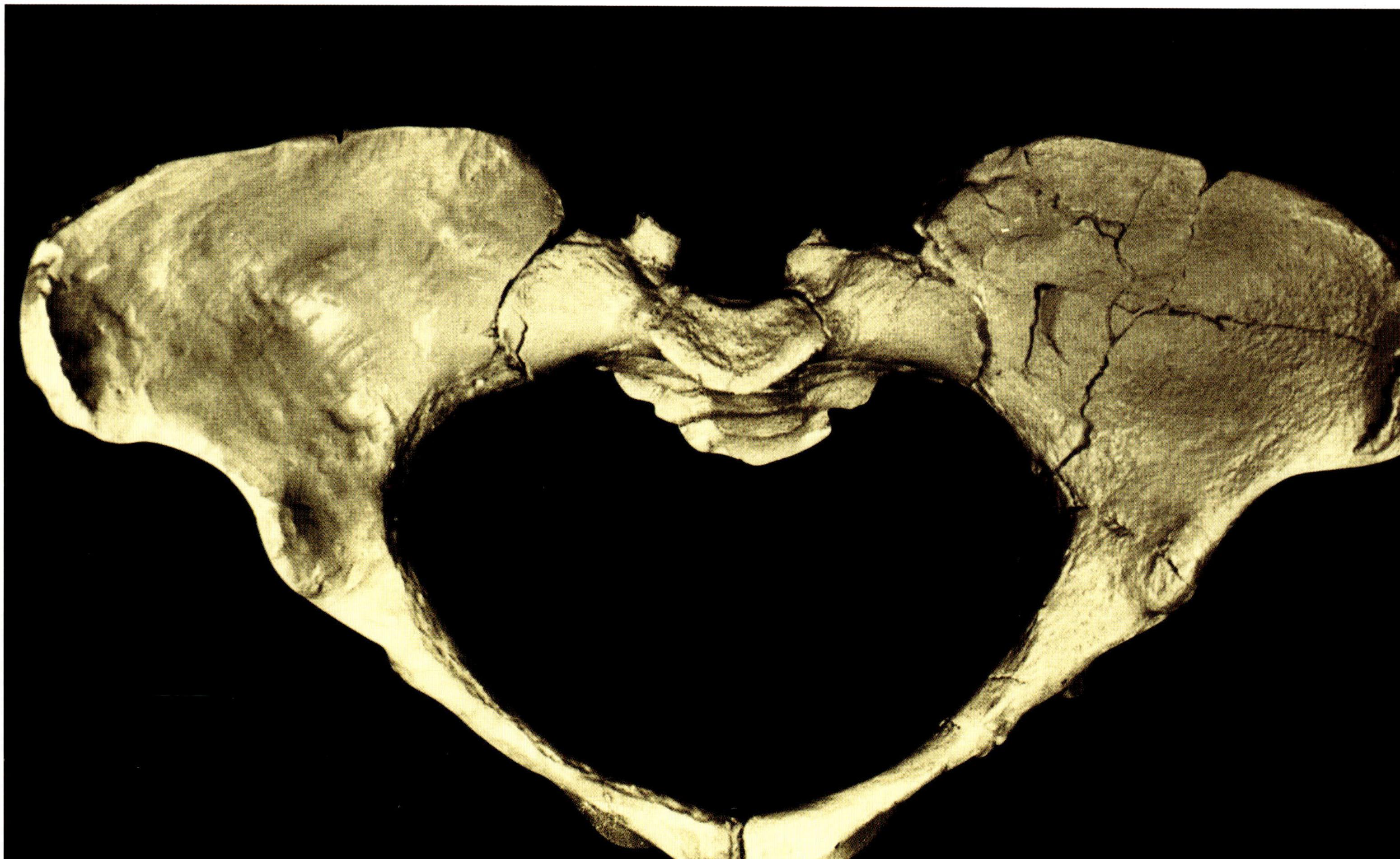

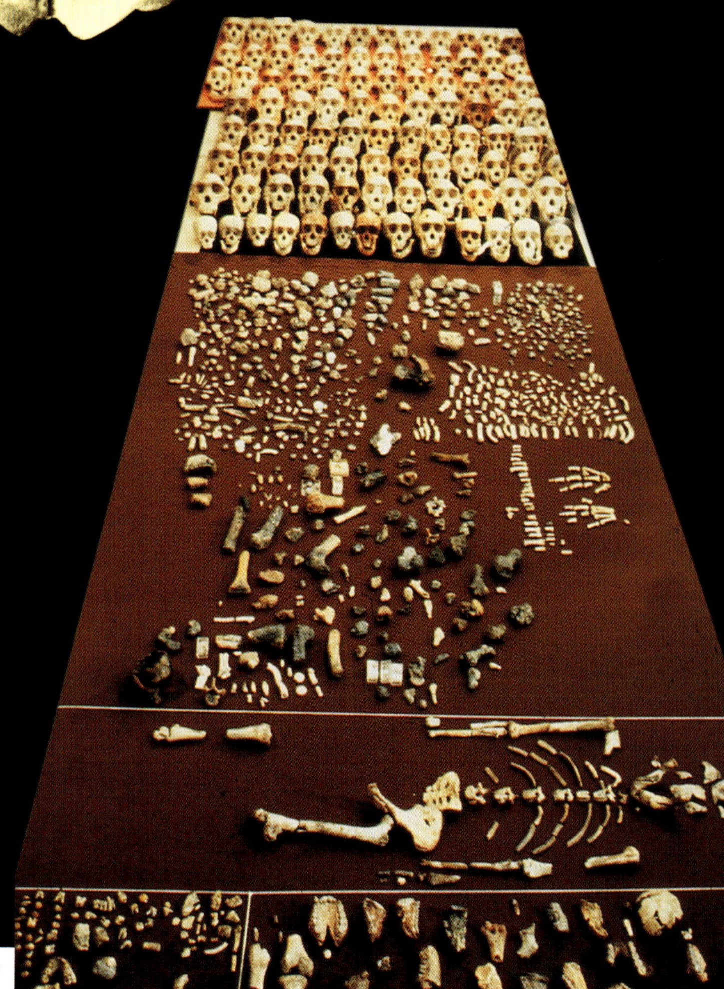

7

8

6. Die Rekonstruktion des Beckens von Australopithecus afarensis. Typisch weibliche morphologische Merkmale brachten die Entdecker dazu, dem Hominiden den Beinamen Lucy zu geben.

7. Auf dem Foto sieht man, auf einem Tisch angeordnet, Fossilien aus Hadar (Äthiopien) und Laetoli (Tansania), die dem Australopithecus afarensis zugeschrieben werden. Im Vordergrund liegen Schimpansen-Schädel.

8. Panorama der Lagerstätten von Hadar.

Andere Funde, die dieser archaischen Form des *Australopithecus* zuzuordnen sind, stammen aus dem tansanischen Laetoli, etwa 1750 Kilometer von Hadar entfernt. Sie sind noch älter (3,5 Millionen Jahre) und bestätigen und erweitern das Wissen um die schon aufgeführten Merkmale des archaischen Hominden. Das Gehirn hatte etwa die gleiche Größe wie bei den Menschenaffen, das Gesicht war ausgeprochen prognath.

Australopithecus afarensis gilt als Vorfahr der australopithecinen Formen, die wir kennen. Einige Forscher sehen in ihm auch einen Vorfahren der menschlichen Stammlinie, vertreten durch den *Homo habilis.*

Seine Verbreitungsgebiete in der Savanne zeigen uns, dass die Eroberung des offenen Raums, der mit der Bipedie begann, schon fortgeschritten war. Von den Eigenschaften seiner Vorfahren hatte er sich die Beweglichkeit beim Klettern bewahrt, eine Möglichkeit, vor Raubtieren und anderen Feinden zu fliehen, die ihm das Leben sicher nicht leicht machten.

DIE EVOLUTIONÄRE VIELFALT DER AUSTRALOPITHECI

1

1. Hypothetische Rekonstruktion des Australopithecus africanus.

AUSTRALOPITHECUS AFRICANUS

Lucy und ihre Gefährten waren noch nicht völlig an ein offenes Gelände angepasst. Ihre Gewandtheit beim Klettern spricht für eine gewisse Vertrautheit mit bewaldetem Gebiet. Ihre Nachkommenschaft jedoch perfektioniert mit der Zeit die körperlichen Voraussetzungen für die Fortbewegung auf zwei Beinen und löst sich völlig vom bewaldeten Lebensraum, gleichzeitig nimmt die Körpergröße zu. Dieses Entwicklungsstadium können wir beim *Australopithecus africanus* feststellen, einer höher entwickelten, aber noch immer sehr grazilen Form, die vor drei Millionen Jahren entstand und bis vor etwas mehr als einer Million Jahren lebte.

Der erste Fund kam in Taung in der Republik Südafrika ans Licht und wurde – wie schon am Anfang im Zusammenhang mit den ersten Funden in Afrika erwähnt – von Raymond Dart 1925 bekannt gegeben. Weitere folgten, ebenfalls in Südafrika: in Makapansgat 1947 *(Australopithecus prometheus)* und in Sterkfontein 1936 (*Australopithecus transvaalensis* oder *Plesianthropus*). Aber auch aus Ostafrika wurden Funde des *Australopithecus africanus* gemeldet, etwa im Omo-Tal oder in Koobi Fora östlich des Turkana-Sees. Jüngste Grabungen haben neue Funde zu Tage gebracht. Auch der 2,5 Millionen Jahre alte *Australopithecus garhi*, der 1999 in Äthiopien entdeckt wurde, kann auf den *A. africanus* zurückgeführt werden.

In Südafrika wurden die Fossilien des *Australopithecus africanus* im Kalkstein in Höhlen und Spalten gefunden, die sich anschließend mit verschiedenem Material füllten, darunter auch Knochen etwa von Cercopithecoiden (Hundsaffen), Huftieren (vor allem Antilopen) und verschiedenen Fleischfressern (u. a. Schakal, Manguste, Hyäne und Leopard). Auch Knochen von Schildkröten, Rieseneidechsen und Krokodilen werden erwähnt.

Eine Erklärung für diese Knochenansammlungen ist noch nicht gefunden. Waren die *Australopitheci* Jäger oder Beute der anderen Tiere? Die in Makapansgat entdeckten Pavianskelette weisen vor allem im Parietalbereich Brüche auf, was dafür spricht, dass die Tiere gejagt und getötet wurden. Und die Langknochen der Antilopen könnten als Werkzeuge (Schleudern oder Keulen) genutzt worden sein. Von dieser Annahme ging Raymond Dart aus, der auch nicht zögerte, künstlich herausgebrochene und auch bearbeitete Zähne sowie einfach gebrochene oder geformte Tierknochen mit dem *Australopithecus* in Verbindung zu bringen. Für diese Funde prägte er den Namen »osteodontokeratische Kultur« (Knochen-Zahn-Hornsubstanz-Kultur).

Andere Wissenschaftler wie Brain sind der Ansicht, dass die *Australopitheci* nicht Jäger, sondern Gejagte waren, die vor allem von großen Raubkatzen getötet wurden. Was die Knochenansammlungen in den Höhlen betrifft, so könnte es sein, dass Raubtiere (Leoparden oder Hyänen) ihre Beute am Höhleneingang verschlangen; die Knochenreste, auch die der *Australopitheci*, müssen dann später ins Innere des Fels gelangt sein.

Der *A. africanus* war wenig größer als der *A. afarensis*: Mit 1,30 Meter wog er etwa 25 bis 30 Kilogramm. Der Schädel hatte ein Hirnvolumen von etwa 400 bis 500 Kubikzentimeter; das Gebiss weist menschliche Züge auf: Es fehlt das Diastema, die Eckzähne ragen nicht über die Kauflächen der anderen Zähne hinaus, die unteren Prämolaren haben zwei

2. Der so genannte Junge von Taung (Südafrika), Schädel eines jungen Australopithecus africanus.

2

3

Höcker, und die Zahnbögen sind parabol wie beim Menschen. Allerdings sind die Backenzähne vergleichsweise noch etwas zu lang.

Sicher musste der *Australopithecus africanus* mit anderen Tieren der Savanne um Nahrung konkurrieren, aber vor allem musste er sich vor den großen Raubtieren in Acht nehmen. Weil er sich bei der Fortbewegung nicht mehr auf die Hände stützte, konnte er sich mit Steinen oder Stöcken verteidigen. Aus der aufrechten Haltung konnte er so sicher Vorteile ziehen, nicht verlassen dagegen durfte er sich auf die Kraft seiner Zähne, die doch im Vergleich mit jenen der anderen Primaten und insbesondere der Raubtiere sehr klein waren. Vielleicht gelang es ihm aber, vor allem durch das Leben in der Gruppe, gefährliche Situationen besser zu meistern.

Der *Australopithecus africanus* war ein Allesfresser und ernährte sich nicht nur von Früchten, sondern auch vom Fleisch getöteter oder tot aufgefundener Tiere.

Vorübergehend war der *Australopithecus africanus* auch Zeitgenosse des *Australopithecus robustus* sowie des *Homo habilis* und des *Homo erectus*, wie wir im Folgenden sehen werden.

3. Schädel eines Australopithecus africanus, gefunden in Sterkfontein (Südafrika).

4

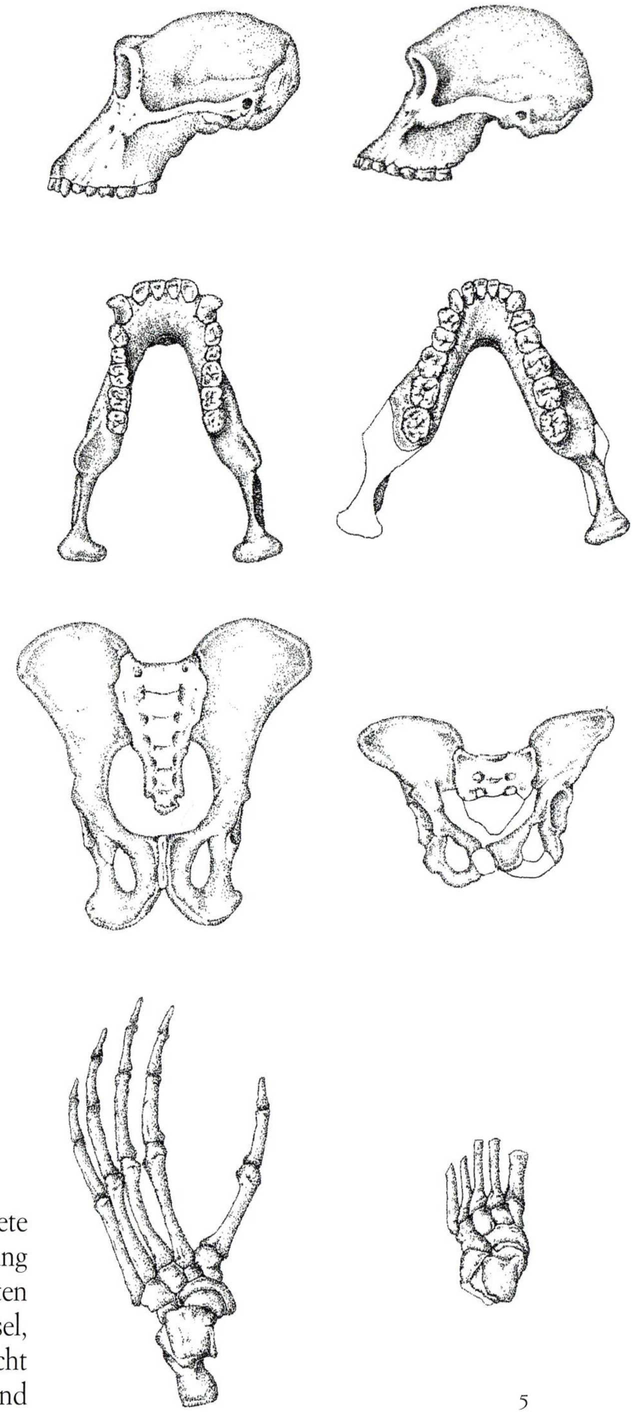

5

An einigen Fundstätten mit Fossilien des *Australopithecus* wurden auch bearbeitete Steinsplitter aus der Zeit vor 2,5 bis 3 Millionen Jahren gefunden, die nach Meinung einiger Wissenschaftler Artefakte der *Australopitheci*, der zierlichen wie der robusten Form, sein könnten (siehe unten). Möglicherweise nutzte der *Australopithecus* Kiesel, Steinbrocken und Knochen zur Verteidigung oder zur Nahrungsbeschaffung. Vielleicht war er auch bereits zum groben Behauen von Steinen in der Lage. Die systematische und differenziertere Steinbearbeitung jedoch scheint in dieser Phase der Menschwerdung nicht aufzutreten, vielleicht weil die Fingerfertigkeit noch nicht so weit entwickelt war.

AUSTRALOPITHECUS ROBUSTUS (AUSTRALOPITHECUS ROBUSTUS, BOISEI, AETHIOPICUS)

Vor etwa 2,3 Millionen Jahren wurde das Klima trockener. Unter diesen neuen Lebensbedingungen entwickelten sich sowohl besonders robuste australopithecine Formen als auch höher entwickelte, dem Menschen schon nahe stehende Formen.
An mehreren Orten Südafrikas wurden Fossilen von im Vergleich zum *Australopithecus africanus* größeren und robusteren Australopithecinen entdeckt. Die ersten Funde von *Australopithecus robustus* stammten aus Kroomdraai (1938, *Paranthropus robustus*) und Swartkrans (1949, *Paranthropus crassidens*). Ersterer war 1,2 Millionen Jahre alt, letzterer

4. Schädel des Plesianthropus oder Australopithecus transvaalensis, gefunden im südafrikanischen Sterkfontein (Höhe 85 mm). Abguss des Anthropologischen Museums der Universität Bologna.

5. Vergleich zwischen Menschenaffe (Schimpanse) links und Australopithecus rechts. Besonders deutlich zeigen sich die Unterschiede am Gesicht, das beim Australopithecus weniger prognath ist, am Unterkiefer mit einem parabolen Zahnbogen wie beim Menschen und einem Gebiss, dass dem menschlichen sehr nahe kommt, am Becken, das breiter und weniger hoch ist, sowie an den Füßen, die sich durch die bipede Fortbewegung spezialisieren.

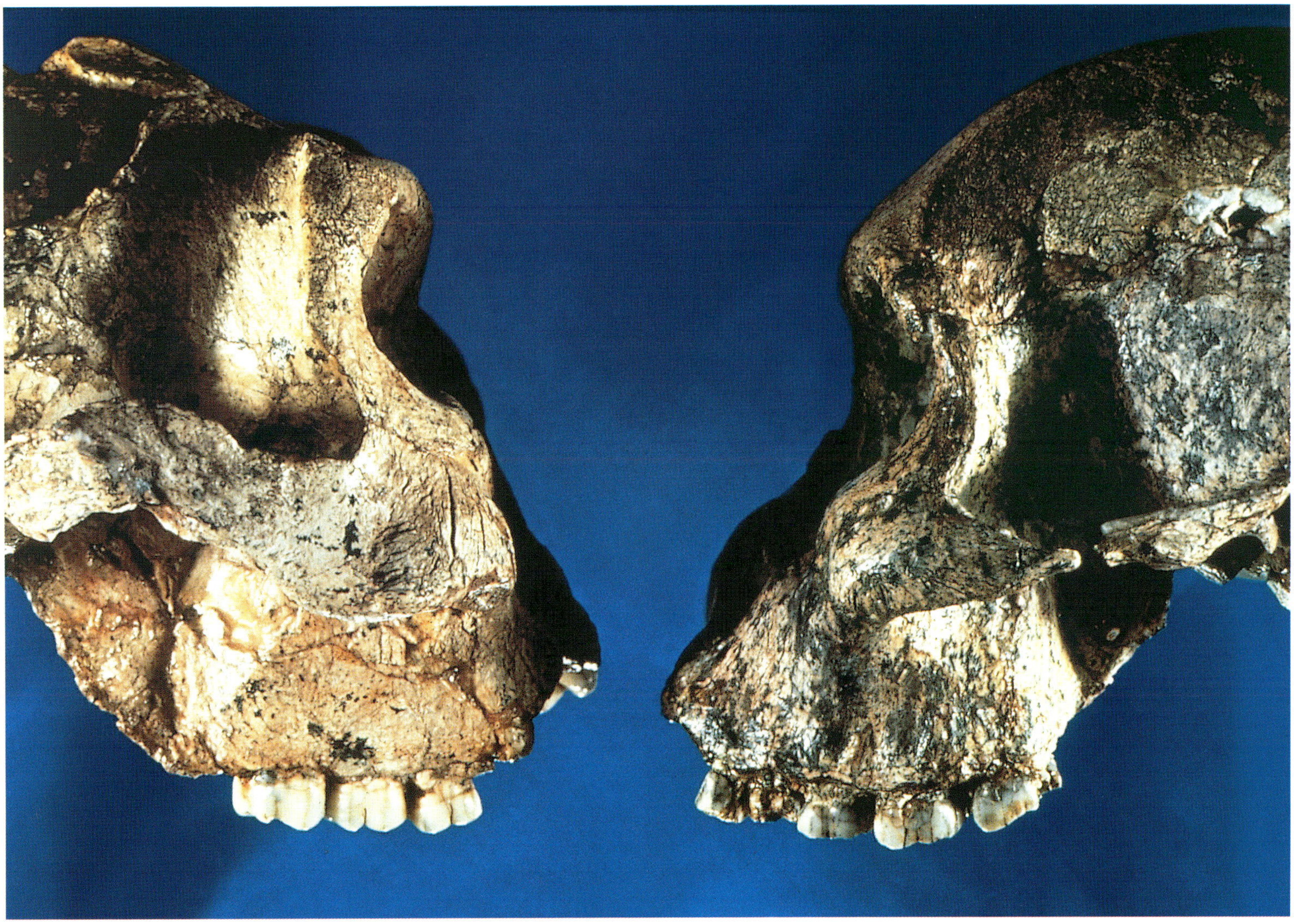

6

6. Im Profil: Gesichtsskelette des Australopithecus robustus (links) und des Australopithecus africanus (rechts).

2 Millionen Jahre. Die Robustheit kann man vor allem am massiven Kauapparat ablesen, der an eine harte und zähe Nahrung, vor allem Samen, Fasern und Wurzeln, angepasst war. Die Prämolaren und Molaren sind groß und stehen nahezu senkrecht neben den relativ kleinen Schneide- und Eckzähnen. Das Gesicht springt weniger deutlich vor als beim *Australopithecus africanus.* Die Jochbögen sind erstaunlich groß, laden weit nach vorn aus und bieten Ansatzpunkte für die starken Kaumuskeln; ein kleiner Scheitelkamm diente als Ansatz des starken Schläfenmuskels, der ebenfalls beim Kauen gebraucht wurde. Auffallend sind auch die Überaugenwülste.

Das Hirnvolumen beträgt etwa 500 Kubikzentimeter und ist damit ein wenig größer als beim *Australopithecus africanus*, wobei man aber auch die Körpergröße im Auge behalten muss: *Australopithecus robustus* war etwa 150 Zentimeter groß und wog um die 50 Kilogramm.

Zum Teil wurde behauptet, dass die Größenunterschiede Ausdruck eines Geschlechtsdimorphismus sein könnten, dass also die größeren Formen zum männlichen Geschlecht des *Australopithecus* gehörten, während die eher zierliche Form die weibliche sei. Aber diese Hypothese ist dann doch nie ernsthaft in Betracht gezogen worden. Dagegen spricht schon, dass an den südafrikanischen Fundstätten niemals beide Formen zusammen gefunden wurden, außerdem ist der *Australopithecus robustus* jünger.

Eine weitere robuste Form mit einigen besonderen Merkmalen und bezeichnet als *Zinjanthropus boisei* (OH 5) stammt aus der bekannten Lagerstätte Olduvai in Tansania.

7

Sein jugendliches Alter trug ihm bei Louis und Mary Leakey, die ihn 1959 fanden, den Spitznamen *»Dear Boy«* ein. Mary Leakey stieß in der ersten Schicht aus vulkanischem Material, die etwa 1,7 bis 1,8 Millionen Jahre alt ist, auf einen Schädel, der denen der robusten südafrikanischen Formen sehr ähnelte. Er wurde *Zinjanthropus* genannt (oder »Mensch von Zinj«, nach einer alten Bezeichnung für den Osten Afrikas), angehängt wurde außerdem der Name *boisei*, nach dem Finanzier der Expedition.

Der *Zinjanthropus* ähnelt dem *Paranthropus*, er ist aber noch robuster mit gewaltigen Jochbögen und einem Hirnvolumen von 530 Kubikzentimeter bei größerer Statur. Viele

7. Schädel eines Zinjanthropus oder Australopithecus boisei.

8

8. Abguss des Schädels eines Australopithecus aethiopicus oder prae-boisei.

Wissenschaftler klassifizieren ihn als eine Unterart des *Australopithecus* und bezeichnen ihn daher als *Australopithecus boisei.*
Ähnliche Funde stammen aus dem kenianischen Koobi Fora östlich des Turkana-Sees (2 Millionen Jahre alt) und aus dem Flusstal des Omo in Äthiopien (zwischen 2,2 und 1 Million Jahre alt). In der Shungura-Formation des Omo-Tals wurden auch bearbeitete Steine (*chopper*) und Quarzitsplitter geborgen. *Australopithecus robustus*, einschließlich des *boisei* in Ostafrika, gilt wegen seines Gebisses als sehr gut angepasst an harte und zähe Pflanzennahrung, wie sie für eine trockene Umwelt typisch ist. Er ging aufrecht, aber

9

9. Oberer Teil eines Oberschenkelknochens des Australopithecus robustus (Länge 100 mm).

10. Hypothetische Rekonstruktion des Australopithecus robustus.

10

seine große Körpermasse erlaubte ihm keine schnelle Fortbewegung. Seine Eigenschaften entfernen ihn von der Evolutionslinie des Menschen. Auch darf man nicht vergessen, dass zeitgleich eine schon weiter in Richtung auf den Menschen entwickelte Form existierte, der *Homo habilis.*

Nach Ansicht vieler Wissenschaftler stammt der *Australopithecus robustus* vom *Australopithecus africanus* ab. Der Fund einer alten, robusten Australopithecina, die den Namen *Australopithecus prae-boisei* oder *aethiopicus* erhielt und vor 2,5 Millionen Jahren westlich des Turkana-Sees lebte, hat diese Deutung jedoch wieder in Frage gestellt. Das Fossil weist Merkmale auf, die es in die Linie des boisei stellen, und sein Alter, zusammen mit einigen eher archaischen Zügen des *boisei*, könnte eher auf einen direkten Zusammenhang mit dem *Australopithecus afarensis* als mit dem *Australopithecus africanus* schließen lassen. Die Anpassung des *Australopithecus robustus* und *boisei* an eine trockene Umwelt lässt sich, wie bereits erwähnt, am Gebiss und am Kauapparat erkennen, die – anders als beim *Homo habilis* – für harte Pflanzennahrung geeignet sind. Der *Homo habilis* war lange Zeitgenosse des *Australopithecus robustus* und reagierte auf die Anforderungen eines immer schwieriger werdenden Lebensraums vor allem mit der Entwicklung kultureller Fähigkeiten, also durch die Herstellung von Werkzeugen sowie eine intensivere soziale Organisation, und konnte sich damit durchsetzen.

11

11. 12. Fundstätten wichtiger fossiler Australopithecinen.

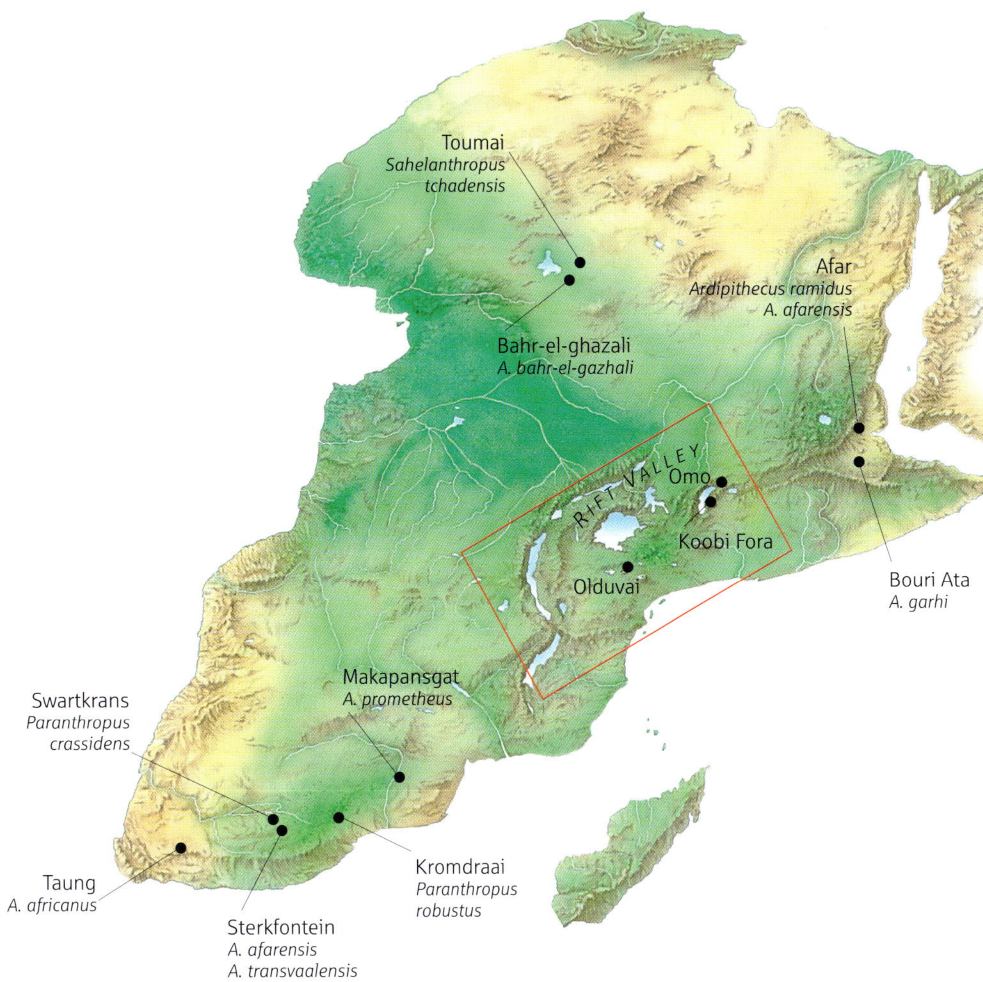

12

HOMO HABILIS/RUDOLFENSIS

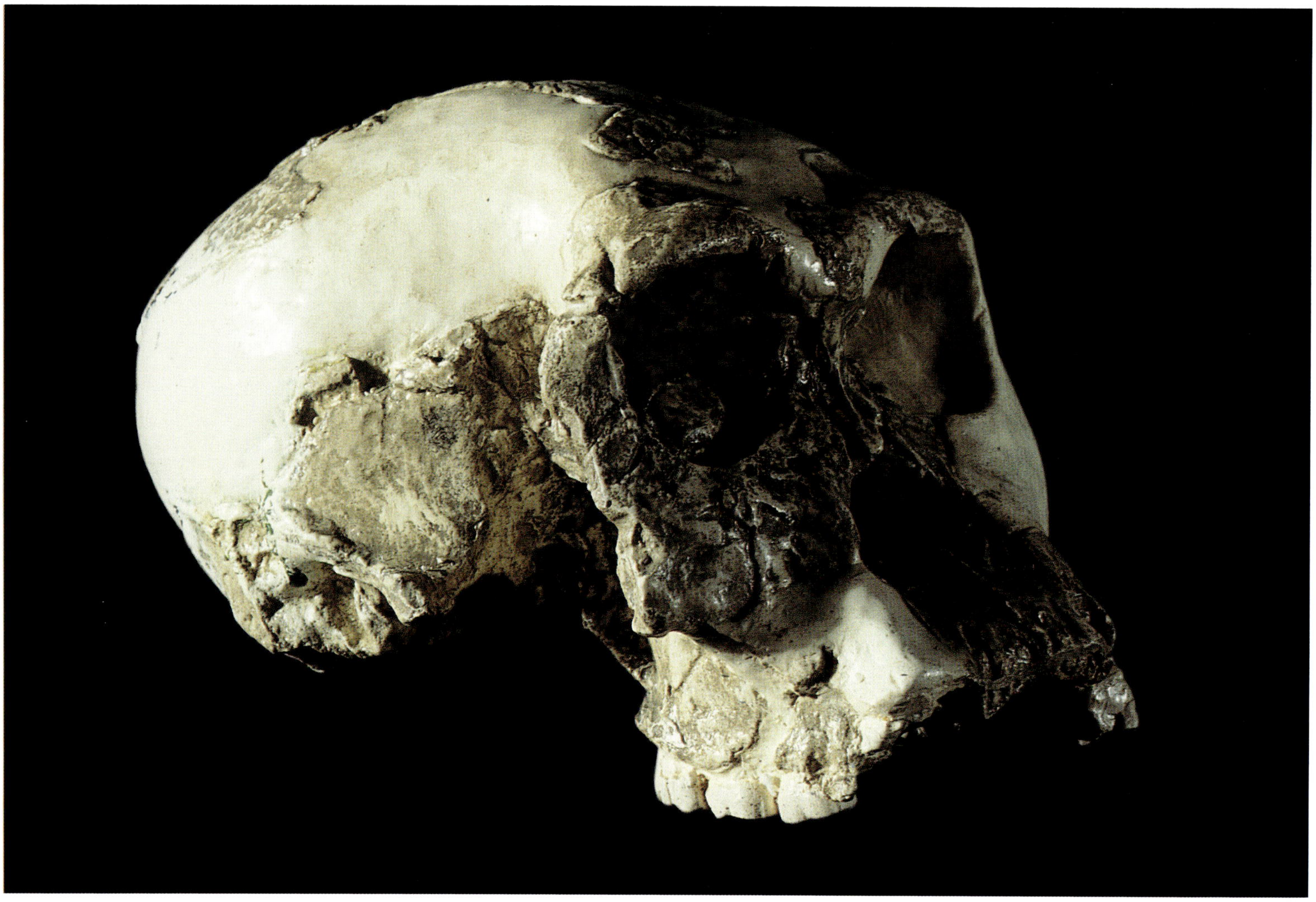

1

In der Olduvai-Schlucht in Tansania entdeckte Jonathan Leakey 1960 im ersten Stratum, unterhalb der Schicht, in der der *Zinjanthropus* gefunden worden war, Fragmente einer Schädeldecke (OH 7) mit größeren und gerundeten Scheitelbeinen als beim *Australopithecus* und damit einem größeren Hirnvolumen (674 Kubikzentimeter). Dieser Hominide war älter als der *Zinjanthropus* – deshalb die Benennung *Prae-Zinjanthropus* mit Bezug auf die chronologische Abfolge. Allerdings war er in der Entwicklung bereits weiter als jener.
Drei Jahre später, 1963, löste man das Rätsel durch eine wichtige Entdeckung im unteren Teil des zweiten, auf 1,6 bis 1,4 Millionen Jahre datierten Stratums. Dort fand man einen vermutlich weiblichen Schädel (OH 13) mit einer sehr hoch gewölbten Schädeldecke und einem Volumen von 660 Kubikzentimeter. Aus demselben Stratum stammen auch einige bearbeitete Kieselsteine. Sie weisen einen scharfkantigen Rand auf, wie man ihn durch das Abschlagen von Splittern auf einer Seite (*chopper*) oder auf beiden Seiten (*chopping tool*) erhält. Ihre Bearbeitung wurde dem Hominiden mit der großen Schädelkalotte zugeschrieben, und diesem wurde nun von Leakey, Tobias und Napier 1964 ein neuer Name gegeben: *Homo habilis*. Die Bezeichnung berücksichtigt sowohl eine höhere Ent-

1. Schädel eines Homo habilis, OH 13, gefunden in der ersten Schicht von Olduvai in Tansania (Breite 70 mm). Abguss des Anthropologischen Museums der Universität Bologna.

2

wicklungsstufe des Homiden mit bereits menschlichen körperlichen Eigenschaften als auch die Fähigkeit zur Herstellung von Werkzeugen.

Aber auch die Funde des ersten Stratums, die bisher dem *Prae-Zinjanthropus* zugeschrieben worden waren, wurden jetzt aufgrund ihrer Ähnlichkeit dem *Homo habilis* zugerechnet. Zur Zeit des *Australopithecus boisei* und bereits zuvor lebte also im selben Gebiet eine entschieden höher entwickelte Hominidenform.

Auf die Entdeckungen in Tansania folgten andere an verschiedenen Orten Ostafrikas (Koobi Fora, Omo), Südafrikas (Sterkfontein, Swartkrans) und in Malawi. Erwähnenswert ist vor allem das Skelett des *Homo habilis* (KNM-ER 1470), das 1972 östlich des Turkana-Sees in Koobi Fora gefunden wurde. Es ist mit zwei Millionen Jahren der älteste Fund in Tansania. Der Schädel und viele postkraniale Teile haben sich erhalten. Das Hirnvolumen ist größer als das des *Homo habilis* OH 13 von Olduvai und erreicht 770 Kubikzentimeter. Zudem kann man am endokranialen Abguss eine stärkere Durchblutung ablesen, dazu eine Höhenzunahme im Stirn- und Parietalbereich. Das Gesicht ist weniger prognath als beim *Australopithecus*, und die Überaugenwülste sind nicht ausgeprägt. Das Gebiss unterscheidet sich von dem der Australopithecinen durch eine Ver-

2. Panorama der Olduvai-Schlucht.

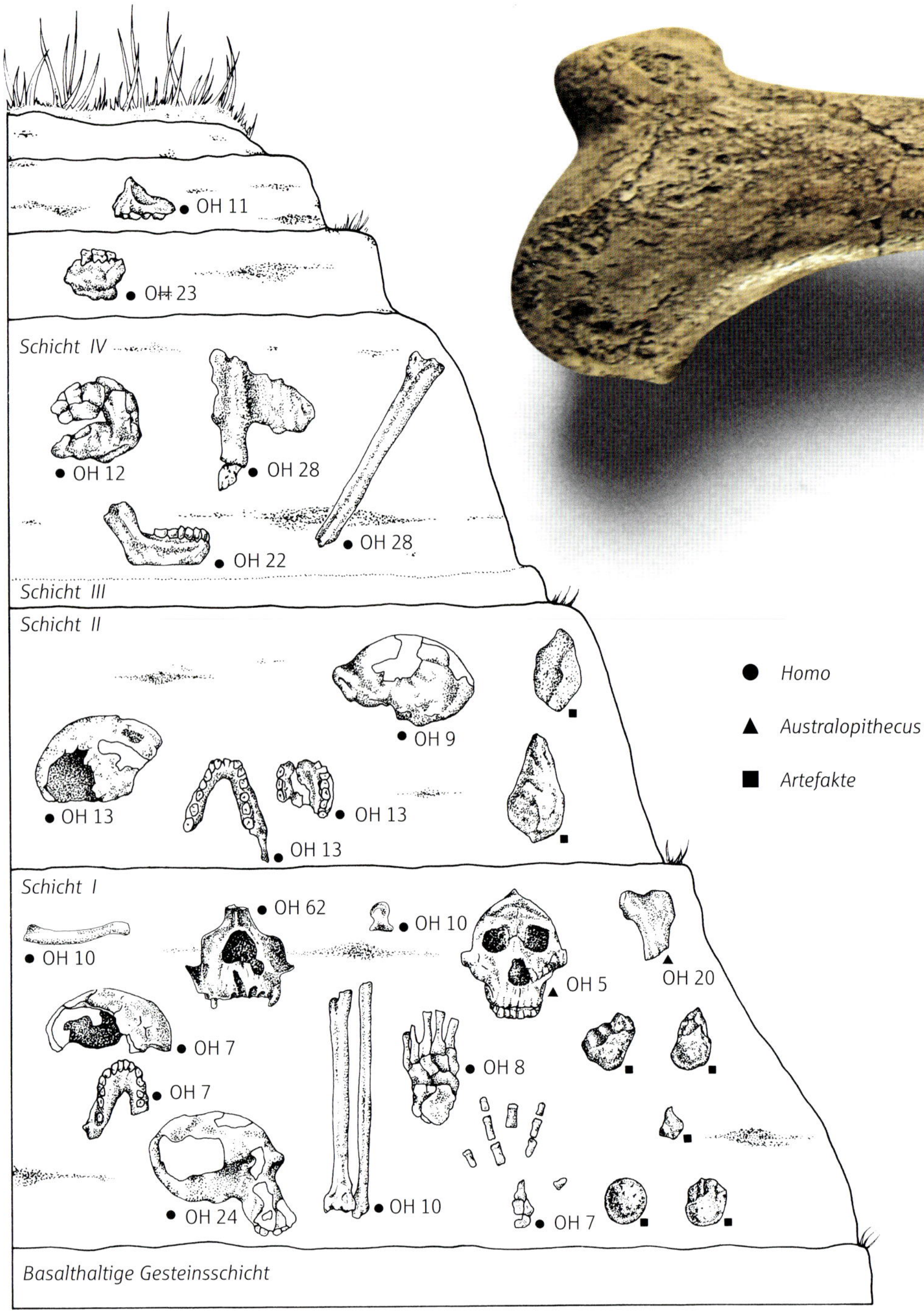

3

3. Stratigraphischer Schnitt durch die Grabungen von Olduvai in Tansania mit den verschiedenen Fundtypen.

4. Rechter Oberschenkelknochen eines erwachsenen Homo habilis, gefunden in Koobi Fora am Ostufer des Turkana-Sees (Länge 390 mm). Nationalmuseum Kenia, Nairobi.

5. Rekonstruktion des Homo habilis.

kleinerung der Seitenzähne und zeigt eine Abnützung, die auf eine Ernährung als Allesfresser hindeutet. Wegen des größeren Hirnvolumens von ER 1470 und anderen Funden in Koobi Fora nahm Wood 1992 für diesen Hominiden die Bezeichnung von Valerij Alexejew (1978) wieder auf und klassifizierte ihn als *Homo rudolfensis*, um ihn vom *Homo habilis* »sensu stricto« zu unterscheiden, zu dem die Funde von Olduvai und einige aus Koobi Fora (ER 1813, ER 3735) gehören. Ein neuer Vorschlag kommt schließlich von Wood und Collard, die den *Homo habilis* und den *Homo rudolfensis* den *Australopitheci* zuordnen (*A. habilis* und *A. rudolfensis*).

Die anatomischen Strukturen für eine aufrechte Haltung waren beim *Homo habilis* weiter perfektioniert (weitere Vorrückung des Hinterhauptsloches, Femur mit robustem Kopf und kurzem Hals). Phillip Tobias (1983) hat gezeigt, dass sich an den endokranialen Abgüssen des *Homo habilis* für die linke Gehirnhälfte eine Entwicklung jener Hirnbereiche ablesen lässt, die für eine artikulierte Sprache von Bedeutung sind, das Broca-Areal und das Wernicke-Areal – das eine steuert die Artikulationsmotorik, das andere das Sprachverständnis. Auch nach Falk (1983) ähnelt das Broca-Areal sehr dem des moder-

4

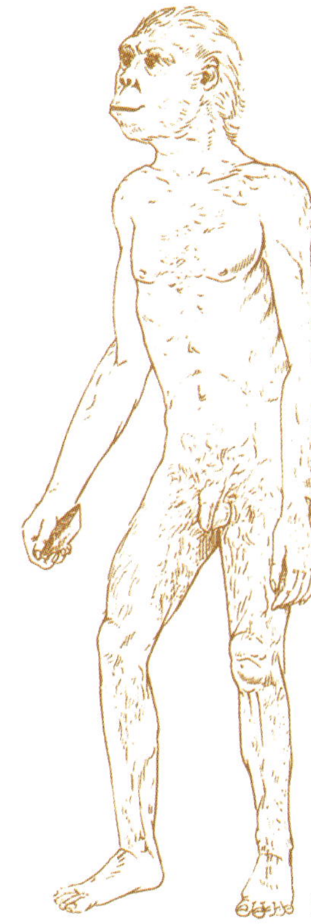

5

nen Menschen. Bedeutet dies, dass *Homo habilis* schon artikulierte Laute von sich gab und sich in einer frühen Form von Sprache ausdrückte? Können die neurologischen Grundlagen der Sprache bereits als ausreichend gelten, um *Homo habilis* die Sprachfähigkeit zuzuschreiben?

Gäbe es nur diese Anhaltspunkte, dann wäre eine solche Behauptung gewagt. Da aber neben den Skelettresten des *Homo habilis* Zeugnisse für eine menschliche Kultur (Steinwerkzeuge und Siedlungsstrukturen) gefunden wurden, könnte der *Homo habilis/rudolfensis* auch eine Form der artikulierten Sprache mit symbolischem Wert besessen haben.

Man kann sich fragen, ob *Australopithecus boisei* und *Homo habilis* friedlich zusammenlebten oder häufiger Auseinandersetzungen austrugen. Alles spricht für eine friedliche Koexistenz. *Australopithecus boisei* war sicher stärker als *Homo habilis*, aber es gab wahrscheinlich keinen Grund für Auseinandersetzungen. Als Vegetarier, der auf eine sehr spezielle Nahrung festgelegt war, bewegte sich *Australopithecus boisei* im offenen Gelände oder an Waldrändern auf der Suche nach Sträuchern, die ihm Beeren oder Wurzeln boten, und sah im *Homo habilis/rudolfensis*, der sich vermutlich von gemischter Kost ernährte, keine Konkurrenz. Umgekehrt dürfte die Größe des *Australopithecus* den eindeutig kleineren *Homo habilis* davon abgehalten haben, sich ihm feindlich zu nähern, auch wenn letzterer durch seine Intelligenz und die Fähigkeit, Werkzeuge herzustellen, im Vorteil gewesen wäre.

Höchstwahrscheinlich jagte *Homo habilis/rudolfensis* mit ganz elementaren Techniken schon kleine Tiere. Die für Siedlungen bevorzugten Bereiche lagen nahe an Wasserläufen oder Seen. Doch war *Homo habilis/rudolfensis* durch die gerade in Ost- und Zentralafrika sehr häufigen Vulkanausbrüchen sicherlich regelmäßig gezwungen, sich neue Siedlungsgebiete zu suchen.

Auch Raubtiere und andere Feinde stellten eine Gefahr dar, aber durch seine Gewandtheit und vor allem durch den Einsatz von Stöcken und Steinwaffen war der *Homo habilis* in der Lage, auch diese Probleme zu meistern.

6. Nächste Seite: Schädel des Homo rudolfensis mit der Sigel KNM-ER 1470, gefunden im kenianischen Koobi Fora (Höhe 120 mm). Abguss des Anthropologischen Museums der Universität Bologna.

7. Übernächste Seite oben: Schädel mit der Sigel KMN-ER 1813 des Homo rudolfensis. Nationalmuseum Kenia, Nairobi.

8. Übernächste Seite unten: Dem Homo rudolfensis zugeschriebener Unterkiefer, gefunden 1993 in Uraha im Malawi-Rift (Höhe 40 mm). Abguss des Anthropologischen Museums der Universität Bologna.

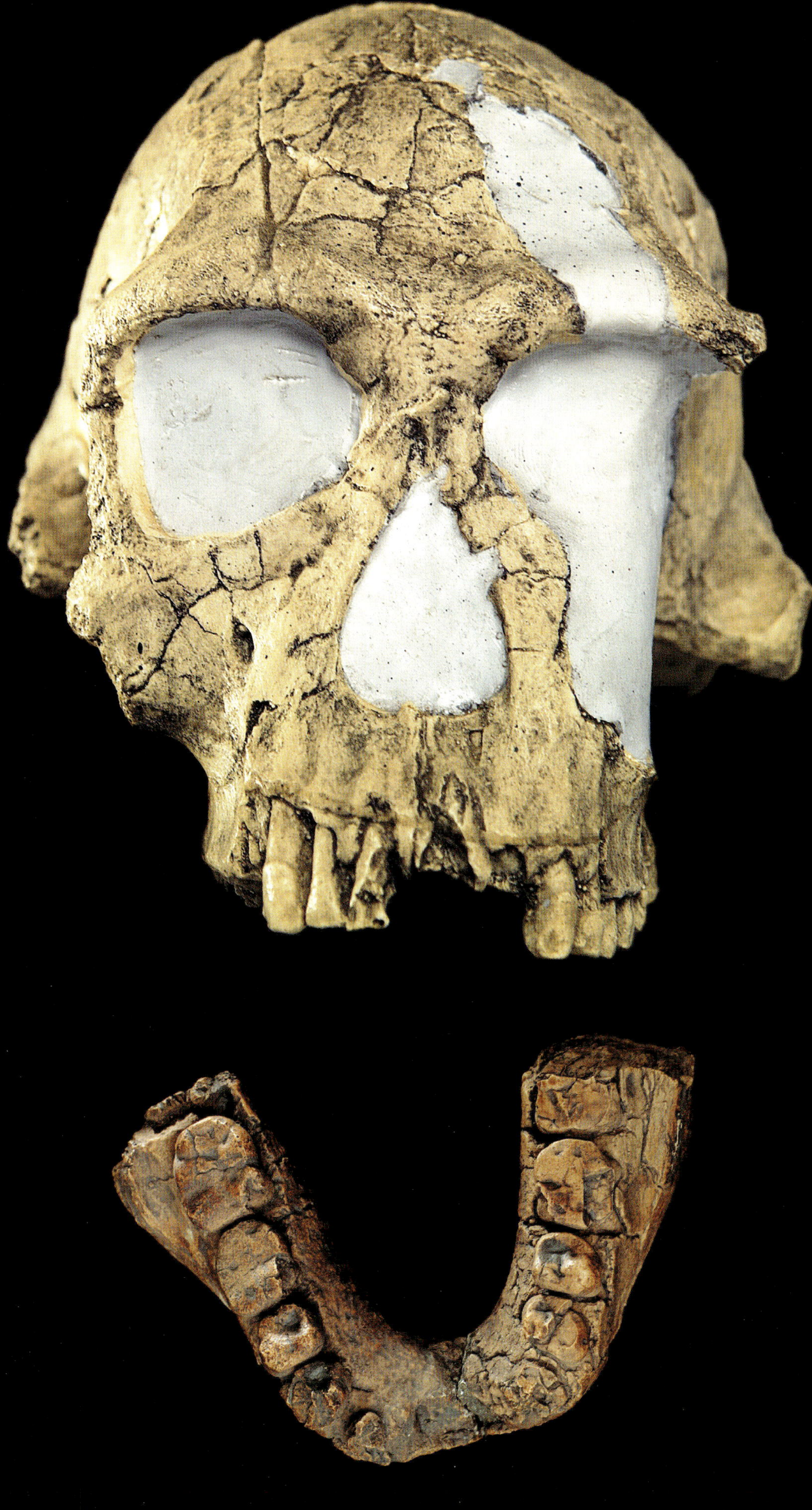

LEBENSWEISE UND AUFENTHALTSORTE DES HOMO HABILIS

3▷

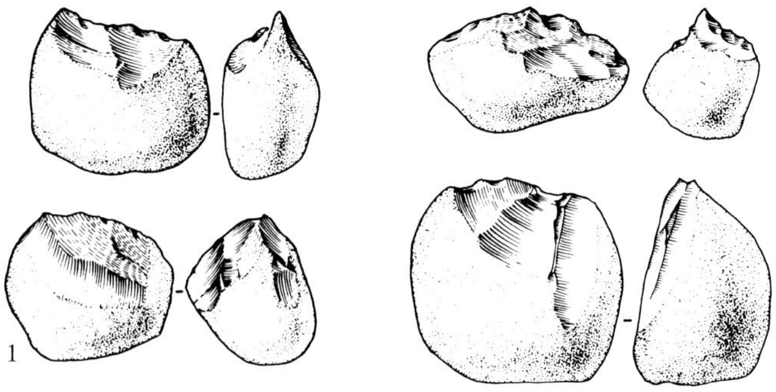

1

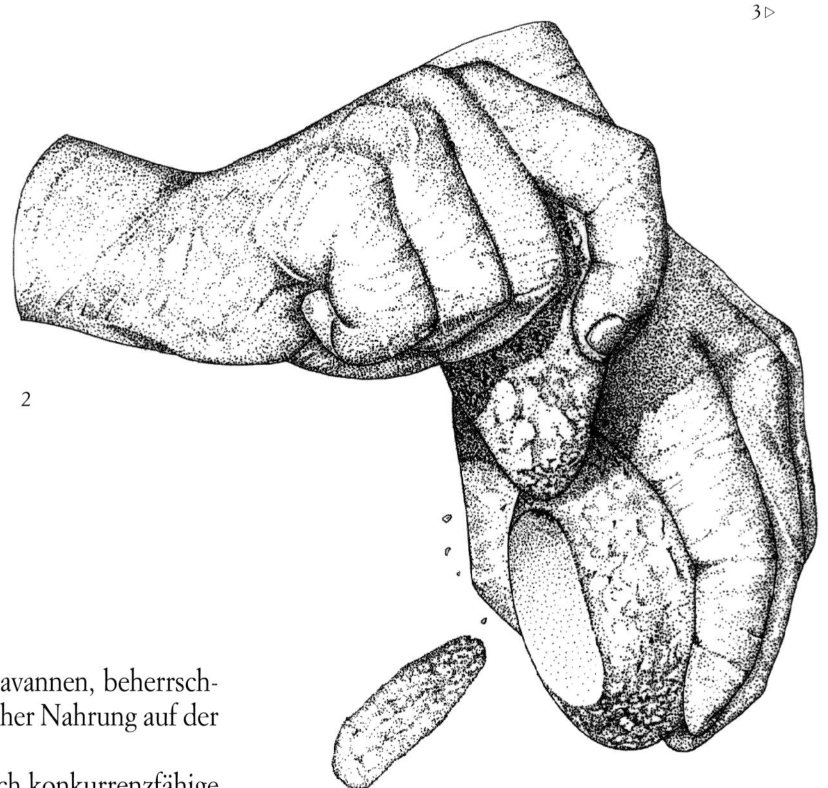

2

4▷

Die Australopithecinen durchstreiften die Grassteppen und Baumsavannen, beherrschten sie aber nicht. Einige robustere Formen waren noch von pflanzlicher Nahrung auf der Grundlage von Wurzeln und Beeren abhängig.
Ihre Bipedie war noch nicht ausreichend entwickelt, um eine wirklich konkurrenzfähige Beziehung zur Umwelt herzustellen. Dazu kam es erst, als der mit Intelligenz ausgestattete *Homo habilis* begann, Steinwerkzeuge herzustellen, die ihm eine größere Unabhängigkeit sicherten. Gleichzeitig gestaltete er seine Wohn- und Aufenthaltsorte, indem er Schutz- und Zufluchtshütten und möglicherweise auch Orte für die Steinbearbeitung schuf. Diese Orte wurden eine Zeitlang bewohnt, dann aber auf der Suche nach neuen Nahrungsressourcen oder auch nach neu zu erschließenden Gebieten aufgegeben.
Es ist nicht leicht, sich das Familienleben von *Homo habilis* vorzustellen. Wenn es bei den ersten Hominiden schon eine erste Aufgabenteilung zwischen Mann und Frau gab (wie oben dargelegt), so gilt dies in noch stärkerem Maße für den *Homo habilis.* Möglicherweise bestand die primitive Kernfamilie aus einer monogamen Verbindung – ein Familienmodell, das im Hinblick auf die Aufzucht des Nachwuchses als besonders geeignet gilt, vor allem, wenn ein größeres Gehirn die Zeit des Heranwachsens verlängert.
Diese Notwendigkeit stärkerer Familienbindungen, die Jagd und das Bedürfnis nach einem intensiveren Familienleben, die besseren Verständigungsmöglichkeiten, die nun durch die Sprache gegeben waren – all dies dürfte die Organisation von festen Wohnplätzen für kleine Familiengruppen erfordert haben.
Gejagt wurden hauptsächlich kleinere Tiere. Außerdem sammelte man Fleisch von Tieren, die Raubtieren zum Opfer gefallen waren.
An verschiedenen Orten sind Wohnstätten durch fossile Funde bezeugt. In Olduvai wurde 1971 auf dem Grund der so genannten ersten Schicht (auf 1,8 Millionen Jahre datiert, Fundstelle DK 1 A) eine kreisförmige Fläche von etwa 16 m^2 entdeckt, die von einem Mäuerchen (oder einem kleinen Steinhaufen) eingefasst war und vermutlich das Fundament einer Hütte oder eines aus Zweigen errichteten Schutzdaches darstellte.
Auf dieser Fläche fand man Knochen verschiedener Tiergattungen (*Dinotherium*, Antilopen, Pferde, Giraffen, Flusspferde), darunter viele, die so gebrochen waren, dass man auf eine Entnahme des Knochenmarks schließen kann. Die größeren Gerippe stammen wahrscheinlich von Tieren, die eines natürlichen Todes gestorben waren. Zu den Funden gehörten außerdem zahlreiche Steinwerkzeuge, *chopper*, die durch das Abschlagen von einem oder mehreren Splittern von einem Steinkern entstanden waren.

1. Vom Menschen bearbeitete Geröllsteine, gesammelt in Olduvai, Tansania.

2. Die Zeichnung zeigt einen Abschlag von einem Stein durch direkten Schlag. Mit Hilfe des Hammersteins erhält man einen oder mehrere Abschläge und ein bearbeitetes Werkzeug. Man nimmt an, dass mit dieser Technik die ersten Steinwerkzeuge hergestellt wurden.

5▷

3. Ein Steinkern: Homo habilis schlug einen oder mehrere Abschläge weg und verwendete den Kern als Werkzeug.

4. Dieser Chopper entstand, indem man eine Seite des Kerns abtrug (Breite 60 mm). Er wurde in Ost-Turkana auf dem Grund der Formation von Koobi Fora, Kenia, gefunden, wo wichtige Tierfossilien, Reste des Homo habilis und einige Dutzend Artefakte ans Licht kamen.

5. Schwarzer Steinbrocken aus Koobi Fora: ein Chopper mit verschiedenen Abschlagstellen.

6

6. Das Bild zeigt die Rekonstruktion einer Steinwerkstatt des Homo habilis.

7. Hypothetische Rekonstruktion einer Hütte des Homo habilis.

Eine ähnliche Anlage ist im äthiopischen Melka Kunturé (Stelle Gomboré, zeitgleich mit der ersten Schicht von Olduvai) entdeckt worden: Sie besteht aus einer Fläche von 6 × 3 Meter, die ebenfalls von kleinen Steinhaufen eingefasst und reich an Steinwerkzeugen und Tierknochen war.

Vermutlich bestanden die Lager aus mehreren Hütten. Es wurden auch abgegrenzte Flächen mit Knochen- und Steingeräteanhäufungen gefunden, die als Zerlegungsplätze gedeutet werden. In Olduvai wurden vor allem Gazellen und Antilopen geschlachtet, gefolgt von Schweinen, Pferdeartigen, Giraffen und Krokodilen. An der gleichen Fundstätte (erste Schicht, Stelle FLNK 6) fand man sogar ein Elefantenskelett in Verbindung mit 123 Steinabschlägen. Die möglicherweise gerade erst von einem Raubtier getöteten oder auch nur verletzten Tiere wurden an diese Orte gebracht und zerlegt, die einzelnen Fleischstücke dann zum Hauptlager getragen und dort von der Familie verzehrt. Man nahm die Nahrung also nicht an den Orten zu sich, an denen man sie fand, sondern verteilte sie unter die Angehörigen der Familie. Diese typisch menschliche Vorgehensweise entspricht den Bedürfnissen einer Familienökonomie, die durch die längere Phase der Abhängigkeit des Nachwuchses von den Eltern notwendig geworden war.

Die große Menge von Abschlägen verschiedener Größe, die an einigen Plätzen gefunden wurde, legt nahe, dass es auch Orte gab, an denen man geeignetes Steinmaterial sammelte und bearbeitete. Ein Beispiel ist die Fundstelle Gomboré I in Melka Kunturé, wo man große Steinkerne, Kiesel und zahlreiche Abschläge fand, auch winzigste Splitter, die als Bearbeitungsreste gedeutet werden.

Bei den Oldowan-Abschlägen von Koobi Fora an der Stätte FxJj-50, die auf ein Alter von 1,5 Millionen Jahren datiert wird, hat man festgestellt, dass sie rechtsorientiert sind, also einen bevorzugten Einsatz der rechten Hand dokumentieren. Dies hat man aus dem Vergleich mit den Werkstücken von Steinmetzen geschlossen, die mit der rechten Hand arbeiten (Toth und Schick, 1993).

Wir können uns also *Homo habilis* als einen aufmerksamen Beobachter der Natur, ihrer pflanzlichen und mineralischen Ressourcen, der Tierwanderungen, der Wasserläufe und der Anzeichen für drohende Vulkanausbrüche vorstellen, als den Produzenten von ver-

7

8

9

10

8. Großer Chopper aus der Oldowan-Zeit, gefunden am rechten Ufer des Awash in der Zone Gomboré I, der ältesten Schicht der Fundstätte Melka Kunturé, Äthiopien.

9. Boden einer Oldowan-Schicht in der Zone Gomboré I. Ausschnittsfoto mit Werkzeugen aus Stein und Knochen.

10. Der Fluss Awash, 50 km von Addis Abeba entfernt, in dessen Nähe sich die Fundstätte Melka Kunturé befindet.

schiedenen Steinwerkzeugen, als klugen Organisator der Jagd auf kleine Tiere und der Nahrungssammlung. Durch seine Intelligenz und seine Kulturleistungen war er unter immer schwierigeren Lebensbedingungen leistungsstärker als die anderen Hominiden, die Australopithecinen.

DAS NEUE AN HOMO HABILIS

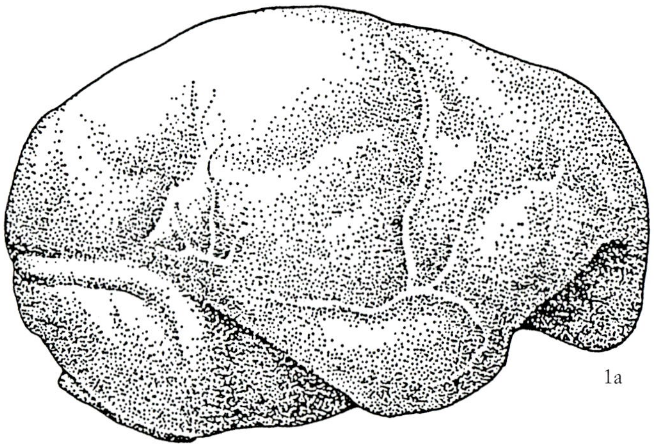

1a

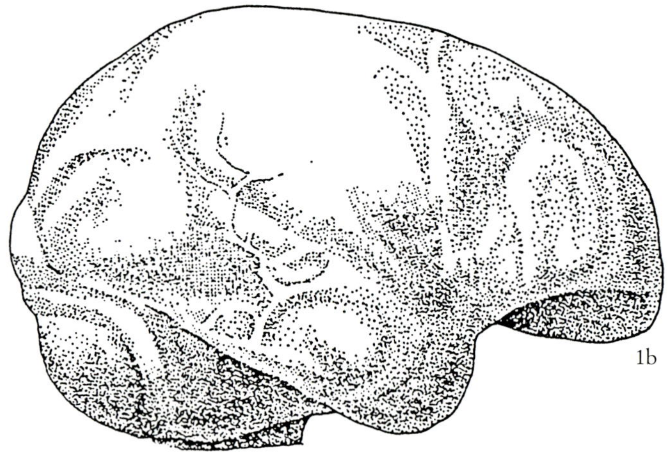

1b

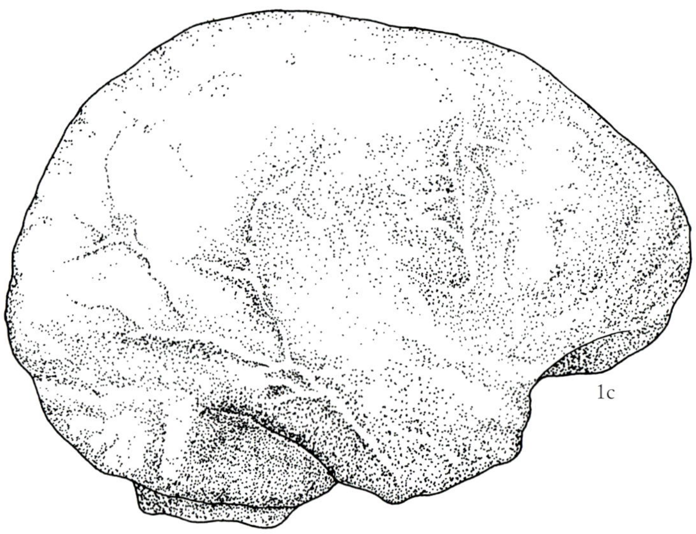

1c

2

Homo habilis/rudolfensis weist alle Eigenschaften auf, die den Menschen körperlich, kulturell und sozial auszeichnen, wenn auch zunächst nur in elementarer Form. Im Lauf der weiteren Entwicklung hin zum modernen Menschen werden diese Merkmale verstärkt und erweitert.
Dies gilt für das morphologische wie auch für das kulturelle Niveau, das man an Funden und Aufenthaltsorten des *Homo habilis* gut ablesen kann. In jenen Fällen, in denen man nur einen vagen Bezug zum *Homo habilis* ohne jeden kulturellen Kontext hat, ist es hingegen weniger leicht, menschliche Züge zu entdecken.
Ungeachtet dieser Besonderheiten wollen wir auch das Neue an *Homo habilis* innerhalb der Familie der Hominiden hervorheben, das sich an einigen Aspekten des Körperbaus und des Verhaltens nachweisen lässt.

1. Vergleich der endokranialen Abgüsse eines Schimpansen (a), eines Australopithecus africanus (b) und eines Homo habilis (c). Der Australopithecus hat ein höheres Endokranium, insbesondere in der Parietalregion, und einen kleineren Hinterhauptslappen als der Schimpanse. Beim Abguss des Homo habilis zeigt sich eine Zunahme an Höhe und Länge im Vergleich zum Australopithecus.

2. Hypothetische Rekonstruktion des Homo habilis.

4

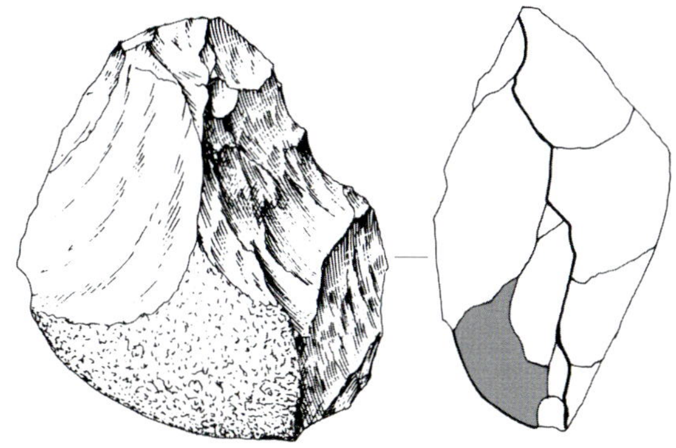

3

5

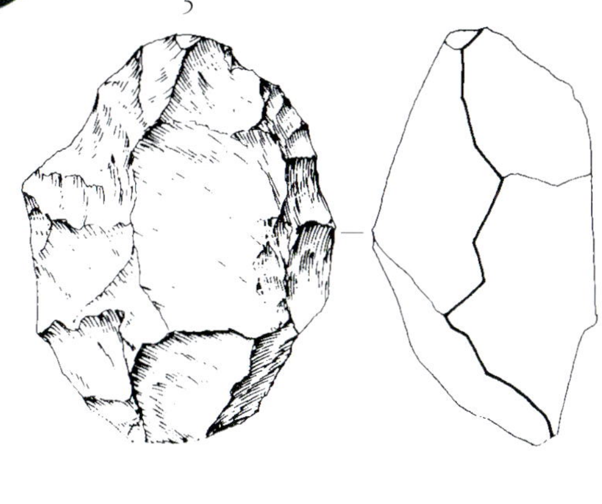

3. Chopper aus den ältesten Schichten der Olduvai-Schlucht.

4. Oldowan-Werkzeug aus der zweiten Schicht von Olduvai: ein Proto-Zweiseiter, also eine archaische Version eines Geröllgeräts in Form einer Mandel, auf beiden Seiten bearbeitet.

5. Vom selben Fundort und aus derselben Epoche: ein Chopping Tool, ein beidflächig retuschiertes Geröllgerät.

6

Homo habilis hat im Vergleich zu den Hominiden, die früher oder zeitgleich mit ihm lebten (den Australopithecinen) ein weiter entwickeltes Gehirn; er hat ein Gebiss mit für Allesfresser typischen Merkmalen und ernährt sich auch von Fleisch. Er ist fähig zu planvollem Handeln, um Werkzeuge zu fertigen und um sein Territorium zu organisieren, indem er zwischen Arealen zum Wohnen, zum Zerlegen der Tiere und zur Steinbearbeitung trennt. Es ist bekannt, dass auch Tiere einfache Hilfsmittel verwenden. Ein Werkzeug, das von einem Menschen produziert und genutzt wird, zeichnet sich aber dadurch aus, dass es durch planmäßiges Handeln entstanden ist, eine Bedeutung im Lebenszusammenhang gewinnt und im Laufe der Zeit immer weiter verbessert wird. Das beginnt mit dem *Homo habilis*, der zugleich ein soziales Leben führt, das sich in der Sorge für den Nachwuchs, in der Jagd und in der Aufteilung der Nahrung ausdrückt.
Menschenaffen dagegen haben einen spezialisierten Körperbau (ein Gebiss, das pflanzlicher Nahrung angepasst ist und einen dem Schwingklettern angepassten Bewegungsapparat). Zudem stellen sie keine innovativen Steinwerkzeuge nach vorheriger Planung her.
Der *Homo habilis* weist gegenüber den Australopithecinen, mit denen er den aufrechten Gang gemeinsam hat, eine Reihe neuer körperlicher Merkmale auf. Besonders deutlich werden die Unterschiede im Vergleich mit den robusten Formen im Hinblick auf Gebiss, Gesicht und Ernährung. Aber auch verglichen mit den grazilen *Australopitheci* sind

6. Das Bild zeigt die Zerlegung eines Tieres durch mehrere Individuen des Homo habilis. Eine Gruppe versammelt sich um den Kadaver eines Zebras. Einige halten mit Stöcken die Hyänen fern, während andere mit Steinwerkzeugen Fleischstücke herausschneiden, um sie rasch auf Stöcken ins Lager zu transportieren.

8. Runder Wohnplatz in der ersten Schicht von Olduvai. Abgegrenzt von Steinen (schwarz), die wohl die Fundamente einer Hütte bildeten, fand man in der Umgebung bearbeitete Steine (grün) und Tierknochen (gelb).

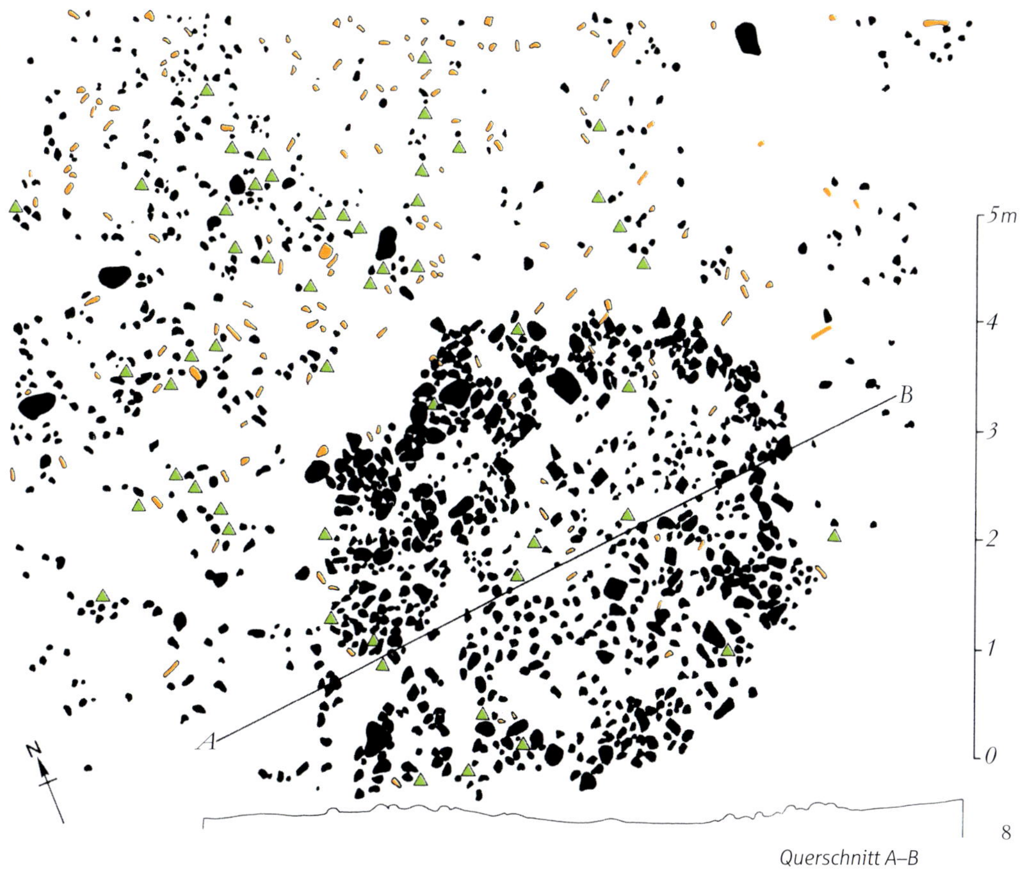

8

7. Die linke Hirnhälfte des Menschen. Eingezeichnet sind die für eine artikulierte Sprache notwendigen Gebiete: links das Broca-Areal, rechts das Wernicke-Areal.

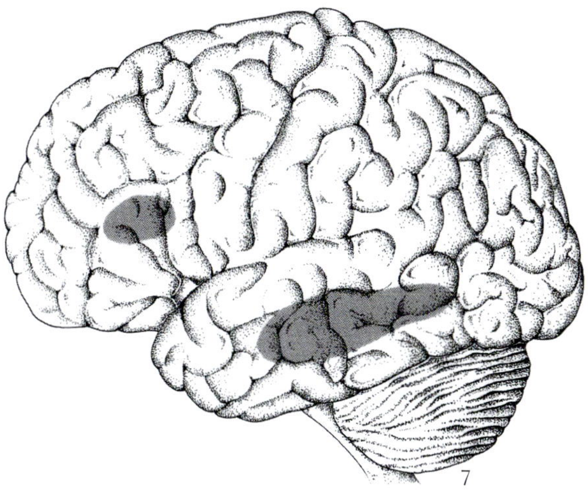

7

Unterschiede zu erkennen: Das Hirnvolumen ist bei nicht viel größerem Körper voluminöser (nach Tobias um etwa 40%), das Gehirn weist differenzierte Felder für die artikulierte Sprache auf und die Prämolaren und Molaren werden kürzer. Außerdem besitzt der *Homo habilis* eine bessere Fingerfertigkeit (Präzisionsgriff), die es ihm erlaubt, auch hoch entwickelte Geräte systematisch herzustellen; er organisiert sein Territorium und entwickelt eine auf Jagd und Sammeltätigkeit basierende Mischökonomie.

Der Mensch betritt die Welt »auf Zehenspitzen« (Teilhard de Chardin) und setzt die Hominiden-Formen fort, die seinem Erscheinen unter biologischen (aufrechter Gang, Freiwerden der Hände) und vorkulturellen Aspekten (Möglichkeit einfachen Gebrauchs der Hand zum Greifen, Schneiden …) vorangegangen waren und es vorbereitet hatten. Es bestehen aber auch klare Diskontinuitäten, vor allem in der Gehirnstruktur und in den kulturellen Errungenschaften. Aus einem rein biologischen Blickwinkel betrachtet wissen wir nicht, ob sie sich vielleicht durch neue Fossilienfunde auflösen lassen. Größere Diskontinuitäten gibt es unserer Ansicht nach im Verhalten, das sich im geplanten Handeln und in der Symbolisierung (vgl. weiter unten) ausdrückt, Elementen, die sich in der fossilen Dokumentation im Umkreis des *Homo habilis* allmählich finden lassen, die aber einer Sphäre zuzurechnen sind, die über das eigentlich Biologische hinausgeht.

WER SIND DIE VORFAHREN DES HOMO HABILIS?

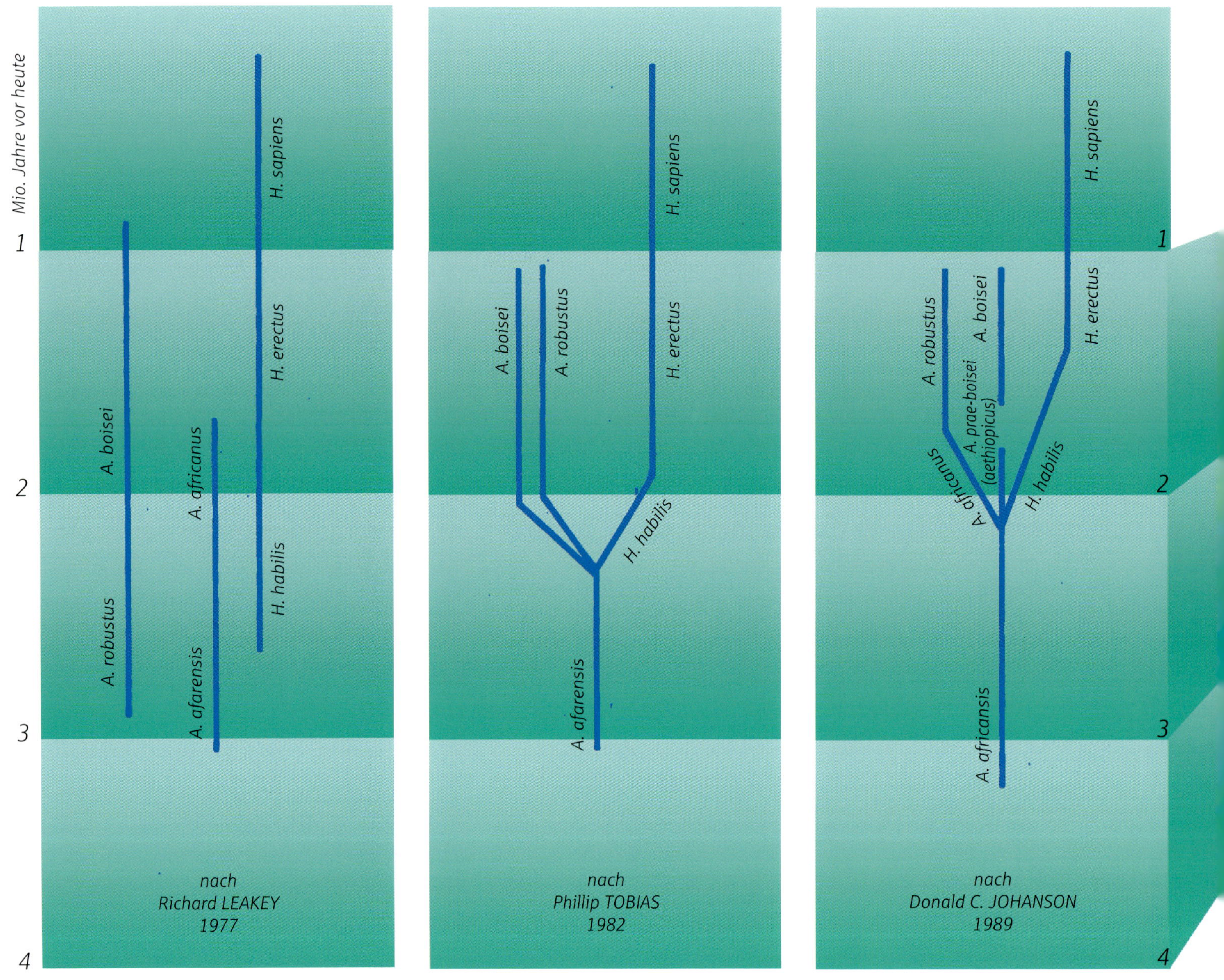

1. Verschiedene Hypothesen zur Evolutionsgeschichte oder Phylogenese der Hominiden.

Ist die Evolution, die zum *Homo habilis* führte, schrittweise vor sich gegangen oder kam es zu jenen raschen Veränderungen, von denen die Theorie des unterbrochenen Gleichgewichts ausgeht?

Der Klimawandel vor etwa 2,3 Millionen Jahren hat nach Ansicht einiger Wissenschaftler einen Selektionsdruck auf die verschiedenen Arten ausgeübt. Dies hätte eine rapide Evolution des Gehirns in einer Hominidenlinie zur Folge gehabt, die aus dem Stamm von

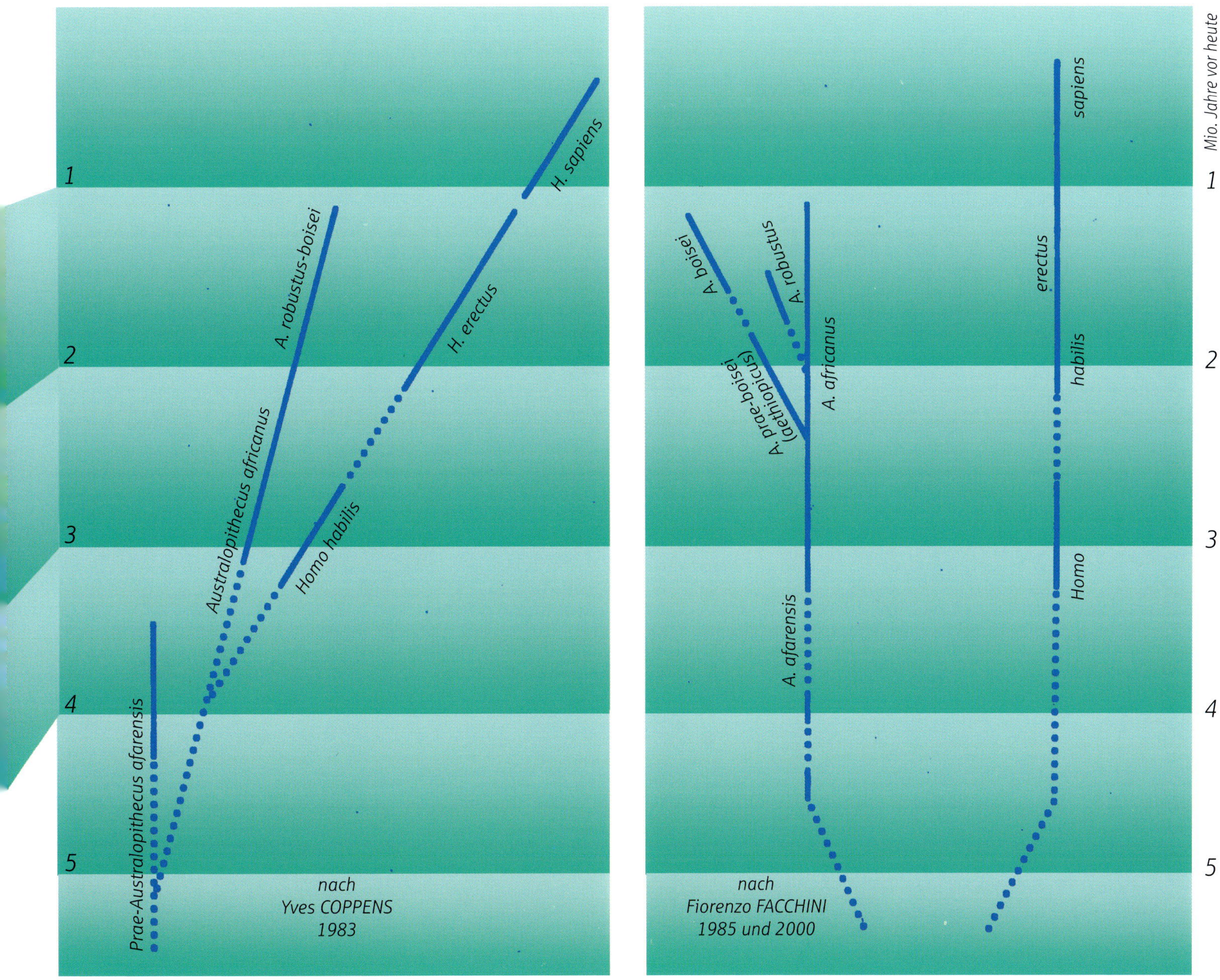

Australopithecus africanus hervorgegangen war und bei der bedeutsame qualitative genetische Veränderungen zum Tragen kamen.

Nach dieser von Phillip Tobias aufgestellten Hypothese erfolgte eine rasche klado-genetische Evolution, ausgehend von *Australopithecus africanus*, mit der Entstehung von zwei Linien: *Australopithecus robustus/boisei* und *Homo habilis.* Erstere passte sich den trockeneren Verhältnissen durch ihre spezialisierte Ernährungsweise (harte Pflanzenkost)

an; letztere war hauptsächlich auf Grund ihrer größeren geistigen und kulturellen Fähigkeiten in der Lage, schwierigere Umweltbedingungen zu bewältigen. Diese Annahme ist verlockend, vor allem weil sie der raschen Gehirnzunahme des *Homo habilis* Rechnung trägt. Nach Tobias hat *Homo habilis* um etwa 40 % mehr Hirnmasse als die Australopithecinen.

Doch sind auch andere Theorien nicht auszuschließen. Nach D. C. Johanson (1989) stammen *Homo habilis, Australopithecus aethiopicus/boisei* und *Australopithecus africanus* vom *Australopithecus afarensis* ab.

Yves Coppens schlägt für die Gattungen *Prae-Australopithecus, Australopithecus* und *Homo* eine zumindest teilweise parallele Evolution vor, das dies ihre zeitweilige Koexistenz besser erklären würde.

Schon vor zwei Jahrzehnten habe ich die Hypothese eines gemeinsamen Vorfahren von *Homo habilis* und *Australopithecus afarensis* vertreten. Es gäbe dann keine direkte Beziehung zwischen *Homo habilis* und *Australopithecus*. Auf *Australopithecus afarensis* wären die anderen Australopithecinen-Formen zurückzuführen.

Diese Vorstellung ähnelt der von Richard Leakey, nach der die Linie *Homo* sich vor mindestens fünf Millionen Jahren getrennt entwickelt hat. Als Ausgangspunkt postuliert Leakey eine *Ramapithecus*-ähnliche Form, aus der auch die Linie von *Australopithecus* hervorgegangen sei.

Die jüngsten Funde sehr alter Hominiden-Fossilien, wie die von *Orrorin tugenensis* und *Prae-Anthropus*, die eine offensichtlichere Bipedie aufweisen, könnten tatsächlich für eine vom *Australopithecus afarensis* getrennte Linie sprechen. Aus einem gemeinsamen Stamm hätten sich demzufolge vor fünf bis sechs Millionen Jahren zwei Linien entwickelt, eine über den *Ardipithecus ramidus* und den *Australopithecus afarensis* hin zu den verschiedenen australopithecinen Formen, eine andere über *Orrorin* und *Prae-Anthropus* hin zum *Homo habilis.*

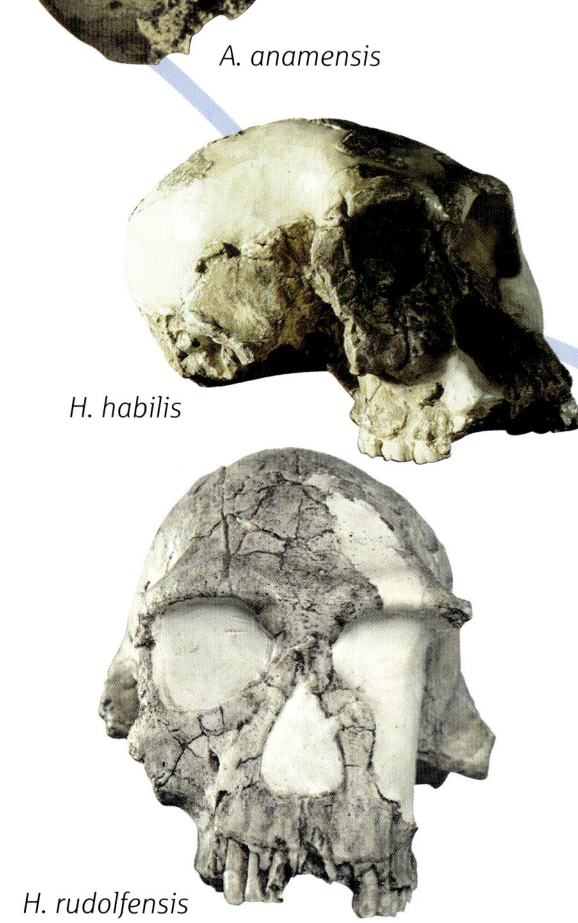

Phylogenetische Abfolge der Hominiden nach David Pilbeam (modifiziert). Die durchgehende Linie zeigt phyletische Verbindungen, die von den Fachleuten allgemein anerkannt werden. Die gestrichelten Linien zeigen umstrittene Verbindungen.

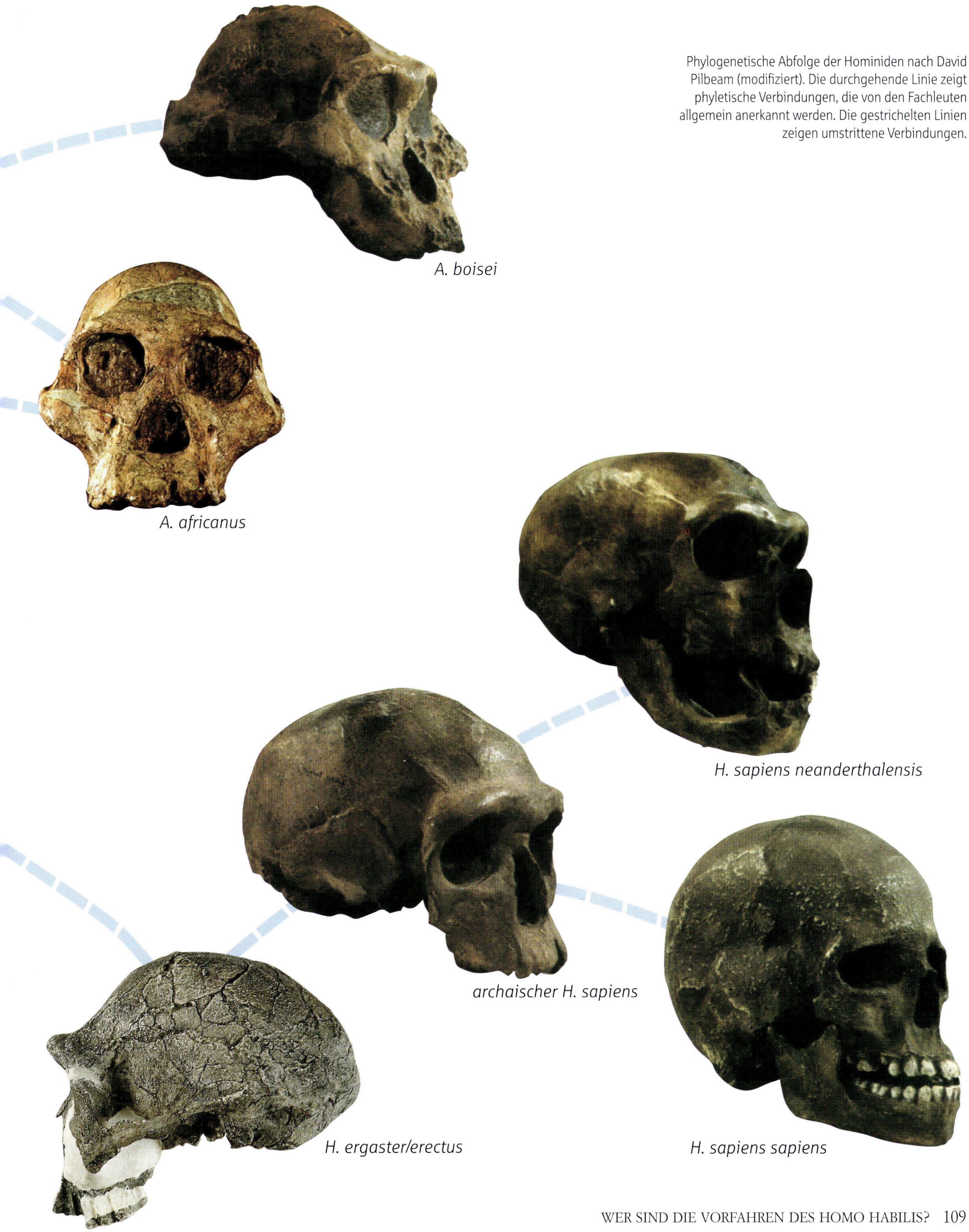

DIE ÄLTESTE MENSCHLICHE KULTUR

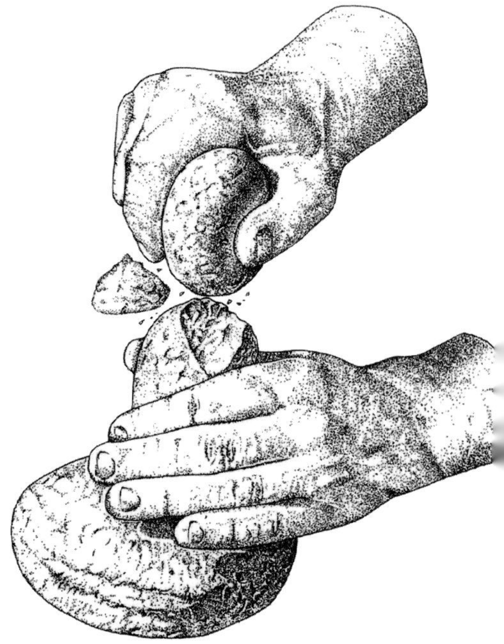

1

Der in Olduvai, in Koobi Fora im Omo-Tal und in Südafrika nachgewiesene *Homo habilis* war in der Lage, Steinwerkzeuge herzustellen. Diese Bearbeitungen von Kieselsteinen werden *pebble culture* oder nach ihrem bekanntesten Fundort auch Oldowan-Kultur genannt. Sie sind mehr als zwei Millionen Jahre alt. Einige Wissenschaftler haben ähnliche Werkzeuge auch noch weiter (mindestens zweieinhalb Millionen Jahre) zurückdatieren können, allerdings in Regionen, in denen bisher keine Formen des *Homo habilis* entdeckt wurden.

Von einigen Forschern wird die Ansicht vertreten, dass die Herstellung von Oldowan-Geräten dem *Australopithecus* zuzuschreiben sei und dass der Gebrauch von Werkzeugen nicht als ausschließlicher Anhaltspunkt für die menschliche Art angesehen werden dürfe. Es ist möglich, dass auch die Australopithecinen zu einer groben Steinbearbeitung fähig waren. Sicher allerdings sind ein breites Formenspektrum von Steinwerkzeugen und ihre systematische Herstellung mit Hilfe anderer Werkzeuge, also mit künstlich erschaffenen Geräten, erst *Homo habilis* zuzuschreiben. Er hatte auf Grund seiner besseren Gehirnstruktur größere geistige und handwerkliche Fähigkeiten und konnte planen. Die von ihm erzeugten Steingeräte mussten bestimmten Zwecken dienen, sich für jeweils verschiedene Anwendungen eignen: schneiden, häuten, abschaben, ritzen, entbeinen. Dazu war eine Bearbeitung und nicht lediglich der Gebrauch von vorgefundenen Steinen notwendig.

Vermutlich hat *Homo habilis* auch anderes Material, vor allem Holz, Knochen und Horn, verwendet und geformt. Hinweise auf solche Materialien gibt es schon an sehr alten Fundstellen. Da sie jedoch vergänglicher sind als Stein, haben sie sich in geringerem Maße erhalten. Die Suche nach Gegenden, die ihm den »Rohstoff« für Steinwerkzeuge lieferten, dürfte die Verbreitung von *Homo habilis* mit beeinflusst haben.

Die Werkzeuge der Oldowan-Kultur sind weniger grob, als es auf den ersten Blick erscheinen mag. Sie sind zwar groß und klobig, lassen aber auch auf eine systematische und mehrstufige Bearbeitung mit Hilfe verschiedener Techniken schließen.

Von einem Kieselstein werden beispielsweise mit einem in einem bestimmten Winkel geführten Schlagstein auf einer Seite Splitter abgeschlagen. Es entsteht ein Werkzeug mit einer scharfen Kante; durch weitere Abspaltungen wird diese Kante länger *(chopper).*

Diese Technik zeigt bereits die Grundelemente jener einseitigen und zweiseitigen Bearbeitung, die sich im Altpaläolithikum dann in zwei Hauptrichtungen weiterentwickelte: die Abschlag- und die Zweiseiter-Kulturen.

Andere typische Geräte des Oldowan sind vielflächig oder kugelförmig bearbeitete Steine.

Die aus der Herstellung der *chopper* hervorgehende Typologie kann sehr unterschiedlich sein, und die Geräte lassen sich verschiedenartig bezeichnen: Kratzer, gezahnte Klingen, Schaber.

Das Inventar einer primitiven Steinwerkstatt umfasste also behauene Steine sowie Abschläge, die durch Abspaltungen von Steinkernen entstanden waren; diese konnten ihrerseits als Werkzeuge verwendet oder auch selbst weiterbearbeitet werden.

Der Gebrauch des Schlaggeräts zur Anfertigung eines Werkzeugs war ein wichtiger Fortschritt bei der Steinbearbeitung (Hartschlagtechnik), nicht viel später entstand auch die weiche, indirekte Technik, bei der man noch ein weiteres, vom Menschen geschaffenes Gerät zwischen den Hammerstein und den zu schlagenden Gegenstand hielt.

Diese Maßnahme zeigt eine Zielgerichtetheit und eine Planmäßigkeit, die nicht mehr allein tierischem Instinkt, sondern menschlichem Geist zuzuschreiben ist.

1. Steinabschlag auf Amboss. Das Rohmaterial wird auf einem im Boden verankerten Stein in Form geschlagen. Dadurch werden eine größere Stabilität und ein besserer Krafteinsatz gewährleistet.

2. Die Zeichnungen zeigen verschiedene Chopper-Typen (einflächige und auf eine Kante beschränkte Steinbearbeitung) und Chopping Tools (zweiflächige Bearbeitung an einer Steinkante). Dargestellt ist auch ein typisches Werkzeug der Oldowan-Kultur: ein runder, durch zahlreiche Schläge facettierter Stein.

3. Groß dargestellt ist ein Kiesel von Melka Kunturé aus Gomboré I, der durch abwechselnde Abschläge auf zwei Seiten des Steins gekennzeichnet ist.

2

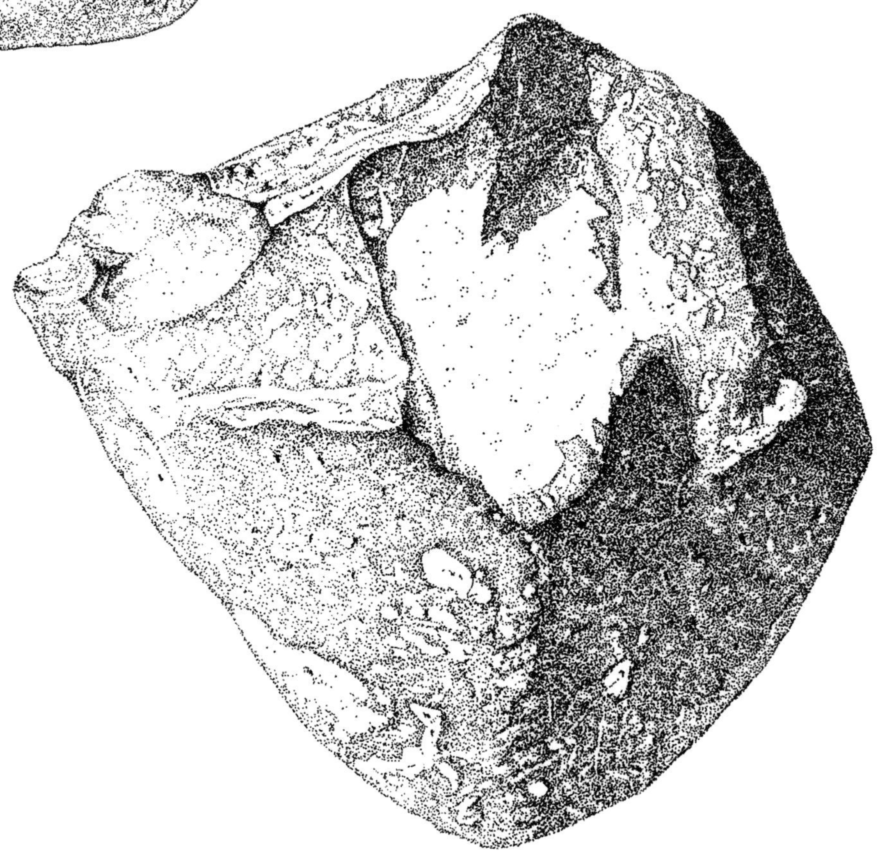

3

In der technischen Fähigkeit kann man ein Zeichen abstrahierender, so nur beim Menschen vorhandener Intelligenz erkennen, im Werkzeug das Bewusstsein eines zeitversetzten bzw. eines verzögerten Handelns, wie Piveteau es formuliert hat. Auch die innovative Fähigkeit, ein Werkzeug zu schaffen, ist Zeichen eines reflektierenden Geistes. Es geht nicht um zufällig ausgeübte Techniken, sondern um einen Plan, um eine organisierte Abfolge verschiedener Schläge, bei denen weitere Werkzeuge erforderlich sein können. Außerdem ist das Werkzeug für den Menschen kein Luxus, sondern lebensnotwendig – es erhält eine Bedeutung in seinem Lebenskontext, es bekommt einen symbolischen Wert.

Die technischen Errungenschaften können als Indikator für menschliche Tätigkeit angesehen werden. Sie offenbaren die Fähigkeit, die Materie zu beherrschen. Damit kontrolliert und gestaltet der Mensch seine Umwelt. Mit der Oldowan-Kultur, die von *Homo erectus* weitergeführt wird, setzt jenes Verhalten ein, das den Menschen von den anderen Primaten unterscheidet: die Fähigkeit, auf bewusste Weise Beziehungen zur Umwelt herzustellen und diese nach eigenen Bedürfnissen und Plänen zu verändern.

DIE ANKUNFT DES MENSCHEN

Zeigt der evolutionäre Fortschritt des *Homo habilis* wirklich die Ankunft des Menschen an? Und wie ist seine eher kleine Körperstatur, die bisweilen als problematisch angesehen wird, zu deuten? Uns erscheint die relativ geringe Körpergröße jedoch nicht als ein relevantes Problem. Auch einige heute noch lebende menschliche Gruppen, etwa die Pygmäen, die Papua, die Andamanesen, sind kleiner als der Durchschnitt der Menschen. Dennoch ist ihr Gesicht weniger grob und das Gehirnvolumen größer als beim *Homo habilis.*

Die Grenzen zwischen nichtmenschlichen und menschlichen Formen sind auf der bloßen Grundlage von Skelettmerkmalen nicht leicht und nur mit einer gewissen Unsicherheit zu bestimmen, obwohl das Volumen und die Morphologie des Gehirns, wie sie aus dem endokranialen Abguss von *Homo habilis* erschließbar sind, eine menschenähnliche Struktur nahe legen. Angesichts dieser ungewissen Verhältnisse ist unserer Ansicht nach den kulturellen Leistungen des *Homo habilis* eine große Bedeutung beizumessen.

Wir erkennen seine Existenz dort, wo wir die Erzeugnisse seiner Kultur finden. Religion, Kunst, Wirtschaft, Technik und Wohnbauten sind Ausdrucksweisen des Menschen, mit denen er seine Sonderstellung im Vergleich zu allen anderen Wesen, die ihn umgeben, offenbart. Denn mit diesen Äußerungen zeigt er nicht nur nachahmendes oder stereotypes, sondern auch schöpferisches Vermögen; er bringt also Fähigkeiten zum Ausdruck, durch die er in der Lage ist, die Materie zu beherrschen und die Umwelt zu gestalten. Er passt sich seiner Umwelt an und verändert sie gleichzeitig nach seinen Bedürfnissen. All dies entspricht einer zur Abstraktion, zur Planung und zur Selbstbestimmung fähigen Intelligenz, durch die der Mensch seit seinen Anfängen immer bedeutendere kulturelle Fortschritte erzielen konnte und auch in der Lage ist, seine Zukunft zu gestalten.

Wann setzte dieses Verhalten ein? Wann bildete sich die Einzigartigkeit des Menschen heraus? Es ist anzunehmen, dass viele dieser typisch menschlichen Verhaltensweisen beim *Homo habilis* bereits im Kern angelegt waren. Es fehlen zwar noch Nachweise für eine Religiosität des *Homo habilis* und seine künstlerische Betätigung, dennoch ist davon auszugehen, dass die Wurzeln der Kultur mit all ihren Voraussetzungen bereits vorhanden waren. Die Gestaltung der, wenn auch nur vorübergehend genutzten, Wohn- oder Lebensorte drückt eine neue Haltung gegenüber der Umwelt aus und ermöglicht vor allem soziales Leben, das ein charakteristisches Merkmal der menschlichen Spezies ist.

Auch die offenbar schon gemischte, auf Jagd und Sammeltätigkeit gegründete Wirtschaftsweise bot eine Basis, die sich mit einer größeren Vielfalt von Techniken und Werkzeugen in der Phase des *Homo erectus* weiterentwickelte.

Im Übrigen finden wir analoge Techniken und Lebensformen auch heute noch bei Jäger- und-Sammler-Völkern, die häufig Gebrauch von Steinwerkzeugen machen.

Die Produkte der Technik, Werkzeuge und Behausungen, haben einen symbolischen Wert, indem sie eine Bedeutung im Lebenskontext erhalten. Man könnte von einem funktionalen Symbolismus zusätzlich zum sozialen Symbolismus der Sprache sprechen.

Homo habilis ist in der Lage, der Umwelt und der Gefährdung durch Raubtiere mit Hilfe seiner Kultur und seiner sozialen Organisation gegenüberzutreten. Die Kultur wird somit zu einem Mittel, um der natürlichen Auslese entgegenzuwirken, eine Haltung, die sich im Laufe der Prähistorie noch deutlicher und in weitaus verfeinerter Form zeigen wird.

1. Vergleich zwischen den Schädeln von Homo habilis, Homo rudolfensis – einer Form mit größerem Gehirn als der Homo habilis, gefunden in der Nähe des Turkana-Sees – und einem Schädel, der im georgischen Dmanisi gefunden wurde.

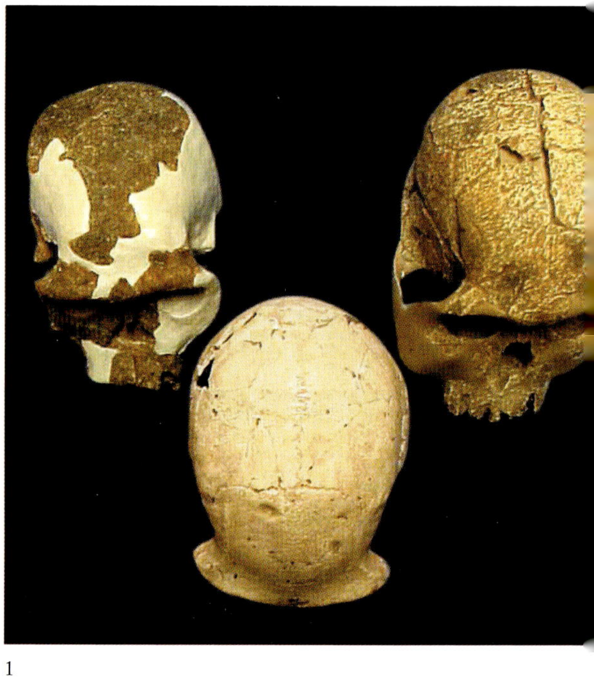

1

2

Bisher liegen Zeugnisse des *Homo habilis* aus den südlichen und östlichen Regionen Afrikas vor. Es ist jedoch nicht ausgeschlossen, dass er sich auch nach Norden ausgebreitet und andere Erdteile erreicht hat. Die Hominidenfunde im georgischen Dmanisi dokumentieren offenbar eine sehr frühe Phase der Menschheit zwischen dem *Homo habilis* und dem *Homo erectus* in dieser Region, während die Verbreitung von *Homo erectus* in den gemäßigten Gebieten Europas und Asiens sowie im südostasiatischen Raum ausreichend belegt ist.
Es ist außerdem festzuhalten, dass die obere Grenze der *Homo-habilis*-Phase nicht leicht bestimmbar ist, gerade weil die Wandlung zu *Homo erectus* allmählich vor sich gegangen ist und man daher die zwischen *Homo erectus* und *habilis* anerkannten Unterschiede nicht allzu schematisch und vor allem nicht ohne Übergänge sehen darf.
Stattdessen ist sogar davon auszugehen, dass vor 1,6 Millionen Jahren in Afrika *Habilis*- und *Erectus*-Formen nebeneinander lebten.
Die im afrikanischen Raum und auch in anderen Erdteilen entdeckten Formen von *Homo erectus* werden gewöhnlich als eine Frühform des heutigen Menschen interpretiert. Warum sollte man aber, von diesem Niveau ausgehend, jene Formen ausschließen, die vorher da waren und die bereits eine im Wesentlichen ähnliche Organisation und Kultur ausprägten? Könnten die geringen Unterschiede nicht Ausdruck von Varietäten oder Unterrassen sein?
Die Morgenröte der Menschheit ist damit angebrochen, der Mittag ist jedoch noch fern. Das Abenteuer des Menschen hat begonnen, auch wenn der Weg zum Erfolg lang und voller Widerstände ist. Aber der Mensch besitzt in sich die Fähigkeit, diese Widerstände zu überwinden, wie die Ereignisse zeigen werden.

2. Dargestellt ist eine Szene, in der Frauen eines kleinen, nicht dauerhaften Lagers, wie Homo habilis es gebaut haben könnte, am Fluss mit leeren Kürbishälften Wasser schöpfen.

3

3. Die offene Weite der Steppe in Tansania.

4. Landschaft in Malawi, wo im Rift Valley Fossilien des Homo habilis zum Vorschein gekommen sind.

5. 6. Karten mit Fundorten, die mit dem Homo habilis in Zusammenhang gebracht werden.

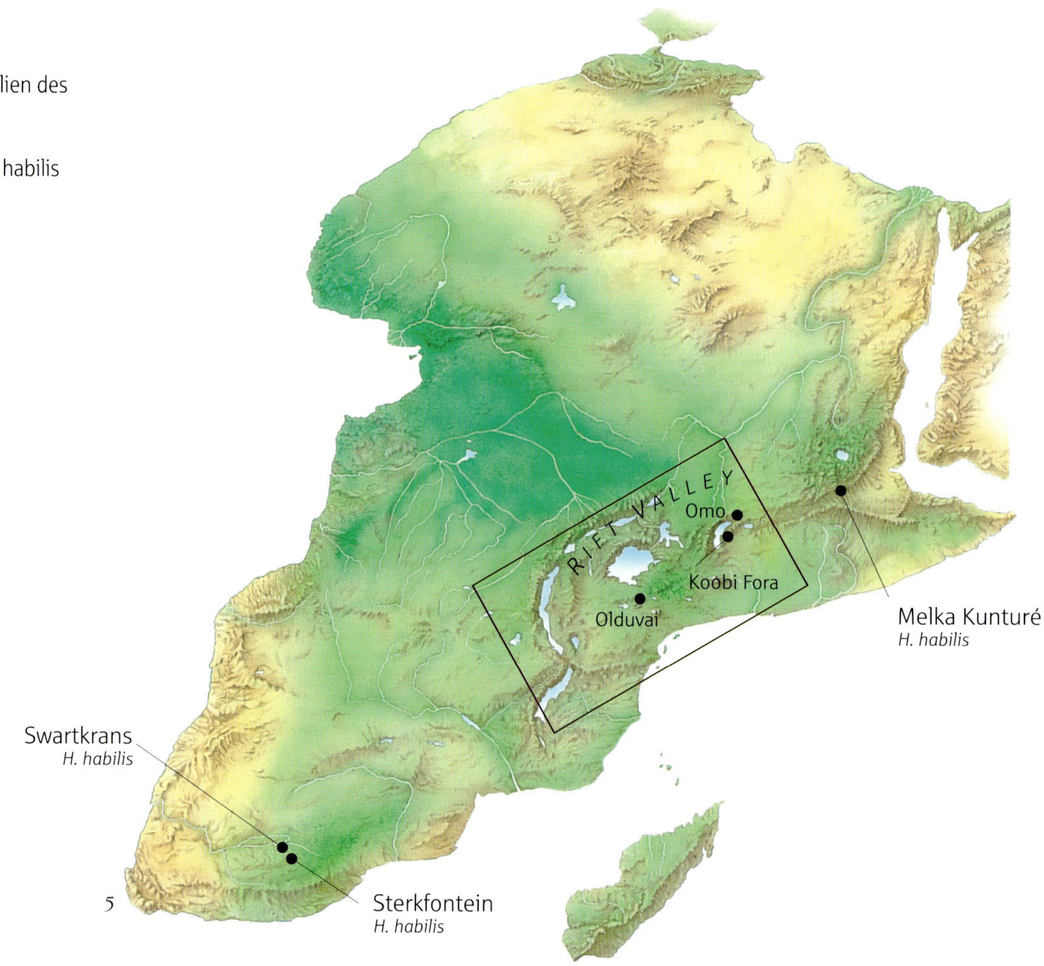

5

4

6

Tanganjika-See
RIFT VALLEY
Victoria-See
Olduvai
H. habilis
Uraha
H. rudolfensis
Omo
H. habilis
Turkana-See
Kilimanjaro
Mount Kenya
Koobi Fora
H. habilis
H. rudolfensis
alawi-/Niassa-See
Indischer Ozean
H. = Homo

DER AFRIKANISCHE HOMO ERGASTER/ERECTUS

1. Schädel eines Homo ergaster/erectus, im Profil und von vorn gesehen (Höhe 150 mm). Er wurde im kenianischen Koobi Fora gefunden, gehörte wahrscheinlich zu einem Individuum weiblichen Geschlechts und ist der bisher vollständigste und älteste (1 600 000 Jahre vor heute) Schädel, den man dem Homo erectus zuschreiben kann (Abguss des Anthropologischen Museums der Universität Bologna).

1

4▷

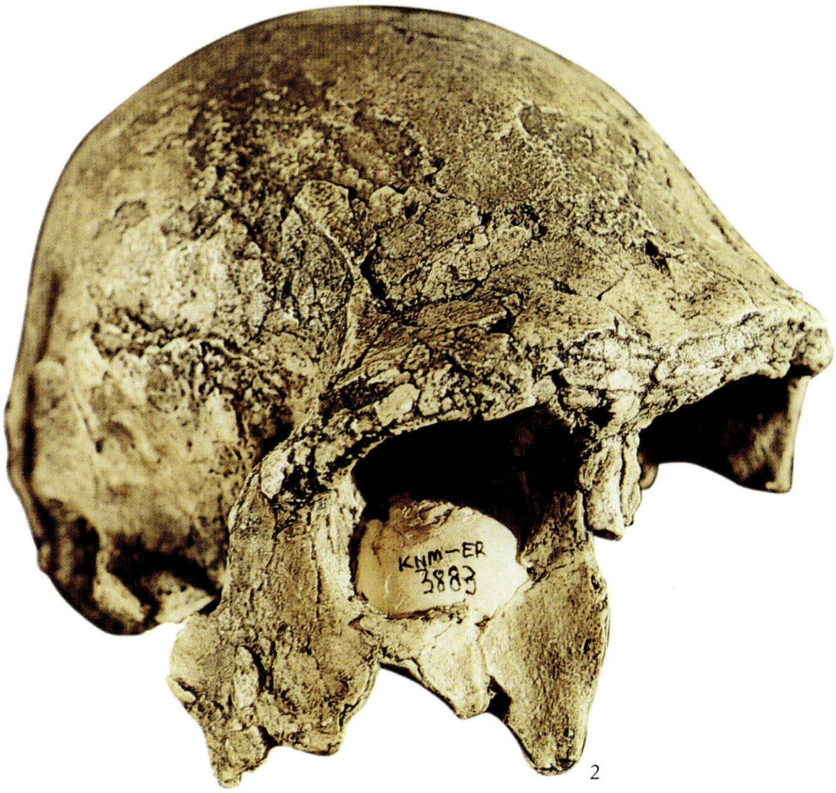

2

2. Schädel eines Homo ergaster/erectus, einer von zahlreichen Funden im kenianischen Koobi Fora am Ostufer des Turkana-Sees (Breite 120 mm). Abguss des Anthropologischen Museums der Universität Bologna.

3. 4. Zwei Zweiseiter aus Riolith, gefunden in Isimila in Tansania (Höhe 210 mm). Originalfund im Anthropologischen Museum der Universität Bologna.

Es ist nicht leicht, die ersten Phasen der Menschheit in ihrer Evolution und mit ihren verschiedenen Aufenthaltsorten nachzuvollziehen. Einige Merkmale von *Homo habilis* haben mit der Zeit eine Entwicklung durchlaufen, die zu verschiedenen menschlichen Formen geführt hat, aber noch nicht zu jenen, die wir heute kennen. Dieses Stadium der Menschheit wird als *Homo erectus* beschrieben, wobei der Artname nur mittelbar auf die aufrechte Haltung verweist, die eine bereits vor dem Erscheinen des Menschen, nämlich in der *Australopithecus*-Phase, erworbene Eigenschaft ist. Die Bezeichnung nimmt in erster Linie Bezug auf den *Pithecanthropus erectus*, der am Ende des letzten Jahrhunderts, als man die Australopithecinen noch nicht kannte, auf Java entdeckt wurde.

Homo erectus zeichnet sich insgesamt durch eine Zunahme an Größe und Robustheit aus, auch das Gehirnvolumen nimmt zu (von 800 Kubikzentimeter auf 1250 Kubikzentimeter). Die Stirn ist noch fliehend, besonders ausgeprägt sind der Überbau der Stirn (Überaugendach) und des Hinterhaupts (Hinterhauptswulst, *Torus occipitalis*); das Gesicht ist breit und massiv und springt mäßig vor, der Zahnbogen ist breit, die Prämolaren und Molaren sind kräftig. Auch das postkraniale Skelett erscheint auffallend robust. Die durchschnittliche Körpergröße liegt bei 1,60 bis 1,70 Meter.

Homo erectus erweckt den Eindruck einer menschlichen Form, die für trockenere und kältere klimatische Bedingungen geeignet war. Tatsächlich zeichnet sich die lange Zeitspanne, in der er lebte, 1 600 000 bis 150 000 Jahre vor unserer Zeit, insgesamt durch sinkende Temperaturen aus. Allerdings gibt es dennoch immer wieder Perioden, in denen die Temperatur ansteigt. Auf der nördlichen Halbkugel bewirken diese Schwankungen die Abfolge von kalten (glazialen) Eiszeiten und warmen (interglazialen) Zwischeneiszeiten. Auf der Südhalbkugel wechseln sich Perioden stärkerer und geringerer Niederschläge ab.

Homo erectus musste vor allem auf dem eurasischen Kontinent schwierige Umweltverhältnisse meistern. Ursprünglich aus den afrikanischen Regionen stammend, verbreitete und entwickelte er sich auf diesem Kontinent – nicht nur auf Grund seiner kräftigeren Statur, sondern auch durch die Entfaltung seiner Kultur. Verbesserte Steinwerkzeuge,

3

5

intensive soziale Beziehungen, die Beherrschung des Feuers, der Schutz des Körpers durch Tierfelle – all dies sind dem *Homo erectus* zuzurechnende Kulturleistungen.
Es überrascht nicht, dass die ältesten Funde des *Homo erectus* aus Afrika stammen, obwohl nicht auszuschließen ist, dass schon der *Homo habilis* nach Europa und Asien gelangte und sich somit auch in diesen Gebieten zu *Homo erectus* entwickelt haben könnte. Aus Ostafrika stammen neben anderen bemerkenswerten Funden auch die ältesten Repräsentanten des *Homo erectus*: Ein in Koobi Fora östlich des Turkana-Sees in Kenia gefundener Schädel (KNM-ER 3733) bezeugt die Existenz des *Homo erectus* dort vor 1 600 000 Jahren. Etwa aus der gleichen Zeit stammen andere, ebenfalls in Koobi Fora geborgene Funde (KNM-ER 1808) aus der Shungura-Formation, die sich entlang des Omo-Beckens nördlich des Turkana-Sees erstreckt, und aus Gomboré IB bei Melka Kunturé in Äthiopien. 1984 wurde westlich des Turkana-Sees das Skelett (KNM-WT 15000) eines Jugendlichen gefunden, dessen Alter auf etwa zwölf Jahre und dessen Größe auf 1,64 Meter geschätzt werden. Es wird dem gleichen Zeitabschnitt vor etwa 1,6 Millionen Jahren zugeordnet.
Hauptmerkmale des *Homo erectus* von Koobi Fora sind das Gehirnvolumen von 850 Kubikzentimeter, Überaugenwülste, der Hinterhauptswulst und ein weniger vorspringendes Gesicht als beim *Australopithecus*. Für diese frühen afrikanischen Formen des *Homo erectus* ist die Bezeichnung *Homo ergaster* vorgeschlagen worden.
Andere bedeutende und ebenfalls frühe Funde stammen aus der Olduvai-Schlucht, zum Beispiel der Schädel (OH 9) aus der zweiten Schicht mit einem Hirnvolumen von etwa 1000 Kubikzentimeter, der zusammen mit Werkzeugen aus dem Altpaläolithikum (Alter 1 200 000 Jahre) gefunden wurde.
In der Republik Südafrika hat die Ausgrabungsstätte von Swartkrans einige *Homo-erectus*-Funde geliefert, darunter den Unterkiefer von *Telanthropus capensis* (SK 15) aus dem mittleren Pleistozän. Im algerischen Atlasgebirge zeugen die großen Oberkieferknochen einiger 500 000 bis 600 000 Jahre alter Funde von der Existenz besonders robuster Menschen *(Atlanthropus mauritanicus)*.

5. Die Illustration zeigt eine Elefantenjagd des Homo erectus. Mit dem Feuer, das in einem provisorischen Lager unterhalten wird, werden Fackeln entzündet, mit denen die Tiere in einen Sumpf getrieben werden.

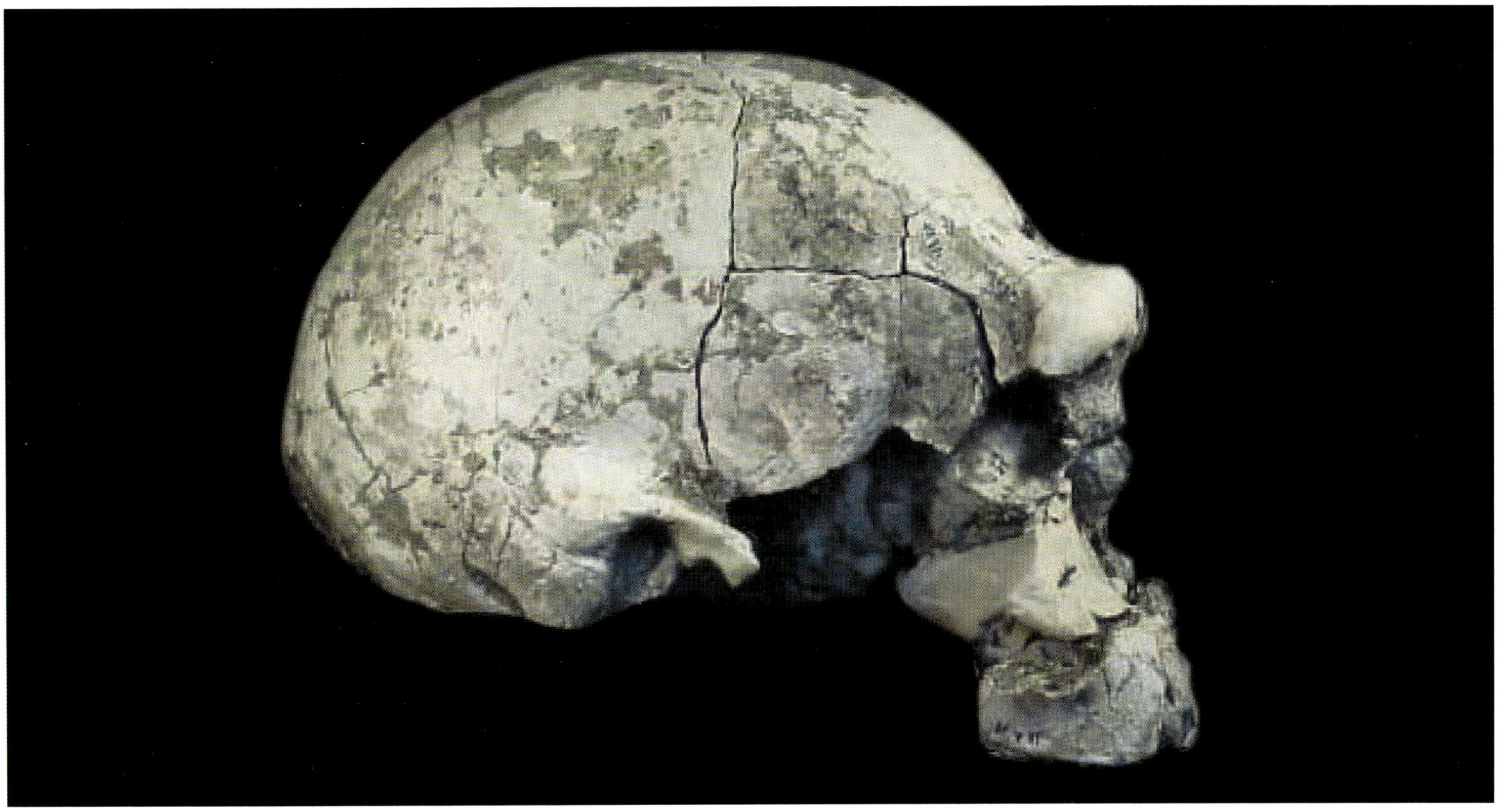

6

6. Schädel eines weiblichen Individuums, gefunden in Buia in Eritrea.

7. Tiere, die zur Zeit des Homo habilis und Homo erectus in Olduvai lebten: a) Warzenschwein; b) Homoterium, eine Katze mit Säbelzähnen; c) Sivatherium, ein Vorläufer der Giraffe; d) Pavian; e) Zebra; f) Chalicotherium; g) archaische Gazelle; h) Geier; i) Dinotherium, ein Vorfahr des Elefanten.

7

Aus der äthiopischen Region Middle Awash stammt der Schädel von Daka und aus Eritrea der Schädel von Buia, die etwa eine Million Jahre alt sind und Merkmale des *Homo erectus* zeigen. In eine jüngere Zeit gehören wahrscheinlich die Schädel aus Broken Hill in Rhodesien (heute Kabwe/Sambia) und Saldanha in der Republik Südafrika, ihre Datierung ist aber noch ungewiss.

Wie bereits erwähnt, ist für die älteren Formen des *Homo erectus* in Afrika die Bezeichnung *Homo ergaster* vorgeschlagen worden. Einige Autoren sind der Ansicht, dass als *H. erectus* nur die Formen des unteren und mittleren Pleistozäns in Asien zu klassifizieren seien. Anderen zufolge gehören dazu auch jene afrikanischen Formen aus der Zeit vor etwa einer Million Jahren (OH 9 aus Olduvai, Daka, Buia). Genauere Untersuchungen des *Homo erectus africanus* aus der Zeit vor 1,6 bis 1 Million Jahren belegen eine offenbar kontinuierliche Entwicklung des Phänotyps, die auf anagenetische Vorgänge (Merkmalswandel) zurückzuführen ist, während deutliche Unterschiede zu den asiatischen Formen bestehen.

Auf dem afrikanischen Kontinent verbreitete sich der Mensch von Osten her in Richtung Norden und Süden und legte im Laufe vieler Generationen Tausende Kilometer zurück, wahrscheinlich entlang von Flüssen und Tälern inmitten einer üppigen Vegetation.

Schon in sehr früher Zeit muss er sich auch aus Afrika herausbewegt haben. Der Weg nach Asien und Europa war vermutlich derselbe, dem schon die Hominoiden des Tertiär folgten: die afro-arabische Platte.

OUT OF AFRICA: HOMO ERECTUS IN ASIEN

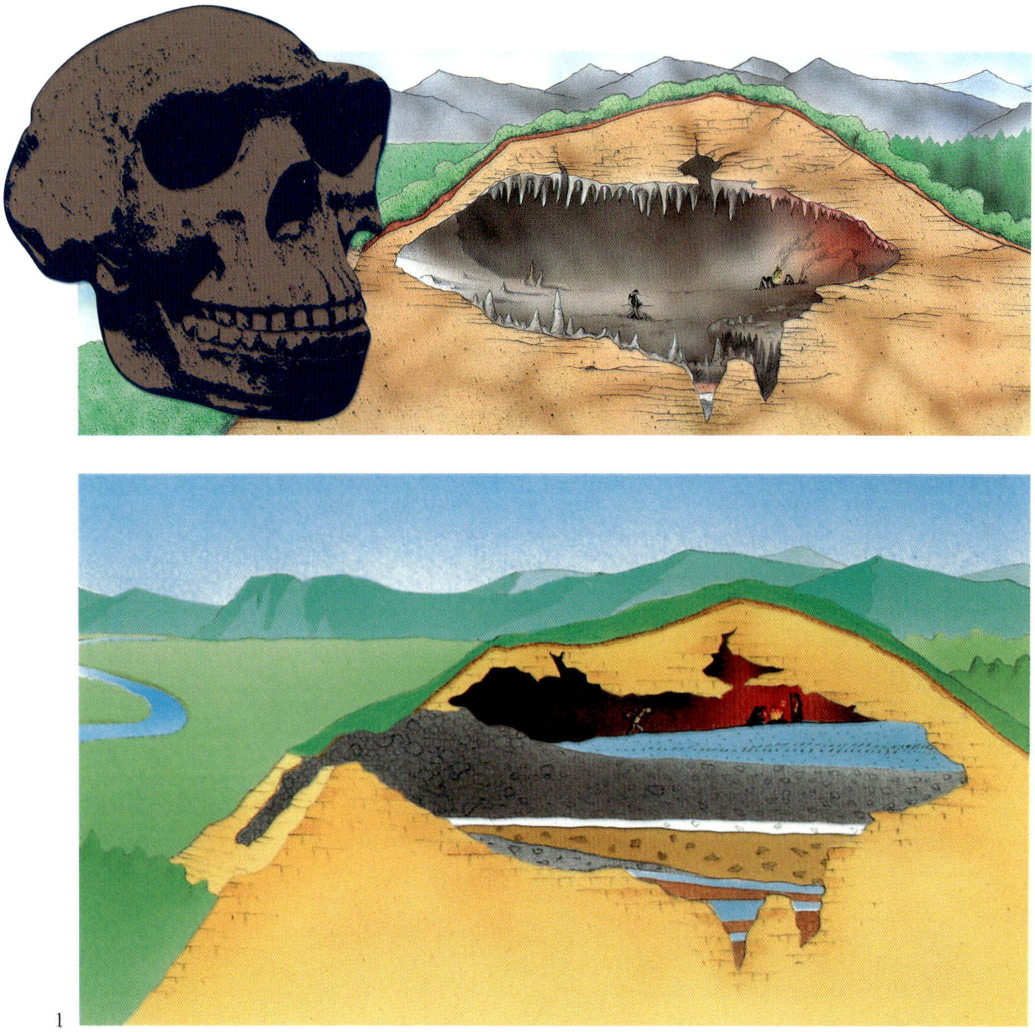

1

1. Die Zeichnung zeigt den rekonstruierten Schädel des Sinanthropus pekinensis oder Peking-Menschen und im Hintergrund zwei Rekonstruktionen des Drachenzahn-Hügels mit seiner großen Tropfsteinhöhle, die vom Menschen genutzt wurde. Oben sieht man die Höhle vor dem Einbruch der Decke vor etwa 300 000 Jahren; unten hat sich nach dem Einbruch der Raum verringert, aber die Menschen nutzen weiterhin die Höhle.

2. 3. Stein-Artefakte des Peking-Menschen.

4. 5. Große Spitzen mit einer Höhe von 186 mm, gefertigt vom Lantian-Menschen.

Von Nordafrika gelangte *Homo erectus* über den Nahen Osten nach Asien.
Es ist erstaunlich, dass *Homo erectus* bis in die entlegensten Regionen des östlichen und südöstlichen asiatischen Raums gelangte. Einige Etappen dieser Reise kennen wir: Ubeidiya in Palästina (vor 1,3 Millionen Jahren) und Hatnora im indischen Narmada-Tal. Dort wurden *Homo-erectus*-Reste aus dem mittleren Pleistozän gefunden, deren Merkmale denen des afrikanischen *Homo erectus* entsprechen, doch ist das Gehirnvolumen vergleichsweise groß (1421 Kubikzentimeter). Allerdings befinden wir uns hier auch in einer wesentlich späteren Zeit. Zwei Regionen haben sich in Asien als besonders reich an fossilen anthropoiden Funden erwiesen: China und die Insel Java.

2

SINANTHROPUS PEKINENSIS

Die wegen ihrer Fossilienfunde berühmteste Region Chinas liegt beim Dorf Choukoutien (Zhoukoudian), unweit von Peking. Dort befindet sich der Drachenzahn-Hügel, eine höhlenreiche Fundstätte, die einst als Kalksteingrube diente. Für die Chinesen besaßen diese Fossilien Heilkräfte, sie wurden auch in Apotheken verkauft.
Einige der Höhlen dienten vor 460 000 bis 230 000 Jahren paläolithischen Jägern als Schutzorte und haben sich im Lauf der Zeit mit Kalkmaterial, tierischen und mensch-

3

4

5

lichen Überresten sowie Steinwerkzeugen gefüllt. Seit der ersten Entdeckung menschlicher Knochen, einer Schädeldecke im Jahr 1929 (siehe Kapitel »Unsere Ahnen«), wurden immer wieder neue Funde gemacht. Bereits zuvor waren einige menschliche Zähne entdeckt worden, die Davidson Black einem so genannten *Sinanthropus pekinensis* zuordnete. Diese Bezeichnung blieb dann auch für die späteren Entdeckungen gültig. Die bis 1936 durchgeführten und jüngst wieder aufgenommenen Ausgrabungen in Choukoutien haben zahlreiche Überreste, vor allem Schädelteile, von etwa 40 Individuen, Erwachsenen und Kindern, ans Licht gebracht, die während des Zweiten Weltkrieges verloren gegangen sind.
In den 60er Jahren förderten neue Ausgrabungen weitere Funde zutage, die im Wesentlichen die Morphologie der zuvor geborgenen bestätigten. Der *Sinanthropus pekinensis* oder »Peking-Mensch« hatte eine flache Schädeldecke, ein Gehirnvolumen zwischen 800 und 1100 Kubikzentimeter und eine angedeutete, aber noch fliehende Stirn.
Die Fülle an Schädeldecken und Unterkiefern und das nahezu völlige Fehlen von postkranialen Elementen hat zu der Ansicht geführt, dass der Peking-Mensch offenbar Rituale praktiziert habe, bei denen der Schädel entfernt wurde, dass also diese Fundkonzentration in der Höhle von Choukoutien nicht zufällig sei.
Dicke Ascheschichten an verschiedenen Stellen der Höhle, auch neben Tierknochen und Geräten, zeigen, dass *Sinanthropus pekinensis* mit dem Feuer vertraut war. Er verwendete es vermutlich zum Kochen der Speisen, aber auch zum Schutz vor Kälte, denn das Klima dieser Gegend dürfte wohl damals schon kontinental gewesen sein, d. h. warmen Sommern folgten strenge Winter.
Außer der Fülle menschlicher Fossilien ist in Choukoutien auch der Reichtum an Stein- und Knochenwerkzeugen hervorzuheben. Der lange, wenn auch vermutlich immer wieder unterbrochene Aufenthalt in diesen Höhlen erklärt die reichen paläontologischen Funde.
Sinanthropus pekinensis ist allerdings nicht der älteste Vertreter des vorgeschichtlichen Menschen in China: In Lantian in der Provinz Shanxi fand man einen *Sinanthropus*-ähnlichen Schädel, jedoch gröberer Art und älter (Schädelvolumen 700 Kubikzentimeter, Alter etwa 600 000 Jahre). In Yunxian in der Provinz Hubei wurden zwei besonders deformierte Schädel (Hirnvolumen zwischen 1220 und 1050 Kubikzentimeter) entdeckt, die eine gewisse Ähnlichkeit mit dem Menschen von Ceprano (etwa 800 000 Jahre alt) aufweisen. Einige menschliche Zähne aus Yuanmou in der Provinz Yunnan werden sogar auf 700 000 Jahre geschätzt. Noch viel älter (1,8 Millionen Jahre) wäre das Kieferfragment, das Ende der 80er Jahre in Longgupo gefunden wurde, aber noch wird diskutiert, ob es überhaupt einer menschlichen Form zuzuordnen ist.
Aus jüngerer Zeit stammen die ebenfalls in China in Jinniushan und Longtandong (mittleres Pleistozän) 1980 sowie in Dali (Ende des mittleren Pleistozäns) 1978 gefundenen Schädel von *Homo erectus.*

PITHECANTHROPUS VON JAVA

Von Afrika aus verbreitete sich *Homo erectus* also in den unendlich weiten Ebenen Chinas – und das in sehr früher Zeit. Einige seiner Vertreter jedoch wandten sich in südöstliche Richtung und erreichten den Indonesischen Archipel, der vermutlich vor 1 500 000 Jahren mit dem asiatischen Kontinent verbunden war.

6

Außer den Vertretern von *Homo erectus* kamen nach Java auch ausgeprägt robuste, vermutlich noch nicht menschliche Hominiden, die dem afrikanischen *Australopithecus robustus* ähnelten.

Die Schichten der Insel Java haben zahlreiche Funde von anthropologischem Interesse erbracht. Die ersten Entdeckungen machte der holländische Arzt Eugène Dubois im 19. Jahrhundert (siehe Kapitel »Unsere Ahnen«), als er auf der Insel nach dem Verbindungsglied zwischen Mensch und Affe suchte. Er hatte 1891 das Glück, in Trinil auf eine Schädeldecke von äußerst primitiver Beschaffenheit (flache, fliehende Stirn) zu stoßen; ein Jahr später fand er einen typisch menschlichen Oberschenkelknochen, etwa 15 Meter entfernt von dem Ort, an dem er das Schädeldach entdeckt hatte. Einige Wissenschaftler schrieben die Funde einem primitiven Menschen, andere einem Menschenaffen und wieder andere einem Affenmenschen zu (daher der von Dubois 1894 für diese Funde geprägte Name *Pithecanthropus*).

Die Ausgrabungen wurden erst in den 30er Jahren von dem deutschen Paläontologen Gustav Heinrich Ralph von Koenigswald wiederaufgenommen und brachten zahlreiche Schädeldecken ans Licht, welche die von Dubois beobachteten Merkmale bestätigten und auch gewisse Entwicklungen im Laufe der Epochen aufwiesen. Weitere Funde nach dem Zweiten Weltkrieg gingen in dieselbe Richtung.

Die Funde sind auf Schichten aus unterschiedlichen geologischen Zeitaltern verteilt (Djetis, Trinil, Ngandong) und im unteren, mittleren und oberen Pleistozän anzusetzen, dessen absolute Datierung allerdings noch nicht endgültig geklärt ist.

Nach einem Datierungsansatz der 70er Jahre (vgl. T. Jacob, 1975) haben die drei Schichten ein Alter von 1 800 000, 700 000 und 200 000 bis 100 000 Jahren, doch lassen neuere Studien eine Modifizierung der Chronologie notwendig erscheinen. Nach diesen Erkenntnissen sind die ältesten Funde nicht älter als 1 200 000 Jahre – mit Ausnahme vielleicht von *Meganthropus*. Weitere Elemente bestätigen vermutlich ein sehr hohes Alter (über eine Million Jahre) für die Basis der Sangiran-Formation und eine Zeit zwischen 100 000 und 50 000 Jahren für Ngandong/Sambungmacan. Von Sartono ist außerdem auch eine neue stratigraphische Gliederung vorgeschlagen worden.

6. Schädel eines Pithecanthropus, gefunden in Sambungmacan auf Java.

7. Das Gebiet der wichtigen paläoanthropologischen Entdeckungen auf Java, fotografiert von der Höhe des gewaltigen buddhistischen Tempels von Borobudur.

7

Zu den ältesten Funden von Sangiran (Djetis-Schicht) zählen Bruchstücke von robusten Unterkiefern und Schädeldecken, die einer vermutlich nichtmenschlichen Form, *Meganthropus*, zuzuordnen sind. Eine Schädeldecke ist sehr dick und weist einen äußerst ausgeprägten Hinterhauptswulst auf. In der gleichen Schicht sind aber auch höher entwickelte Formen wie *Pithecanthropus IV* oder *Pithecanthropus modjokertensis* gefunden worden, die zwar primitive Merkmale (flacher und dicker Schädel, Gehirnvolumen von 750 Kubikzentimeter, großer Gaumen mit einer Lücke zwischen Schneide- und Eckzahn) besitzen, aber wegen der Ähnlichkeit mit dem afrikanischen *Homo habilis* und *erectus* bereits als menschlich anzusehen sind.

In der Entwicklung weiter, obschon noch grobschlächtig, sind die Funde der zweiten Schicht (Trinil), die ebenfalls in der Sangiran-Formation geborgen wurden. Diese Pithe-

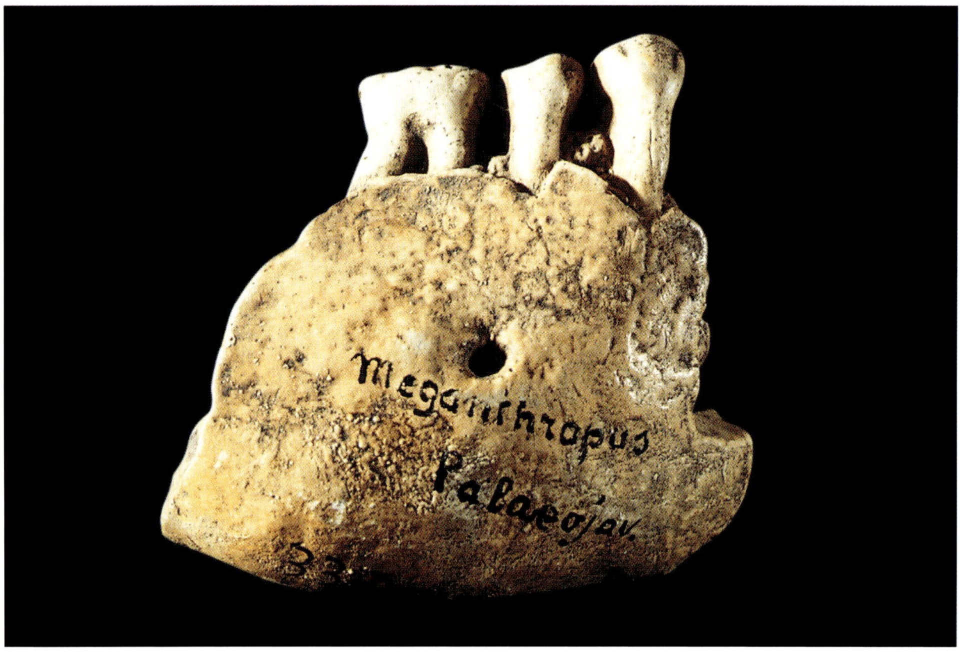

8

9▷

canthropinen besaßen einen flachen Schädel, eine fliehende Stirn, breite Überaugenwülste, einen leichten Vorsprung entlang der Mediansagittalebene, ein Gehirnvolumen von 800 bis 900 Kubikzentimeter und einen Hinterhauptswulst. Die Pithecanthropinen von Trinil werden durchgehend *Homo erectus* zugeschrieben.

Noch weiter entwickelt erscheinen die Schädeldecken der oberen Schicht von Ngandong, die der niederländische Geologe Ter Haar zwischen 1931 und 1933 fand. Sie zeichnen sich noch durch die breiten Überaugenbögen aus, aber zu beobachten ist eine fortgeschrittene Schädelwölbung und daher ein größeres Gehirnvolumen (1100 bis 1300 Kubikzentimeter).

Aus der gleichen Schicht stammt *Pithecanthropus VIII*, die einzige Form, von der ein fast vollständiges Gesichtsskelett erhalten ist. Das Gehirnvolumen beträgt 1100 Kubikzentimeter, der Überaugenvorsprung ist robust, das Gesicht hoch, breit und vorspringend.

Leider fanden sich in Java nur sehr wenige Steinwerkzeuge. Wie Teilhard de Chardin bemerkte, wurden die Skelettreste mit Schwemmmaterial höchstwahrscheinlich weit von den Orten weg getrieben, an denen die Pithecanthropinen lebten und ihre Werkzeuge herstellten.

Erwähnung verdienen noch einige Funde aus den Jahren 2004 und 2005 von der indonesischen Insel Flores, die verschiedenen Individuen mit einem kleinen Hirnvolumen (um 400 Kubikzentimeter) und einer Größe von etwa einem Meter zuzuordnen sind. Sie lebten vor 74 000 und 18 000 Jahren. Der Beifund von Steinwerkzeugen und die Ähnlichkeiten in der Form des Endokraniums mit dem *Homo erectus* sprechen für menschliche kognitive Fähigkeiten.

Man hat ihnen den Artnamen *Homo floresiensis* gegeben, doch diese Deutung ist sehr umstritten. Handelt es sich um Zwergwuchs? Um Mikrozephalie (Verkleinerung des Schädels) verbunden mit einer sehr geringen Körpergröße? Könnten es Nachkommen des *Homo erectus* auf Java sein? Oder hat hier eine Schrumpfung auf Zwergengröße stattgefunden, wie man sie von einigen Säugetierarten unter den Bedingungen einer isolierten Insellage kennt?

8. Bruchstück eines Unterkiefers des auf Java gefundenen Meganthropus (Länge 65 mm).

9. Oben: Zweiseiter aus Patjitan, Java. Unten: Steinwerkzeuge aus Abschlägen, gefunden in Sangiran, Java.

HOMO ERECTUS IN EUROPA

Von Afrika gelangte der Mensch entlang der Küsten des östlichen Mittelmeers nach Europa. Mit großer Wahrscheinlichkeit aber gab es in früheren Zeiten auch eine Landverbindung über Gibraltar in die westlichen Regionen Europas.
Diesen Ortswechsel vollzog mit Sicherheit der *Homo ergaster/erectus*, wenn nicht schon früher der *Homo habilis.* Dafür sprechen die sehr alten, d. h. auf über 1,5 Millionen Jahre zurückreichenden Steinwerkzeuge, die in verschiedenen europäischen Gegenden (Chilhac, Roussillon, Vallonet, Monte Poggiolo, Saint-Eble) gefunden wurden, sowie die jüngsten Entdeckungen im georgischen Dmanisi.

DIE UMWELT DER EUROPÄISCHEN REGIONEN ZUR ZEIT DES HOMO ERECTUS

Zur Zeit von *Homo erectus* war Europa ebenso wie Nordamerika und Asien durch das Phänomen der Eiszeiten (Kaltzeiten, Glaziale) geprägt, die auf ein Sinken der Durchschnittstemperatur zurückzuführen waren. Es gab mindestens zehn Eiszeiten, die von Zwischeneiszeiten (Warmzeiten, Interglaziale) unterbrochen wurden. Während der Eiszeiten sank die klimatische Schneegrenze (die Höhe, in der der Schnee auch im Sommer nicht schmilzt) bis auf 1000 Meter, heute liegt sie bei 2000 Meter: Weite Teile der Gebirgsketten der nördlichen Halbkugel (Pyrenäen, Alpen, Himalaja) waren in den Kaltzeiten mit Gletschern bedeckt, die bis in die Täler reichten. Durch die Anhäufung von Wasser in Form von Gletschern kam es zu einer Senkung des Meeresspiegels, der wohl bis zu 100 Meter niedriger war als heute (Meeresregression). Auch die Pflanzen- und Tierwelt war Veränderungen unterworfen. Wälder und Grassteppen gab es während der Kaltzeiten nur in Südeuropa; der Norden dagegen bestand aus tundraartigen Landschaften mit Flechten, Weiden und Birken.

EIN WEGKREUZ ZWISCHEN EUROPA UND ASIEN: DMANISI

Aus dem georgischen Dmanisi ist ein Fund veröffentlicht worden, der die dortige Anwesenheit von schon menschenähnlichen Hominiden vor 1,7 Millionen Jahren belegt. War die Region eine Etappe auf dem langen Weg nach Europa und Asien? Es gibt offensichtlich keinen Zweifel daran. In Schichten unter einer mittelalterlichen Siedlung wurden menschliche Schädel, Kieferknochen sowie Werkzeuge gefunden. Die Schädel zeigen gewisse Größenschwankungen, einige haben ein kleines Hirnvolumen. Aus morphologischer Sicht fallen archaische Merkmale auf, die die Funde in eine Mittelposition zwischen *Homo habilis* und *Homo ergaster* setzen. Die phyletische Einordnung ist noch umstritten. Auch eine neue Art wird vorgeschlagen: der *Homo georgicus.*

DER MENSCH VON CEPRANO

1994 wurde zufällig in Ceprano in Latium (Italien) eine Schädeldecke gefunden, die seit etwa 800 000 Jahren dort im Boden lag. Die mächtigen Überaugenwülste und die Gesichtsmerkmale (breite Scheitelbeine) machen ihn zu einem Repräsentanten der

1

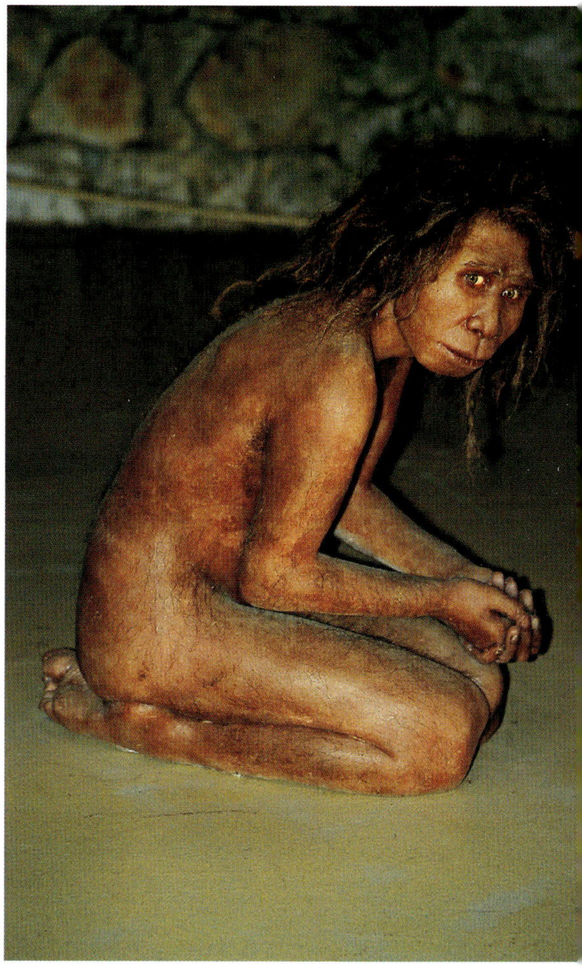

1. Rekonstruktion eines weiblichen Individuums auf der Grundlage der menschlichen Fossilien aus Dmanisi, Georgien. Musée de Préhistoire des Gorges du Verdon (Quinson, Haute-Provence, Frankreich).

2. Beispiele für zur Zeit des Homo ergaster/erectus in Europa lebende Säugetiere.

3. Die Illustration zeigt Jäger in einem Gebiet, durch das große Säugetiere ziehen. Ihre Jagd erfordert eine Organisation in Jagdgruppen und zeitweilige Lager in der Nähe dieser Jagdgebiete.

4. Schädeldecke des Menschen von Ceprano.

2 *Dicerorhinus etruscus* *(Etruskisches Nashorn)* — *Coelodonta antiquitatis* *(Wollnashorn)* — *Hippopotamus* *(Flusspferd)* — *Ovibos moschatus* *(Moschusochse)* — *Palaeoloxodon antiquus* *(Waldelefant)*

3

4

archaischen Menschen, sicher von afrikanischen Formen abstammend, der sich zum europäischen Typus des mittleren Pleistozäns *(Homo heidelbergensis)* hin entwickelte. Einige Ähnlichkeiten mit den afrikanischen Formen des *Homo erectus* aus Dala und Buia sind zu verzeichnen. Der Mensch von Ceprano könnte ebenso wie die Funde der Gran Dolina von Atapuerca dem *Homo antecessor* zuzuschreiben sein, einer Form mit möglichen phylogentischen Verbindungen zum europäischen *Homo heidelbergensis* (mit dem wiederum die Neandertaler zusammenhängen könnten) und mit dem *Homo rhodesiensis* (der als Vorfahr der archaischen afrikanischen *Sapiens*-Formen gilt).

DAS LAGER VON ATAPUERCA

Ebenfalls 800 000 Jahre alt sind zahlreiche Funde, die 1994 in der Höhle Gran Dolina (Sierra de Atapuerca, Spanien) geborgen wurden. Wie beim Menschen von Ceprano zeigen die Merkmale der Funde, besonders die Gesichtszüge, eine gewisse Nähe zum *Homo heidelbergensis* (der europäischen Form des *Homo erectus*), aber auch zum mo-

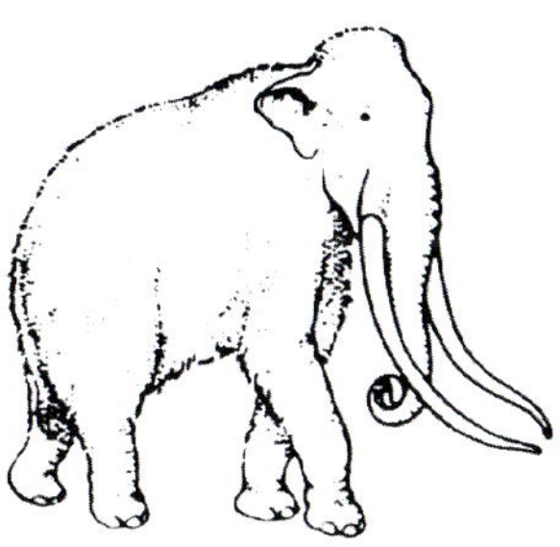

Mammuthus trogontherii (Steppenmammut)

Mammuthus primigenius (Wollhaarmammut)

Cervus elaphus (Rothirsch)

Dama dama (Damhirsch)

Ursus spelaeus (Höhlenbär)

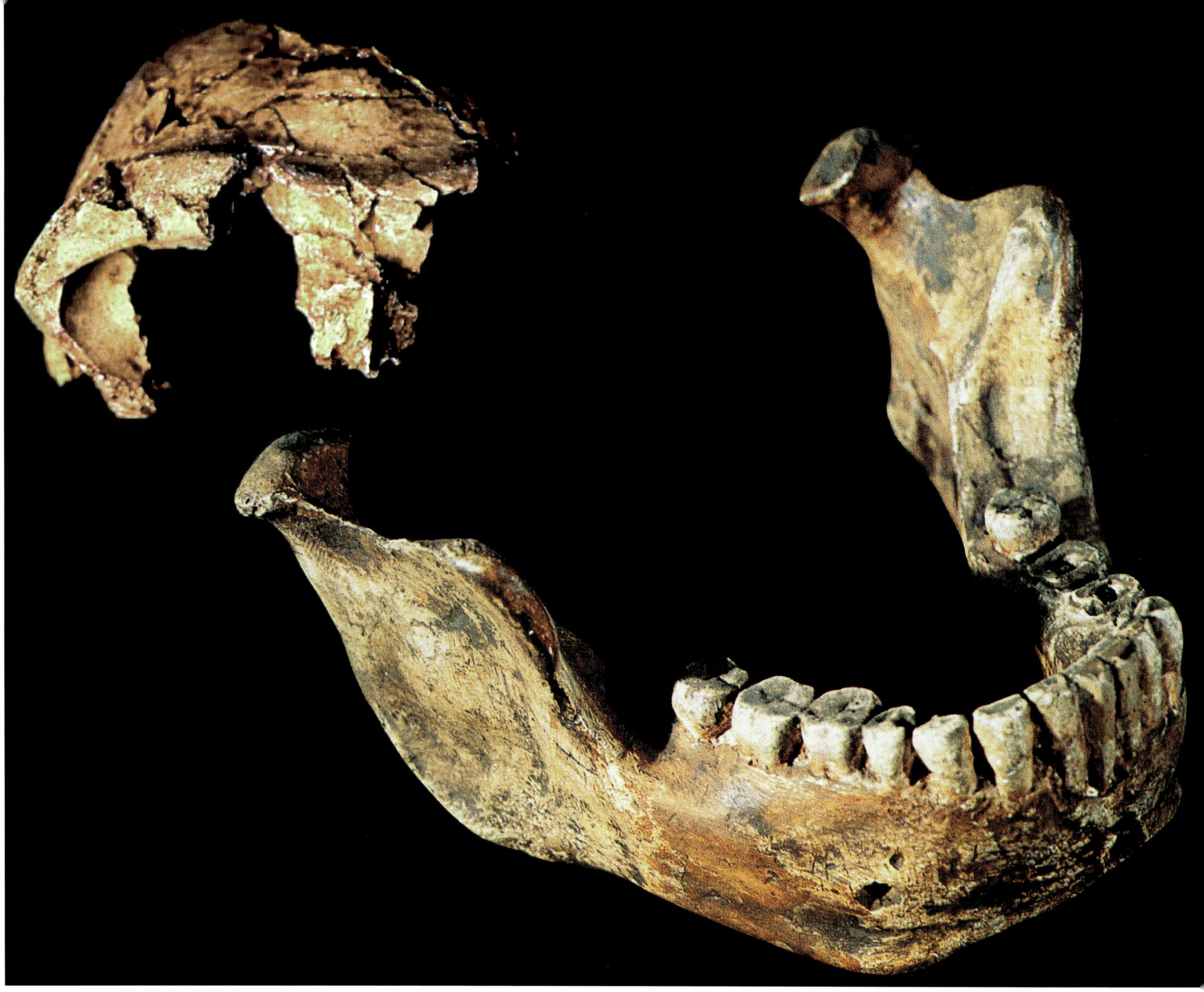

5

dernen Menschen. Der so genannte *Homo antecessor* ist vermutlich ein Nachfahr einer afrikanischen Population des unteren Pleistozäns. Eine andere Höhle am selben Ort, Sima de los huesos (»Knochengrube«) genannt, barg Skelettreste von mindestens 27 Individuen aus einer Zeit vor etwa 300 000 Jahren, deren Charakteristika sich deutlich am Neandertaler-Typus orientieren.

DER UNTERKIEFER VON MAUER

Ein großer Unterkiefer mit relativ kleinen Zähnen wurde 1907 in Mauer, 10 Kilometer von Heidelberg entfernt, zusammen mit Tierfossilien gefunden, welche die Zuordnung zur Günz-Mindel-Warmzeit gestatteten; er ist 630 000 bis 660 000 Jahre alt. Seine Größe erinnert an den *Atlanthropus* Nordafrikas. Vom Fundort leitet sich der Name *Homo heidelbergensis* ab.

DAS SCHIENBEIN VON BOXGROVE

Ein Teil des Knochenschafts eines Schienbeins wurde 1994 im englischen Boxgrove gefunden und belegt die dortige Anwesenheit des Menschen vor 500 000 Jahren. Es ist dem *Homo erectus* in seiner europäischen Form zuzuordnen.

5. Oben: Schädelfragment aus einer Fundstelle des Lagers von Atapuerca, nicht weit von der spanischen Stadt Burgos. Unten: Unterkiefer aus Mauer (Höhe 70 mm). Abguss des Anthropologischen Museums der Universität Bologna.

6. Rekonstruktion des Schädels des Menschen von Tautavel, einem Ort nicht weit von Perpignan (Frankreich), auf der Basis des Gesichtsskeletts und des rechten Scheitelbeins, die in der Arago-Höhle gefunden wurden.

7. Diese Statue soll den Menschen von Tautavel bei der Jagd darstellen. Sie steht auf dem Gebiet, aus dem die Funde stammen.

6

7

DER MENSCH VON TAUTAVEL

In Frankreich ist die Existenz des Menschen vor etwa 400 000 Jahren in Tautavel in den östlichen Pyrenäen durch einen unvollständigen Schädel und andere Schädelstücke belegt. Der Mensch von Tautavel hatte ausgesprochen grobe Gesichtszüge, einen Überaugenwulst, eine fliehende Stirn, eine breite Nase, einen vorspringenden Unterkiefer sowie ein fliehendes Kinn. Das Hirnvolumen wird auf rund 1150 Kubikzentimeter geschätzt. Vor allem wegen der Kiefer- und Unterkiefermerkmale betrachten ihnen einige Forscher als einen Vorgänger der Neandertaler, zusammen mit anderen Vertretern des europäischen *Homo erectus (Homo heidelbergensis)*, wie denen von Petralona (Griechenland) und Montmaurin (Frankreich).

TERRA AMATA

In Terra Amata, heute Teil der Stadt Nizza an der Cote d'Azur, sind zwar keine menschlichen Knochen gefunden worden, wohl aber eine gut erhaltene vorgeschichtliche Stätte, an der sich vor etwa 400 000 Jahren paläolithische Jäger aufhielten. Erhalten sind ein menschlicher Fußabdruck, Spuren einer Feuerstelle, Löcher für Pfähle und Steine von Schutzmauern. All das spricht für eine regelrechte Wohnbebauung.

8

9

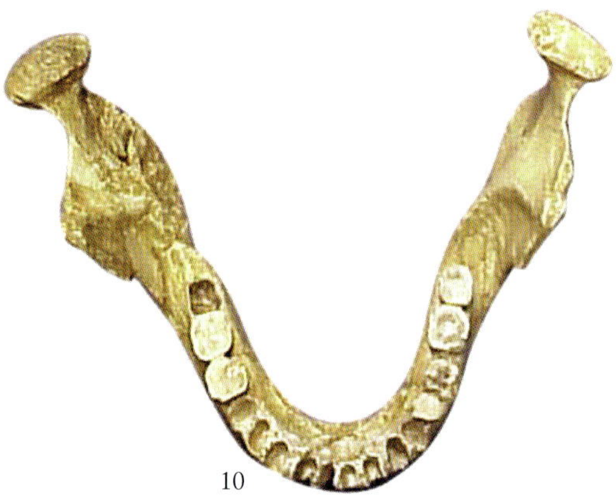

10

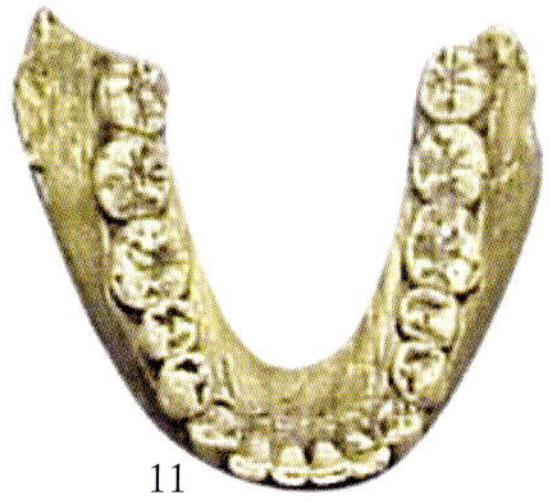

11

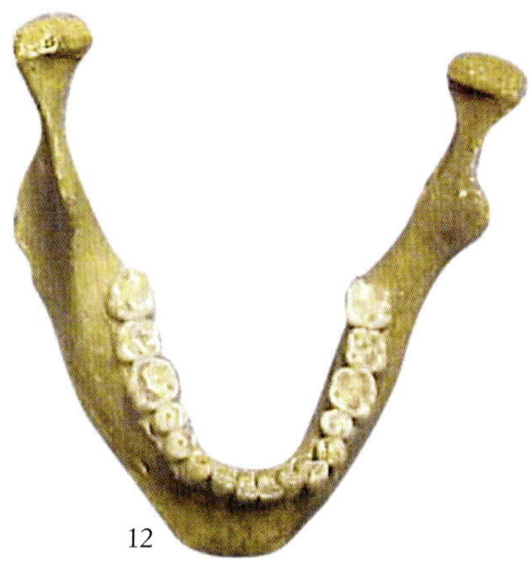

12

BILZINGSLEBEN

In der deutschen Ortschaft Bilzingsleben ist ein Lager prähistorischer Großtierjäger aus der Zeit vor 400 000 Jahren (Mindel-Riss-Warmzeit) gefunden worden. Die entdeckten Schädelfragmente zeichnen sich aus durch auffällige und durchgehende Überaugenwülste sowie einen breiten und flachen Hinterhauptswulst. Einigen Wissenschaftlern zufolge soll es sich hierbei um eine Übergangsform zwischen *Erectus* und *Sapiens neanderthalensis* handeln. Aus Bilzingsleben stammt auch das Bruchstück eines Schienbeinknochens eines Elefanten mit einem Ritzmuster.

VERTESSZÖLLÖS

In Vertesszöllös in der Nähe von Budapest in Ungarn wurde ein anderes Beispiel von *Homo erectus* gefunden, belegt durch ein Hinterhauptsfragment. Dieser *Homo erectus*

8. Ein Blick in das Flusstal des Verdouble, in dem die Arago-Höhle liegt.

9. Ausgrabungen und Untersuchungen in der Arago-Höhle.

10. 11. 12. Drei Unterkiefer im Vergleich. Der erste von links wurde in der Arago-Höhle gefunden, der zweite in Dmanisi, der dritte ist ein moderner menschlicher Unterkiefer.

13

14

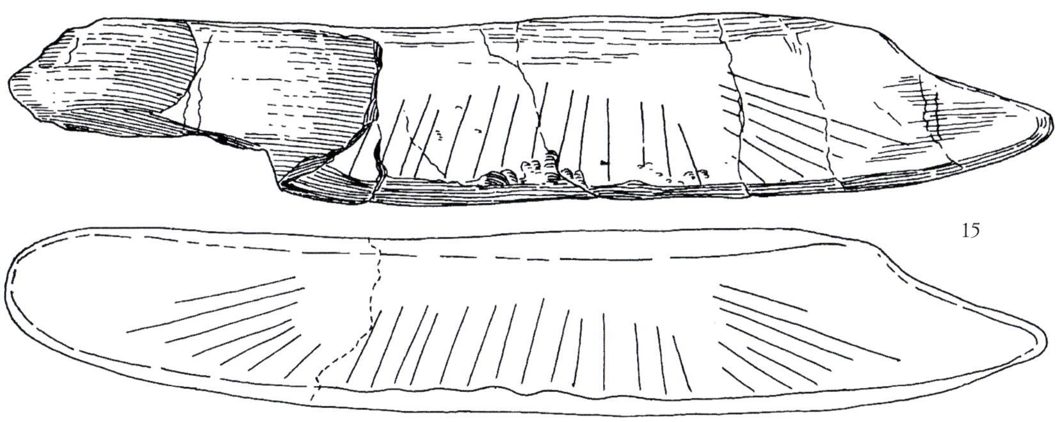

15

lebte vor gut 300 000 Jahren. Die Dicke des Schädelfragments ist beträchtlich. Es weist einen Überaugenwulst auf, und auf Grund der Dimensionen lässt sich ein für den *Homo erectus* ziemlich großes Gehirnvolumen um 1400 Kubikzentimeter annehmen. Von großem Interesse sind auch die Feuerspuren und die verschiedenen archaischen Geröllgeräte.

13. Eingang in das Museum von Terra Amata. Genau an dieser Stelle wurde bei Bauarbeiten im Jahr 1966 ein fossiler Strand gefunden, der sich in der Zeit des Homo erectus 26 m unter dem heutigen Meeresspiegel befand.

14. Abguss eines prähistorischen Siedlungshorizonts von Terra Amata, der den Paläoanthropologen zahlreiche Funde lieferte.

15. Fragment eines Elefantenschienbeins aus Bilzingsleben, nördlich von Jena. Es zeigt absichtlich angebrachte regelmäßige Schnitte, 7 nach unten und 14 zu beiden Seiten hin.

PETRALONA

Ein hinsichtlich der Chronologie stark umstrittenes (nach Meinung einiger Wissenschaftler 600 000, nach Meinung anderer 200 000 Jahre altes), aber gewiss interessantes Fundstück stammt aus der Petralona-Höhle 40 Kilometer südöstlich von Thessaloniki. Der mit stalagmitischem Kalzit überkrustete Schädel war in eine Wand der Höhle eingebettet, wurde jedoch entfernt, ohne seine genaue Stratigraphie zu bestimmen. Einige Merkmale (hohes und massives, aber nicht vorspringendes Gesicht, fliehende

16

Stirn, Überaugenwulst) stellen den Fund in die Linie des Neandertalers, dessen Vorläufer er sein könnte. In der Höhle sind auch Steinwerkzeuge und Feuerspuren entdeckt worden.

STEINHEIM

1933 wurde in Steinheim, 30 Kilometer von Stuttgart entfernt, in einer Schicht mit Warmfauna (Zwischeneiszeit Mindel-Riss, 250 000 Jahre vor heute) ein Schädel eines jungen Individuums weiblichen Geschlechts gefunden. Eine nach dem Tod eingetretene Deformation und die nicht einfache Rekonstruktion machen seine Deutung problematisch. Einige archaische Aspekte (durchgehende und vorkragende Überaugenwülste, niedrige Schädeldecke, Hirnvolumen von 1100 Kubikzentimeter, breite Nase) sind verbunden mit anderen, weiter entwickelten Merkmalen (Höhe der Stirn, Rundung des Hinterhaupts, Oberkiefer nicht in Extension, Verkleinerung des dritten Molaren, Fossa suprainiaca). Es handelt sich hierbei vielleicht um eine Übergangsform hin zum Neandertaler-Typus.

SWANSCOMBE

Ein Hinterhauptsbein sowie ein rechtes und ein linkes Scheitelbein wurden in den Jahren 1935, 1936 und 1955 im 50 Kilometer von London entfernten Swanscombe zusammen mit Steinwerkzeugen des Acheuléen gefunden. Sie stammen aus der Mindel-Riss-Warmzeit vor etwa 270 000 Jahren. Man nimmt an, dass sie zu einem Vorläufer der Neandertaler gehören.

17

16. Abguss einer Paläo-Oberfläche in Isernia La Pineta in der mittelitalienischen Region Molise.

17. Schädel von Petralona. Abguss des Musée de Préhistoire du Verdon in Quinson, Frankreich.

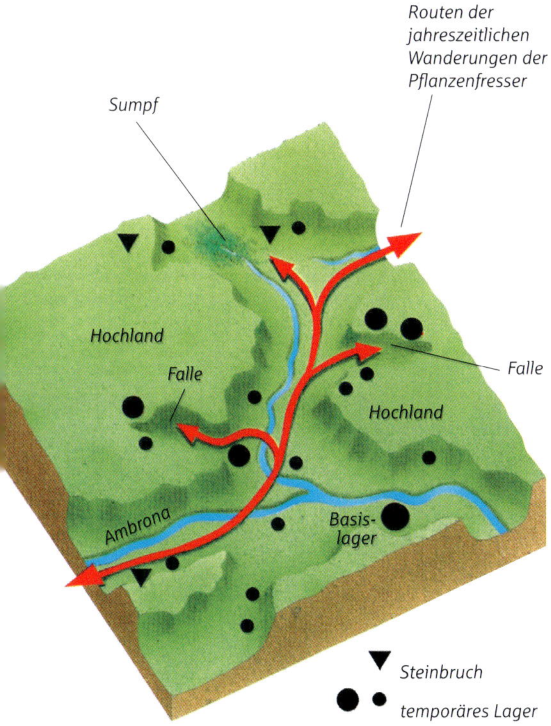

18

18. An zwei Fundstätten nahe Torralba und Ambrona (Provinz Soria, Spanien) wurden wichtige Spuren der Aktivitäten prähistorischer Jäger gefunden. Die Zeichnung zeigt die Wege der großen Säugetiere im Tal des Flusses Ambrona, dazu die Verteilung der Biwaks und der Basislager, die so nahe wie möglich an Steinbrüchen errichtet wurden.

FONTÉCHÉVADE

In einer Höhle bei Fontéchévade (Tal der Tardoire) wurden 1947 ein Fragment eines Stirnbeins und eine unvollständige Schädeldecke gefunden, begleitet von Werkzeugen aus dem unteren Paläolithikum. Die Funde erinnern an die Fossilien von Swanscombe und gelten als Prä-Neandertaler, Henri Vallois jedoch ist der Ansicht, dass sie einem Prä-*Sapiens* zuzuordnen sind.

REILINGEN

In Reilingen bei Stuttgart wurde in einer Schicht der Riss-Eiszeit eine Schädeldecke gefunden, die ein Merkmalmosaik aufweist und vermutlich zu einem Prä-Neandertaler gehörte.

LAZARET

Nahe Nizza wurden zwischen 1950 und 1967 verschiedene Zähne und ein Scheitelbein von Individuen gefunden, die gegen Ende der Riss-Eiszeit (vor 130 000 Jahren) in einer Höhle lebten, deren bewohnter Bereich offenbar einer gewissen Organisation unterworfen war. Das Scheitelbein weist Spuren von Knochenverletzungen in Folge eines Tumors der Hirnhaut auf.

LA CHAISE

Zwischen 1949 und 1975 wurden in den Höhlen von La Chaise (Charente, Frankreich) auf verschiedenen Ebenen Reste mehrerer Individuen gefunden. Die älteste Schicht (Abri Suard, 245 000 Jahre vor heute) enthielt Skelettreste mit Merkmalen, die sie in eine Prä-Neandertaler-Linie stellen.

Weitere Skelettfunde belegen die Existenz des *Homo erectus* in Europa im mittleren Pleistozän an verschiedenen Orten, unter anderem in Montmaurin und Biache-Saint-Vaast 1 (Frankreich) sowie in Castel di Guido (Italien). Sie weisen Merkmale auf, die den Neandertaler-Typus ankündigen.

MENSCHLICHE PALÄO-OBERFLÄCHEN

Es sind auch Fundstätten angezeigt worden, in denen nur ein »Schatten« des Menschen vorhanden ist, d. h. lediglich Spuren seiner Lager oder seiner Jagdtätigkeit, wie etwa in Torralba und Ambrona (Spanien) und in Monte Poggiolo (Italien). In Isernia La Pineta kam 1979 während der Bauarbeiten für eine Autobahn eine Fossilschicht von außerordentlichem Interesse ans Licht. Man fand Reste von großen, von Menschen erjagten Säugetieren und Geröllgeräte unterschiedlicher Größe. Es muss sich um ein Jagdlager gehandelt haben, wenn die Anhäufung von Knochen nicht die Urbarmachung zum Ziel hatte. Die Bedeutung der Fundstätte liegt vor allem in ihrem Alter, das u. a. mit Hilfe des Paläomagnetismus und der Kalium-Argon-Methode auf rund 700 000 Jahre festgelegt werden konnte.

Homo erectus lebte über einen langen Zeitraum in Europa und war in allen Regionen Süd- und Mitteleuropas verbreitet. Obwohl er aus tropischen Gebieten stammte, passte er sich an die Umweltbedingungen eines gemäßigten und kalten Klimas an. Sein Sozialleben dürfte ziemlich hoch entwickelt gewesen sein, war er doch in der Lage, Großtiere wie Elefant, Nashorn und Nilpferd zu jagen.

19

20

PHYLETISCHE VERWANDTSCHAFT

An der phyletischen Verwandtschaft der *Erectus*-Formen Europas mit denen Afrikas ist nicht zu zweifeln. Einige Etappen der langen Reise aus Afrika heraus sind in Israel und Georgien dokumentiert. Sehr wahrscheinlich gab es verschiedene Wanderungswellen, wobei jene des *Homo antecessor* (nachgewiesen durch die Funde von Atapuerca und vielleicht auch die von Ceprano) eine Entwicklungsstufe hin zum *Homo erectus* darstellen könnte, mit phyletischen Beziehungen sowohl zur europäischen Prä-Neandertaler-Linie (über den *Homo heidelbergensis*) wie auch zur afrikanischen *Sapiens*-Linie (über den *Homo rhodesiensis*) (Manzi, Bermudez de Castro). Die Bewohner der europäischen Regionen waren offenbar schon vor 500 000 Jahren auf den Neandertaler-Typus hin orientiert, wie sich aus einigen Merkmalen ergibt, die verschiedentlich, wie ein Mosaik, bei Funden aus verschiedenen Zeiten auftauchen (Condemi, Tattersall).
Die geographische Lage des europäischen Kontinents (als eine Art Sackgasse) schuf relativ isolierte Bedingungen und begünstigte eine regionale Evolution, die durch eine nahezu gleichförmige Morphologie der Gesichtszüge geprägt war. Zeitgleich dazu entwickelte sich in einigen Gebieten Afrikas die Form des *Homo erectus* hin zum *Homo sapiens.*

21

22

19. Der Chemin du Vallonet im französischen Roquebrune-Cap-Martin, heute dicht bebaut. Hier befindet sich die Vallonet-Höhle.

20. Rekonstruktion des Menschen von Vallonet, ausgestellt im Musée de Préhistoire in Menton, Frankreich.

21. Hypothetische Rekonstruktion des Homo erectus.

22. Linker Oberschenkelknochen eines Auerochsen mit Schnittspuren. Musée de Préhistoire, Menton.

23. Karte mit Siedlungen des Homo erectus und wichtigen Fossilien-Fundstätten.

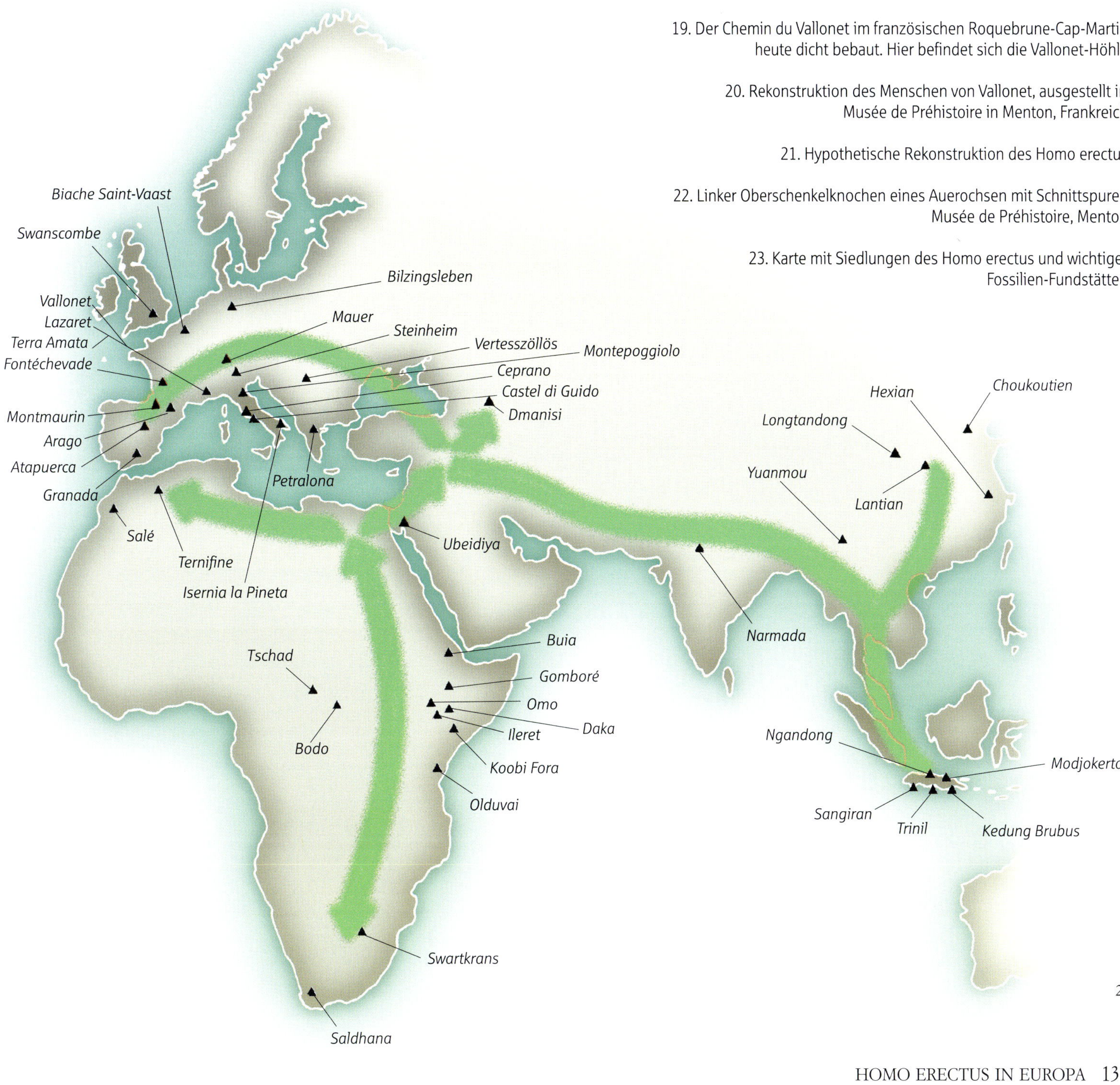

23

KULTUR UND LEBEN DES HOMO ERECTUS

1

2

1. Zugang zum »Laboratoire départemental de préhistoire du Lazaret«, in dem die Funde aus der Lazaret-Höhle untersucht werden.

2. Felsformationen auf dem Gebiet des Laboratoire.

3. Die Lazaret-Höhle in der Bucht von Nizza: Sie liegt unterhalb der Arkaden des Viadukts, das man in der Mitte der Küste sieht.

3

TERRITORIUM, LAGER UND WIRTSCHAFT

Schon in den Anfängen der Menschheit entwickelte sich eine besondere Beziehung zwischen dem Menschen und seinem Lebensraum. Das Überleben war von den verfügbaren Mitteln einer bestimmten Region abhängig, die notgedrungen begrenzt waren. Dennoch mussten sie die Bedürfnisse kleiner Familiengruppen zumindest eine gewisse Zeit lang (Wochen oder Monate) decken, zumal für den Familienkern mit noch unselbständigem Nachwuchs ein längeres Verweilen in ein und demselben Gebiet nötig sein konnte.
Man hat Spuren von Lagern gefunden, die dem *Homo erectus* zuzuordnen sind. Es handelt sich um mit Steinkreisen eingegrenzte Plätze, an denen man Steinwerkzeuge und Tierknochen entdeckte. Der Mensch brachte seine Beute offensichtlich dorthin, um für den Unterhalt der Familiengruppe zu sorgen. In Melka Kunturé in Äthiopien zeigen kleine Steinanhäufungen wohl die Stellen an, an denen Pfähle eingesetzt waren, die das Dach einer vermutlich mit Zweigen gedeckten Hütte trugen. Sie lassen sich auf ein Alter von 1,6 Millionen Jahre datieren.
Waren die in einem Territorium zur Verfügung stehenden Ressourcen erschöpft, zog der Mensch in angrenzende Gebiete weiter, um sich dort die notwendige Nahrung (Wild und pflanzliche Produkte) zu beschaffen. Bisweilen dürften es auch Klimaänderungen oder der Wechsel der Jahreszeiten gewesen sein, die den Menschen auf der Suche nach besseren Lebensbedingungen zum Aufbruch veranlassten. Die Orte, an denen sich *Homo erectus* vorzugsweise, wenn auch immer nur vorübergehend, niederließ, befanden sich in der Nähe von Wasserläufen und auch von Felsen, die die zum Schneiden des Fleisches und zum Abschaben der Felle erforderlichen Steine lieferten.

4

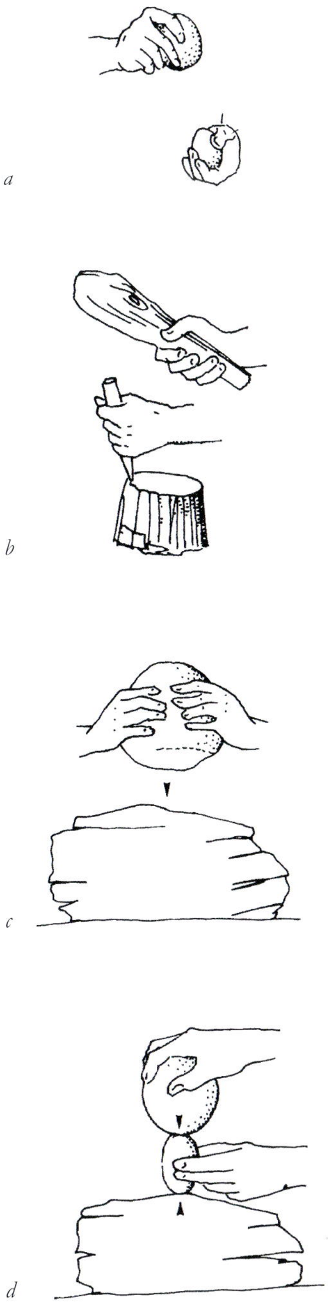

5

6

4. Die Schluchten des Verdon: Ein Gebiet der Provence, dessen Höhlen und Überstände in der Vorzeit oft bewohnt waren.

5. Eine Auswahl von Techniken der Geröllbearbeitung: a) direkter Abschlag; b) indirekter Abschlag; c) Abschlag auf Amboss; d) direkter Abschlag auf Amboss als Unterlage.

6. Abguss eines Siedlungshorizontes der Lazaret-Höhle mit verschiedenen Funden. Musée de Préhistoire du Verdon im französischen Quinson.

Bisweilen findet man außer den Stammlagern der Familie auch provisorische Biwaks der Jäger, die sich vor allem zur Großtierjagd vom Stammlager entfernten. Wenn der Mensch Höhlen als Schutzorte benutzte, gestaltete er auch die Innenräume, wie etwa in der Höhle von Lazaret bei Nizza in Frankreich.

Diese Organisationsart des Territoriums hing mit der Subsistenzwirtschaft zusammen, die hauptsächlich auf der Jagd und dem Sammeln von Naturprodukten beruhte. Wahrscheinlich gab es eine Arbeitsteilung, die den Männern vorwiegend die Jagd und damit die Entfernung vom Stammlager und den Frauen vor allem die Aufzucht der Kinder und die Sammlung pflanzlicher Nahrung in der Nähe des Lagers als Aufgabe zuwies. Der Grund dafür dürfte die wohl damals schon ebenso lange wie heute andauernde Abhängigkeit der Kinder von den Eltern gewesen sein.

Wir wissen nichts über die Zusammensetzung der Kernfamilie, doch kann zu Recht angenommen werden, dass das monogame Modell durch die Einbeziehung der Verwandten (Großeltern, Onkel und Tanten) gestützt wurde. Dies bot, wie auch schon beim *Homo habilis*, Vorteile für die Pflege des Nachwuchses wie auch für die Familienwirtschaft.

STEINWERKZEUGE

Das Leben des vorgeschichtlichen Menschen wäre ohne das Werkzeug undenkbar, das man als Erweiterung der Funktionen der Hand wie auch des Geistes betrachten kann. Schon der *Homo habilis* kannte und nutzte Werkzeuge, die allmählich aber immer ausgereifter wurden. Steinwerkzeuge dienten einerseits zum Schutz vor Tieren, andererseits

7

8▷

ermöglichten sie deren Erbeutung. Man benötigte die Werkzeuge außerdem, um die Tiere zu zerlegen, um Felle abzuschaben, Pflanzen zu schneiden sowie für eine Reihe anderer Tätigkeiten des Menschen in seinen Beziehungen zur Umwelt.

Anders als *Homo habilis* verzehrte *Homo erectus* das Fleisch nicht mehr roh, sondern lernte, es zu kochen. Die Tierknochen, die zusammen mit Steinwerkzeugen gefunden wurden, tragen Spuren der Jagd, und häufig zeigen auch die Steingeräte Abnutzungserscheinungen, die darauf schließen lassen, dass diese Werkzeuge zum Loslösen des Tierfleisches von den Knochen dienten.

DIE ZWEISEITER

Homo erectus setzt die Geröll-Bearbeitung fort, doch entwickelt er auch die Abschlagtechnik und die Herstellung von Zweiseitern. Mit Hilfe der neuen Technik entstehen mandelförmige Geräte (Faustkeile), die mit der Hand ergriffen werden können und auf beiden Seiten bearbeitet sind, zunächst relativ grob (Abbevillien-Stufe), dann mit immer verfeinerteren Techniken (Acheuléen). Die Abschläge an den Kanten entsprechen mehr symmetrischen als zweckdienlichen Kriterien und zeigen bereits einen gewissen ästhetischen Geschmack, der in einigen Fällen sogar als ausgeprägt bezeichnet werden kann und auf ein gewisses künstlerisches Interesse hindeutet.

Mit der Zeit ändern sich auch die Zweiseiter und die Abschläge: Sie werden kleiner und dünner, und man bedient sich nun eines weichen Schlagwerkzeugs (Knochen, Horn,

7. Links: Zweiseiter aus dem Acheuléen aus Großbritannien; rechts: Zweiseiter aus dem frühen Acheuléen aus Abbeville, Somme-Tal, Frankreich.

8. Zweiseiter aus dem späten Acheuléen aus Ozzano dell'Emilia, Provinz Bologna (Höhe 125 mm). Systematisch hergestellte Werkzeuge dieser Art bezeugen, dass die Menschen sich der Symmetrie der beiden Kanten und der beiden Seiten des Steins bewusst waren.

11▷

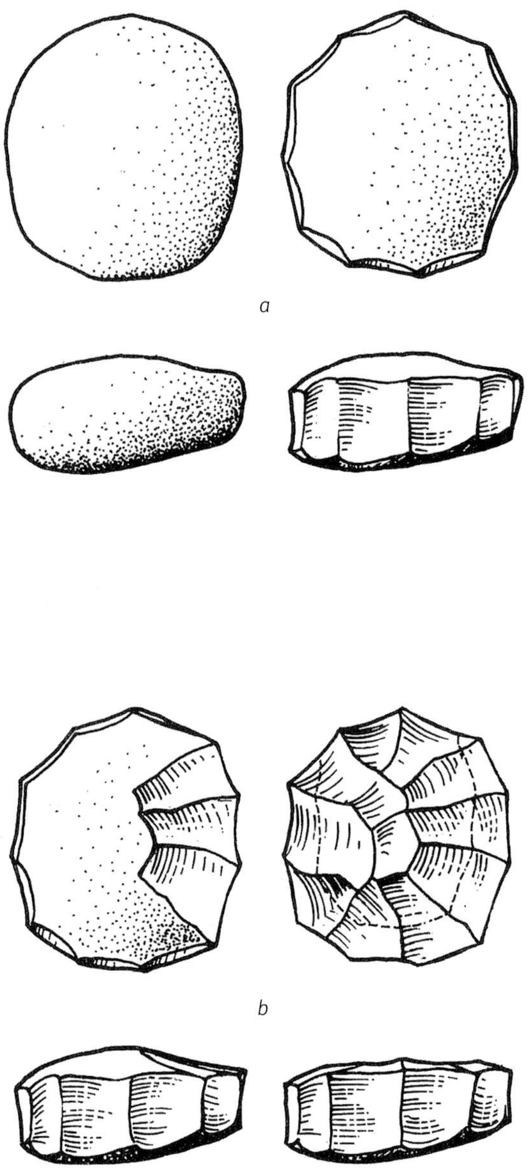

9

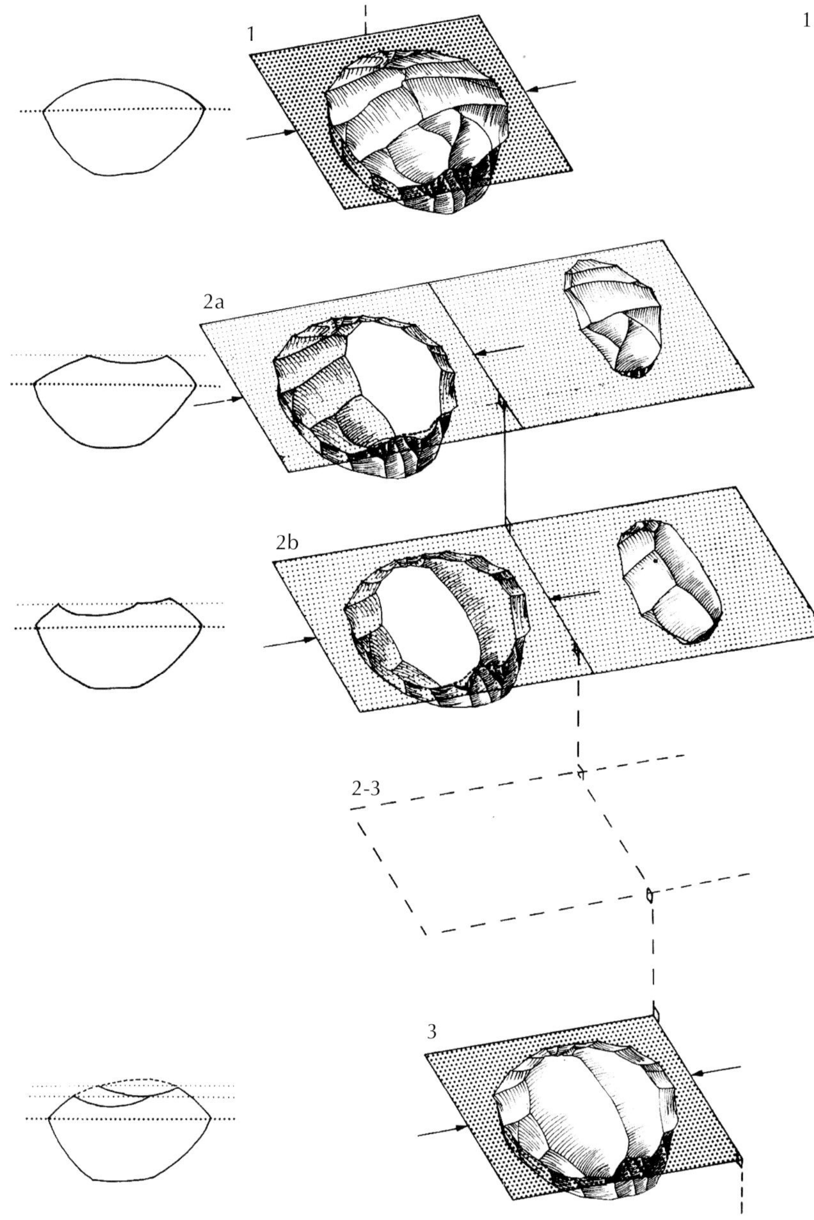

10

Holz). Die auf diese Weise hergestellten Zweiseiter sind zugespitzt und haben scharfe, gerade Kanten. Regelrechte Steinwerkstätten sind seit der Mindel-Zeit vor mehr als 400 000 Jahren (so in Bilzingsleben oder Terra Amata) belegt.

LEVALLOIS-ABSCHLAGTECHNIK

Eine wichtige Variante der Abschlagtechnik ist die sogenannte Levallois-Technik, die der Mensch am Ende des Altpaläolithikums entwickelte und lange Zeit einsetzte. Nach dieser Technik wird der Kern, von dem der Abschlag abzuspalten ist, vorbereitet, indem einige Splitter einer Seite je nach der später gewünschten Abschlagform entfernt werden. Nachdem die Schlagfläche auf diese Weise vorbereitet ist, wird der eigentliche Abschlag abgetrennt. Diese Technik, durch die man die Form des Abschlags vorherbestimmen konnte, ermöglichte auch einen wirtschaftlicheren Gebrauch der Steine. Der vorgeschichtliche Mensch widmete sich also der Herstellung von Werkzeugen, der Beschaffung von Nahrungsmitteln als Jäger und Sammler und dem Familienleben.

9. Vorbereitung des Steins in der Levallois-Technik: a) Abschläge rund um den Kern; b) Abschläge von der Oberseite des Kerns, bis man einen so genannten Schildkrötenpanzer erhält, von dem man dann die gewünschte Form abschlägt (siehe die gestrichelte Linie in der Zeichnung).

10. Zur Vorbereitung des Kerns muss man: 1) eine Grundebene am Schnittpunkt zweier konvexer Oberflächen bestimmen; 2a–2b) jeden geplanten Abschlag parallel zu dieser Ebene abspalten. 3) Keine Bruchfläche der geplanten Abschläge darf über die Grundlinie hinausgehen. (Ist die Wölbung ganz verwertet, muss eine neue Grundebene vorbereitet werden.)

11. Experimentelle Anwendung der Levallois-Technik: Die Schaffung eines Abschlags von zuvor festgelegter Form.

12

12. Abschlag mit facettiertem Rand, hergestellt in Levallois-Technik, zu datieren auf das ausgehende Acheuléen aus Ozzano dell'Emilia, Provinz Bologna.

13. Levallois-Werkzeuge: Oben: Klingen und Pfeilspitzen; unten: Schaber und Pfeilspitzen.

14. Herstellung einer Levallois-Spitze: Von einem Kern, der wie ein Schildkrötenpanzer bearbeitet ist, entfernt man durch Abschlag zwei Plättchen, dann einen kleinen Abschlag in der Mitte, um die Spitze schmaler zu machen, und erhält dann schließlich die fertige Spitze.

13

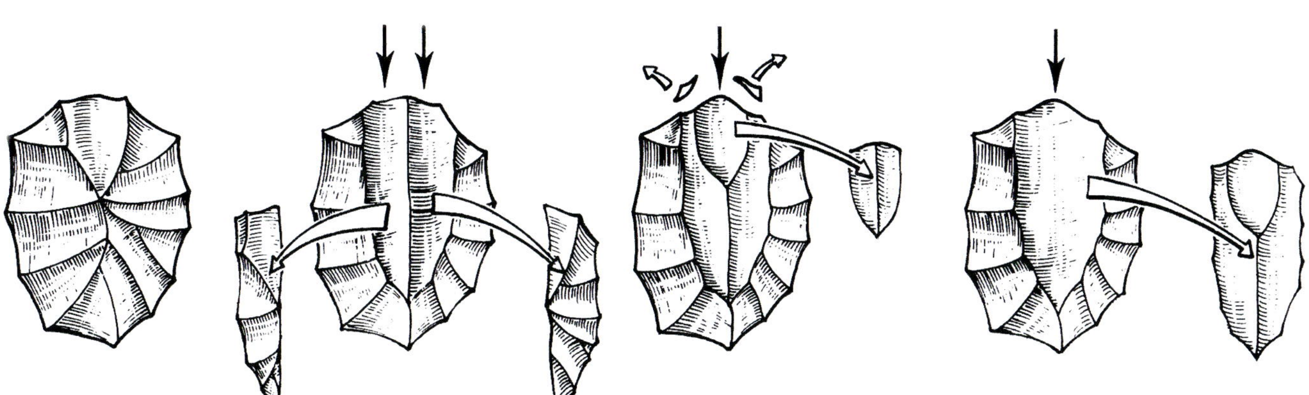

14

DIE SPRACHE

Drei Bedingungen ermöglichen die menschliche Sprache: anatomische Strukturen, die eine Stimmbildung zulassen, Nervenzentren, die die Laute regulieren, und Nervenzentren, die Laute und Symbole integrieren. Wann wurden diese Voraussetzungen im Laufe der menschlichen Evolution verwirklicht? Welche Entwicklungen lagen ihnen zugrunde? Zu welchen Zwecken? Bisweilen werden so genannte Sprachgene erwähnt, doch die menschliche Sprache erfordert komplexe anatomische Voraussetzungen, die sicher nicht durch ein einziges oder auch durch einige wenige Gene geregelt werden. Dazu kommt der symbolische Charakter der menschlichen Kommunikation, und so sind befriedigende Antworten auf der Ebene der Paläontologie oder der Genetik schwierig, ja vielleicht sogar unmöglich.

Einige Wissenschaftler sind der Auffassung, dass die Entwicklung der artikulierten Sprache in relativ junger Zeit stattfand, auf der Neandertaler-Stufe oder vielleicht sogar erst mit *Homo sapiens sapiens.*

Bei den körperlichen Voraussetzungen ist zu berücksichtigen, dass die Stimmbildung beim Menschen durch eine Senkung des Kehlkopfes möglich wird. Dadurch vergrößert sich die Rachenhöhle, er kann Laute ausstoßen. Erforderlich ist ferner eine gewisse Beweglichkeit der Zunge.

Nach Forschungen von Jeffrey Laitman (New Yorker Mount Sinai School of Medicine) ist die Kehlkopfsenkung von einem Knick in der Schädelbasis begleitet, die nicht mehr abgeflacht ist, sondern einen stumpfen, nach oben geöffneten Winkel bildet. Diese anatomische Anpassung ist offenbar bei der Geburt noch nicht vorhanden, sondern bildet sich in den ersten Lebensjahren und ist bis zum zehnten Lebensjahr voll entwickelt. Die Untersuchung der Schädelbasis der Australopithecinen zeigt, dass sie diese Anpassung noch nicht vollzogen hatten, während bei dem im kenianischen Koobi Fora gefundenen, auf 1,6 Millionen Jahre datierten *Homo ergaster* 3733 die Schädelbasisknickung ganz deutlich zu erkennen ist, wenn auch noch nicht im gleichen Maße wie beim heutigen Menschen. Dies lässt vermuten, dass jener *Homo erectus* bereits die anatomischen Grundstrukturen für die Stimmbildung besaß. Eine volle Übereinstimmung mit dem oberen Atmungstrakt des heutigen Menschen besteht seit etwa 400 000 bis 300 000 Jahren.

Ähnliche Beobachtungen waren bei den *Homo-habilis*-Funden noch nicht möglich, da bisher keine Schädelbasis bekannt ist. Doch soll der endokraniale Abguss von *Homo habilis* eine gewisse Entwicklung des Broca- und des Wernicke-Areals zeigen, jener Hirnbereiche, die für die artikulierte Sprache verantwortlich sind. Damit ist zwar nicht bewiesen, dass *Homo habilis* sprechen konnte, aber man kann – wie Tobias – die Ansicht vertreten, dass er bereits die neurologischen Grundlagen der Sprechfähigkeit besaß.

Für die Tatsache, dass bereits die ersten *Homo-habilis*-Formen eine Art von Sprache kannten, die sich dann mit *Homo erectus* weiterentwickelte, sprechen die Herstellung von Artefakten und das Sozialleben. Die immer komplexeren, aber immer in einer Linie mit bekannten Handgriffen und Bewegungen stehenden Techniken der Steinbearbeitung lassen vermuten, dass *Homo habilis* sein Wissen über verbale Kommunikation weitergeben konnte. Außerdem sind die für die Erzeugung der Werkzeuge und die für die Verständigung mittels einer symbolischen Sprache erforderlichen Erkenntnisprozesse die gleichen (R. L. Holloway, 1970). Vor allem die Vermittlung der Kieselbearbeitungstechniken, vor allem der verfeinerten Levallois-Verfahren, erfordert die verbale Verständigung (L. Balout, 1973).

1a

1b

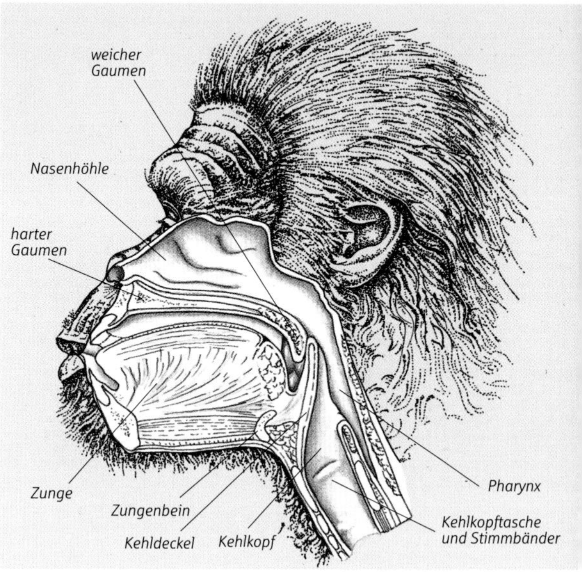

1c

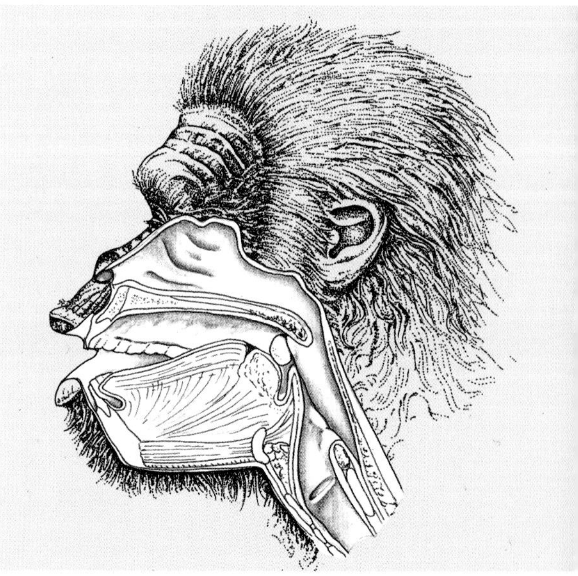

1. a) Rekonstruktion des Kopfes eines Australopithecus aus Sterkfontein, der im Aufbau wahrscheinlich dem eines Menschenaffen ähnelte. b) Obere Atemwege bei normaler Atmung. Die hohe Position des Kehlkopfs begünstigt eine direkte Passage der Atemluft von der Nase in die Lunge. c) Obere Atemwege während der Lautbildung. Die Öffnung von Kehldeckel und weichem Gaumen erleichtert die Bildung von Tönen in der Mundhöhle. Der Bereich über dem Kehlkopf ist viel kleiner als beim modernen Menschen; deshalb ist auch der Raum des Pharynx, in dem die entstandenen Töne der Stimmbänder modifiziert werden, klein. d) Obere Atemwege beim Trinken. Die hohe Position des Kehlkopfes ermöglichte wahrscheinlich einen Kontakt des Kehldeckels mit dem weichen Gaumen sowohl während der normalen Atmung wie auch während des Trinkens. Die Atemwege bleiben offen, während die Flüssigkeit von der Mundhöhle um den Kehlkopf herum in die Speiseröhre gelangt.

2. 3. Verteilung der Lautbildungsorgane beim Schimpansen (links) und beim Menschen. Beim Schimpansen ist der Kehldeckel vom weichen Gaumen durch einen sehr kleinen Spalt getrennt. Beim Menschen vergrößert sich der Abstand zwischen Kehldeckel und weichem Gaumen mit der Verschiebung des Kehlkopfs nach unten und vergrößert den Resonanzraum für die von den Stimmbändern produzierten Töne. Die meisten Töne, die der Mensch hervorbringt, entstehen allerdings durch den Ausstoß von Luft durch den Mund.

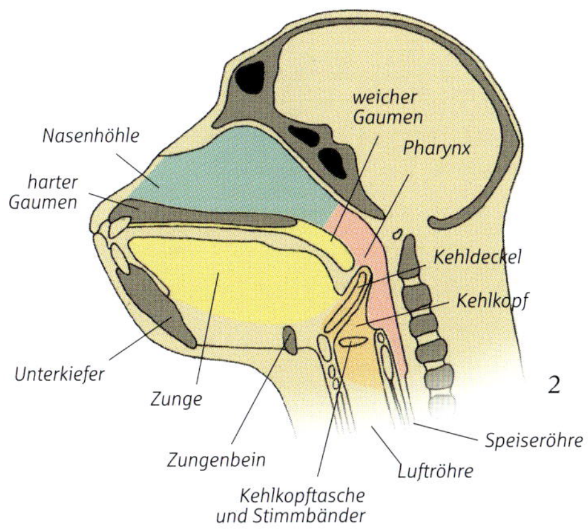

2

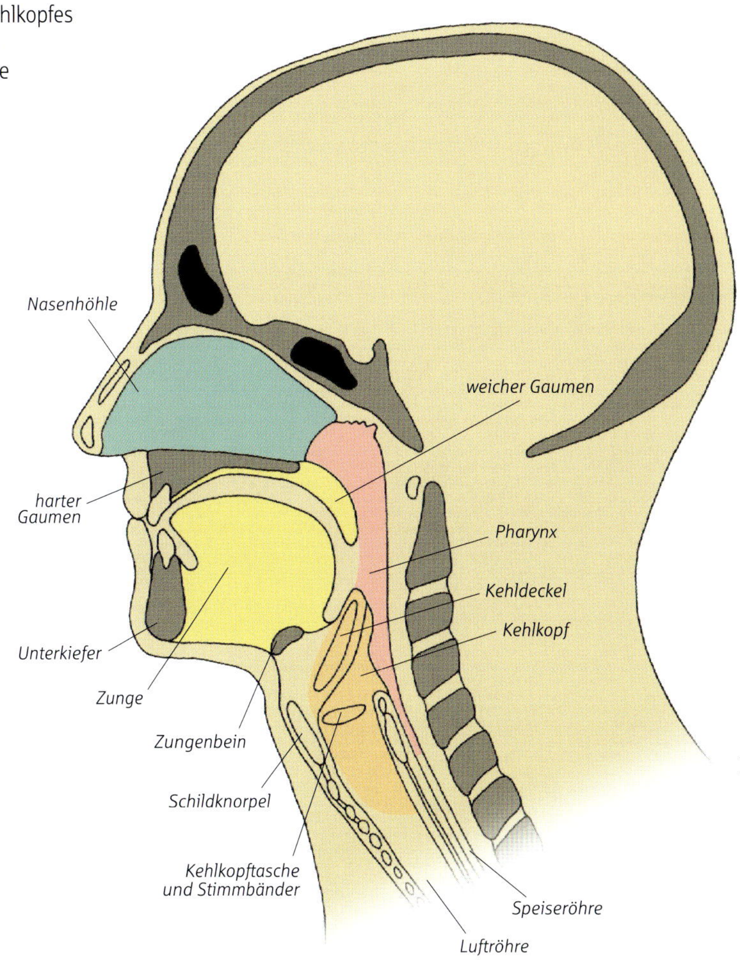

3

1d

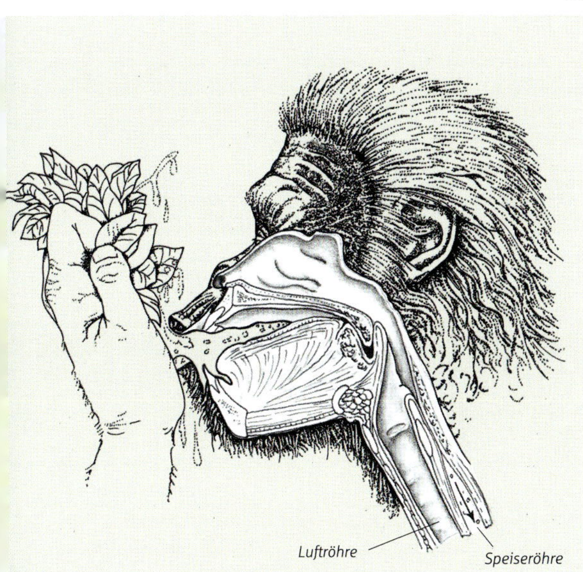

Und auch das Sozialleben war, sowohl innerhalb der Familie als auch im Zusammenspiel größerer Gruppen, bereits so ausgeprägt, dass eine Beziehung und Verständigung nicht mehr ausschließlich über Gesten, sondern zusätzlich über verbale Äußerungen hergestellt werden musste.
Ein Zusammenhang zwischen der Entwicklung des Broca-Areals in der linken Gehirnhälfte und der Fähigkeit, Werkzeuge mit der rechten Hand zu fertigen (Rechtshändigkeit, reguliert von der linken Hirnhälfte) wird schon bei *Homo habilis* und *Homo erectus* angenommen. Untersuchungen von Werkzeugen des entwickelten Oldowan, die wohl 1,9 bis 1,4 Millionen Jahre alt sind, legen den bevorzugten Einsatz der rechten Hand nahe (Toth und Schick, 1993).
Der Zusammenhalt der Familie und der Gruppe, die Kooperation und das soziale Leben, die Erforschung und die Eroberung des Lebensraums, die Entwicklung der Technik – all dies war dank einer artikulierten und symbolischen Sprache möglich, einer Sprache also, die der Mensch mit immer neuen Inhalten und Bedeutungen versah.

DIE MACHT ÜBER DAS FEUER

1

2

Wer das Feuer nicht beherrscht, der scheut es. Tiere, auch die nichtmenschlichen Primaten, gehen ihm aus dem Wege. Doch der Mensch machte sich das Feuer bald untertan. Vermutlich lenkten Naturereignisse, etwa durch Blitze verursachte Brände, die Aufmerksamkeit des Menschen auf die Macht und den Zauber des Feuers. Vielleicht hat er versucht, mit irgendeinem Gerät dieses kraftvolle und Geheimnis umwobene Element zu fangen. Der erste Erfolg war vermutlich das Bewahren und Aufrechterhalten des Feuers, um es dann nach Belieben zu nutzen.

Doch recht bald begann man sicherlich auch mit der Erzeugung von Funken durch Reibung von harten Körpern. Einige Einwohner von Feuerland entfachen heute noch Feuer, indem sie mit Feuerstein oder Quarz auf Pyrit schlagen. Es mag sein, dass die ersten Funken, die trockenes Gras in Brand stecken konnten, zufällig erzeugt wurden; dann aber wurde das Funkenschlagen systematisch eingesetzt. Der am häufigsten verwendete Brennstoff war wahrscheinlich Holz, wie dicke Aschereste von Feuerstellen an einigen Fundstätten bezeugen. Doch verwendete man vermutlich auch Tierknochen, vor allem in den Gegenden, wo die Jagd ergiebig war und Holz seltener. Im Jungpaläolithikum ge-

1. 2. Naturphänomene, die die Aufmerksamkeit des Homo erectus auf die Macht des Feuers gelenkt haben könnten: Waldbrände und Lavaströme eines Vulkans.

3. Rekonstruktion des Lebensraums in Terra Amata: Der Mensch hat gelernt, das Feuer zu hüten. Musée de Préhistoire, Menton, Frankreich.

3

4

4. Ein Druck von 1870: So stellte man sich im 19. Jahrhundert die Entdeckung des Feuers durch den primitiven Menschen vor.

5

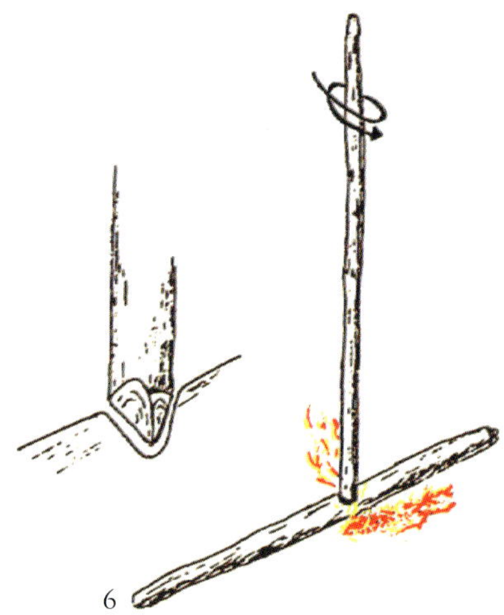

6

brauchte man in Mähren (Tschechische Republik) als Brennstoff auch Knochenmark, das aus den aufgebrochenen Knochen großer Tiere, wie etwa des Mammuts, herausfloss.

Die ältesten Zeugnisse einer geplanten Nutzung des Feuers stammen aus Afrika. In Cesowanya in der Region des Baringo-Sees soll der Gebrauch von Feuer 1,4 Millionen Jahre zurückreichen. In Swartkrans in der Republik Südafrika datiert man zahlreiche verbrannte Tierknochen 1 und 1,5 Millionen Jahre zurück. In dieser Zeit existierte neben *Australopithecus robustus* schon *Homo erectus.*

In Asien sind Aschenfunde aus Yuanmou in der chinesischen Provinz Yunnan bekannt. Sie wurden zusammen mit menschlichen Zähnen gefunden, die über 700 000 Jahre alt sein sollen. Die reichhaltigsten und sichersten Belege jedoch fanden sich in der Höhle von Choukoutien bei Peking, in der mehrere Meter dicke Ascheschichten zusammen mit Knochen und Werkzeugen das soziale Leben der Menschengruppe belegen, die sich in dieser Höhle aufhielt.

In Europa haben verschiedene frühe Fundstellen des Altpaläolithikums Überreste von Feuerstellen geliefert, darunter die von Escale in Frankreich (750 000 Jahre alt), Vertesszöllös in Ungarn (300 000 Jahre alt), Terra Amata in Frankreich (400 000 Jahre alt), Torralba in Spanien (400 000 Jahre alt) und Petralona in Griechenland (600 000 oder 200 000 Jahre alt).

Die Beherrschung des Feuers bedeutete gewiss einen erheblichen Fortschritt in der kulturellen Entwicklung und auch in der biologischen Evolution des Menschen. Die erfolgreiche Anpassung an die Natur wurde um ein wesentliches Mittel bereichert. Als

5. Rekonstruktion der Lazaret-Höhle: Zwei Menschen in der Nähe des Herdfeuers, Musée de Préhistoire, Menton, Frankreich.

6. Später konnte man das Feuer nicht nur hüten und erhalten, sondern auch selbst entzünden. Die Zeichnung stellt die Möglichkeit dar, durch die Reibung zweier Holzstücke Feuer zu erzeugen. Die Funken entstehen zwischen den beiden Stöcken. Man muss den einen kräftig in einer vorher geschaffenen Höhlung des anderen drehen.

8

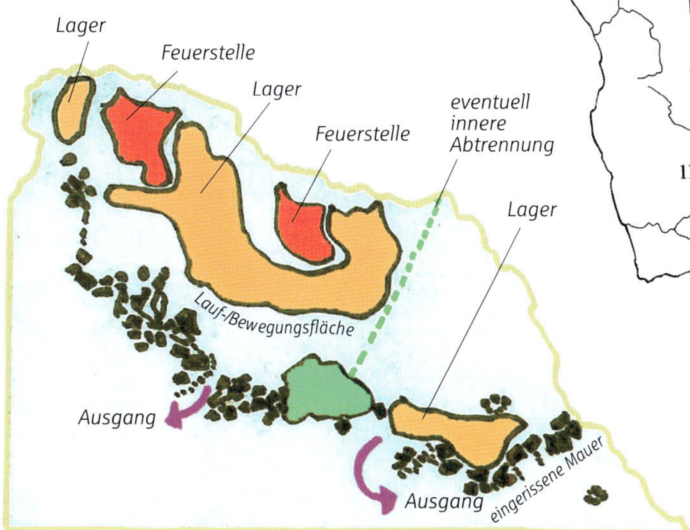

7

Schutz vor Kälte ermöglichte das Feuer dem Menschen, härteren Umweltbedingungen standzuhalten, sei es im Freien oder in Höhlen. Es ist auch anzunehmen, dass der Feuergebrauch bei der Verbreitung des aus Afrika stammenden Menschen in Europa und Asien eine bedeutende Rolle gespielt hat.

Höchstwahrscheinlich war Feuer auch ein Mittel zur Verteidigung gegen Raubtiere, die, eingeschüchtert durch sein blendendes Licht, vor allem in der Nacht dem Lager fern blieben. Es wurde vermutlich auch benutzt, um Tierherden in Fallen zu treiben. Gestützt wird diese Annahme durch die Funde von Torralba: Dort sind Knochen zahlreicher Tiere zusammen mit Feuerspuren aus einem alten Sumpf geborgen worden. Sie stammen von einer Elefantenjagd vor 400 000 Jahren.

Vor allem der Einsatz des Feuers zum Kochen der Speisen hat aber auch einen unbestreitbaren Vorteil für die Ernährung des Menschen gebracht. In gekochter Form werden pflanzliche und tierische Nahrungsmittel besser aufgenommen, ihr Nährwert steigt. Gleichzeitig sind die zum Kauen erforderlichen, besonders robusten Skelett- und Muskelstrukturen nicht mehr nötig. So hängt der leichtere Bau der Gesichtsknochen wahrscheinlich auch mit der Änderung der Ernährung durch das Kochen der Nahrungsmittel zusammen.

Nicht zu vergessen ist schließlich die Bedeutung des Feuers für den Zusammenhalt der Familie und der Gruppe. Um das Feuer herum festigten sich soziale Bindungen und entwickelten sich Mythen und Symbole auch geistiger und religiöser Art. Die Eroberung des Feuers gehört damit zu den wichtigsten Faktoren für den Erfolg des Menschen.

7. Umzeichnung eines bewohnten Platzes am Eingang der Lazaret-Höhle, wo man einzelne Elemente einer bewussten Organisation des Raumes erkennen kann.

8. Einige wichtige Fundstätten, an denen auch Hinweise auf Herdfeuer gefunden wurden, die man dem Homo erectus zuschreiben kann.

DER ARCHAISCHE HOMO SAPIENS UND DIE NEANDERTALER

2▷

Zeugnisse menschlicher Formen, die sich von den gegenwärtigen nicht mehr unterscheiden, liegen in verschiedenen Regionen der Alten Welt vor. Sie sind zwischen 35 000 und 30 000 Jahre alt. Schon vor 100 000 bis 150 000 Jahren aber gab es, wie Funde aus verschiedenen Regionen Afrikas und des Nahen Ostens belegen, Formen, die nicht mehr die Merkmale des *Homo erectus* (fliehende Stirn, flache Schädelwölbung, ausgeprägte Gesichtsprognathie) aufweisen, sondern vielmehr die modernen *Homo-sapiens*-Züge ankündigen.

In Europa dagegen tauchte vor 100 000 Jahren ein besonderer menschlicher Typus auf, der Neandertaler. Er trägt einige derbe Züge, die an *Homo erectus* erinnern, ist jedoch in der Entwicklung, vor allem was die Größe des Gehirns sowie seine Kulturleistungen betrifft, deutlich weiter, so dass er der Art *Homo sapiens* zugeordnet wird. Allerdings dürfte der Neandertaler nur geringfügig zur Entstehung des modernen Menschen beigetragen haben.

In der Übergangszeit der menschlichen Entwicklung (150 000 bis 40 000 Jahre vor heute) lebten also sowohl Menschen, die in die moderne Linie (archaische *Sapiens*) gestellt werden, als auch jene, die zur inzwischen ausgestorbenen Neandertaler-Linie *(Homo sapiens neanderthalensis)* gehörten. Einige Wissenschaftler ordnen sie aber auch eigenen Arten zu.

1. Die Fundstätte Mapa (Shaoguang, Guangdong) in China, wo in einer Höhle in einem der beiden Kalkfelsen, die aus der flachen Landschaft emporragen, eine menschliche Schädeldecke und zahlreiche Tierknochen gefunden wurden.

2. Oben: Stirnbein und Bruchstücke des Gesichtsskeletts aus der Höhle Mugharet-el-Zuttiyeh in Tabgha nahe Kafarnaum beim See Genezareth. Unten: Schädel aus der Höhle des Djebel Qafzeh nahe Nazareth (Israel). Abguss des Anthropologischen Museums der Universität Bologna.

DIE ÄLTESTEN SAPIENS-FORMEN

Einige asiatische und afrikanische Funde aus der Zeit vor 150 000 bis vor 40 000 Jahren können in die Linie des modernen Menschen gestellt werden.

In Palästina fand man 1925 in der Höhle Mugharet-el-Zuttiyeh ein Stirnbeinfragment und Teile eines Gesichtsskeletts, die etwa 150 000 Jahre alt sind. Diese Funde weisen Merkmale auf, die trotz einiger primitiver Züge eine Evolutionstendenz hin zur modernen Form anzeigen (weniger fliehende Stirn als der Neandertaler, kein flacher, sondern ein gekrümmter Kiefer). Es könnte sich um einen höher entwickelten *Homo erectus* handeln, der den modernen Typus ankündigt. Dessen spätere Existenz (vor 90 000 Jahren) ist in der gleichen Region (in Qafzeh und in Skhul) gut belegt.

Die in den 70er Jahren gemeldeten Funde aus einer Höhle in Qafzeh, wenige Kilometer von Nazareth entfernt, weisen moderne Züge auf (Fehlen der Überaugenwülste trotz der immer noch ausgeprägten Bögen, hohe Schädelwölbung, rechteckige Augenhöhlen, Wangengrube, gerade Stirn, Kinn). Diese Merkmale verweisen bereits auf den Cro-Magnon-artigen Typus, von dem noch die Rede sein wird. Die außerordentliche Bedeutung dieser Funde liegt in ihrem Alter, das mit 90 000 Jahren angesetzt wird. Außerdem handelt es sich um das älteste bekannte Grab mit Beigaben aus der Moustérien-Kultur. Auch die zur selben Epoche gehörenden Fundstücke von Skhul (Berg Karmel) weisen ähnliche Merkmale auf.

Im Fernen Osten zeigt ein in Mapa (Südchina) gefundener, auf 100 000 Jahre datierter Schädel Merkmale, die zwischen *Homo erectus* und *Homo sapiens* einzuordnen sind.

In Ostafrika haben einige bereits bekannte Lagerstätten, etwa jene der Kibish-Formation im Omo-Tal in Äthiopien (Omo I, II, III) und Laetoli in Tansania (LH 18), Fundstücke geliefert, die 120 000 bis 100 000 Jahre zurückreichen. Auf ein Alter von etwa 160 000 Jahren kommen drei in Teilen erhaltene Schädel, die vor kurzem im äthiopischen

1

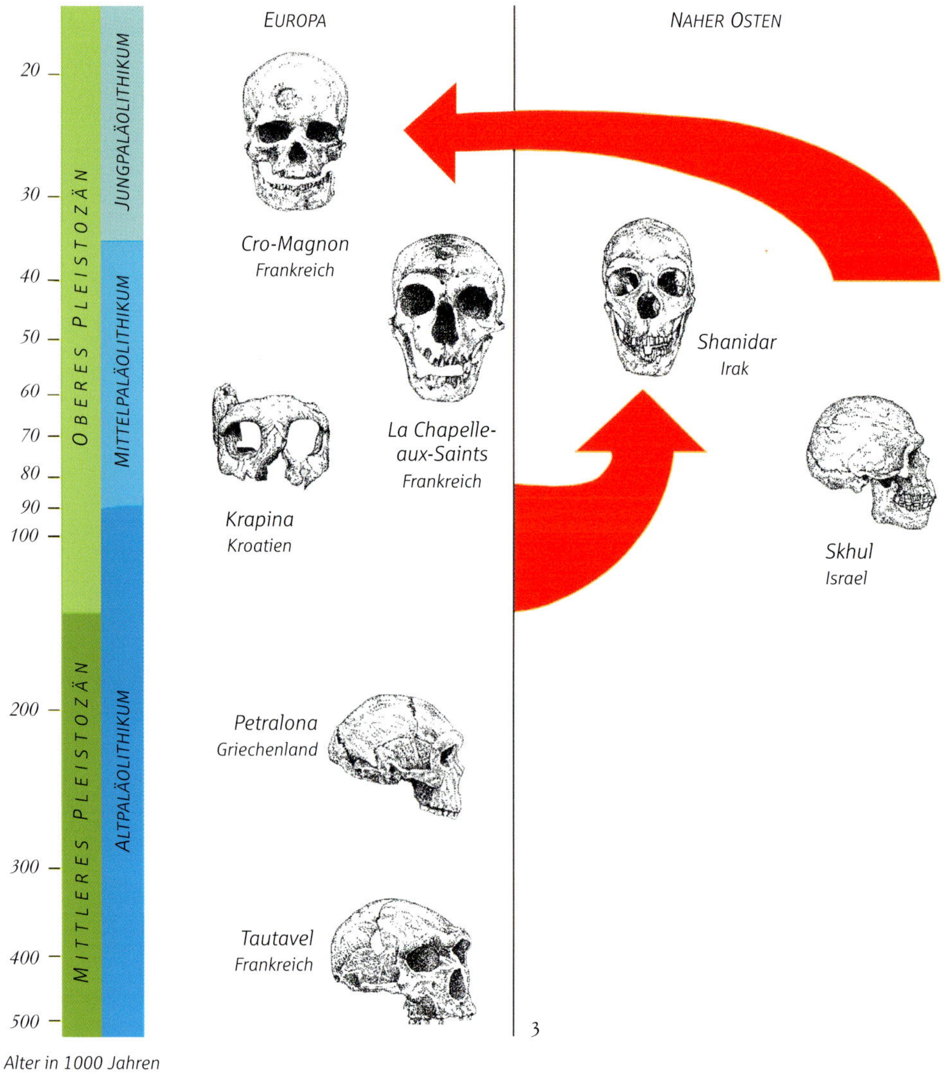

3

3. Schema der phyletischen Beziehungen zwischen den europäischen Fossilien und den Fossilien des Nahen Ostens vom mittleren bis zum oberen Pleistozän. Dargestellt sind nur die wichtigsten Funde. Man nimmt eine Ausbreitung der Neandertaler in den Nahen Osten an (Shanidar I) und eine Verbreitung von Proto-Cro-Magnon-Formen (wie Skhul und Quafzeh) aus dem Nahen Osten nach Europa.

4. Zeichnung eines der in Skhul in der Nähe von Haifa gefundenen Skelette. Man sieht zwischen dem Brustkorb und dem rechten Arm den Oberkiefer eines großen Schweins, bei dem umstritten ist, ob er zufällig oder absichtlich dort abgelegt wurde.

Hidaltu, 230 Kilometer von Addis Abeba entfernt, gefunden wurden. Schon sie weisen verhältnismäßig moderne Gesichtsmerkmale auf und können vielleicht als Vorfahren der »Proto-Cro-Magnon-Menschen« von Qafzeh und Skuhl gelten. Zu nennen sind außerdem noch die jüngeren Funde von Kanjera nördlich des Victoria-Sees (60 000 Jahre), von Florisbad (50 000 Jahre), Border Cave (100 000 bis 45 000 Jahre) und Klasies River Mouth in Südafrika. Trotz gewisser Unterschiede weisen alle diese Funde Merkmale auf, die sie bereits in die *Sapiens*-Linie stellen (relativ hohe Schädelwölbung, entwickelte Stirn, hohes Gesicht). Einige zeigen allerdings noch derbe Züge wie etwa den Überaugenwulst.

In Djebel Irhoud im Maghreb nördlich der Sahara fand man 40 000 Jahre alte Fossilien, die sich noch durch einige grobe Merkmale auszeichnen (Überaugenwulst, flache und fliehende Stirn, flache Schädelwölbung). Daneben entdeckte man aber auch andere, die auf *Sapiens*-Formen des europäischen Jungpaläolithikums deuten (rechteckige Augenhöhlen, Wangengruben im Kiefer).

Vor dem Hintergrund des Alters der *Sapiens*-Funde in Nordafrika und im Nahen Osten muss man wohl annehmen, dass archaische *Sapiens*-Formen von Afrika aus nach Eurasien einwanderten. Der Nahe Osten muss die wichtigste Route für ihre Ausbreitung in die gemäßigten Zonen gewesen sein.

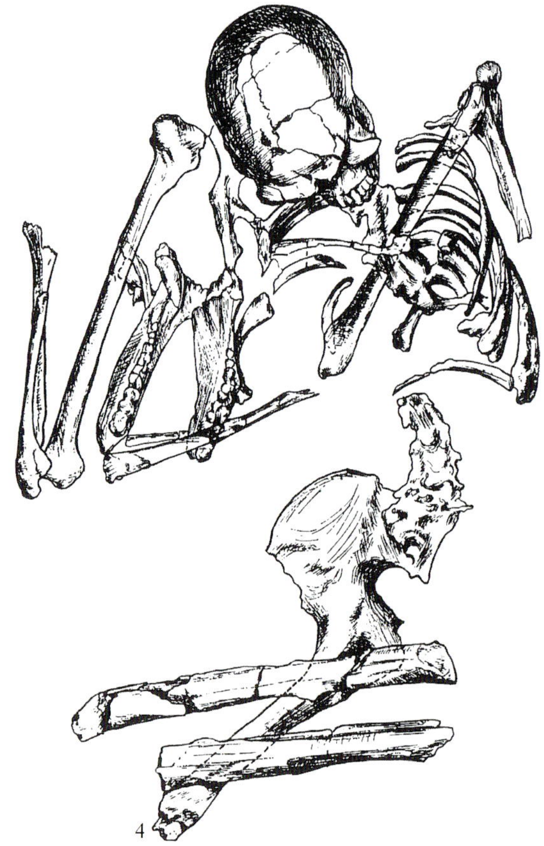

4

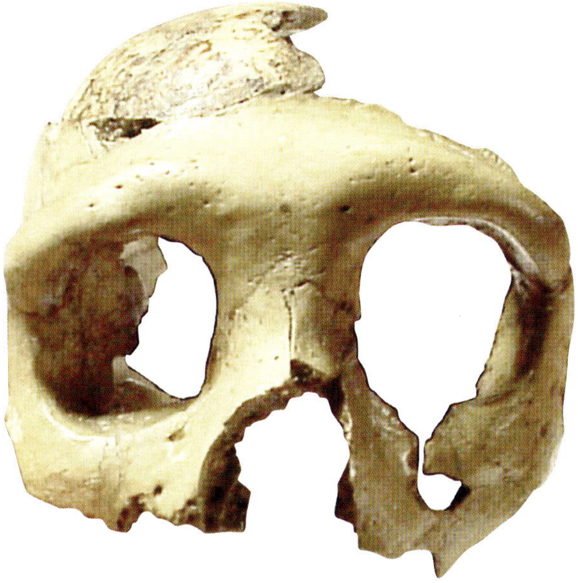

5

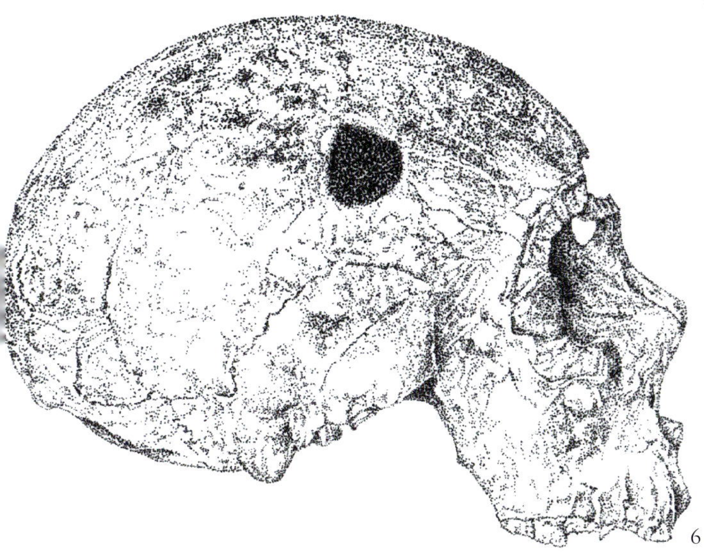

6

7

5. Schädel des Neandertalers von Krapina, Kroatien.

6. Schädel des Menschen von Saccopastore, gefunden im gleichnamigen römischen Stadtviertel und einem weiblichen Individuum zugeordnet.

7. Schädel eines Neandertalers, gefunden in einer kleinen Höhle bei La Chapelle-aux-Saints, Corréze, Frankreich.

PRÄ-NEANDERTALER UND KLASSISCHE NEANDERTALER

Die Neandertaler lebten in der ersten und zweiten Periode der Würm-Eiszeit, 80 000 bis 40 000 Jahre vor heute, in Europa und sind durch zahlreiche, an verschiedenen Orten aufgefundene Fossilien gut belegt: Engis (1830–1872), Spy (1886) in Belgien; Gibraltar (1848) auf der iberischen Halbinsel; Le Moustier (1908), La Chapelle-aux-Saints (1908), La Ferrassie (1909–1921), La Quina (1908–1921), Hortus (1960–1964) in Frankreich; Monte Circeo (1939) in Italien. Diese »klassischen« Neandertaler haben einige Merkmale gemeinsam: eine gewisse Derbheit und Robustheit, vor allem im Bereich des Schädels; fliehende Stirn, starke Überaugenwülste mit postorbitaler Einschnürung, seitlich-hintere Vorwölbung des Schädels, Fossa suprainiaca, großes und prognathes Gesicht, große Augenhöhlen, ausgeprägter Kiefer, fehlendes Kinn, Lücke zwischen dem dritten Backenzahn und Unterkieferast (retromolare Lücke), relativ robustes postkraniales Skelett. Ihr Körperbau ermöglichte es den Neandertalern, auch rauen Umweltverhältnissen zu trotzen.
Diese besondere Morphologie existierte in Ansätzen auch bei *Erectus*-Formen (siehe zum Beispiel die Funde aus Petralona, Tautavel, Vertesszöllös, Steinheim oder Atapuerca), vor

8. Schädel eines Neandertalers, gefunden in Sant-Césaire in Frankreich, nicht weit von Saintes im Département Charente Maritime entfernt. Dieses Individuum lebte, als der Homo sapiens sapiens in Europa schon weit verbreitet war.

9. In Amud bei Tiberias, Israel, wurden Teile eines Neandertaler-Skeletts und verschiedene Schädel gefunden. Abguss des Anthropologischen Museums der Universität Bologna.

allem aber bei einigen Formen der letzten Zwischeneiszeit, die aufgrund bestimmter Schädel- und Gesichtsmerkmale als Prä-Neandertaler-Formen (Condemi) gedeutet werden. Es handelt sich um die Fossilien von Ehringsdorf (Deutschland), Saccopastore (Italien), Krapina (Kroatien) und andere, die einige typische Merkmale der Neandertaler zeigen.

Die Neandertaler besaßen – ihren Bestattungsriten oder auch ihren Werkzeugen nach zu urteilen – ein relativ hohes kulturelles Niveau. Als Grabbeigabe ist hauptsächlich Gerät aus dem mittleren Paläolithikum (Moustérien) belegt. Allerdings lässt die Entdeckung eines von Kulturelementen des Châtelperronien (Anfang des Jungpaläolithikums) begleiteten Neandertaler-Schädels in Saint-Césaire in Frankreich darauf schließen, dass diese höher entwickelten Werkzeuge in Fortsetzung des Moustérien von den Neandertalern geschaffen wurden, genauer: von den letzten Vertretern dieser Art. Der Mensch von Saint-Césaire lebte vor 34 000 bis 31 000 Jahren, als sich die moderne Form des *Homo sapiens sapiens*, vielleicht aus dem Nahen Osten stammend, bereits allmählich in Europa ausbreitete und Elemente der Aurignacien-Kultur mit sich brachte. Mit großer Wahrscheinlichkeit gelangten die ersten Neandertaler vor rund 100 000 Jahren von Europa in den Nahen Osten, wie einige Funde aus Palästina (Tabun, Amud, Kebara) und aus anderen Regionen (Shanidar im Irak) nahe legen.

Ein noch ungeklärtes Problem ist das Aussterben der Neandertaler, die relativ plötzlich von der Bildfläche verschwinden. Einige Forscher nehmen an, Menschen modernen Typs *(Homo sapiens sapiens)* hätten, aus dem Osten vom Mittelmeer her einfallend, einen regelrechten »Völkermord« an den Neandertalern begangen. Es gibt jedoch keine stichhaltigen Argumente für diese Hypothese. Vermutlich erfolgte der Übergang allmählich, obschon in kurzer Zeit, auf Grund biologischer oder kultureller Vorteile des modernen Menschen.

Ebenso lässt sich annehmen, dass es zumindest teilweise zu einer Vermischung von Neandertalern und modernen Menschen kam. Dafür sprechen Funde von relativ modernen Menschen aus dem Jungpaläolithikum, die man vor allem im osteuropäischen Raum entdeckte und die auch einige für den Neandertaler typische Züge tragen. Ein 24 000 Jahre altes Kinderskelett aus dem portugiesischen Velho weist Neandertaler-Züge auf, ebenso einige Funde aus den rumänischen Karpaten, die auf ein Alter von 27 000 Jahren datiert werden.

Der DNA-Vergleich von 24 000 Jahre alten Neandertalern und Cro-Magnon-Menschen hat Unterschiede zwischen beiden Gruppen ergeben, die für eine genetische Diskontinuität sprechen, während der Vergleich zwischen Cro-Magnon-Menschen und heute lebenden Menschen sich innerhalb des Variabilitätsspektrums heutiger Populationen bewegt (siehe Caramelli und seine Kollegen, 2003). Dieser Beobachtung würden auch die Ergebnisse anderer DNA-Vergleiche entsprechen. Die Neandertaler und der – anatomisch gesehen – moderne Mensch sollten also als unterschiedliche Arten betrachtet werden. Es gibt auch die Hypothese, dass eventuelle Mischlinge steril gewesen seien, doch fehlt eine Grundlage für diese Annahme. Fest steht jedoch, dass im Nahen Osten in einer Zeit vor 100 000 bis 40 000 Jahren eine Koexistenz von Neandertalern und anatomisch modernen Menschen belegt ist, ohne dass Unterschiede in der Steinbearbeitung auszumachen sind (Kozlowski). Auch in Europa finden sich in dieser Zeit in benachbarten Regionen Kulturen der Neandertaler und der modernen Menschen nebeneinander, und eine Mischung zwischen beiden ist nicht auszuschließen.

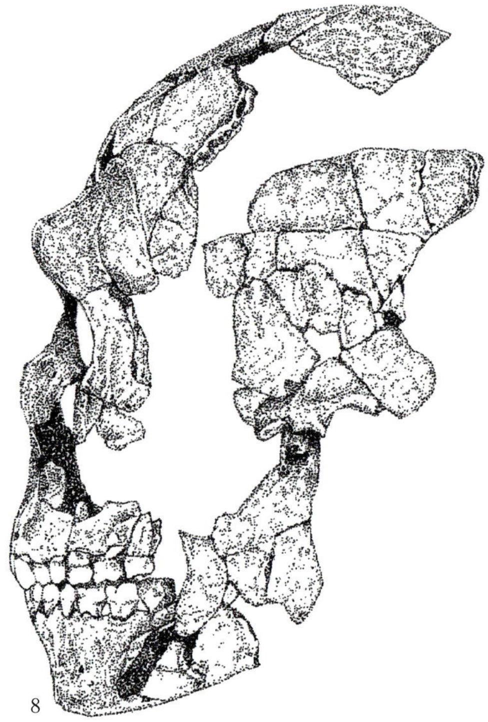

8

9

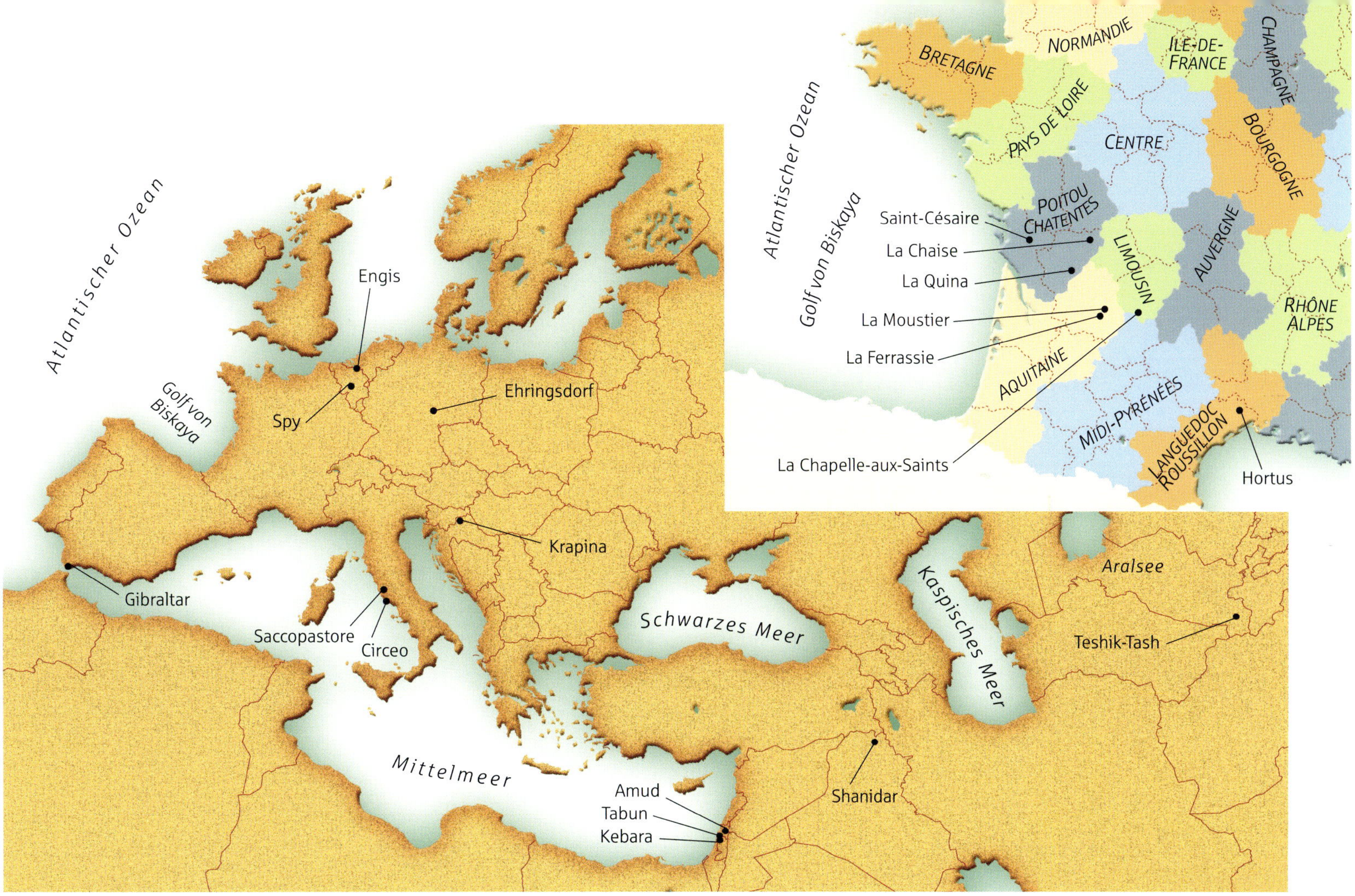

10

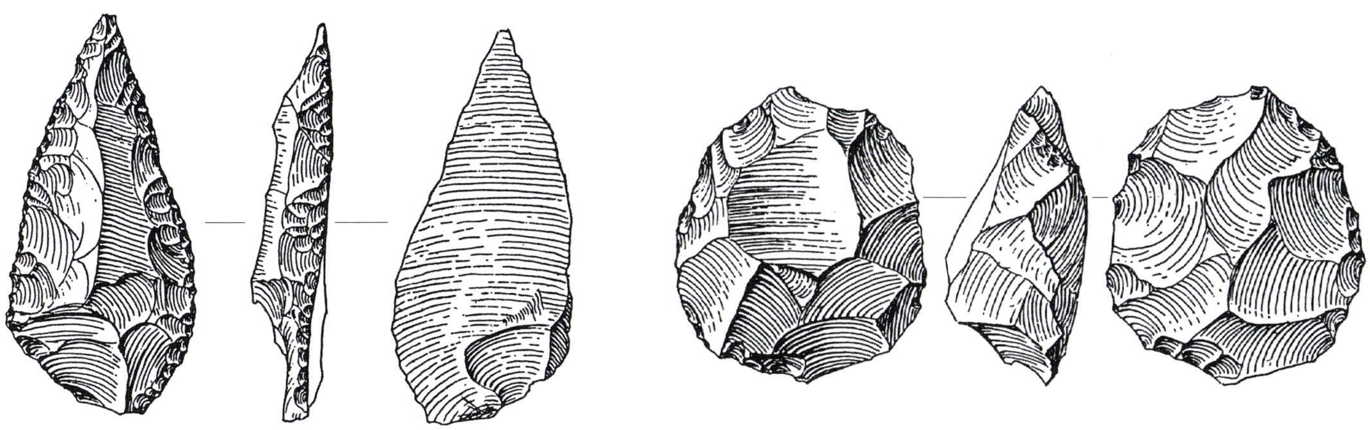

11

DIE URSPRÜNGE DES MODERNEN MENSCHEN

Angesichts der bisherigen Funde sind die Wurzeln des modernen Menschen in Afrika zu suchen, ausgehend von höher entwickelten Formen des *Homo erectus* oder *Homo antecessor.* Von dort aus verbreiteten sich unsere Vorfahren in Asien und Europa.
Diese These würde mit Erkenntnissen der Molekularbiologie übereinstimmen, die auf Untersuchungen mitochondrialer DNA und genetischer Marker in modernen Populationen beruhen. Sie legen nahe, dass die moderne Form sich vor etwa 150 000 Jahren von Afrika aus in Eurasien verbreitete. Vielleicht aber handelt es sich dabei um eine wichtige, jedoch nicht die einzige Wurzel der modernen Menschheit, denn besonders aus Südostasien und Australien sind Funde bekannt, die eine Verbindung mit Formen des asiatischen *Homo erectus* vermuten lassen. Einige Forscher gehen deshalb von einer multiregionalen Evolution durch Vermischungen und Kreuzungen des afrikanischen *Homo sapiens* mit lokalen Formen des *Homo erectus* oder seinen Nachfahren aus.

10. Auf der Karte sieht man das Gebiet, aus dem die Neandertaler-Funde stammen.

11. Steinwerkzeuge aus Saccopastore, Rom: Spitze aus dem Moustérien und diskusförmiger Kern.

LEBEN UND KULTUR DER NEANDERTALER

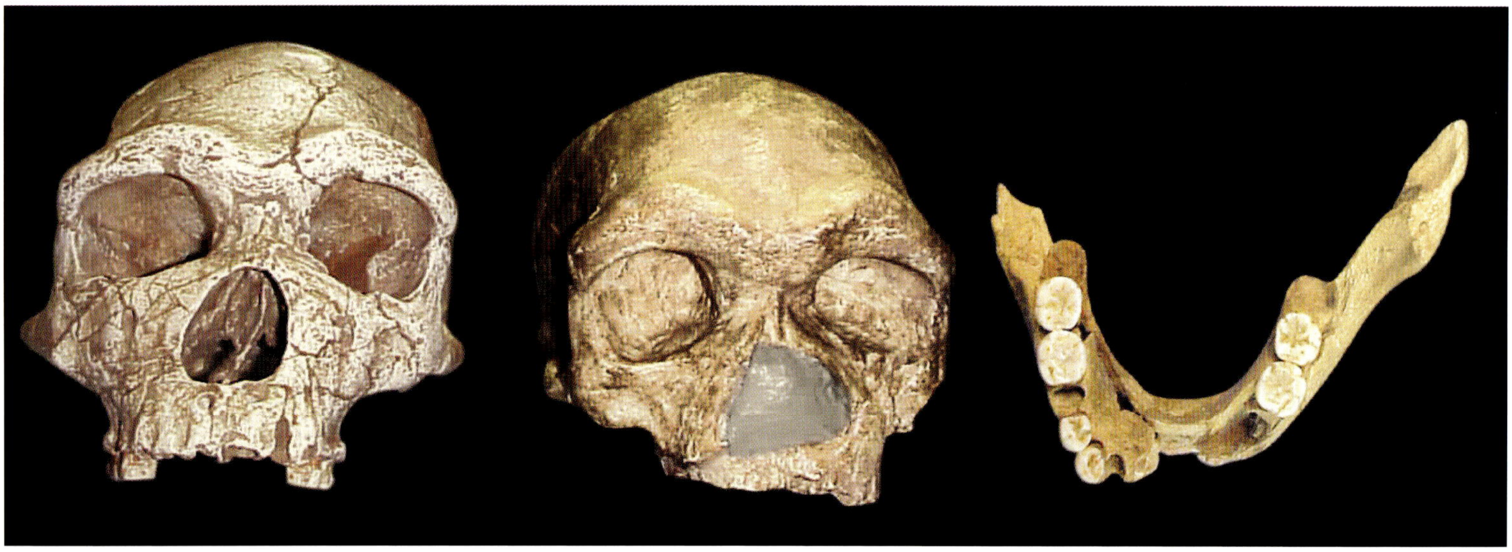

1

Die bedeutendsten Zeugnisse der Kultur und des Lebens des vorgeschichtlichen Menschen in der letzten Zwischeneiszeit und der ersten Periode der Würm-Eiszeit (vor 130 000 bis 35 000 Jahren) stammen von den europäischen Prä-Neandertalern (letzte Zwischeneiszeit: vor 130 000 bis 80 000 Jahren) und den Neandertalern (vor 80 000 bis 35 000 Jahren).

Die Umweltbedingungen waren zu Beginn der Würm-Zeit besonders rau und verschärften sich vor etwa 75 000 Jahren noch einmal. Die Menschen bewältigten diese schwierige Situation durch ihren robusten Körperbau (der sich schon beim *Homo erectus* vermutlich als Anpassung an das kühlere Klima entwickelt hatte) und mit Hilfe neuer Werkzeuge.

Nach der ersten, durch Steinbearbeitungen der Acheuléen- und Levallois-Art gekennzeichneten Periode (bis vor etwa 100 000 Jahren) findet man daher die Moustérien-Bearbeitungen des mittleren Paläolithikums, die sich durch verschiedene Stile auszeichnen und in denen sich alte und neue Techniken verbinden.

Die Neandertaler setzten – wie schon die früheren Menschen der Vorzeit – auch Tierknochen als Werkstoff ein. An den Enden zugespitzte Langknochen von Säugetieren wurden als Dolche verwendet.

Die hergestellten Gegenstände mussten ihnen vor allem bei der Jagd gute Dienste leisten. Zu den Tieren, auf die die Neandertaler bei ihren Streifzügen stießen, zählten der Höhlenbär, der Wisent, der Hirsch, das Rentier, das Mammut und andere Säugetiere. Und es reichte nicht aus, die Tiere zu jagen und zu erlegen, die Neandertaler mussten das Fleisch von den Knochen lösen und es anschließend in Stücke schneiden. Auch die Häute verwerteten sie. Zu diesem Zweck benötigten sie spezielle Geräte wie Spitzen, Faustkeile, Kratzer und Schaber.

Weil die Menschen jener Zeit vorwiegend von der Jagd lebten, entwickelten sie eine nomadische Lebensweise. Die Gebiete, in denen sie sich vorübergehend niederließen, suchten sie nicht nur nach dem Wildvorkommen, sondern auch danach aus, ob Wasser und andere Rohstoffe ausreichend vorhanden waren.

Einige vorgeschichtliche Lagerplätze, vor allem Höhlen, wurden über relativ lange Zeit immer wieder bewohnt. So haben sich zum Beispiel in La Ferrassie in Frankreich Hinweise auf eine Gestaltung des Höhleninnenraums als Wohnstätte gefunden. Es gibt aber auch Zeugnisse für Steinwerkstätten im Freien und entlang von Flüssen.

1. Von links: Die Schädel des Menschen von Tautavel und eines Neandertalers neben dem Unterkiefer eines Jägers der Neandertaler-Zeit, der sich lange und zu unterschiedlichen Zwecken in der Höhle Hortus (Gemeinde Valflaunés nahe Montpellier) aufhielt. Abguss des Anthropologischen Museums der Universität Bologna.

2. Schädel eines Höhlenbären (Ursus spelaeus), der zur Umwelt der Neandertaler gehörte. Abguss des Anthropologischen Museums der Universität Bologna.

3. Schädel des Bison priscus, eines Wisents, der gegen Ende des Pleistozäns in Europa lebte.

2

3

4

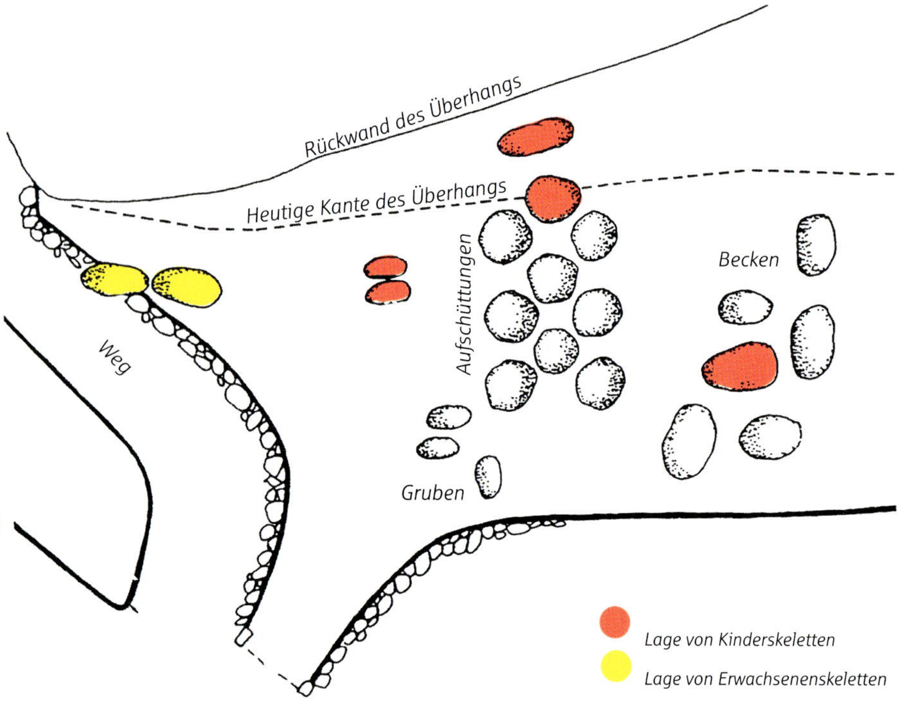

5

6

DIE ERSTEN BESTATTUNGEN

In diese Zeit reichen auch die ersten Belege von Bestattungen zurück. Es ist bisher ungeklärt, warum der Mensch erst so spät begonnen hat, seine Toten zu begraben. Vielleicht aber haben wir auch die ältesten Gräber nur noch nicht entdeckt.

Doch selbst wenn die Bestattungen nicht weiter zurückreichen, bedeutet das nicht, dass der Mensch vorher kein Todesbewusstsein besaß. Bereits aus früherer Zeit stammen Spuren einer besonderen Behandlung von Knochen (vor allem Schädeln), die eine gewisse Beziehung zum Toten zeigt. Die Bestattung jedoch drückt ganz zweifellos Todesbewusstsein und Respekt vor den Verstorbenen aus. Es ist kein Zufall, dass den Toten häufig Beigaben ins Grab gelegt wurden, darunter Symbole, die auf ein Leben jenseits des Todes verweisen. Offenbar gab es den Wunsch, den Verstorbenen in die Unsterblichkeit zu transzendieren, eine Konzeption, die den hohen geistigen Entwicklungsgrad des vorgeschichtlichen Menschen widerspiegelt. Die Menschen begannen, ihre Toten zu begraben, als der Tod eine andere Bedeutung für sie bekam.

Gräber aus der Neandertaler-Zeit sind in verschiedenen Gegenden Europas (u. a. in La Ferrassie, La Chapelle, Le Moustier) und des Nahen Ostens (u. a. in Kebara, Teshik-Tash, Shanidar) entdeckt worden.

Die ältesten bisher ans Licht gekommenen Gräber, jene von Qafzeh und Skhul (Israel), die 90 000 Jahre zurückreichen, werden jedoch einer modernen menschlichen Form zugeordnet.

Bisweilen könnte man, wenn man vor menschlichen Überresten und Tierknochen steht, auch an Begräbnismahlzeiten denken.

Kannibalismus bei Neandertalern ist in Monte Circeo (Italien) vermutet worden, wo man Schädel gefunden hat, die an der Basis eine Erweiterung des Hinterhauptslochs aufweisen. Ein Schädel ist in umgekehrter Stellung in einem Steinkreis aufgefunden worden, woraus etwa A. C. Blanc, der ihn als erster untersuchte, auf besondere Rituale geschlossen hat. Bei neueren Analysen der Brüche an der Schädelbasis wurde jedoch vermutet, dass sie auf Hyänen zurückzuführen sind. Postkraniale Menschenknochenteile, die zusammen mit Tierknochen im kroatischen Krapina geborgen wurden, gelten aber ebenfalls als Zeugnisse kannibalischer Riten.

4. Plan eines Schutzortes unter einem Felsdach in La Ferrassie in der Dordogne, wo Neandertaler-Bestattungen gefunden wurden: Die Zeichnung zeigt die Lage der menschlichen Überreste.

5. Schädel aus La Ferrassie. Abguss des Anthropologischen Museums der Universität Bologna.

6. La Ferrassie, Foto des Felsüberhangs.

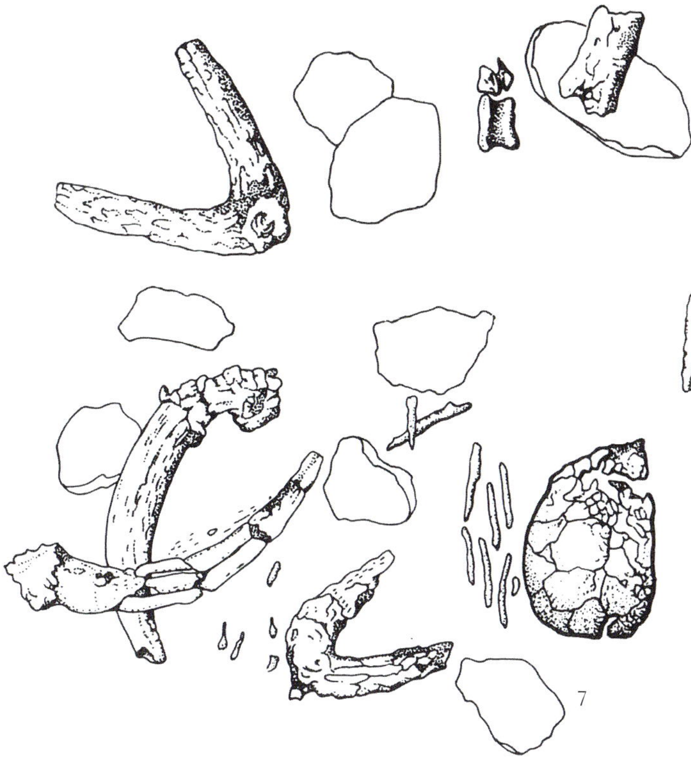

7

8

9

7. In Teshik-Tash, einer Höhle in der Nähe des Dorfes Iukary-Matsai in Usbekistan, fand man die Bestattung eines Neandertalers. Die Zeichnung zeigt einen Kreis von Ziegenhörnern, die mit der Spitze nach unten um den Schädel und Teile des postkranialen Skelettes eines etwa neun Jahre alten Kindes gelegt waren.

8. Schädel des Kindes von Teshik-Tash. Abguss des Anthropologischen Museums der Universität Bologna.

9. Zeichnung eines Neandertaler-Skeletts, dessen Schädel absichtlich kurz nach der Bestattung entfernt wurde. Kebara an den Hängen des Berges Karmel, Israel.

DIE DIREKTEN VORFAHREN DES MODERNEN MENSCHEN IN EUROPA, ASIEN UND AFRIKA

1 ▷

Der moderne Mensch hat keinen Überaugenwulst mehr und kein vorspringendes Gesicht; Stirn und Schädelwölbung werden höher, das Kinn tritt hervor und einige Teile des Gesichtsschädels werden leichter, so dass unsere Gesichtszüge feiner wirken als die des vorgeschichtlichen Menschen.
Diese Veränderungen begannen vor etwa 100 000 Jahren und hatten einen solchen Erfolg, dass sie heute der ganzen Menschheit eigen sind, wenn man von einigen Ausnahmen wie den australischen Aborigines und den Ureinwohnern von Feuerland absieht.
Die evolutionären Neuerungen, die zum modernen Menschen führten, sind nach den Erkenntnissen der Forschung nicht im Stamm der Neandertaler entstanden, sondern bei archaischen, etwa 150 000 bis 100 000 Jahre alten afrikanischen *Sapiens*-Formen.
Auf diese werden die Funde mit modernem anatomischen Merkmalsgefüge, bisweilen vermischt mit archaischen Zügen, zurückgeführt, die in der Sahara (Asselar), in einigen Regionen Zentralafrikas (Olduvai in Tansania, Elmenteita in Kenia), Nordafrikas (Marokko) und auch Südafrikas (Fish-Hoek in der Republik Südafrika) entdeckt worden sind. Einige ähneln, besonders in der Gesichtsmorphologie, modernen Typen (Buschmänner, Hottentotten, Massai, Bantu).
Höchstwahrscheinlich stammen auch die ältesten in Israel (el-Zuttiyeh) aufgefundenen Formen moderner Menschen ursprünglich aus Afrika.
Wie schon erwähnt, zeigen die Funde von Djebel Qafzeh in Palästina bereits moderne Züge, allerdings in Verbindung mit einigen archaischen Merkmalen wie ausgeprägten Überaugenwülsten. Gleiches gilt für die Funde von Skhul am Karmel, für die eine ähnliche Zeit wie für die von Qafzeh ermittelt wurde.
Es ist durchaus denkbar, dass sich *Homo sapiens sapiens*, ausgehend von diesen Regionen, nach Europa verbreitete. Er könnte an der Ostküste des Mittelmeers entlang oder weiter im Norden in die Gebiete der Türkei und des Schwarzen Meers vorgedrungen sein, von wo aus er sich auch in den asiatischen Raum ausbreitete.
Dabei machten höchstwahrscheinlich die älteren und gröberen Formen nach und nach moderneren Platz. Teilweise vermischten sie sich aber wohl auch. So werden einige fossile Funde Osteuropas gedeutet, die 20 000 bis 30 000 Jahre zurückreichen und moderner Art sind, trotzdem aber noch einige Merkmale des Neandertalers aufweisen, vor allem in den Überaugenstrukturen (Mladec, Brno, Předmostí in der Tschechischen Republik; Vindija in Kroatien). Vor kurzem sind außerdem in Rumänien etwa 27 000 Jahre alte Funde mit Neandertaler-ähnlichen Gesichtszügen vorgestellt worden.
Als sicher kann aber gelten, dass sich vor 30 000 Jahren die moderne Form überall weitgehend durchgesetzt hatte.
In Europa weist sie bereits eine Reihe unterschiedlicher Typen auf. Der »Cro-Magnon-Mensch«, bekannt durch verschiedene Funde aus der gleichnamigen Ortschaft in der Dordogne (Frankreich) und anderen Gegenden, war relativ groß, er hatte eine gerade Stirn und einen hochgewölbten Schädel, besaß eine vorspringende Nase und ein massiges Kinn. Dem Cro-Magnon-Typus werden unter anderem zwei Skelette zugeordnet, die in der Grotte des Enfants in Grimaldi (an der ligurischen Küste an der Grenze zu Frankreich) gefunden wurden. Es handelt sich um die Überreste einer Greisin und eines Jungen. Als eine Variante von Cro-Magnon gilt der »Mensch von Chancelade«, ebenfalls ein Fund aus Frankreich. Niedrige Statur, hohe Schädelwölbung, hohes Gesicht und hoch gewölbte Augenhöhlen zeichnen ihn aus. Der in der gleichnamigen Ortschaft (Dordogne, Frankreich) aufgefundene, 34 000 Jahre alte »Mensch von Combe-Capelle«

1. Schädel des »Alten« aus Cro-Magnon. Er gehört einem Individuum, das wahrscheinlich nicht ganz 50 Jahre alt war. Entdeckt wurde er zusammen mit anderen menschlichen Fossilien und Steinwerkzeugen in Les Eyzies in der Dordogne. Es ist einer der ältesten und vollständigsten Funde eines Homo sapiens sapiens.

2

3

4▷

war mittelgroß, hatte ein hohes Gesicht, stark entwickelte Überaugenbögen und hohe Augenhöhlen.

Weder der Mensch von Cro-Magnon noch der von Combe-Capelle ist als Ureinwohner aufzufassen. Beide gelangten aus dem Nahen Osten oder aus Afrika nach Europa.

Auch in den fernen Regionen Ostasiens sind Fossilien des *Homo sapiens sapiens* entdeckt worden. Zum Beispiel wurden in der Höhle von Choukoutien (China) in den oberen Schichten verschiedene menschliche Skelette geborgen, deren Anordnung darauf schließen lässt, dass die Toten bestattet wurden. Sie weisen morphologische Merkmale auf, die unter anderem heutigen mongoliden Typen ähneln.

Die menschlichen Formen, die sich vor 35 000 bis 10 000 Jahren entwickelten, kündigen in ihrer Vielfalt bereits den modernen Menschen an. Sie werden als *sapiens sapiens*, d. h. als Unterart von *Homo sapiens* betrachtet.

Aber sind wirklich auch alle asiatischen *Homo-sapiens*-Formen aus den afrikanischen hervorgegangen? Wenn man der Hypothese von der vollständigen Ablösung der *Erectus*- durch die aus Afrika stammenden *Sapiens*-Formen Glauben schenkt, ist das der Fall, und auch die Analyse der mitochondrialen DNA verschiedener Populationen spricht dafür. Danach stammt die gegenwärtige Menschheit wahrscheinlich von einem einzigen, etwa 150 000 Jahre zurückreichenden afrikanischen Stamm ab.

Die Vertreter einer multiregionalen Evolution aus *Erectus*-Formen allerdings teilen diese Ansicht nicht. Eine lokale Evolution wäre vor allem für den südöstlichen asiatischen Raum mit der Entstehung der »Australo-Melanesoiden« anzunehmen, wie noch zu zeigen sein wird. Es erscheint auf jeden Fall plausibel, eine Kreuzung zwischen eventuell aus Afrika stammenden *Sapiens*-Formen und lokalen *Erectus*-Formen anzuerkennen.

Die im Zusammenhang mit *Homo sapiens sapiens* vorkommenden Funde sind ein Indiz für dessen intensive soziale Kommunikation. Sie zeigen außerdem eine Vervollkommnung der verschiedenen Werkzeugtechniken.

Diese Kultur des Jungpaläolithikums zeichnet sich durch eine verfeinerte Steinbearbeitungstechnik und durch die weitgehende Verwendung von Knochen als Werkstoff aus. Von der Kultur dieser Epoche zeugen heute aber auch noch u. a. wunderbare Wandmalereien.

2. Doppelbestattung aus der Grotte des Enfants in Grimaldi an der ligurischen Küste an der Grenze zu Frankreich, Musée d'Anthropologie Préhistorique, Monaco.

3. Eine Bestattung in einer der 18 Höhlen und Halbhöhlen in Grimaldi. Rekonstruktion des Musée d'Anthropologie Préhistorique, Monaco.

4. Schädel eines Homo sapiens sapiens, gefunden unter einem Felsdach in Chancelade nahe Périgueux in der Dordogne. Abguss des Anthropologischen Museums der Universität Bologna.

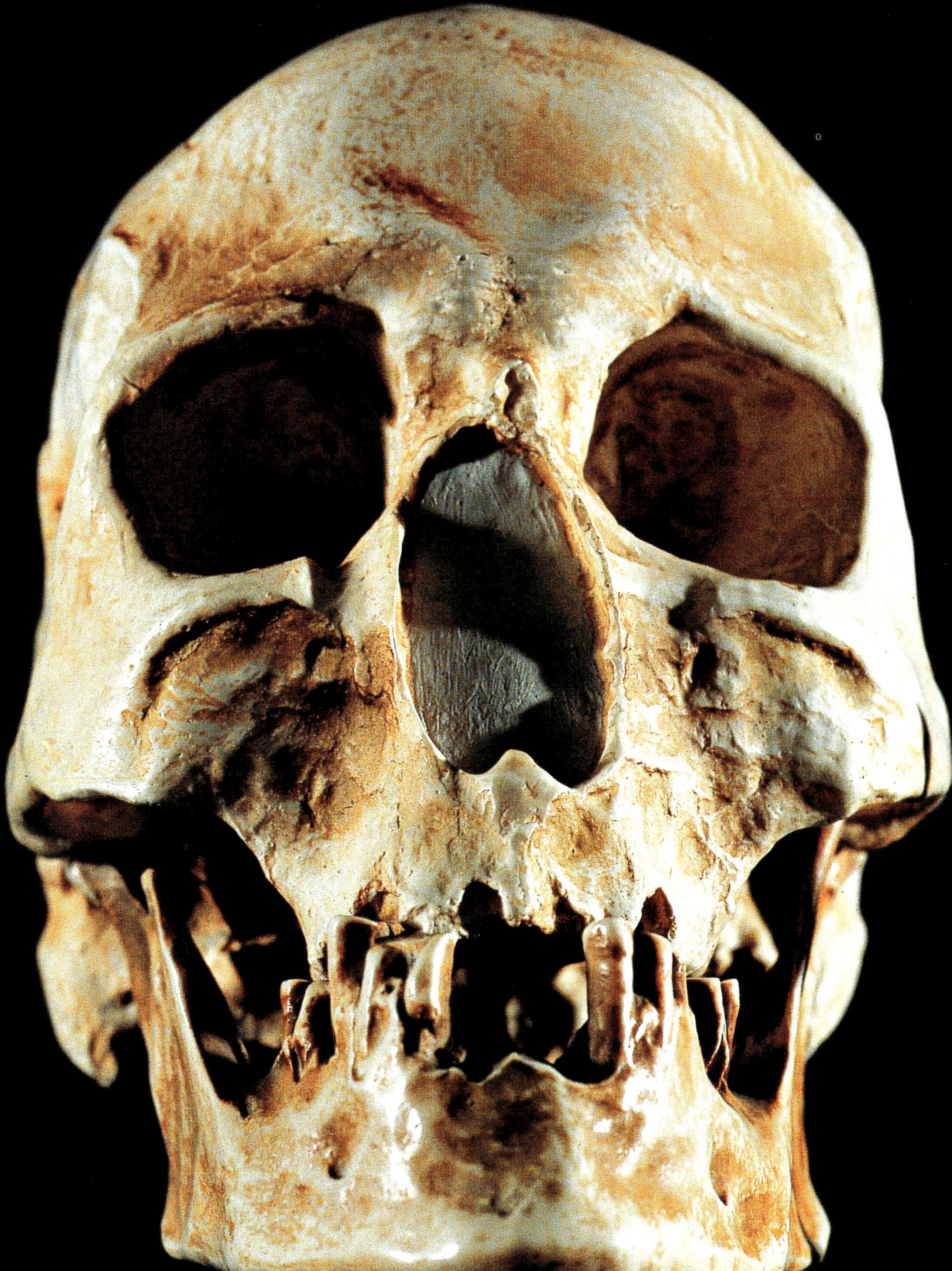

DIE BESIEDLUNG VON AMERIKA UND AUSTRALIEN

Die Notwendigkeit der Jagd und vielleicht auch die Neugier auf neu zu erkundende Gebiete führten den Menschen weit weg von seiner afrikanischen Wiege. Er bewältigte Entfernungen, die uns heute enorm erscheinen, angesichts der langen Zeiträume, um die es geht, jedoch durchaus im Bereich des Möglichen liegen. Die Entfernung zwischen dem südlichen Afrika und den Sunda-Inseln beträgt etwa 30 000 Kilometer. Vorausgesetzt, dass die Ausbreitung in andere Regionen in Etappen von etwa 100 Kilometern pro Generation stattfand (die Zahl fußt auf der Annahme, dass die Menschen zu nomadischer Lebensweise gezwungen waren, um ihren Nahrungsbedarf zu decken), reichten 10 000 Jahre aus, um eine solche Entfernung zurückzulegen.
Dies gilt für die Verbreitung auf dem Festland. Ein anderes Problem ist die Überwindung der Meere, die Australien und Amerika von Asien trennen.

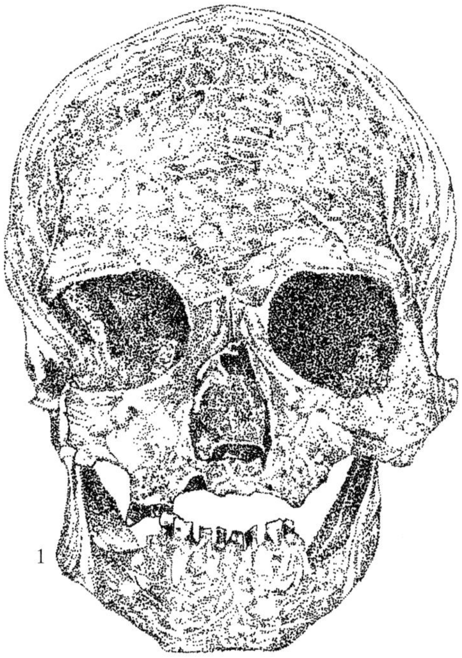
1

DER AMERIKANISCHE MENSCH

Während der letzten Eiszeit waren weite Gebiete Nordamerikas von Gletschern bedeckt, die sich zeitweise bis zur heutigen Grenze zwischen Kanada und den Vereinigten Staaten ausdehnten.
Als Folge der Vergletscherung sank der Meeresspiegel. Es entstand eine Landbrücke zwischen Ostasien und Nordamerika im Gebiet der heutigen Beringstraße, die beim Tiefststand des Meeres vor 18 000 Jahren bis zu 1000 Kilometer breit war. In weniger kalten Zeiten führte das Schmelzen der Eisschichten wieder zu einem Anstieg des Wassers, und am Ende der letzten Eiszeit, vor etwa 9000 Jahren, verschwand die Bering-Landbrücke völlig.
Auf Grund geologischer und paläoklimatischer Studien wird angenommen, dass es zwei optimale Perioden für die Wanderung von Tieren (wie Mammut, Wisent oder Pferd) und Menschen von Asien nach Amerika gab: vor 70 000 bis 35 000 Jahren und vor 26 000 bis 9000 Jahren. Zu diesen Zeiten war das Klima nicht ganz so feucht und ein wenig milder, so dass sich ein Korridor zwischen dem Cordillerischen Eisschild und dem Laurentidischen Eisschild in den Nordregionen Nordamerikas öffnete.
Vermutlich kam es in der Zeit vor 40 000 bis vor 15 000 Jahren zu einer Migration über den Yukon in den Norden Amerikas (Paläoindianer). Die größte Welle dürfte Nordamerika allerdings vor etwa 18 000 Jahren erreicht haben. Genetischen Untersuchungen zufolge könnten die Vorläufer der Na-Dene-Indianer und der Aleuten-Inuit vor 14 000 bis 8000 Jahren aus Asien gekommen sein.
Von Nordamerika aus verbreitete sich der Mensch in allen anderen Gebieten des amerikanischen Erdteils. Das abnehmende Alter der entdeckten menschlichen Fossilien in Richtung Zentral- und Südamerika belegt dies. Eine Ausnahme bildet allerdings die Fundstätte Petra Forada im Nordosten Brasiliens. Dort geborgene menschliche Überreste sind offenbar 48 000 Jahre alt.
Aufgrund von 40 000 Jahre alten Steinwerkzeugen kann man schließen, dass schon damals Menschen in Nordkanada lebten. Das passt zu dem Skelett eines Kindes, das in Taber im Staat Alberta aufgefunden und in die gleiche Zeit datiert wurde.
Für die Funde von Tlapacoya in Mexiko ist ein Alter von 22 000 Jahren ermittelt worden, und einer jüngeren Epoche, etwa 10 000 Jahre zurückliegend, werden jene von Lagoa

1. Schädel eines Homo sapiens sapiens, gefunden im mexikanischen Tepexpan. Er ist einem männlichen Individuum von etwa 55 bis 65 Jahren zuzuordnen.

2. Wahrscheinliche Ausdehnung der Gletscher in Nordamerika in der Zeit zwischen 70 000 und 10 000 Jahren vor heute. Auf der kleinen Karte (a) wie auf dem Ausschnitt (b) erkennt man, dass sich nach dem Absinken des Meeresspiegels eine Landbrücke, die so genannte Beringia-Brücke, bildete und verschiedene Wanderungsbewegungen aus Asien ermöglichte. Die Paläoindianer zogen Richtung Yukon nach Kanada, die Vorfahren der Inuit nach Nordwesten, die der Aleuten auf den gleichnamigen Archipel, die der Na-Dene ebenfalls nach Nordwesten. Dieser Landkorridor erlaubte es auch den großen Säugetieren wie Mammut und Wisent, nach Amerika und von dort aus weiter in den Süden vorzustoßen. Auf der großen Karte (c) sieht man die verschiedenen Stätten, an denen menschliche Fossilien und Artefakte gefunden wurden, die also die Migrationsströme nach Süden dokumentieren.

3. a) Ein Abschlag mit Bearbeitungsspuren am Rand aus Toca da Esperança, Bahia, Brasilien; sein Alter ist umstritten und liegt vielleicht bei etwa 40 000 Jahren.
b) Ein Quarzit-Chopper vom selben Fundort.

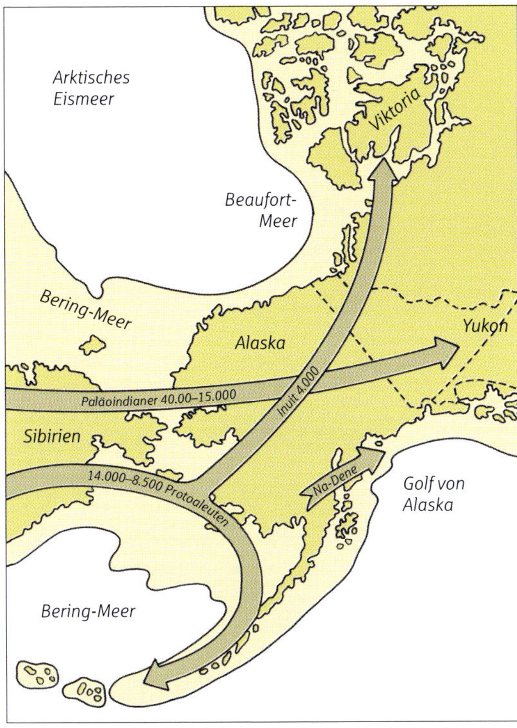
Arktisches Eismeer
Viktoria
Beaufort-Meer
Bering-Meer
Alaska
Yukon
Paläoindianer 40.00–15.000
Inuit 4.000
Sibirien
14.000–8.500 Protoaleuten
Na-Dene
Golf von Alaska
Bering-Meer

2a

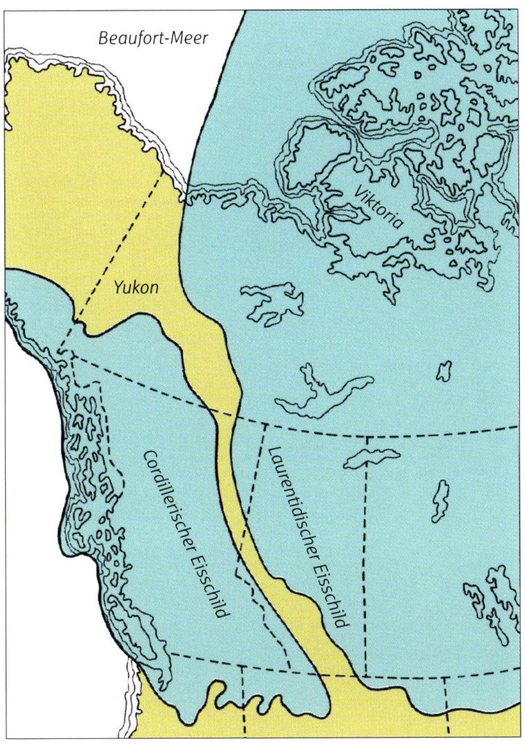
Beaufort-Meer
Viktoria
Yukon
Cordillerischer Eisschild
Laurentidischer Eisschild

2b

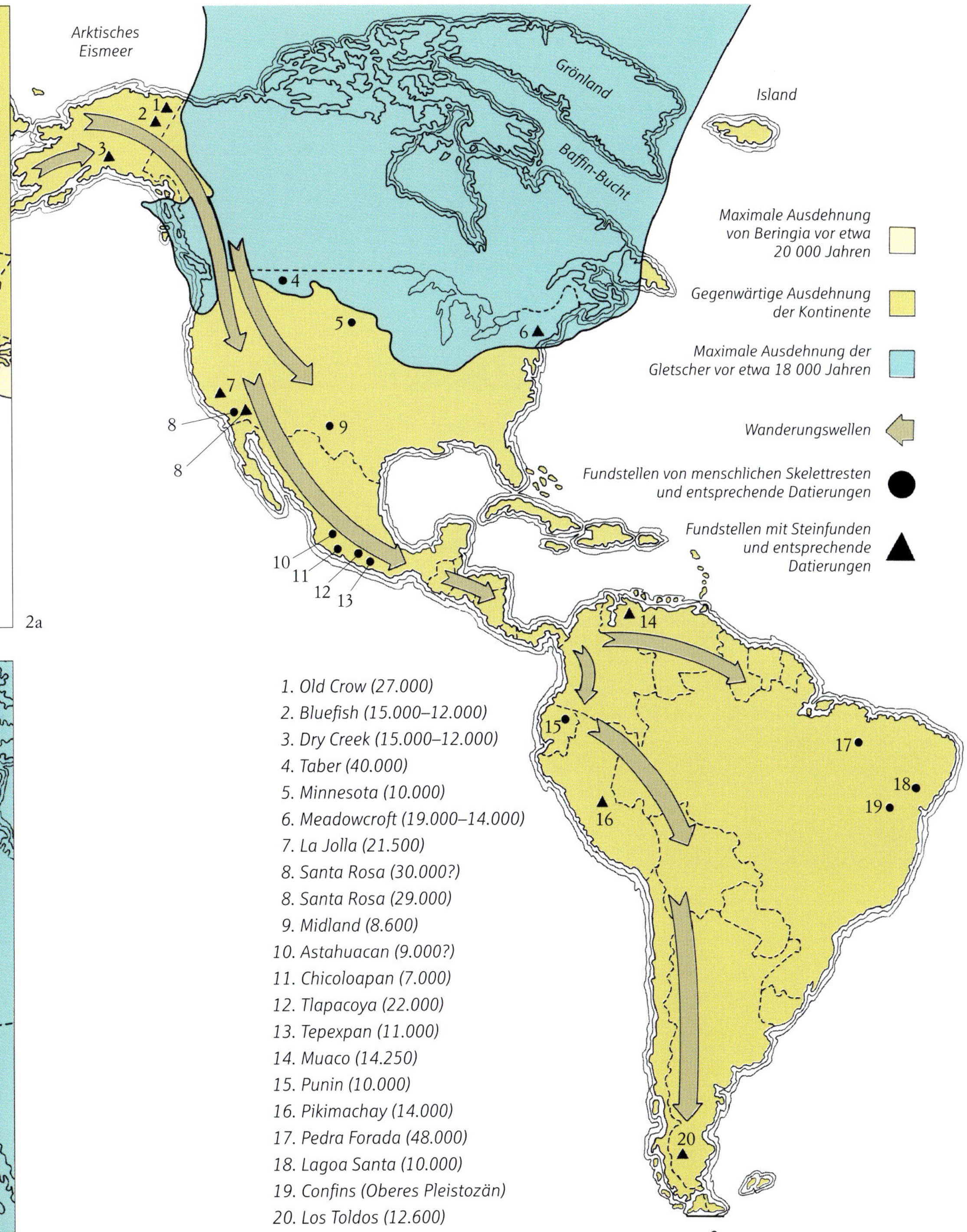
Arktisches Eismeer
Grönland
Island
Baffin-Bucht
Maximale Ausdehnung von Beringia vor etwa 20 000 Jahren
Gegenwärtige Ausdehnung der Kontinente
Maximale Ausdehnung der Gletscher vor etwa 18 000 Jahren
Wanderungswellen
Fundstellen von menschlichen Skelettresten und entsprechende Datierungen
Fundstellen mit Steinfunden und entsprechende Datierungen
1. Old Crow (27.000)
2. Bluefish (15.000–12.000)
3. Dry Creek (15.000–12.000)
4. Taber (40.000)
5. Minnesota (10.000)
6. Meadowcroft (19.000–14.000)
7. La Jolla (21.500)
8. Santa Rosa (30.000?)
8. Santa Rosa (29.000)
9. Midland (8.600)
10. Astahuacan (9.000?)
11. Chicoloapan (7.000)
12. Tlapacoya (22.000)
13. Tepexpan (11.000)
14. Muaco (14.250)
15. Punin (10.000)
16. Pikimachay (14.000)
17. Pedra Forada (48.000)
18. Lagoa Santa (10.000)
19. Confins (Oberes Pleistozän)
20. Los Toldos (12.600)

2c

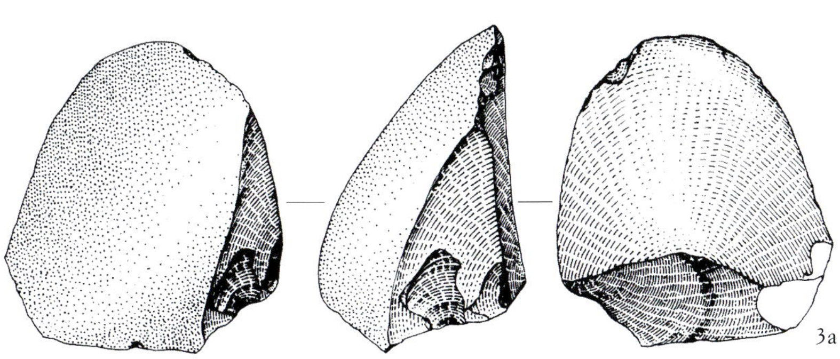

3a

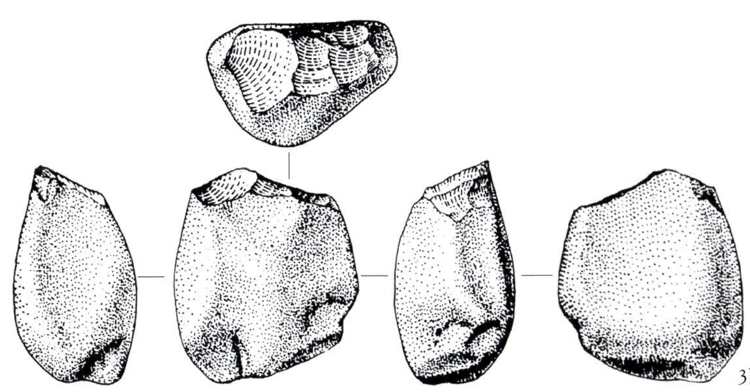

3b

4

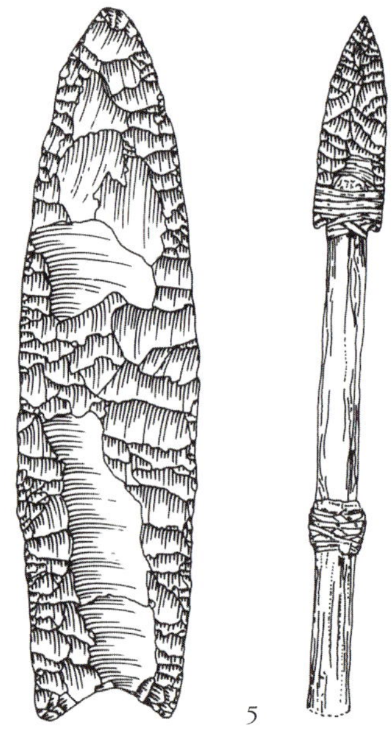

5

4. Paläoindianische Speerspitzen von verschiedenen nordamerikanischen Fundplätzen, Beispiele für die Herstellung von Mikroklingen. Die ersten beiden unten gehören zur so genannten Clovis-Kultur und stammen vom gleichnamigen Fundplatz in New Mexico. Die größte ist 7 cm lang. Maxwell Museum of Anthropology, Albuquerque, USA.

Santa in Brasilien und von Punin in Ecuador zugeordnet. Sie weisen Merkmale der gegenwärtigen (lagiden) Art mit gewissen melanesoiden und australoiden Zügen auf.
Andere, etwa 10 000 Jahre alte Funde sind mongolider Art, wie der Mann von Minnesota (USA), von Tepexpan (Mexiko) und von San Diego in Kalifornien (USA). Sie haben einen kurzen, runden Schädel, ein flaches Gesicht und ausgeprägte Jochbögen.
Man hat den Eindruck, dass es sich bei den Paläoindianern nicht nur um einen einzigen morphologischen Typ handelt, auch wenn einige mongolide Merkmale vorherrschen.
Die Funde bearbeiteter Steine dagegen sind zahlreicher; sie sind zwischen 40 000 und 12 000 Jahre alt und stammen von verschiedenen Orten des Kontinents. Aufschlussreiche Zeugnisse liegen in Nordamerika für die Clovis-Kultur vor (Alter 10 000 bis 12 000 Jahre), die sich in Zentral- und Südamerika verbreitete.
Die Besiedlung des amerikanischen Kontinents könnte also im Zusammenhang mit den verschiedenen Migrationswellen der letzten Eiszeit gesehen werden. Die Einwanderer dürften die protomongolide Komponente mitgebracht haben, aber auch andere, weniger mongolide Züge. Vielleicht kamen europoide Elemente hinzu, die damals in Ostasien vorhanden waren. Eventuell gab es aber auch, wie der bekannte Anthropologe und Amerikanist Paul Rivet meint, Einwanderungen auf transpazifischem Wege. Aus Australien, Melanesien und aus Südostasien könnten vor allem in jüngeren Zeiten, als die Seefahrt Einwanderungen kleiner menschlicher Gruppen ermöglichte, Zuwanderungen in die Regionen Süd- und Zentralamerikas erfolgt sein. Einige ethnographische und sprachliche Besonderheiten legen das nahe. Es ist auch vermutet worden, dass kleinere Gruppe von Menschen, die über Tasmanien aus Australien kamen, bei niedrigem Wasserstand über die Antarktis auf verschiedene antarktische Inseln im äußersten Süden Südamerikas vordrangen.
Diese verschiedenartigen Zuwanderungen könnten eine gewisse Ungleichartigkeit der amerikanischen Eingeborenen erklären, die sich in vom mongoliden Typ abweichenden Gruppen (zum Beispiel Lagiden, Feuerländern, Patagoniern) manifestiert, obschon bei den amerikanischen Indianern allgemein die mongolide Merkmalskombination (gelbbraune Hautfarbe, glattes Haar, Mongolenfalte) vorherrscht.
Die Populationsvarietät könnte zudem außer durch verschiedene Einwanderungswellen auch durch Kreuzungen, genetische Drift und Umweltanpassungen bedingt sein.

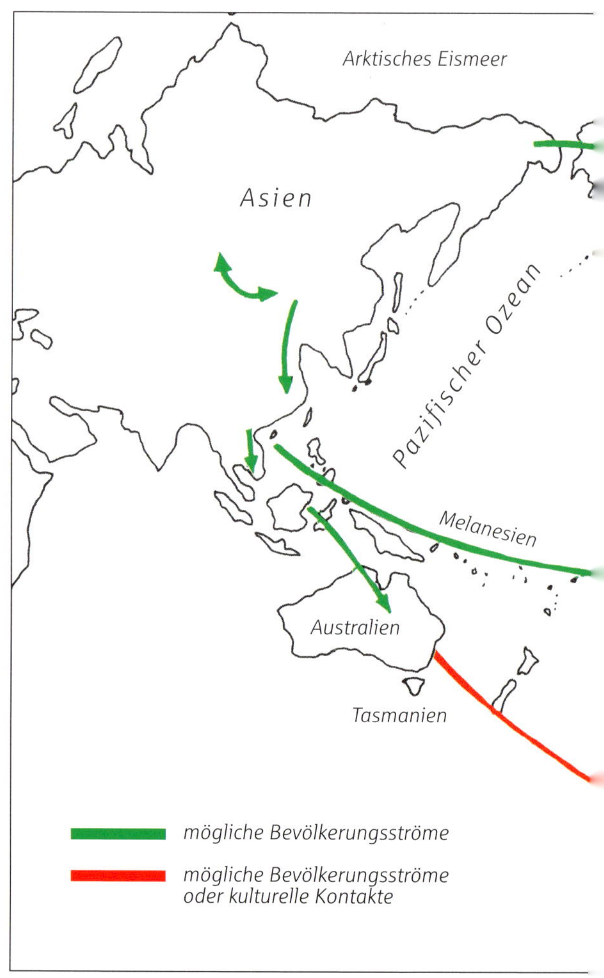

5. Eine typische Spitze der Clovis-Kultur mit Retuschen, einer konkaven Grundlinie und einer Hohlkehle auf beiden Flächen, die eine Befestigung an einem Griff erleichtert.

6. Die möglichen Wege bei der Besiedlung Amerikas.

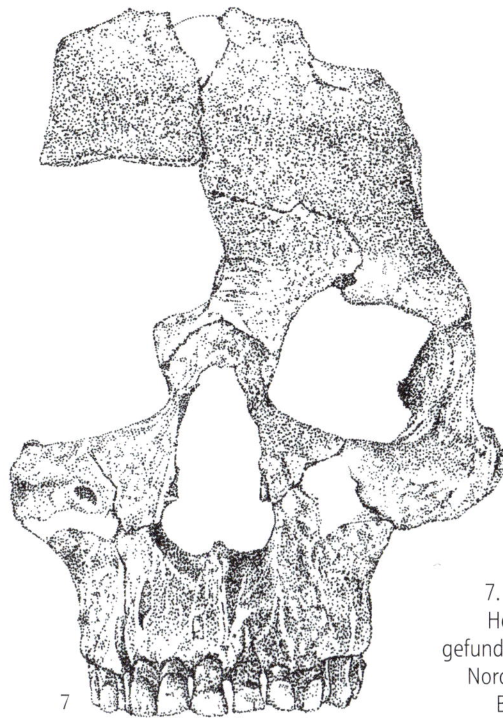

7. Gesichtsskelett eines Homo sapiens sapiens, gefunden in Kow Swamp, im Norden des australischen Bundesstaats Victoria.

6

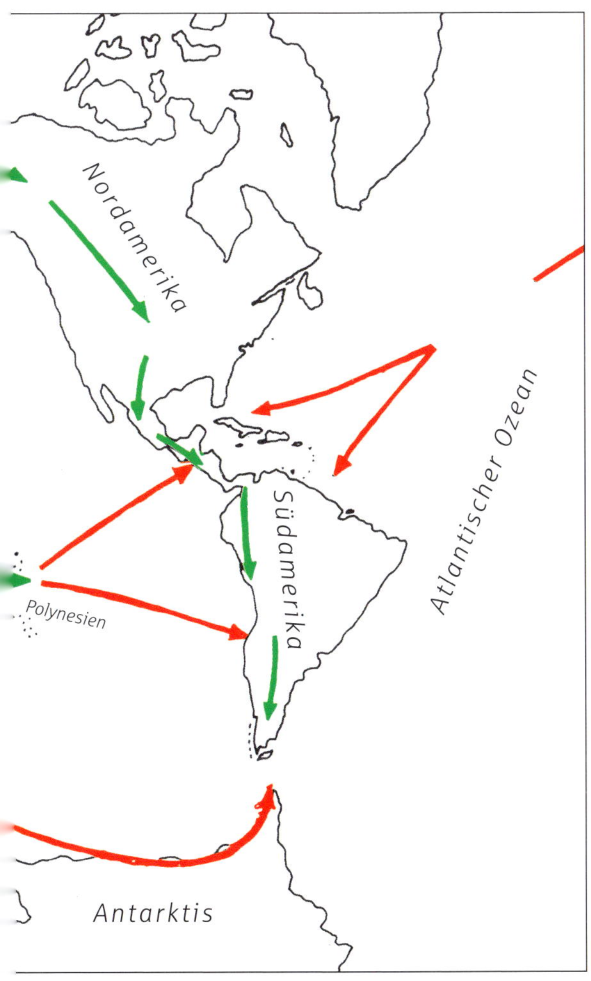

DIE BESIEDLUNG VON AUSTRALIEN

Anders stellt sich das Problem in Australien dar, auch wenn über die Situation dort noch wenig bekannt ist. Nach dem Alter, das für einige beim Mungo-See aufgefundene Steinbearbeitungen und Skelettreste (»Mungo-Mann«) ermittelt wurde, dürfte der Übergang nach Australien vermutlich vor etwa 45 000 Jahren erfolgt sein. Es ist allerdings nicht auszuschließen, dass die ersten Menschen den Kontinent schon früher erreichten, wie Analysen mitochondrialer DNA von Aborigines offenbar nahe legen. Sie kamen vielleicht aus Indonesien, doch wissen wir nicht, ob auf dem See- oder Landweg. Gegenwärtig trennt ein etwa 70 Kilometer langer Meeresarm Indonesien von Australien, doch wahrscheinlich gab es eine Zeit, in der Tiefe und Weite dieses Meeresteils bedeutend geringer waren. Ob allerdings jemals eine Landbrücke die Insel Java mit Australien verband, ist ungewiss.

Einige Merkmale menschlicher Fossilien aus dem ausgehenden oberen Pleistozän, die man in Australien barg, erinnern an den Menschen von Wadjak, der schon in früherer Zeit, nach den *Pithecanthropi* von Solo (oder Ngandong), auf Java lebte. Da man diese Merkmale auch bei den heutigen Australiern und Melanesiern findet, gelten die oberpleistozänen Java-Formen als Proto-Australoide oder Proto-Australomelanesoide.

Man hat vermutet, dass die Australier auf den Neandertaler zurückgehen, doch diese Ansicht berücksichtigt weder die paläontologischen Daten, die eine Verbreitung der Neandertaler jenseits des Nahen und Mittleren Ostens (Israel, Irak, Usbekistan) ausschließen, noch zieht sie die multiregionale Evolution in Betracht, die anscheinend nicht nur für die südostasiatischen Formen, sondern auch für den australischen Menschen anzunehmen ist.

Einige Charakteristika der heutigen australischen Eingeborenen (wie das nicht besonders große Hirnvolumen, die Gesichtsprognathie und die starken Überaugenbögen) sind zweifellos archaisch, andere modern (das Kinn und die Stirnform). Diese Merkmalskombination mag auf eine lokale Evolution deuten, die ihren Anfang mit den oben erwähnten Menschen aus Java genommen haben könnte.

LEBEN UND UMWELT VON HOMO SAPIENS SAPIENS

2▷

1 

Der *Homo sapiens sapiens* lebte in Europa vor 35 000 bis 10 000 Jahren auf der Kulturstufe des Jungpaläolithikums, die sich durch verfeinerte Techniken bei der Feuersteinbearbeitung, durch den systematischen Gebrauch von Knochen und Horn sowie durch neue soziale, religiöse und künstlerische Entwicklungen auszeichnet.
Aus dem Feuerstein erhält man durch blättchenartige Abspaltung immer kleinere und feinere Artefakte (leptolithische Industrie). Knochen und Horn von Tieren werden nun in großer Menge eingesetzt, um besonders funktionelle Jagd- und Fischfanggeräte wie Wurfstäbe, Harpunen und Spieße herzustellen.
Aber nicht nur die Geräteherstellung macht große Fortschritte, auch auf anderen Gebieten manifestiert sich das Abstraktionsvermögen des Menschen. Der Mensch des Jungpaläolithikums hat uns prächtige Gemälde an den Wänden seiner Höhlen hinterlassen und Gegenstände, die er mit feinem künstlerischem Gespür verzierte. Es handelt sich vorwiegend um Tierdarstellungen, oft auch um Jagdszenen, die die Bedeutung und den Wert sozialen Lebens offenbaren.
Die schon bei den Neandertalern üblichen Bestattungsbräuche werden um neue Elemente bereichert. Grabbeigaben, die aus Gebrauchsgegenständen oder Teilen von Tieren bestehen und mit einer symbolischen Bedeutung verbunden sind, nehmen zu.
Homo sapiens sapiens lebte als Jäger und Sammler, er hatte keinen festen Wohnsitz. Die Aufenthaltsdauer an einem Ort richtete sich nach den zur Verfügung stehenden Nahrungsressourcen.
Allerdings war das Lebens- und Jagdgebiet nicht länger von Feuersteinvorkommen abhängig, da die kleineren und feineren Geräte des Jungpaläolithikums leichter zu transportieren waren. Wegen der höher entwickelten Jagdorganisation und des reichen Wildbestandes wurden außerdem einige Jagdlager nahezu ohne Unterbrechung genutzt.
Zu jener Zeit waren Wisente, Mammuts, Rentiere, Steinböcke sowie andere Tiere aus kalten Umgebungen (zum Beispiel Hirsche, Bären, Murmeltiere, Biber) in den Gebieten des Nordens weit verbreitet. Sie boten einen ergiebigen Wildbestand für die Jagd, die der Mensch mit natürlichen ebenso wie mit künstlichen Fallen, zum Beispiel mit Hilfe von Abgründen, Feuer und Sümpfen, betrieb.
Beim Rentier und beim Hirsch nutzte man außer dem Fleisch auch die Häute und das Horn. Das Mammut lieferte reichliche Nahrungsvorräte und Elfenbeinstoßzähne, die für

1. Ein Elfenbeinbruchstück mit verschiedenen eingeritzten Zeichen vom Fundplatz Eliseevichi (Briansk, Russland), an dem sich vor etwa 17 000 bis 14 500 Jahren Mammutjäger aufhielten. Museum der Anthropologie und Ethnographie, St. Petersburg.

2. Aus der Pekarna-Höhle (Ochoz, Tschechische Republik), datierbar auf die Zeit zwischen 12 400 und 11 000 Jahren vor heute, von links nach rechts: ein mit einem Loch versehener Stock, verziert mit Tiergestalten, der als Gleichrichter für Pfeile oder als Zeichen der Befehlsgewalt interpretiert wird; drei Harpunen mit zwei bzw. drei Reihen von Widerhaken. Solche Harpunen wurden aus Knochen oder Hirschhorn hergestellt. Mährisches Museum, Brno (Brünn).

3

4

3. Die Zeichnung zeigt eine Speerschleuder, die die Wurfkraft eines Speers verstärkte. Sie bestand aus einem Griff und einem Haken, in dem der Speer ruhte, und wurde aus Holz, Knochen oder Horn gefertigt.

4. Ein Bild der Felskunst der spanischen Levante (Racó di Nando, Benasal, Castellón), das bei einer Jagd auf Pferde den Gebrauch von Pfeil und Bogen in einer späteren Zeit nach der Phase der Speerschleuder dokumentiert.

die Herstellung von Werkzeugen und kleinen Kunstwerken verwendet wurden. Das Feuer diente weiterhin zur Zubereitung von Speisen, daneben aber auch anderen Zwecken, zum Beispiel zur Beleuchtung der vom Menschen genutzten Höhlen.

Gegen Ende des Paläolithikums wurde anscheinend der Bogen erfunden, der bei der Jagd auf mittelgroße und große Tiere noch größere Vorteile brachte als bereits der Wurfstab. Pfeilschüsse aus größerer Distanz sicherten eine reiche Beute. Belege für solche Jagdszenen sind neben gefundenen Pfeilspitzen vor allem Wandmalereien, vor allem im Osten Spaniens sowie afrikanische Felsbilder.

Die hohe Kulturstufe, die im Jungpaläolithikum erreicht wurde, erklärt den Erfolg der modernen Menschenform, die sich schließlich auf der gesamten Erdoberfläche ausbreitet. In dieser Zeit wandern von neuem Menschengruppen von Afrika nach Asien und von hier nach Europa und in entlegene Gebiete Ostasiens, wo sich allerdings schon in früheren Zeiten menschliche Formen ausgebreitet hatten. Kraft seiner Kultur bewältigt der Mensch die rauen klimatischen Umweltbedingungen der ausgehenden Würm-Eiszeit auf der nördlichen Halbkugel.

Wie bereits erwähnt erfolgte die Besiedlung von Australien und Amerika wahrscheinlich in der zweiten Hälfte der Würm-Eiszeit.

Insgesamt zeichnet sich die Periode, in der sich *Homo sapiens sapiens* sowohl in Europa als auch in anderen Regionen entwickelte, durch eine frühe Hochblüte aus. Die Ernährungsgrundlagen, der Wild- wie auch der Fischbestand, waren reichlich. Die künstlerischen Leistungen und die Bestattungsbräuche zeugen von einem gut organisierten sozialen Leben im Rahmen von Clans bzw. Gruppen, die auch eine größere Anzahl von Mitgliedern haben konnten.

5. Die Illustration zeigt Jäger, die auf das Großwild warten, das sich am Horizont nähert. Die Jagdwaffen sind weiter entwickelt: Vor allem sieht man Speere mit auf den Schäften befestigten Spitzen und im Vordergrund die vorbereitete Falle, in die man die Tiere schreiend und mit Hilfe von Stöcken und Steinen zu treiben versuchte.

6. Aus der Pekarna-Höhle: Rippe eines Pferdes, in die wiederum ein Pferd eingeritzt ist. Mährisches Museum, Brno.

5

6

DER ROTE FADEN DER MENSCHLICHEN EVOLUTION

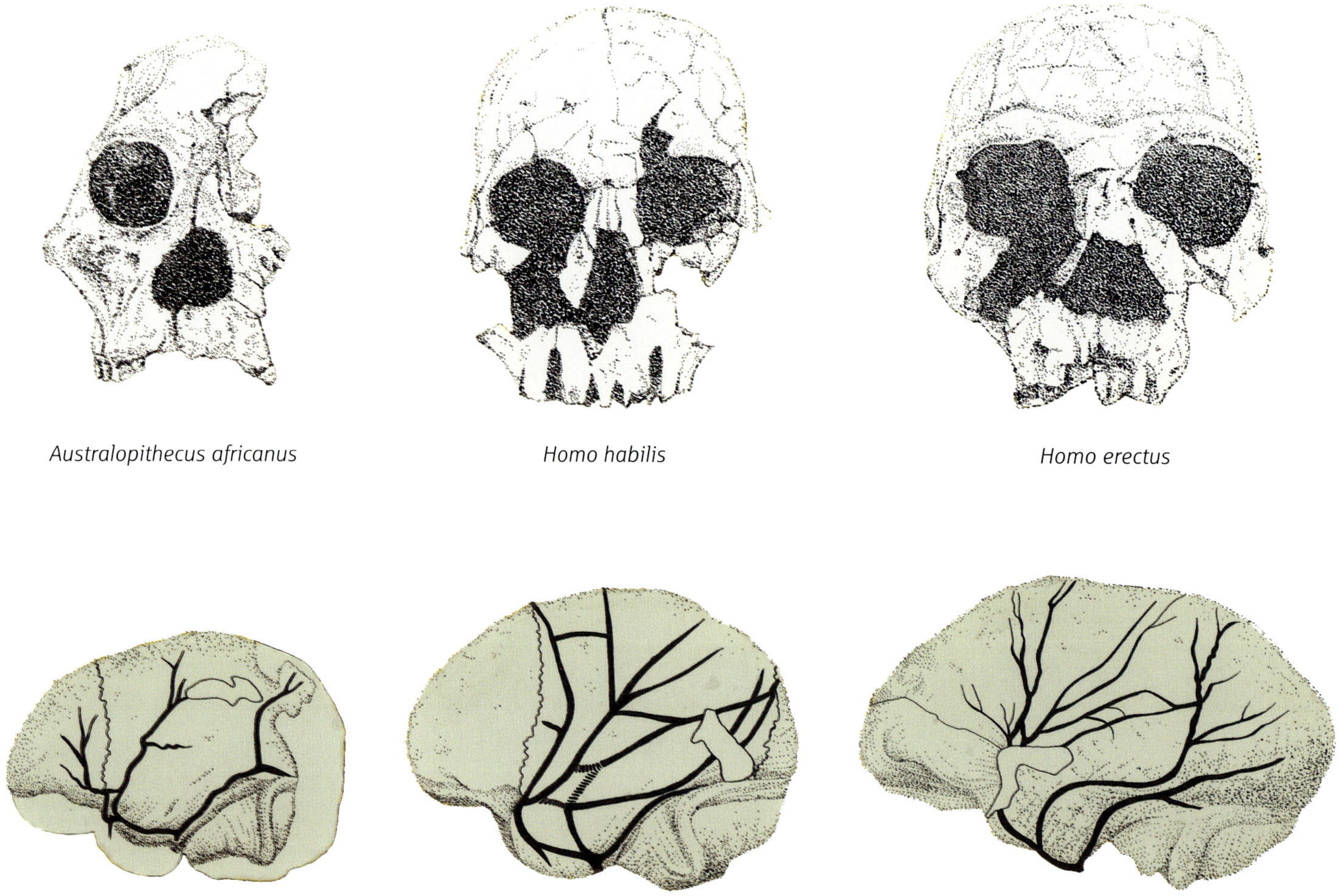

1

Die menschliche Art verfügt über das am höchsten entwickelte Gehirn, nicht nur was die Größe, sondern auch was die Differenzierung der verschiedenen Hirn-Areale betrifft.
Es überrascht also nicht, dass die menschliche Evolutionslinie durch eine Gehirnzunahme gekennzeichnet ist. Teilhard de Chardin schlug als Bestimmungskriterium zur Unterscheidung zwischen menschlichen und tierischen Evolutionslinien das Gehirnwachstum im Lauf der Evolution der Arten vor. Eine Wachstumstendenz liegt bereits bei *Aegyptopithecus* vor und behauptet sich bei *Proconsul* und dann bei *Ramapithecus*. Höhere Werte, allerdings noch in der Größenordnung der gegenwärtigen Pongiden, lassen sich für *Australopithecus* nachweisen. Mit *Homo habilis* wird endgültig ein höheres Gehirnvolumen erreicht. Es entwickelt sich dann schrittweise weiter bis zur modernen Form.
Diesen Zerebralisationsprozess könnte man als den »roten Faden« betrachten, an Hand dessen man die menschliche Evolution verfolgen kann.
Es handelt sich nicht nur um ein Größenwachstum, sondern auch um eine komplexere Vernetzung der Neuronen, wodurch das Gehirn größere Informationsmengen von höherer Qualität verarbeiten kann.
Im Laufe der Evolution wuchsen die Hirnareale unterschiedlich. Bei den Primaten kam es zu einer Schrumpfung der Riechlappen und zu einer Ausweitung der zerebralen Sichtfelder (Hinterhauptrinde). Größer wurden auch die Stirn- und Parietallappen. Letztere weiten sich beim Menschen noch einmal beträchtlich aus, wodurch die Fläche der Hirn-

1. Die Entwicklung des Gehirns, die Zerebralisation, ist ein nützlicher Parameter, wenn man den Prozess der Menschwerdung verfolgen will. Von Australopithecus hin zum Homo sapiens sapiens vergrößert sich das Gehirn, wobei die verschiedenen Hirn-Areale sich unterschiedlich entwickeln. An den unteren Zeichnungen kann man die Entwicklung der Blutgefäße der Hirnhaut vom Australopithecus hin zum Homo sapiens sapiens verfolgen. Die Gefäße sind nach dem endokranialen Abguss dargestellt, auf der Basis der Abdrücke, die sie an der Schädelinnenseite hinterlassen haben. Obwohl die Hirnhaut-Gefäße nur die Durchblutung der Dura mater (äußere Hirnhaut) und der Hirnschale anzeigen, können sie auch als ein indirektes Zeichen der Zerebralisation gelten.
Bei den weniger entwickelten Formen ist die Verästelung einfacher und der hintere Ast entwickelter. Beim Homo sapiens sapiens erkennt man eine zunehmende Komplexität der Verästelung, besonders der Verbindungen zwischen dem vorderen, mittleren und hinteren Ast, während sich der vordere Ast deutlich vergrößert.

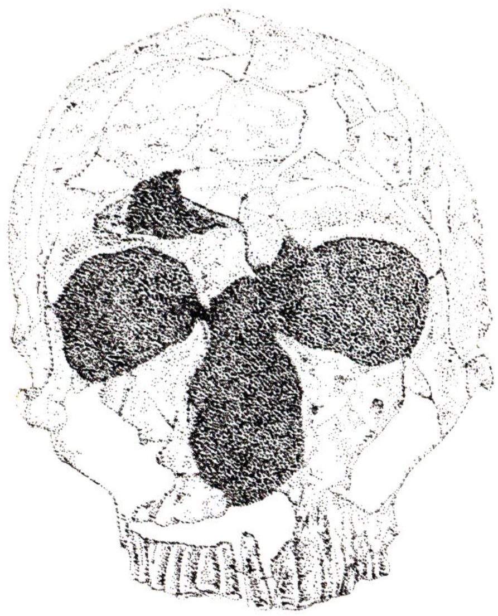

Homo sapiens neanderthalensis

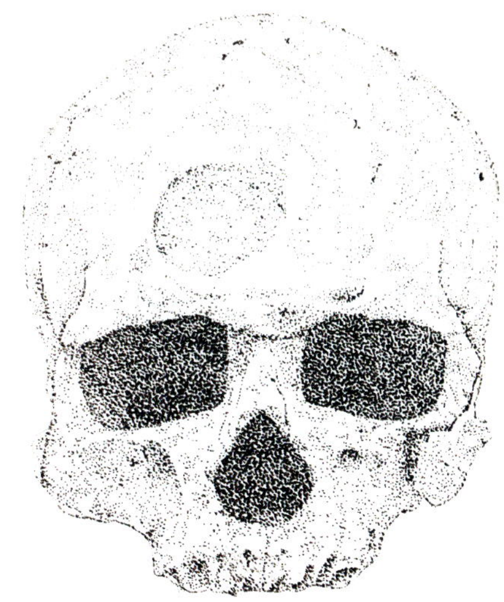

Homo sapiens sapiens

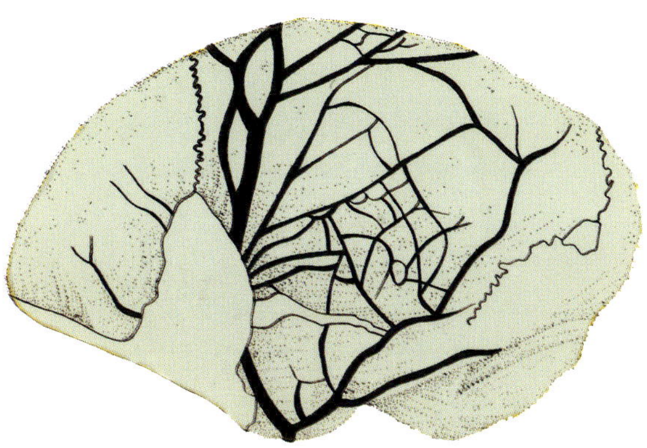

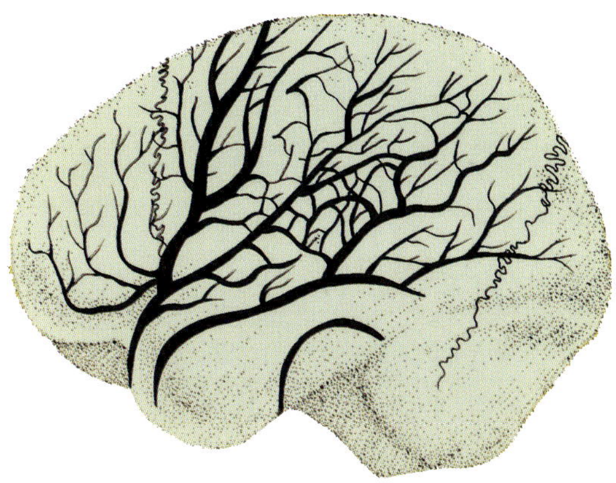

rinde durch Windungen und Auffaltungen größer wird. Es entwickeln sich die Areale, die die aufrechte Haltung, die Beweglichkeit der Hand, die Rechtshändigkeit und die artikulierte Sprache sowie die Integrationsprozesse zwischen den Neuronen steuern. Die letzten Evolutionsphasen zeichnen sich durch eine besondere Entwicklung der Rinde der vorderen Stirnseite und der Stirnlappen aus.

Ein Parameter, der nützliche Angaben über die Gehirnentwicklung liefert, ist das Schädelvolumen, wobei allerdings auch Hirnhaut und Blutgefäße entsprechend berücksichtigt werden müssen. Es kann direkt bestimmt werden, indem der Schädel mit einer Flüssigkeit oder mit Pflanzensamen gefüllt und anschließend das Volumen des Füllstoffes gemessen wird. Ist nicht der gesamte Schädel erhalten, kann die Schädelkapazität mit Hilfe von Formeln oder an Hand von Vergleichen mit anderen Schädeln hochgerechnet werden.

Untersuchungen des Schädelvolumens zeigen, dass der *Australopithecus* ein ähnlich großes Gehirn wie die heutigen Menschenaffen hatte und dass es zwischen Australopithecus und *Homo habilis* zu einer erheblichen und raschen Zunahme (etwa 40% nach Phillip Tobias) kam.

Das Wachstum des Gehirns begleitete auch die Entwicklung von *Homo habilis* zu *Homo erectus.* Die Zunahme scheint langsam vor sich gegangen zu sein. Das Schädelvolumen des *Homo habilis* betrug 680 bis 800 Kubikzentimeter, das von *Homo erectus* 800 bis 1200 Kubikzentimeter. In der Folgezeit weisen die ältesten *Sapiens*-Formen eine weitere

Zunahme auf. Bei den Neandertalern liegen die Werte sogar manchmal höher als die Durchschnittswerte heutiger Menschen.
Eine beschleunigte Zunahme mit unterschiedlichem Wachstum der verschiedenen Hirnareale dürfte vor 100 000 Jahren mit der Entwicklung des modernen Menschen *(Homo sapiens sapiens)* eingesetzt haben, dessen Schädelkapazität etwa 1400 Kubikzentimeter beträgt. Der Minimalwert liegt bei 1250, das Maximum bei 1500 Kubikzentimeter.

ENZEPHALISIERUNGSINDIZES

Im Laufe der Evolution ist unser Gehirn auch bezogen auf das Körpergewicht gewachsen. Um festzustellen, in welchem Maße die Neuronen, die mit dem Körperwachstum zusammenhängen, und jene, die die Informationsverarbeitungsfähigkeit steigern, zur Gehirnzunahme beigetragen haben, wird ein Verhältnis zwischen dem Gewicht des Gehirns und dem Gewicht des Körpers aufgestellt. Das Gehirngewicht eines fossilen Schädels kann durch das endokraniale Volumen ermittelt werden, indem man die Schädelkapazität mit 0,87 multipliziert (nach L. Manouvrier). Das Verhältnis zwischen Gehirngewicht und Körpergewicht hoch 0,56 ($EG/KG^{0,56}$) entspricht einem Wert K, den man sich als »geistigen« Faktor vorstellen kann. Er wird »Enzephalisierungskoeffizient« genannt (E. Dubois) und beträgt beim Menschen 2,8, beim Schimpansen 0,93, beim Gorilla 0,89 und 0,66 (Weibchen bzw. Männchen).
Auch bei Berücksichtigung der allgemeinen Körpergröße hat also der Mensch das größere Gehirn.
Eine andere Enzephalisierungsmessung (Enzephalisierungsquotient = EQ) hat Harry Jerison von der University of California, Los Angeles, vorgeschlagen. Sie besteht aus dem

2. Tempo der Gehirnentwicklung bei den Säugetieren (logarithmische Skala für die Zeit wie auch für den Enzephalisierungsquotienten).

3. Mittleres Schädelvolumen und Variationsbreite bei 95 % der Population für die fünf wichtigen Hominidenformen. Die Grafik zeigt, dass das absolute Schädelvolumen der Hominiden sich innerhalb von 3 Millionen Jahren verdreifacht hat.

4. In der obersten Schicht des Fundkomplexes Kostenki (Voronež, Russland), dessen einzelne Fundplätze sich am rechten Ufer des Don verteilen und der auf 22 000 bis 21 000 Jahre vor heute datiert wird, ist diese schematische Darstellung eines menschlichen Gesichts gefunden worden. Museum der Eremitage, St. Petersburg.

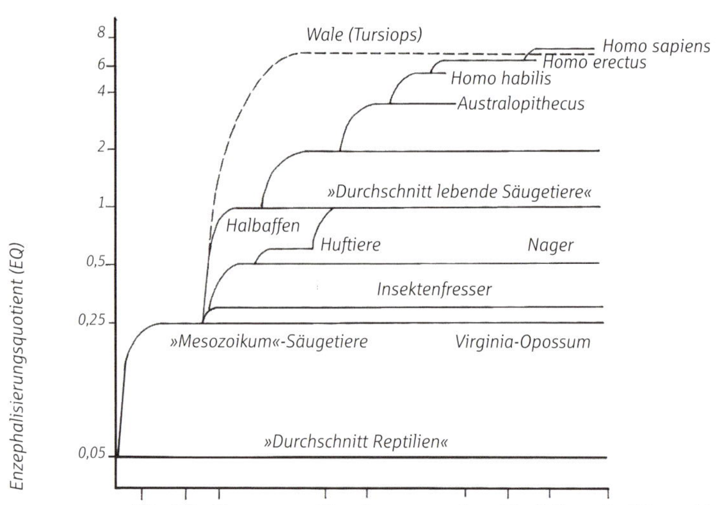

2

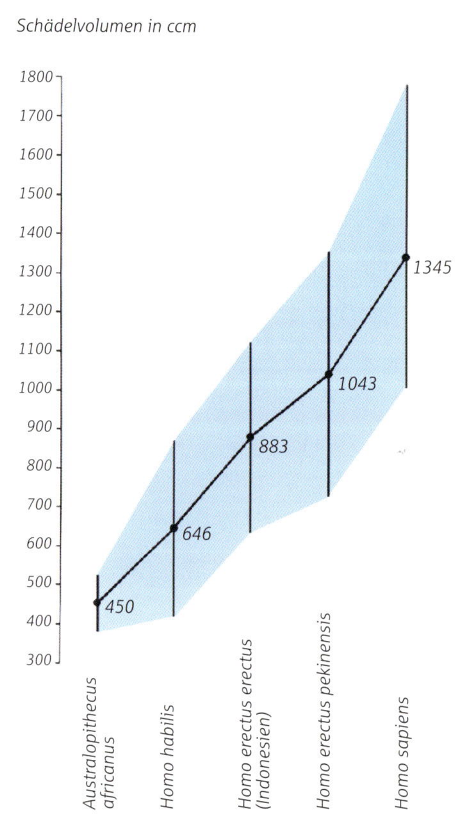

3

4

5

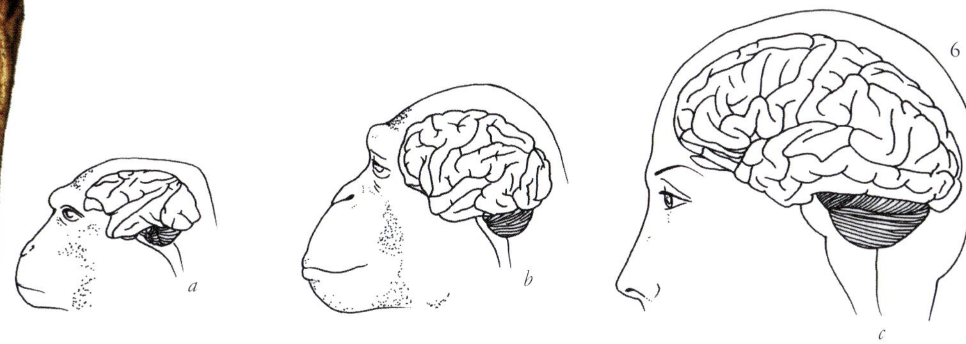

6

Verhältnis zwischen dem tatsächlichen (E) und dem theoretischen Gehirngewicht, das sich am Durchschnitt der lebenden Säugetiere orientiert und mit der Formel 0,12 (Enzephalisierungsgrad für einen Durchschnittssäuger) × Körpergewicht hoch ²⁄₃ berechnet wird. Den Enzephalisierungsquotienten erhält man dann auf folgende Weise:

$$QE = \frac{E}{0{,}12 \times P^{2/3}}$$

Die Halbaffen des Tertiärs hatten einen EQ zwischen 0,55 und 1,75. Bei heutigen Menschenaffen liegt er bei 2,1. Der EQ des Menschen beträgt 8. Für *Australopithecus africanus* ist ein Wert von 3,8, für *Homo habilis* von 4,2 und für *Homo erectus* von 6,5 errechnet worden.
Die typisch menschliche Zunahme der Gehirnmasse soll besonders mit den für die Beziehungen zur Außenwelt verantwortlichen Neuronen zusammenhängen, die beim Menschen zahlreicher als bei den Tieren vorhanden sind (Jerison).
Dieses Wachstum des Gehirns ist schwer zu erklären, vor allem wenn man bedenkt, in welch relativ kurzer Zeit es erfolgte. In einem Zeitraum von etwa drei Millionen Jahren hat sich das Gehirn um fast das Dreifache vergrößert.

Es gibt unterschiedliche Hypothesen, um diesen Vorgang zu deuten: genetische Veränderungen, verknüpft mit günstigen Umweltbedingungen, zum Beispiel mildem Klima und reichlichen Nahrungsgrundlagen. Aber auch kulturelle Faktoren wurden erwogen, die die zerebrale Entwicklung womöglich auf irgendeine Weise förderten und als Folge wie auch als Ursache des Wachstums gesehen werden könnten. Tatsächlich vollzieht sich bei *Homo habilis* und *Homo erectus* die Gehirnzunahme parallel zur Kulturentwicklung: Vor allem die verschiedenen Techniken der Feuersteinbearbeitung, die soziale Organisation und vermutlich die artikulierte Sprache vervollkommnen sich in Zusammenhang mit den weiter entwickelten zerebralen Strukturen. Es ist daher denkbar, dass in der natürlichen Auslese jene Wesen begünstigt waren, die bei der Herstellung der Werkzeuge größere Fähigkeiten bewiesen, da sie auch ein größeres Gehirn besaßen. Die Kultur könnte so zu einem katalysierenden Faktor für die Gehirnentwicklung geworden sein.
Diese Hypothese nimmt dem Prozess, der den Weg der menschlichen Entwicklung stark prägte, allerdings keineswegs das Erstaunliche.

5. Aus Dolní Vestonice (29 000 bis 25 000 Jahre alt) in der Tschechischen Republik nahe Mikulov: Eine stilisierte weibliche Statuette aus Elfenbein. Mährisches Museum, Brno.

6. Darstellung der Gehirne von a) Makake, b) Schimpanse, c) Mensch in proportionaler Größe. Die Zunahme drückt sich nicht nur in der Vergrößerung, sondern auch in der zunehmenden Komplexität aus.

DIE ALTSTEINZEIT

1

2

Der Gebrauch von Steinen oder Stöcken zur Verteidigung oder zur Beschaffung von Nahrung ist auch bei den Menschenaffen zu beobachten, die systematische Herstellung von verschiedenen Geräten und Fortschritte in dieser Technik sind jedoch ein artspezifisches Merkmal des Menschen.

Die Jagd war neben dem Sammeln von Naturprodukten lange Zeit eine Haupttätigkeit des Menschen. Zu diesem Zweck erwies sich die Herstellung von geeigneten Geräten zum Brechen, Schneiden, Ritzen, Graben oder Enthäuten als nützlich. Das Trennen des Fleisches vom Knochen mit Hilfe von Steingeräten war anscheinend schon sehr früh üblich.

Der hauptsächlich für diese Steinwerkzeuge verwendete Rohstoff dürfte der Feuerstein gewesen sein, der allerdings auch besser erhalten ist als Knochen. Sicher wurden auch leichter vergängliche Materialien wie Knochen, Holz oder Horn eingesetzt.

Paläolithikum (Altsteinzeit), Mesolithikum (Mittelsteinzeit) und Neolithikum (Jungsteinzeit) sind die großen Abschnitte der relativen Chronologie dieser Epoche. Sie leiten sich von der Herstellung »alter«, grober (Altsteinzeit) und »junger«, geglätteter Steinwerkzeuge ab (Jungsteinzeit). Die Phase dazwischen wird als Mittelsteinzeit bezeichnet. Es gibt allerdings auch Hinweise auf Steinkulturen vor dem Paläolithikum, die als Prä-Oldowan (De Lumley) bezeichnet werden. Es handelt sich um zwei bis zweieinhalb Millionen Jahre alte, archaische Werkzeugindustrien an verschiedenen Orten Ostafrikas: in Gona (im Afar-Gebiet, Äthiopien) und im Omo-Becken östlich und westlich des Turkana-Sees (Lokalalei). Diese Werkzeuge bestehen aus Abschlägen, Kernen und Geröllgeräten, die mit speziellen Techniken hergestellt wurden. Wer könnte sie gemacht haben? Vielleicht – aufgrund ihrer höheren Hirnentwicklung – eher Vertreter der Gattung *Homo (Homo rudolfensis?)* als *Australopitheci.* Im Paläolithikum werden zusätzlich noch drei Stufen unterschieden: altes, mittleres und junges Paläolithikum.

1. Siedlungsschicht des entwickelten Oldowan, 1 400 000 Jahre alt, aus dem äthiopischen Melka Kunturé, Fundplatz Garba IV: Man sieht dort Gerätschaften, Abschläge mit einer gewissen Spezialisierung und Knochen von Pferden, Elefanten und vor allem Antilopen.

2. Rekonstruktion eines kleinen Lagers der Oldowan-Zeit neben einem Wasserlauf wie in Melka Kunturé. Aber auch im ersten Stratum von Olduvai hat man einen aufgeschütteten Steinkreis gefunden, den verschiedene Autoren als den Boden eines Unterschlupfes deuten. Dessen Datierung geht dann sogar bis auf etwa 1 750 000 Jahre zurück.

3

3. Rekonstruktion einer Hütte in Terra Amata, Nizza, die altsteinzeitliche Jäger vor 400 000 Jahre benutzten. Auf der von der Hütte begrenzten Fläche wurden ein 25 cm langer menschlicher Fußabdruck und Spuren einer Feuerstelle gefunden.

DAS ALTPALÄOLITHIKUM UND DIE OLDOWAN-KULTUR

Die ältesten vorgeschichtlichen Steinwerkzeuge sind aus Kieselstein. Man nennt sie »Oldowan« nach der Olduvai-Schlucht in Tansania, in der eine Fülle solcher Gegenstände geborgen wurde. Es handelt sich um rohes Werkzeug aus Geröll mit groben einseitigen Abschlägen entlang eines kurzen Kantenteils. Ein anderes charakteristisches Oldowan-Gerät ist der vielflächig oder kugelförmig bearbeitete Stein.
Die Oldowan-Kultur ist in weiten Teilen Europas, Afrikas und Asiens auch neben anderen Steinwerkzeugen, zum Beispiel aus der Zweiseiter-Kultur, belegt. Sie wird *Homo habilis* zugeordnet, findet sich aber zusammen mit bereits feiner bearbeiteten Steinwerkzeugen auch noch lange Zeit bei *Homo erectus.* Einige Autoren bezeichnen die Oldowan-Kultur als Archäolithikum, sehen sie immer jedoch als die älteste Kultur überhaupt, die sich gegen Ende des Pliozäns und im unteren Pleistozän entwickelte.
Ein weiterer Ausdruck der Kultur des Oldowan sind die schon erwähnten ersten Wohnstrukturen aus der Zeit vor etwa zwei bis eineinhalb Millionen Jahren: Steinkreise, die in Olduvai (Tansania), in Melka Kunturé in Äthiopien und an anderen Orten Ostafrikas in der Nähe von Seen oder Flüssen entdeckt wurden. Sie werden als steinerne Basis von Hütten oder jedenfalls von Lagern von Hominiden (*Homo habilis*) gedeutet.

TECHNISCHE ENTWICKLUNGEN DES ALTPALÄOLITHIKUMS

Nach der Oldowan-Stufe sind im Altpaläolithikum zwei große Steinbearbeitungstechniken erkennbar: die Zweiseiter- und die Abschlagtechnik. Die ersten zweiseitig bearbeiteten Steine zeichnen das »Abbevillien« (oder früher: Chelléen) aus. Es sind grobe,

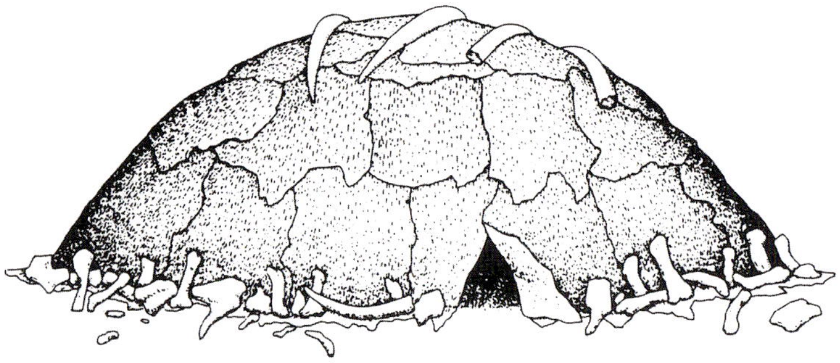

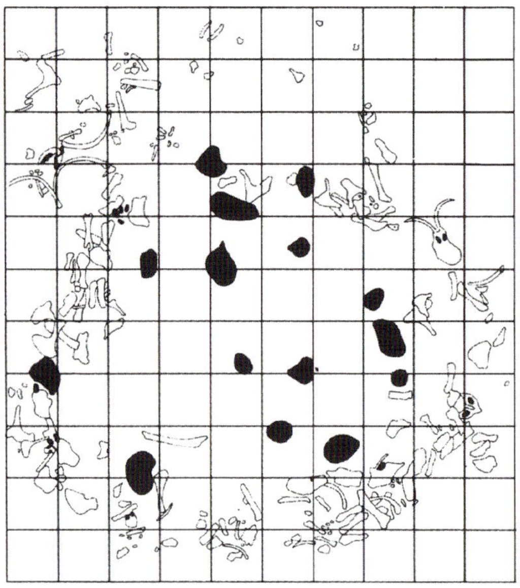

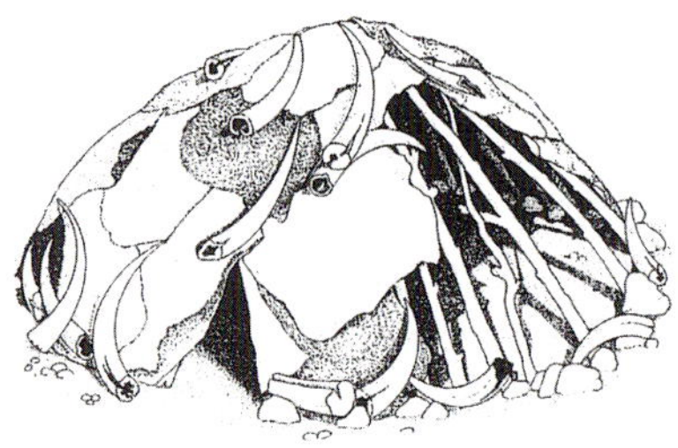

4

5

faustkeilförmige Geräte mit unbearbeitetem Griffstück und abgeschlagenen Seiten mit gekrümmten und langen Schnittkanten. Die technische Vervollkommnung der Abbevillien-Zweiseiter durch weniger breite Abspaltungen und Retuschen an den Seiten und durch den Einsatz eines weichen Schlagwerkzeugs (Knochen, Horn, Holz) führte zur Acheuleén-Stufe.

Eine andere große Errungenschaft des Altpaläolithikums ist die Abschlagtechnik. Sie entwickelt sich auch im Zusammenhang mit den Zweiseitern und zeichnet sich durch die Amboss-Technik aus. Die älteren Werkzeuge (»Clactonien«) bestehen aus großen, breiten Abschlägen. Die Levallois-Technik ist typisch für die Übergangsphase zwischen Alt- und Mittelpaläolithikum. Mit dieser Technik erhält man durch Vorbereitung des Kerns einen Abschlag gewünschter Form.

Schöpfer der Zweiseiter- und Abschlagwerkzeuge ist nicht nur der als *Homo erectus* beschriebene Mensch. Auch aus der Übergangsphase zwischen *Homo erectus* und *Homo sapiens* bzw. den archaischen *Sapiens*-Formen kennt man Steinwerkzeuge des Altpaläolithikums. Häufiger sind jedoch solche, die durch ihre Weiterentwicklung eine Übergangsstufe zum mittleren Paläolithikum anzeigen.

Bis ins Altpaläolithikum reicht die Beherrschung des Feuers zurück. Reste von Feuerstellen, die durch Steinsetzungen geschützt wurden, bezeugen das. Es wird außerdem vermutet, dass bei einigen menschlichen Gruppen (zum Beispiel bei *Pithecanthropus* von Java oder *Sinanthropus*) rituelle kannibalische Bräuche oder Schädelkulte existierten.

4. Rekonstruktionsversuche und Plan einer Wohnstätte des Moustérien aus Mammutknochen, die am ersten Fundplatz von Molodova in der Ukraine gefunden wurde. Eine 44 000 Jahre alte archäologische Schicht lieferte die Reste dieser Rundhütte mit etwa 7 m Durchmesser. Im Inneren wurden 15 Feuerstellen gefunden, die auf dem Plan schwarz eingezeichnet sind.

6

7

DAS MITTELPALÄOLITHIKUM

In Europa entstehen die technisch am weitesten entwickelten Steinwerkzeuge des Altpaläolithikums in den Moustérien-Kulturen der ältesten *Sapiens*-Formen der Riss-Würm-Zeit und der Neandertaler der ersten und zweiten Würm-Zeit. Eine strenge Zuordnung der Moustérien-Kultur zu den Neandertalern ist nicht möglich, da es einerseits schon moderne menschliche Formen gibt, die Steine auf diese Weise bearbeitet haben (in Djebel Qafzeh in Israel), und andererseits Neandertaler auch für das Jungpaläolithikum typische Werkzeuge herstellten (zum Beispiel in Saint-Césaire in Frankreich).

Das Moustérien entwickelt sich mit unterschiedlichen Abschlagtechniken und umfasst in den westeuropäischen Regionen Steingerät der Acheuleén-Tradition mit Zweiseitern und Abschlaggeräten oder Kratzern feinerer und länglicher Form, die mit oder ohne Levallois-Technik hergestellt wurden. Moustérien-Gerätschaften sind aus vielen Gebieten Mittel-, Süd- und Osteuropas bekannt. Sie zeigen unterschiedliche Merkmale, zum Beispiel verschiedene Proportionen, und wurden für unterschiedliche Zwecke hergestellt. Auch rein schmückende Objekte ohne Nutzwert sind bekannt.

Die u. a. durch Steinsetzungen, Pfahllöcher oder Feuerstellen belegten Wohnstrukturen setzen sich im Mittelpaläolithikum fort, und auch Bestattungen von Neandertalern sind gut dokumentiert.

5. Hüttenflächen des mittleren Paläolithikums auf der Hochfläche von Har Karkom auf der Sinai-Halbinsel. Hier wurden Steinwerkzeuge und eine Werkstatt gefunden, in der man Geröllsteine schliff und bearbeitete.

6. Reste einer 13 000 Jahre alten Hütte aus Mammutknochen in Dobranicevka, Ukraine.

7. Rekonstruktion einer weiteren, 15 000 Jahre alten Hütte aus Mammutknochen, gefunden in Mezin, Ukraine.

DAS JUNGPALÄOLITHIKUM

Die vom *Homo sapiens* entwickelten jungpaläolithischen Kulturen zeichnen sich neben einem hohen technischen Niveau bei der Bearbeitung von Feuerstein, Knochen, Elfenbein und Horn auch durch Wandmalereien und andere künstlerische Äußerungen aus.

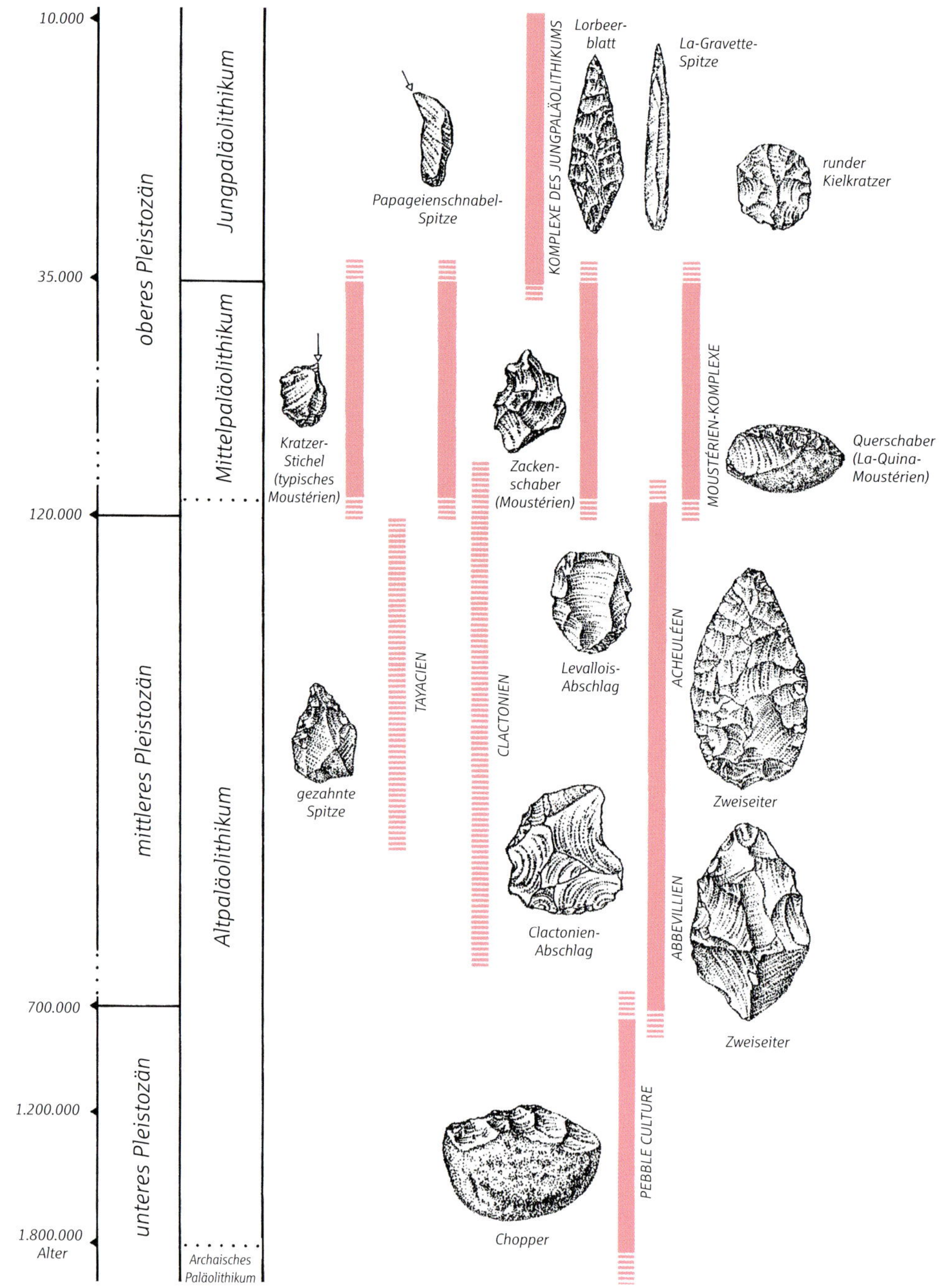

8

8. Schema der prähistorischen Steinkulturen mit besonderem Schwerpunkt auf den europäischen Regionen. Die Werkzeug-Typologien des Tayacien und des Clactonien entwickeln sich – allerdings nicht überall – im Bereich des Altpaläolithikums, manchmal verbunden mit dem Acheuléen. Aus dem mittleren Paläolithikum sind vier oder fünf Moustérien-Komplexe mit Werkzeugen unterschiedlicher Typologie bekannt, die unter anderem auch mit der Levallois-Technik hergestellt wurden.
Im Jungpaläolithikum findet man eine Zunahme von Werkzeug-Industrien, verbunden vor allem mit der Technik des Klingen- oder Mikroklingenabschlags, durch den man kleine und feine Artefakte erhielt (leptolithische Industrien).

Für das europäische Jungpaläolithikum, das vor 35 000 Jahren begann und vor 10 000 Jahren endete, lassen sich verschiedene Kulturstufen beschreiben.
Bei der Feuersteinbearbeitung führt man eine neue Technik ein, mit der Blättchen abgespalten werden. Die auf diese Weise gewonnenen Geräte sind klein und dünn (leptolithische Industrie). Einige Geräte wurden vermutlich auch mit einem Holzgriff versehen. Die Vervollkommnung der Technik hat zur Folge, dass aus einem Stein große Mengen von Feuersteingeräten gefertigt werden können und nur wenige Reste übrig bleiben. Die andere große technische Neuerung ist die systematische Bearbeitung von Knochen und

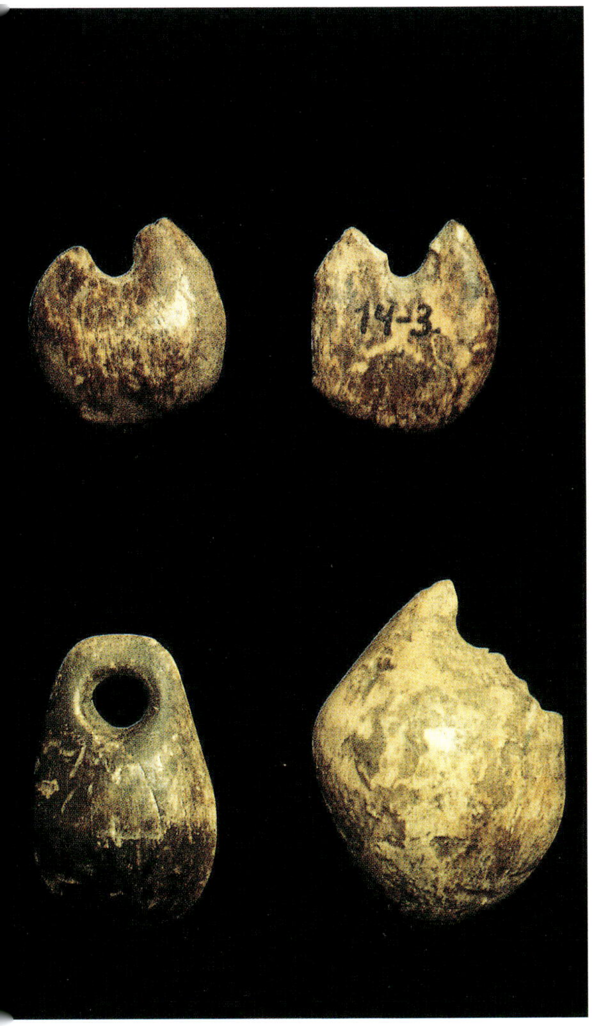

9

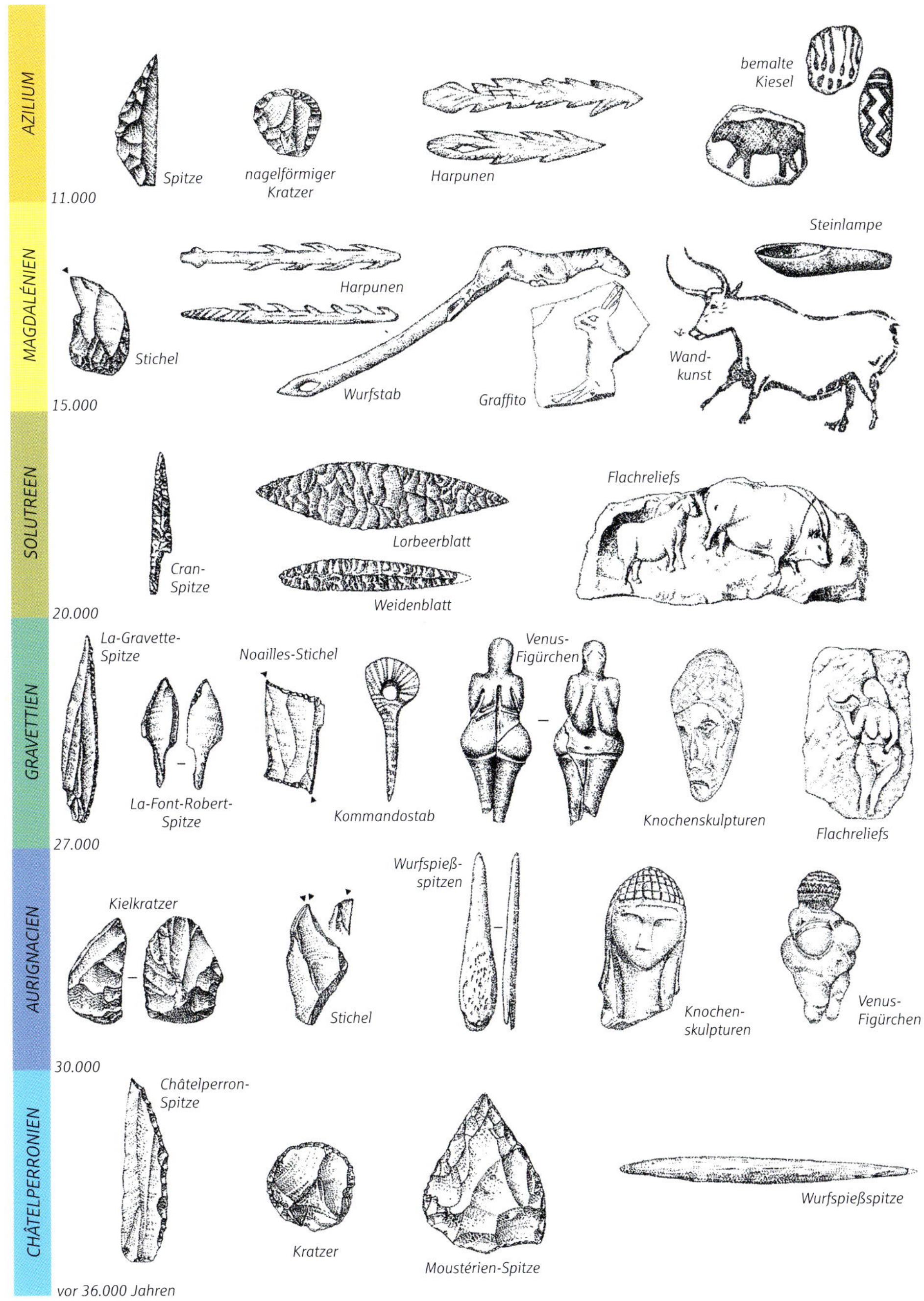

10

9. Aus der Mamutowa-Höhle nördlich von Krakau, Polen: Zwei Reihen von Elfenbeinanhängern, Schmuckstücke aus einer wahrscheinlich dem Aurignacien zuzuordnenden Schicht. Archäologisches Museum Krakau.

10. Kulturen des europäischen Jungpaläolithikums.

Horn, vor allem von Rentier- und Hirschgeweihen, bei der vor allem der Stichel eingesetzt wird.

Im Jungpaläolithikum bestehen die Bestattungsbräuche unverändert fort. Die Wand- und Kleinkunst dagegen erlebt eine Blütezeit. In den von Menschen bewohnten Höhlen findet man Gegenstände, in die Verzierungen eingraviert sind, dazu weibliche Figürchen mit symbolischer Bedeutung und Wandmalereien.

All dies zeigt, dass die Lebensanschauungen und die sozialen Beziehungen dieser Menschen sicher schon weit entwickelt waren.

SYMBOLIK
UND ANFÄNGE DER KUNST

2▷

Die Verständigung mit Hilfe von Zeichen oder Symbolen ist für das soziale Leben wesentlich. Dies lässt sich auch überall im Tierreich beobachten. Es gibt Verhaltensweisen, die Freundschaft ausdrücken oder erwidern, andere signalisieren Kampfeslust oder Drohung und wieder andere eine dominierende oder untergeordnete Stellung. Während der Fortpflanzungszeiten umwerben sich die Geschlechter oft mit besonderen Ritualen, so etwa zu beobachten bei einigen Insekten und Vögeln.

Diese Verhaltensweisen sind eng mit den Lebensbedürfnissen des Individuums und der jeweiligen Art verknüpft, zum Beispiel mit der Verteidigung des Territoriums, der Ernährung oder der Fortpflanzung der Art. Gewöhnlich sind sie konstant und für verschiedene Unterarten und Rassen spezifisch.

Beim Menschen beobachtet man Ähnliches, gleichzeitig aber völlig Abweichendes. Auch das soziale Leben des Menschen ist an Symbole gebunden, doch sind seine symbolischen Fähigkeiten unbegrenzt und nicht durch ererbte Normen bedingt oder durch Prägung erlernt. Der Mensch verwendet ganz unterschiedliche Zeichen: Laute, Gesten, Schriftzeichen. Und ihre Inhalte, d. h. die Botschaften, die sie übermitteln, hängen nicht nur mit der Befriedigung primärer Instinkte, wie der Erhaltung der eigenen Person oder der Art, zusammen.

Dank seiner intellektuellen Fähigkeiten ist der Mensch in der Lage, immer neue Zeichen zu schaffen, denen er Bedeutungen verleihen kann, die jenseits der Urbedürfnisse liegen. Manchmal ist die Entstehung von Zeichen gesellschaftlich bedingt, manchmal sind sie Ausdruck eines kollektiven Bewusstseins und manchmal bestehen sie aus Handlungen, die unter besonderen Umständen wiederholt werden und dadurch rituellen Charakter erhalten. Bisweilen drücken Zeichen aber auch das Seelenleben der Person aus und enthalten freudige oder schmerzvolle Botschaften.

Auch die Kunst ist nicht nur als ästhetischer und kreativer, sondern auch als symbolischer Ausdruck zu werten. Wann begannen im Laufe der Vorgeschichte die symbolischen und künstlerischen Darstellungen? Gab es eine Evolution in der Symbolik und in der Kunst? Gab es einen singulären Moment, von dem an dem Menschen die Fähigkeit, Symbole zu erfassen, der Schönheitssinn und ein religiöses Gefühl innewohnten, oder gehört dies alles zu seinen ursprünglichen Anlagen?

Nach Meinung einiger Forscher sind die Zeugnisse symbolhafter und künstlerischer Tätigkeit relativ jung. Sie setzen sie erst mit *Homo sapiens sapiens*, vor 40 000 bis 35 000 Jahren, an, also in der Blütezeit der Wandmalereien oder frühestens bei den Neandertalern mit ihren Bestattungsbräuchen.

Tatsächlich aber verfügt auch der steinbearbeitende Mensch des Altpaläolithikums nicht nur über eine Intelligenz, die das Gedachte umzusetzen weiß, sondern auch über einen gewissen ästhetischen Sinn. Man denke nur an die Zweiseiter-Industrie, also an jene Faustkeile, die nicht allein an den Kanten mit manchmal sehr gekonnt ausgeführten gekrümmten Schneiden ausgestattet, sondern auch an beiden Seiten retuschiert sind.

Die Form dieser Geräte ist bisweilen als ein Modell der menschlichen Hand gedeutet worden, gleichsam als Symbol – nicht nur der Funktion, sondern auch der Form nach – einer dritten Hand im Sinne einer Erweiterung der Hand und des Vorstellungsvermögens für die verschiedenen Einsatzmöglichkeiten des Artefakts.

Aber vor allem die Retuschen an beiden Seiten zeigen einen Sinn für Symmetrie und symbolische Logik, denn die Nachbearbeitungen hatten ja keine Funktion, sondern dienten allein der Verschönerung des Werkzeugs.

1

1. Sandstein-Zweiseiter aus dem Acheuléen, gefunden in Tachenit in der algerischen Sahara. Anthropologisches Museum der Universität Bologna.

2. Zweiseiter aus dem Département Aisne in Nordfrankreich. Hier wie in den Départements Somme und Seine wurden tausende Steinwerkzeuge aus dem Altpaläolithikum gefunden. Sie gehören zur Acheuléen-Kultur, deren typisches und repräsentatives Gerät der Zweiseiter ist.

Aisne

3

Die symmetrische Gestalt verbessert nicht die Schneide- oder Schabkraft des Geräts, sondern sie ist vielmehr Ausdruck des Schönheitssinns seines Schöpfers. Nicht alle Zweiseiter sind deswegen als künstlerische Leistungen aufzufassen, genauso wie nicht alle Statuen, die wir heute sehen, Kunstwerke sind: Liegt eine reine Wiederholung und Nachahmung vor, so ist das Artefakt einem Handwerker und nicht einem Künstler zuzuschreiben. Wenn sich jedoch im schöpferischen Moment des Zweiseiters neben der Funktionalität ein ästhetischer Geschmack zeigt, so kann man darin durchaus künstlerischen Ausdruck erkennen.
Von außergewöhnlichem Interesse sind einige im englischen Swanscombe gefundene Acheuleén-Zweiseiter, die der Übergangszeit zwischen Alt- und Mittelpaläolithikum (vielleicht vor etwa 200 000 Jahren) zugeordnet werden. Diese Zweiseiter enthalten fossilierte zweischalige Muscheln und Seeigel, die der Schöpfer des Artefakts für erhaltenswert hielt. In diesem Fall ist ein gewisser Sinn für Schönheit und Ästhetik offensichtlich, also eine Fähigkeit, die nicht direkt Ausdruck, aber bereits Anzeichen von Kunst ist. Sehr frühe Hinweise auf symbolische Kunst kann man bereits in den strukturierten Ritzungen auf dem Schienbeinknochen eines Elefanten aus dem Lager Bilzingsleben erkennen, die 400 000 Jahre alt sind.

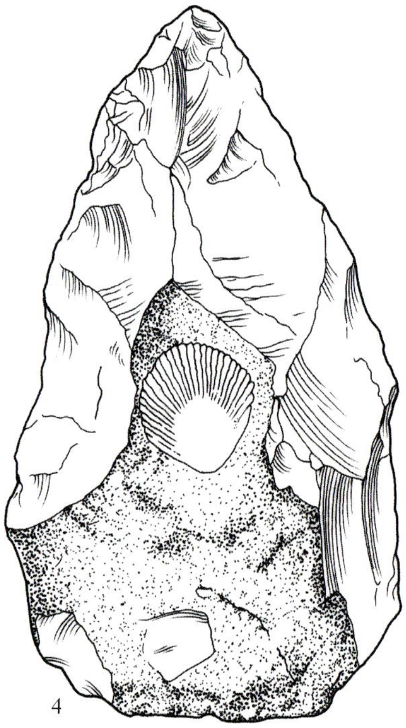

4

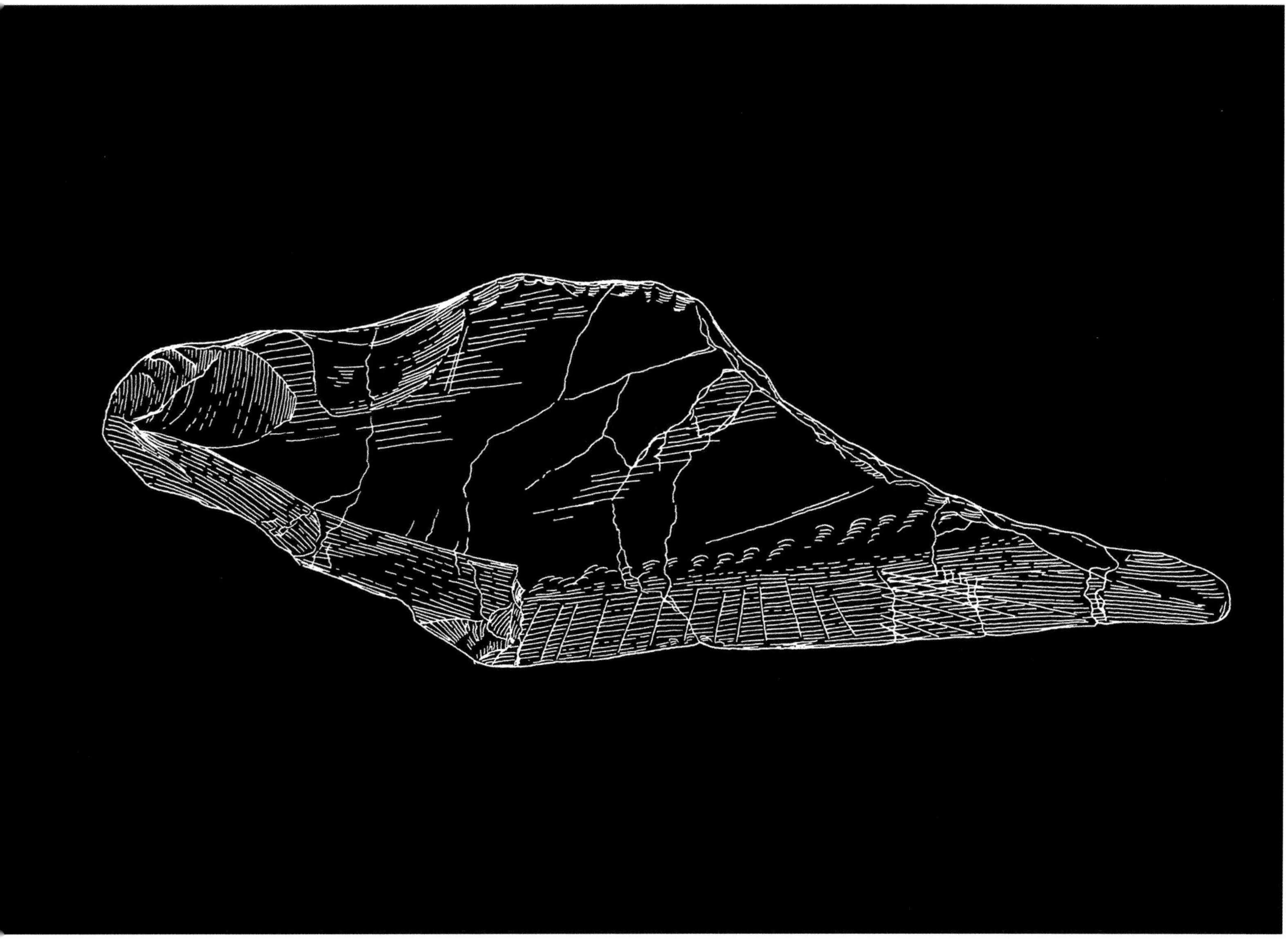

3. Links: Kalkgeröllstein mit Spuren von rotem Ocker aus Isernia La Pineta in der italienischen Provinz Molise. Er belegt einen alten Gebrauch der färbenden Substanz. Rechts: Oberfläche einer Seite des Elefantenschienbeins aus Bilzingsleben. Die Regelmäßigkeit und die Abfolge der Schnitte haben bei einigen Wissenschaftlern die Vorstellung eines Rhythmus oder einer möglichen, uns allerdings verschlossenen Botschaft aufkommen lassen.

4. Zweiseiter aus Feuerstein (Faustkeil) des Acheuléen, gefunden in West Tofts, Norfolk. In der Mitte ist eine fossilierte Muschelschale (Spondylus spinosus) zu sehen. Offenbar wurde das Fossil vom Schöpfer des Artefakts absichtlich bewahrt.

Ein indirektes Zeugnis symbolischer und künstlerischer Äußerungen liegt vielleicht in den kleinen Stücken aus rotem Ocker vor, die aus verschiedenen, auch sehr frühen Fundstätten bekannt sind: aus Gadeb im Südosten Äthiopiens (hier sind sie etwa 1,5 Millionen Jahre alt), aus der zweiten Schicht der Olduvai-Schlucht in Tansania und auch aus Terra Amata bei Nizza in Frankreich (Alter: 0,4 Millionen Jahre) (vgl. Oakley, 1981).
Kieselsteine mit roten Ockerspuren kennt man zudem aus dem paläolithischen Lager von Isernia in Italien (730 000 Jahre alt). Bruchstücke von rotem Ocker mit senkrechten Streifen sind an einem 250 000 Jahre alten Acheuleén-Fundplatz im böhmischen Bečov (Tschechische Republik) gefunden worden. Und schließlich ist ausreichend belegt, dass die Neandertaler und die Menschen des Jungpaläolithikums Ocker bei den Bestattungen verwendeten.
Wir wissen nicht, wozu der rote Ocker diente. Er könnte als Blut- oder Lebenssymbol gedeutet worden sein oder auch als Schutz vor dem Tod. Einige Forscher halten es für sehr wahrscheinlich, dass er verwendet wurde, um symbolhafte und dekorative Zeichen zu setzen, und somit eine künstlerische oder vielleicht auch rituelle Bedeutung gehabt haben könnte. Wären dann vielleicht im frühen Ockergebrauch die Anfänge der Kunst zu erkennen?

DIE KUNST DER ALTSTEINZEIT

1

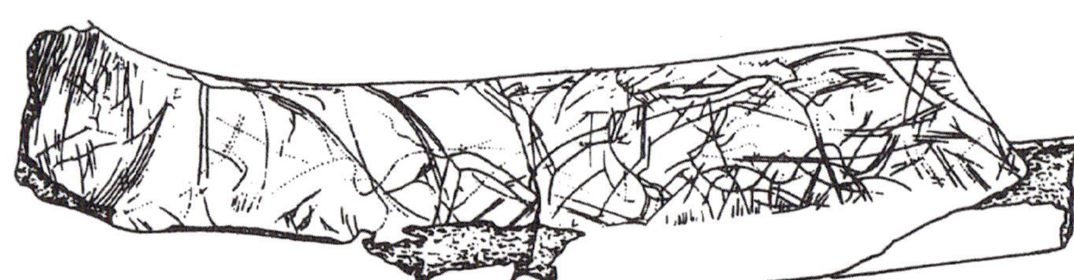

2

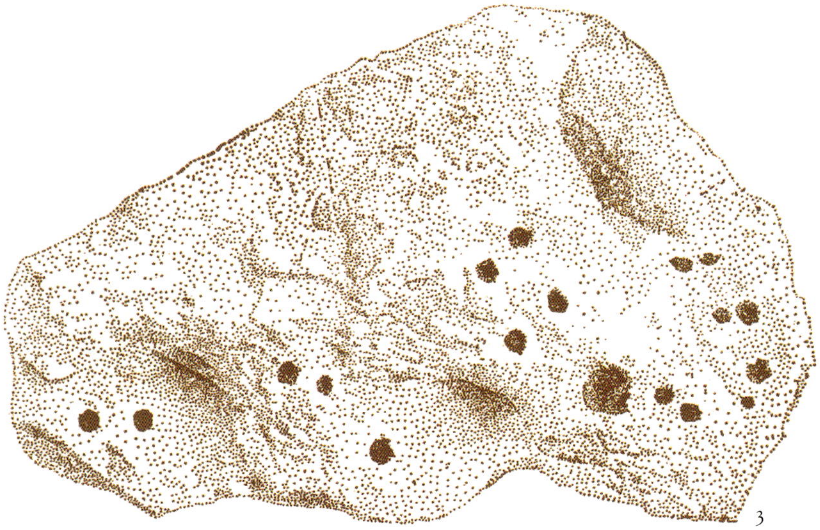

3

2. Stück eines Langknochens mit geschwungenen Ritzlinien aus einer Höhle in Pech-de-l'Aze, Carsac, Dordogne.

3. Grabplatte, die eine Neandertaler-Bestattung in La Ferrassie abdeckte und heute im Musée Préhistorique von Eyzies in der Dordogne aufbewahrt wird.

1. Links: Detail eines Gegenstandes, eines so genannten »Löffels«, weil er auf einer Seite konkav und auf der anderen konvex ist. In diesem Fall besteht er aus dem Kieferknochen eines Pferdes. Mit sicherer Hand und großem Realismus sind hier zwei Pferdeköpfe dargestellt, einer größer, der andere kleiner. Die Zeichnung ist von Punktmustern umgeben. Aus der Pekarna-Höhle, Ochoz, Tschechische Republik (Mährisches Museum Brno). Rechts: Auf der konvexen Seite desselben Löffels sieht man den Kopf einer Gämse, und, wenn man den Gegenstand umdreht, den eines Wisents. Die Zeichnung ist von mehreren parallelen Linien umgeben.

Die Kunst entwickelte sich in Europa wie auch in Afrika im Jungpaläolithikum vor etwa 40 000 Jahren. Auch Gravuren und Zeichen auf Tierknochen, die aus früheren Zeiten stammen, gelten – allerdings nicht allen Wissenschaftlern – als Darstellungen mit symbolhaftem Charakter. Ein Rippenknochen einer Antilope aus Pech-de-l'Aze in der Dordogne, der in die Zeit des Altpaläolithikums datiert wird, zeigt Ritzungen unbestimmter Gestalt. Ein auf einem Neandertalergrab in La Ferrassie in Frankreich gefundener Stein ist mit kleinen Einkerbungen in Form von Bechern versehen, deren Bedeutung unklar ist.

Unterschiedliche, aus Rengeweihen oder Elefantenzähnen hergestellte Geräte wie Harpunen, Spieße und Wurfstäbe sind häufig mit Gravuren und Flachreliefs dekorativer Art versehen. Diese Kleinkunst ist älter und weiter verbreitet als die Wandkunst und kam im Jungpaläolithikum zur vollen Entfaltung.

Dargestellt sind meist Tiere, die der Mensch jagte oder die in seiner Umgebung lebten, wie Pferd, Wisent, Hirsch, Mammut, Nashorn und Hase. Aber auch der menschliche Körper wird abgebildet, vor allem der weibliche. In Verbindung mit Tieren hat dessen Darstellung offensichtlich symbolischen Charakter.

7▷▷
8▷▷

4

4. Die »Venus von Brassempouy« ist ein winziger Elfenbeinkopf (36,5 mm) und gilt als das schönste weibliche Gesicht des Paläolithikums. Sie wurde in der Grotte du Pape in Brassempouy, Landes, Frankreich, gefunden und ist heute im Musée des Antiquités Nationales in Saint-Germain-en-Laye nahe Paris zu bewundern.

5. Die Ton-»Venus« (etwa 25 000 Jahre alt) stammt aus Dolní Vestonice, wo man zwei Öfen gefunden hat, um solche Statuetten zu brennen. Sie ist 110 mm hoch, Gliedmaße und Gesicht sind stilisiert, betont sind die Körperteile, die mit der Fruchtbarkeit verbunden sind.

6. Die »Venus von Lespugue«, Département Haute-Garonne: Skulptur aus Mammut-Elfenbein, 147 mm hoch, aus dem oberen Périgordien, gefunden in der Grotte des Rideaux. Sie ist ein Meisterwerk der paläolithischen Kunst. Das Auge konzentriert sich auf Brust und Bauch, die hervorgehobenen Züge der Figur. Abguss des Anthropolgischen Museums der Universität Bologna.

7. Auf den folgenden Seiten, links: »Venus von Willendorf«, Österreich, aus dem Aurignacien. Sie ist aus Kalkstein, 230 mm hoch und gehört zu den größten und massivsten paläolithischen Statuen. Einzigartig ist die in Spiralen um den Kopf gelegte Frisur. Abguss des Anthropolgischen Museums der Universität Bologna.

8. Auf den folgenden Seiten, rechts: Aus dem ersten Stratum von Kostenko, Russland, stammt diese Kalkstein-Skulptur, die sich durch im Vergleich zu den westeuropäischen Statuetten stärker gegliederte Profile auszeichnet.

Häufig kommen als »Venus«-Figürchen bezeichnete weibliche Statuetten aus Stein, Knochen oder Elfenbein vor. Sie sind an verschiedenen europäischen Fundstätten aus dem Aurignacien-Perigordien und späteren Zeiten entdeckt worden, so zum Beispiel in Grimaldi, Savignano sul Panaro (Italien), Lespugue, Brassempouy (Frankreich), Galgenberg, Willendorf (Österreich), Dolní Vestonice (Tschechische Republik), Kostenki, Avdeevo, Mal'ta (Russland). An einigen Orten sind sie besonders zahlreich, etwa in Lager Balzi Rossi in Grimaldi. An den weiblichen Figuren sind die mit der Mutterschaft zusammenhängenden Körperteile (Brüste, Gesäßbacken, Hüften) betont, während Kopf und Gliedmaßen nur angedeutet sind. Die Statuetten werden als Ausdruck von Fruchtbarkeits- und Mutterschaftskulten gedeutet, doch nicht alle Forscher teilen diese Ansicht. Man bezeichnet sie auch als »steatopyge« Statuetten wegen der starken Fettansätze am Gesäß, die an die Steatopygie erinnern, ein Merkmal der heutigen Buschmänner und Hottentotten aus dem südlichen Afrika. Der symbolische oder magische Charakter der Figuren lässt darauf schließen, dass es sich nicht um eine naturgetreue Abbildung weiblicher Körpermerkmale der vorgeschichtlichen Epoche handelt. Daneben fehlt es nicht an harmonischen weiblichen Darstellungen wie etwa einem Elfenbeinköpfchen aus Dolní Vestonice oder Abbildungen von Frauen auf Elfenbeinplättchen des Gravettien.

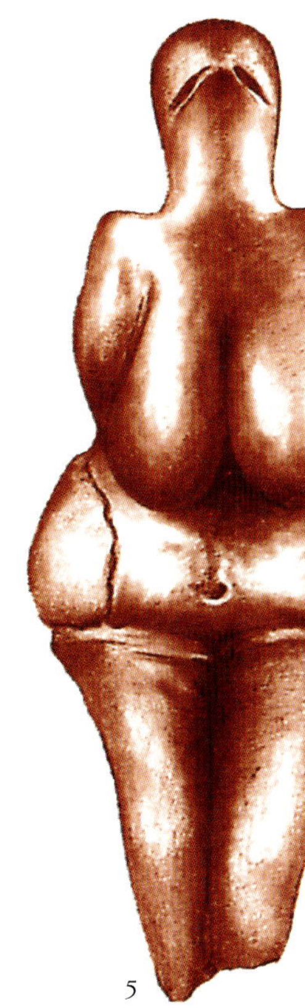

5

6▷

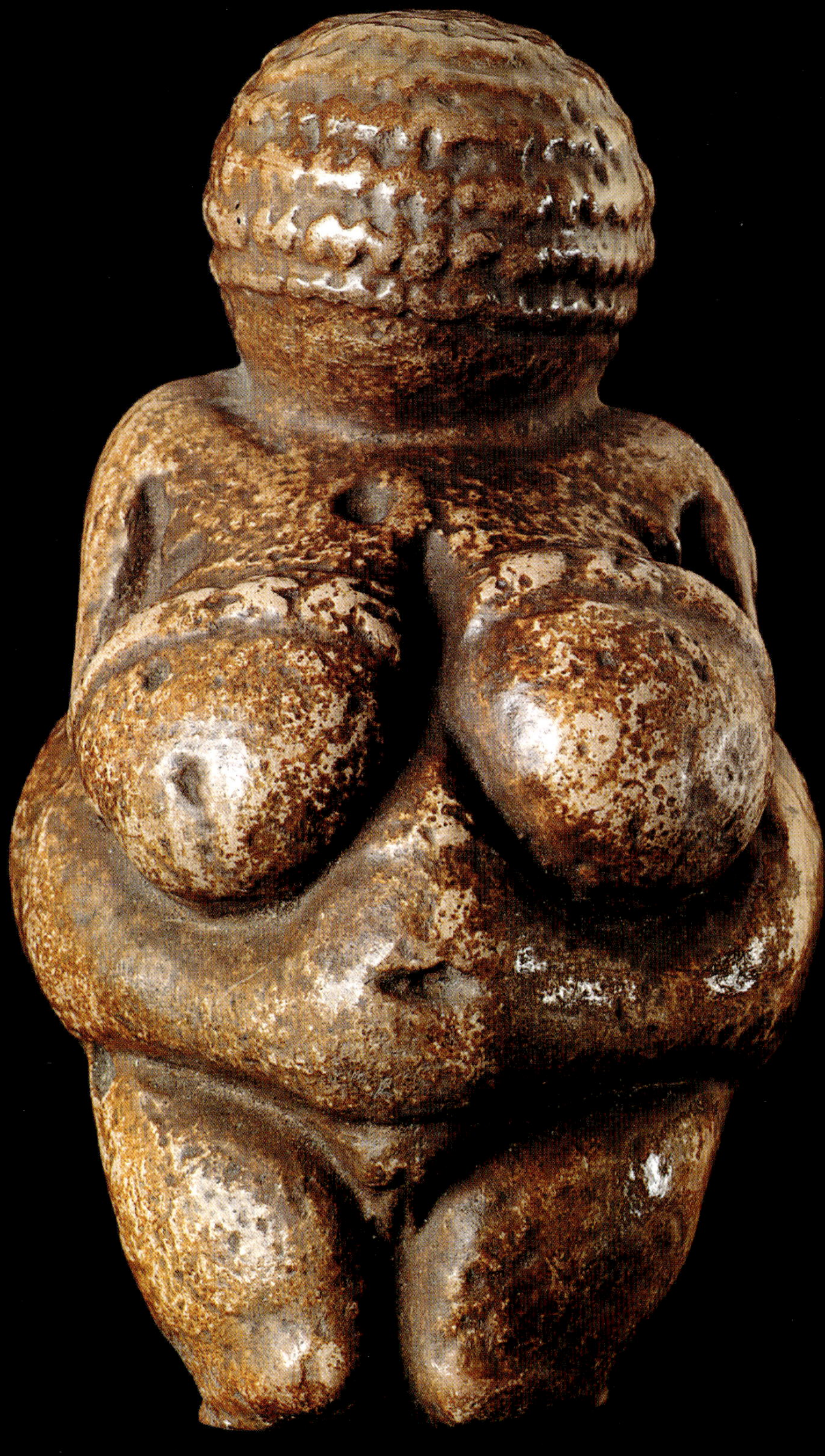

11▷

9

9. Aus der Altamira-Höhle (Santillana del Mar, Kantabrien, Spanien): Die Darstellung eines großen Wisentbullen in der beeindruckenden farbigen Komposition, die das »Gewölbe« der Höhle überzieht.

10. Ausschnitt eines riesigen schwarzen Stiers – Gesamtlänge 300 cm – verbunden mit einem Zeichen, das als Ideogramm gedeutet wird. Aus der Höhle von Lascaux, Montignac, Dordogne.

11. Altamira: Der Vorderteil eines angreifenden Wisents, insgesamt 127 cm lang und ausgeführt unter Einbeziehung eines Felsvorsprungs.

Die älteste Wandkunst des Jungpaläolithikums wurde vor etwas mehr als einem Jahrzehnt in der Grotte Chauvet in Westfrankreich gefunden: Sie ist 32 000 Jahre alt, also älter als die schon länger bekannten Bilder des Magdalénien (18 000 bis 15 000 Jahre). Die Felsmalereien zeigen gefährliche Tiere: Löwe, Mammut und Wollnashorn.

Die künstlerisch sehr wertvollen Darstellungen des Magdalénien sind Werke von Jägervölkern, die unter anderem die Höhlen von Altamira in Spanien, von Niaux, Les Combarelles, Tuc d'Audoubert, Lascaux und Les Trois Frères in Frankreich als Versammlungsorte nutzten. Die Malereien wurden zum Teil in sehr tiefen, manchmal hunderte Meter langen Höhlen mit Gängen und Sälen ausgeführt, die vermutlich weder als Wohnplätze noch dem Schutz vor Tieren dienten, sondern vielmehr Versammlungsorte ritueller Art gewesen sein dürften. Sie sind auch als »Heiligtümer« der Vorgeschichte beschrieben worden.

Diese Malereien bilden den Zyklus der »frankokantabrischen« Kunst, einer wunderbar naturalistischen Kunst mit einer Blütezeit im Magdalénien, die vor allem die für das Überleben des Menschen wichtigen Tiere darstellte, in der aber auch Absichten erkennbar sind, die über eine rein ästhetische Bedeutung hinausgehen und eine magisch-religiöse Haltung erkennen lassen. Die Darstellung der Tiere sollte die Jagd begünstigen, ähnlich wie es bei einigen heutigen Menschengruppen (zum Beispiel bei den Pygmäen oder australischen Aborigines) der Fall ist.

In den Jagdszenen sind die Tiere, auf die der Mensch Jagd machte, die eigentlichen Akteure, vor allem Wisente, Auerochsen, Pferde, Hirsche, Mammute, Steinböcke, Riesenhirsche und Rentiere. In Covalanas kommt der Hirsch besonders häufig vor, in Altamira und Niaux der Wisent, in Lascaux der Stier, in Combarelles das Pferd, in Rouffignac das

10

12. Zwei Mammute stehen sich in der Grotte von Rouffignac in der Dordogne gegenüber.

13. In der Höhle von Niaux (Ariége, Westpyrenäen, Frankreich), befindet sich diese mit Ocker angemalte Felsspalte. Wie bei weiteren analogen Fällen geht man davon aus, dass für die Menschen des Paläolithikums auch gewisse Unregelmäßigkeiten der Felsen selbst auf weibliche Symbole verweisen konnten.

12

13

Mammut, in Chauvet das Nashorn. Vereinzelt sind auch andere Tiere wie Raubkatzen und Bären zu sehen. Die unterschiedliche Häufigkeit der dargestellten Tiere (nach dem französischen Forscher André Leroi-Gourhan besonders häufig das Pferd und die großen Rinder mit 30 %, der Hirsch mit 11 %, das Mammut mit 9 %, der Steinbock mit 8 %, das Rentier mit 3,5 %) hat zu der Annahme geführt, dass sich die Darstellungen nicht nur auf jene Tiere bezogen, die für den Lebensunterhalt des Menschen wichtig waren, sondern dass sie auch einen symbolischen Wert hatten. Ihre Symbolik wird dabei sowohl religiös als auch gesellschaftlich gedeutet.

Manchmal ist auch eine gewisse »Ordnung« in den Darstellungen festzustellen: In Rouffignac sieht man Tiere, die »eintreten« und Tiere die »weggehen« – erstere werden als die die Tiere gedeutet, die im Sommer zur Welt kommen, während letztere im Winter sterben.

Häufig erscheint die Wisent-Pferd-Verbindung, die für Frau (Wisent) und Mann (Pferd) stehen könnte (vgl. Leroi-Gourhan). Die oft dargestellten Verletzungen durch Spieße an den Hüften des Wisents könnten ein Symbol für den Geschlechtsverkehr sein. Auch einen Bezug zur sozialen Organisation der Jagenden haben Forscher wie Annette

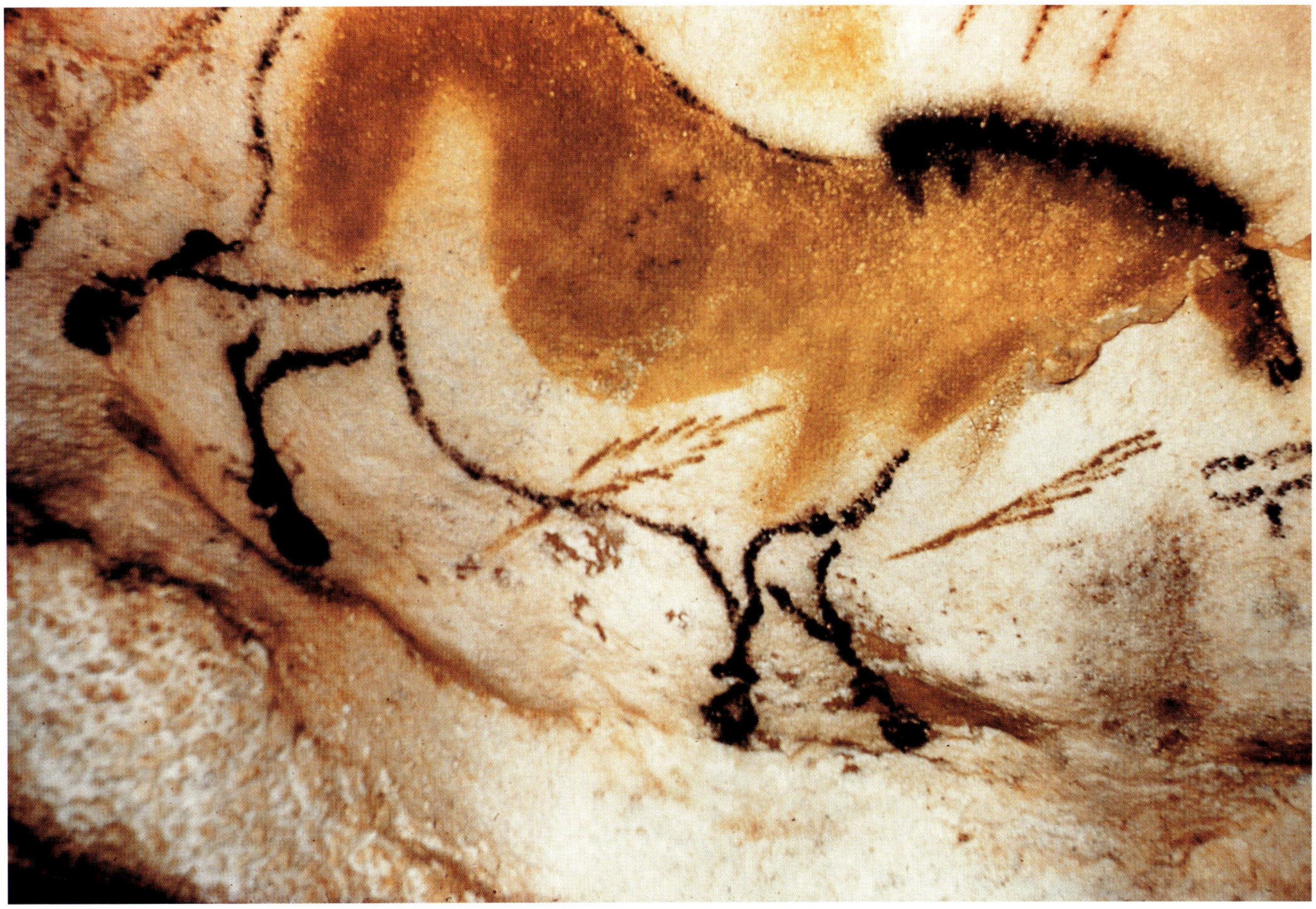

14

15

Laming-Emperaire sehen wollen (zum Beispiel das Volk des Pferdes und das Volk des Wisents).

Selten werden menschliche Figuren (geschlechtslos oder auch mit unbestimmtem Geschlecht) dargestellt. Sie sind außerdem künstlerisch nicht so qualitätvoll wie die Tierdarstellungen. An den Höhlenwänden beobachtet man neben Tierabbildungen auch besondere Zeichen wie Segmente, Punkte oder Pfeile. Sie haben zum Teil wohl symbolischen Wert, vermutlich in Verbindung mit dem Sexualleben (Leroi-Gourhan) oder mit der sozialen Organisation (Laming-Emperaire).

In der altsteinzeitlichen Kunst finden sich auch maskierte Wesen oder Mischwesen aus Tier und Mensch, wie der hoch aufgerichtete »Zauberer« von Les Trois Frères, der ein Hirschgeweih auf dem Kopf trägt, dazu aber menschliche Beine und einen langen Schwanz hat (s. Abbildung S. 226). Einige Wissenschaftler wollen darin Verkleidungen von Tänzern während religiöser Zeremonien zur Beschwörung des Jagdglückes sehen oder aber Personen mit schamanischen Funktionen. Eine einzelne anthropomorphe Figur auf einem Fels in der Höhle von Fumane (Verona) mit einem Alter von etwa 30 000 Jahren wird ebenfalls als Schamane gedeutet.

14. Eines der zahlreichen Pferde, die in der Höhle von Lascaux abgebildet sind.

15. Wisent und Pferd gemeinsam auf dem Hauptbild der Höhle von Santimamiñe, Biscaya, Spanien.

16

16. Zwei genau zueinander passende Bruchstücke eines bemalten Steins aus einer »Apollo 11« genannten Höhle in Namibia. Das dargestellte Tier könnte einer Katze ähneln.

17. Rekonstruktion eines Cro-Magnon-Menschen beim Einritzen eines kleinen Wisents unter einem Felsdach in Ségriés, Haute Provence, Frankreich: Es war die erste in der Provence gefundene Felszeichnung. Musée de Préhistoire des Gorges du Verdon, Quinson, Frankreich.

18. Bemalter Fels in Mootwingee, Neusüdwales, Australien – eine von vielen Felsmalereien auf dem australischen Kontinent.

19. Ein Känguru: Figur mit Totem-Charakter, wahrscheinlich als Vorzeichen einer Vermehrung dieser Tiere angebracht, sei es als Nahrungsquelle oder als Schutzmacht des Stammes. Abgebildet an der Fundstätte Nourlangie in Nordaustralien.

20. Auf den folgenden Seiten, links: Felsüberhang Tan Zaumaitaik, algerische Sahara. Zwei elegante Figuren, vielleicht bei einem gemeinsamen Ritual, genannt die »Fürsten«.

21. Auf den folgenden Seiten, rechts: Am Felsüberhang Tin Tazarift, algerische Sahara. Ein Bogenschütze, Ausschnitt aus einer Szene mit anthropomorphen Figuren, flankiert von zwei Männern, die mit Bogen und Pfeilen bewaffnet sind.

17

18

19

Von besonderem Interesse und sehr alt ist die afrikanische Kunst. Etwa 30 000 Jahre alte Steinplättchen mit Tierbildern, darunter auch polychrome, sind in Namibia (Apollo-11-Höhle) gefunden worden. Felsmalereien aus einer Zeit vor 40 000 Jahren sind von der tansanischen Hochebene bekannt. Es handelt sich um Kunst archaischer Jäger, die vor 40 000 und 12 000 Jahren lebten und die den Bogen noch nicht kannten. In einer Abfolge verschiedener Stile herrschen die vom Menschen gejagten Tiere und Symbole vor, Menschen fehlen fast völlig.

In Nordafrika (auf dem Felsplateau Tassili n'Ajjer in der algerischen Sahara bis nach Libyen hinein) fand man Felsbilder höher entwickelter Jäger, die den Gebrauch von Pfeil und Bogen bereits kannten (9. bis 8. Jahrtausend v. Chr.).

Wertvolle künstlerische Darstellungen sind auch aus verschiedenen Orten Asiens und Australiens für den Zeitraum vor 20 000 bis 10 000 Jahren bekannt. Hierbei handelt es sich ebenfalls vor allem um Felsbilder. Sie sind teilweise durch Felsvorsprünge geschützt, befinden sich aber auch an Wänden, die der Witterung ausgesetzt waren.

Auffallend ist ein Zusammenhang zwischen dem Kunstschaffen und der Entwicklung des *Homo sapiens sapiens.* Außerdem verblüfft die Ähnlichkeit der bildnerischen Themen in weit voneinander entfernten Gebieten.

Sind diese Ähnlichkeiten als Ausdruck eines einzigen Kulturursprungs (in Verbindung mit der afrikanischen Wiege?) zu deuten oder als ein Kulturniveau, das von verschiedenen Menschengruppen auf jeweils eigenen Wegen erreicht wurde?

20

21

DIE GROSSE WENDE DER JUNGSTEINZEIT

1

1. Eine Szene aus dem Leben im europäischen Mesolithikum nach einer Rekonstruktion des Musée de Préhistoire des Gorges du Verdon, Quinson, Frankreich. Unter einem Felsdach befinden sich eine Frau, die Muscheln öffnet, und ein Fischer.

2. Zeichnungen von zwei Objekten der Natuf-Kunst: Messergriffe mit skulptierten Darstellungen kleiner Wiederkäuer. Berg Karmel, Israel.

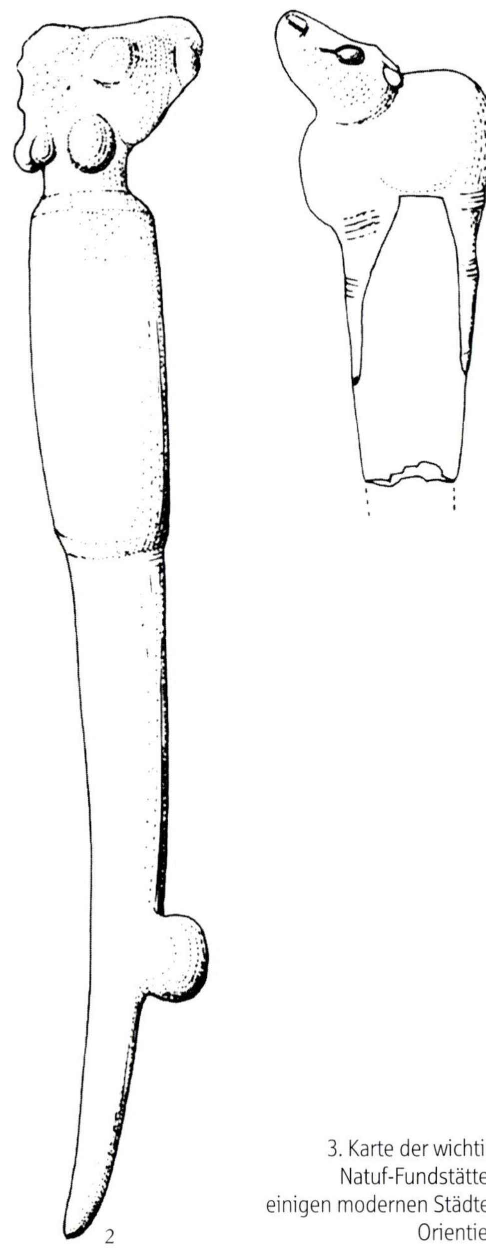

2

DIE ÜBERGANGSZEIT ZWISCHEN PALÄOLITHIKUM UND NEOLITHIKUM

Vor 10 000 Jahren begann die Nacheiszeit: Die Temperaturen stiegen, das Klima wurde milder, die ausgedehnten Eisflächen schmolzen, die Wasserläufe schwollen an, der Meeresspiegel stieg und das Meer drang in die Küstenregionen vor.
Auf den ersten Blick also günstigere Lebensbedingungen für den Menschen, in Wirklichkeit jedoch ein Moment der Krise. Die traditionellen Jagdbestände nahmen ab, da viele Kälte liebende Tiere ausstarben oder sich in nördlichere Gebiete zurückzogen. Hinzu kommt, dass die Bevölkerungszahl in der Blütezeit der jungpaläolithischen Jäger mit Sicherheit angestiegen ist. Die Menschen müssen sich nun mit bescheideneren Nahrungsmitteln begnügen, etwa mit Meeresmuscheln. Auch der Fischfang gewinnt in dieser Epoche der nachpaläolithischen Kultur (Epipaläolithikum und Mesolithikum) an Bedeutung.
Die auf der Jagd und dem Sammeln von Naturprodukten beruhende Subsistenzwirtschaft geht in eine gemischte Wirtschaft über, die sich zusätzlich auf noch primitive Produktionsformen stützt. Es gibt aufschlussreiche Zeugnisse für ein systematisches Sammeln von Schnecken und Muscheln. Die Menschen leben als Jäger, Sammler und Fischer.

3. Karte der wichtigsten Natuf-Fundstätten mit einigen modernen Städten zur Orientierung.

4. Felsritzung in Wusitaikou in den Yinshan-Bergen der zu China gehörenden Inneren Mongolei. Die künstlerische Darstellung ist dem Proto-Neolithikum zuzuordnen und zeigt Wildziegen, die von einem Hund angegriffen werden.

4

3

In der Übergangszeit zwischen Mesolithikum und Neolithikum trägt diese Wirtschaft zur Entstehung der Natuf-Kultur (12 500 bis 10 000 Jahre vor heute) im Nahen Osten bei, die sich durch Sesshaftwerdung und erste runde Wohnbauten aus Stein auszeichnet. Diese neue Beziehung zum Territorium ist eng verbunden mit der Entwicklung der Landwirtschaft, die zu einem bestimmenden Faktor der Jungsteinzeit wird.
Vor 10 000 Jahren, wenn nicht schon früher, begann die Domestikation des Hundes, den der Mensch am Anfang vermutlich als Jagdgehilfen verwendete.

NEOLITHIKUM

Diese Zeit stellt einen Wendepunkt in der Kulturgeschichte der Menschheit dar, vergleichbar etwa mit der industriellen Revolution des 19. Jahrhunderts. Deshalb spricht man auch von der »neolithischen Revolution«.
Es entstehen neue Beziehungen zwischen dem Menschen und seiner Umwelt: Der Mensch nutzt die Natur, er zerstört sie jedoch nicht, sondern fügt sich in die Fortpflanzungszyklen der Tier- und Pflanzenarten ein und passt diese seinen Ernährungsbedürfnissen an, etwa durch die Domestikation einiger Tiere (Schwein, Ziege, Schaf, Rind,

5

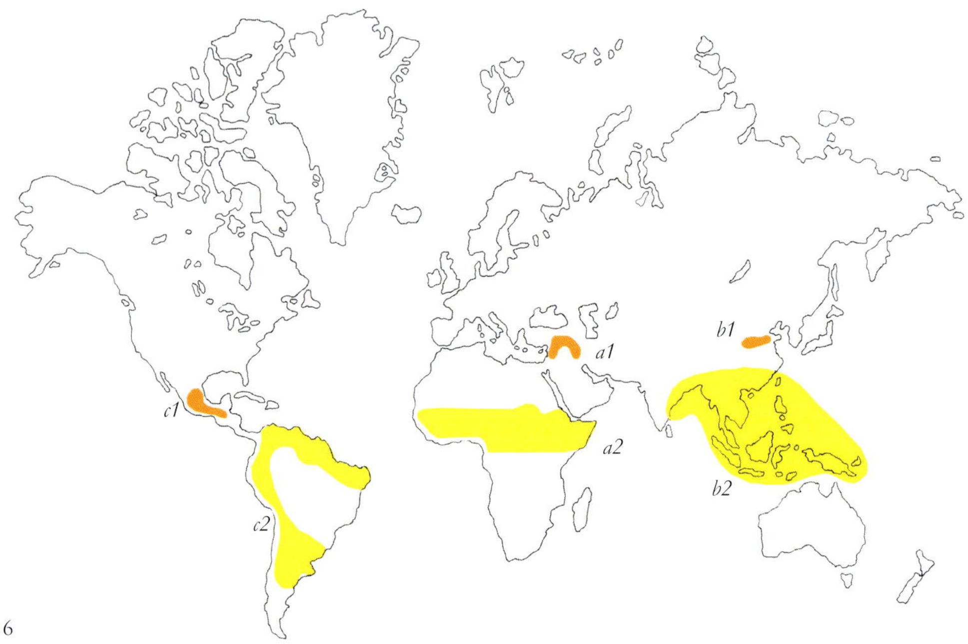

6

5. Eine gemalte Sonne in der Grotte de l'Eglise in Baudinard sur Verdon. Die Sonne gilt in der neolithischen Ikonografie zu Recht als Lebensspender für die Erde. Rekonstruktion des Musée de Préhistoire des Gorges du Verdin, Quinson, Haute-Provence.

6. Ursprungsgebiete des Ackerbaus. Die wichtigsten unabhängigen Zentren sind (in Orange eingezeichnet) der Fruchtbare Halbmond im Nahen Osten (a1), ein Gebiet in Südchina (b1) sowie eines in Mittelamerika (c1). Dazu kommen andere Gebiete (in Gelb), wo man die ursprünglichen Zentren der Pflanzenzucht nicht sicher bestimmen kann, weil die landwirtschaftlichen Aktivitäten in einem Umkreis von 5000 bis 10 000 Kilometern verstreut waren: Afrika (a2), Südwestasien und der Südpazifik (b2), Südamerika (c2). Jedenfalls gibt es Hinweise auf Interaktionen zwischen den Gebieten, zwischen den sicher und den nur ungenau eingrenzbaren Zentren. Daneben könnte man noch ein unabhängiges Zentrum in den Zentralanden annehmen.

7. Die ältesten Ackerbautechniken: a) Rekonstruktion einer kleinen Sichel, ausgehend von Spuren von Bitumenkleber auf Feuerstein-Mikroklingen aus Tell Aswad, Syrien; b) gezahnte Mikroklingen von Sicheln aus Tell Arslan, Syrien; c) ein kleiner Mühlstein zum Zerstoßen des Getreides aus Amekni, Hoggargebirge, Algerien.

8. Die Entwicklung des Mais: a) heutiger Kolben; b) Rekonstruktion des Wildmais; c) Rekonstruktion der Wildmais-Pflanze; d–f) Entwicklung durch Kreuzungen; g) wachsende Entfernung zwischen männlichen und weiblichen Blüten. Man geht davon aus, dass der kultivierte Mais von einem Wildmais mit in den Deckblättern eingeschlossenen Körnern abstammt. Heute nimmt man an, dass es vor etwa 6000 Jahren zwei unabhängige Zentren des Maisanbaus gab: Mittelamerika und, wie es scheint, auch Südamerika (Zentralanden).

Pferd) und die daraus folgende Viehzucht sowie durch die Landwirtschaft. Viehzucht und Ackerbau bestimmen das Leben der Menschen (Hirten- und Ackerbauvölker) oder nehmen neben der Jagd und dem Sammeln von Früchten einen immer größer werdenden Platz ein.
Dazu kommt als weitere große technische Innovation die Herstellung von Keramik.
So entwickeln sich engere Beziehungen zum Territorium, es entstehen Dauersiedlungen in Form von Hüttendörfern, und die sozialen Beziehungen und Ordnungen werden intensiver.

LANDWIRTSCHAFT

Die »neolithische Revolution« entwickelte sich fast gleichzeitig und unabhängig voneinander in drei großen Zentren: Westasien (Naher und Mittlerer Osten), Südostasien und Zentralamerika.

9. An der Fundstätte Cinto de las Letras, Dos Aguas (Valencia), ist eine Frau mit langem Kleid und einem Werkzeug in der Hand dargestellt, hier abgebildet als ein Beispiel für die Kunst der spanischen Levante. Man nimmt an, dass es sich um ein bäuerliches Ritual handeln könnte.

9

7

8

Zuerst begann die Landwirtschaft im 9./8. Jahrtausend v. Chr. in einem Gebiet des Nahen und Mittleren Ostens, das sich von Palästina bis zur Türkei und in das iranische Hochland erstreckt (Fruchtbarer Halbmond), und breitete sich von dort mit dem Anbau von Getreide und Hülsenfrüchten auch in andere Gebiete aus. Die Jäger und Sammler jener Länder erkannten den Nährwert des in offenen Gegenden, etwa in den Steppen, wild wachsenden Getreides und Gemüses und begannen es systematisch anzubauen.

Die ersten im Nahen und Mittleren Osten angebauten Getreidearten waren jeweils zwei Arten Weizen (*Triticum monococcum* und *Triticum dicoccum*) und Gerste (*Hordeum vulgare* und *Hordeum distichum*). Dazu kamen sehr bald Sommerweizen *(Triticum aestivum)*, Erbse *(Pisum sativum)*, Linse *(Lens culinaris)*, Ackerbohne *(Vicia faba minor)* und Linsenwicke *(Vicia ervilia)*.

Über zwei Wege ist der Ackerbau nach Europa vorgedrungen: einmal entlang der Mittelmeerküsten und einmal in Richtung Norden entlang des Donaubeckens.

Anhand von genetischen Markern bei heutigen Populationen kann man zeigen, dass es sich hierbei auch um eine Wanderungsbewegung von Volksgruppen und nicht nur um das Vordringen einer neuen Kultur handelte (Ammerman und Cavalli-Sforza, 1984). Die

10

11

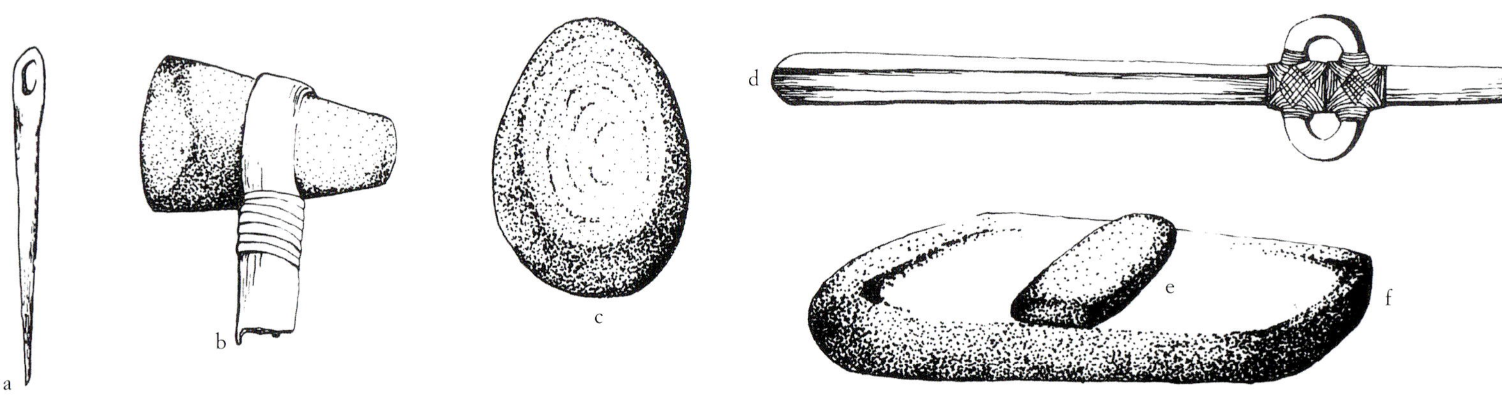

Ausbreitung dieser Völker vollzog sich offenbar im Wechsel von raschen Schüben und langen Pausen (Guilaine, 2003).
In Südostasien (Indochina, Thailand) beginnt der Anbau von Pflanzen vor etwa 9000 bis 8000 Jahren mit Ackerbohnen, Erbsen, Kürbissen und Gurken.
In Amerika setzt vor 9000 bis 7000 Jahren die Landwirtschaft zunächst mit Kürbissen, Bohnen und Paprika ein, 6000 Jahre alt ist die Maiskultur, die von Mexiko ausgeht.

URSACHEN DER NEUEN STRATEGIEN

Der Übergang von einer auf Jagd, Sammeltätigkeit und Fischfang beruhenden Wirtschaftsweise hin zu Ackerbau und Viehzucht vollzog sich nicht plötzlich, sondern im Laufe mehrerer Jahrtausende (9. bis 5. Jahrtausend v. Chr.)
Möglicherweise haben sich der Pflanzenanbau und die Viehzucht infolge eines »Bevölkerungsdrucks« entwickelt, um dringend benötigte neue Nahrungsquellen zu erschließen (Binford, Childe). Nach einer anderen Auffassung sind Ackerbau und Viehzucht eher das Ergebnis einer kulturellen Evolution und nicht Antworten auf umweltbedingte Bedürfnisse. Sie seien auf neue Symbolsysteme zurückzuführen, die in den Gesellschaften des Nahen und Mittleren Ostens in der ersten Hälfte des 10. Jahrtausends v. Chr. auftauchten und biotechnischen Innovationen sowie der neolithischen Wirtschaft

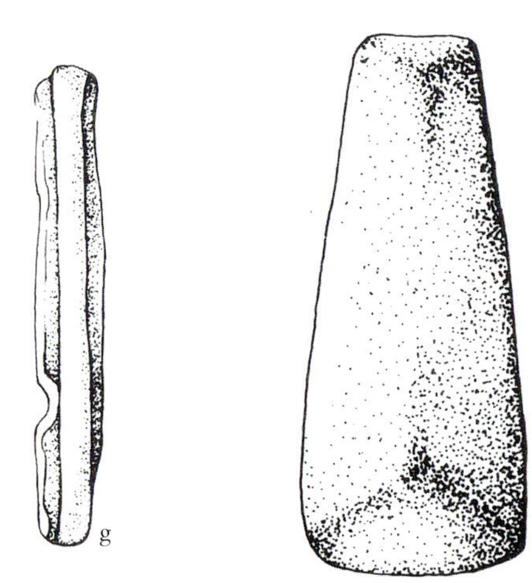

10. Rekonstruktion eines neolithischen Dorfes im zentralmexikanischen Hochland: Die Behausungen am Ufer eines Flusses haben ein tragendes Gerüst aus Holz, das mit Erde und Pflanzen abgedeckt wird. Die Menschen widmen sich der Landwirtschaft, dem Fischfang, aber auch der Jagd auf Gürteltiere. Außerdem gibt es einen Ofen im Freien zum Brennen von Gegenständen aus Ton.

11. Gerätschaften der ersten Ackerbau-Gemeinschaften im Tal von Mexiko: a) Knochennadel; b) Steinaxt; c) Hammerstein; d) Pfeilschleuder; e) Reibstein; f) »Metate« oder Mahlstein; g) Obsidianklinge; h) Stein zum Retuschieren.

12. Drei Männer treiben Tiere durch einen Zugangskorridor in einen Pferch. Felsmalerei aus Rujum Hani, Jordanien.

13. Aus dem reichen Repertoire der Felskunst an der spanischen Levante: menschliche Gestalt, gemalt in Cañada de Marco, Alcaine (Teruel), vor einer Herde Ziegen mit gebogenen Hörnern.

12

13

den Weg bahnten (Cauvin, 1994). Die Entstehung der Landwirtschaft wäre dann eher die Folge einer kulturellen Revolution oder der neuen Beziehungen zum Territorium aufgrund der Sesshaftigkeit und der wachsenden Intensität des sozialen Lebens (Guilaine), nicht so sehr eine aus der Not geborene Reaktion auf einen Druck der Umwelt (Camps). Eine Rekonstruktion der möglichen Ursachen ist kompliziert. Durchaus vorstellbar ist, dass es einige Menschen für vorteilhafter hielten, Tiere vor Raubtieren zu schützen und ihre jährlichen Wanderungen zu überwachen, anstatt weidende Tierherden zu verfolgen und zu jagen. Die Vorzüge erwiesen sich recht bald, sowohl in der ausreichenden und ständigen Verfügbarkeit von Fleisch für die Ernährung als auch in der möglichen Ausnutzung des Geburtenzyklus der Tiere.
Andere Menschen, die vielleicht geringere Möglichkeiten hatten, ihre weitere Umgebung zu erforschen, widmeten sich mit mehr Aufmerksamkeit den Früchten und den Samen wilder Pflanzen und lernten, sich deren Reproduktionszyklus zunutze zu machen.
Es gab Gruppen, die sowohl Viehhirten als auch Ackerbauern waren und halbnomadisch lebten, aber auch Gruppen, die als reine Viehzüchter Nomaden waren.
Die Landwirtschaft, auch in der Nähe der Siedlungen, verstärkte die Bindung der Völker an das Territorium und führte zur Entstehung der ersten Dörfer und Städte. In diese Zeit reichen der Beginn der Verstädterung und die Bildung verschiedener Gesellschaftsschichten zurück.

14

15

16

17

18

19

19. Newgrange, Grafschaft Meath, Irland. Der Gang zum Hauptraum des berühmten Megalith-Grabes, 2500 v. Chr.

DIE KERAMIK

Mit der Entstehung der ersten Dörfer müssen die landwirtschaftlichen Produkte für die Aussaat wie für die Ernährung gelagert werden. Möglich machen dies die neu entwickelten Tonwaren. Sie sind regelrechte »Leitfossilien« für das Studium des Neolithikums.

Die Herstellung von Keramik umfasst verschiedene Arbeitsgänge: das Kneten des Tons, das Formen, das Trocknen an der Luft, das Glätten und eventuelle Verzieren, etwa mit Stempeln, Gravuren oder Malereien, und schließlich das Brennen. Der erforderliche Rohstoff, also der Ton, war leicht zugänglich, weshalb sich der Gebrauch von Keramik fast überall äußerst schnell verbreitete.

Die ersten Zeugnisse von gebranntem Tonmaterial stammen aus dem beginnenden 9. Jahrtausend v. Chr. (Iran). Zu Beginn des 7. Jahrtausends v. Chr. wird die Keramik nahezu überall im Euphratgebiet verwendet, und gegen Ende des 7. Jahrtausends wird sie im Gebiet des gesamten Fruchtbaren Halbmonds genutzt.

In Europa verbreitet sich die Keramik auf dem gleichen Weg wie Landwirtschaft und Viehzucht: in Richtung Westen entlang der Mittelmeerküsten und in Richtung Norden entlang des Donaubeckens.

14. 15. Zwei Funde aus Mesopotamien. Links: bemalte Keramikscherbe aus Kheit Qasim III im Gebiet des Djebel Hamrin, Irak. Nördliche Ubaid-Kultur, erste Hälfte des 5. Jahrtausends. Rechts: verziertes Keramikgefäß vom Tell el'Ueili, Irak. Ubaid-I-Kultur, erste Hälfte des 6. Jahrtausends.

16. Schale, bemalt mit zweiköpfigen Schlangen, aus Pueblo Viejo, Nasca, Peru. Die Nasca-Keramik der peruanischen Jungsteinzeit hat ein hohes technisches Niveau und verfügt über einen bemerkenswerten Symbolreichtum.

17. Neolithisches Bestattungsgefäß mit einer kunstvollen schwarzen Verzierung. Majayao-Kultur, Minhe, Qinghai, China.

18. Keramikgefäß mit eingedrückten Mustern aus der Grotta di Arene Candide, Savona, Italien. Sie wird der ersten Phase der Jungsteinzeit in Ligurien zugerechnet.

WEITERE ASPEKTE DER NEOLITHISCHEN KULTUR

Der Feuerstein wird weiterhin mit den bereits gebräuchlichen Techniken bearbeitet, um Geräte und Werkzeuge herzustellen. Das schließt auch das Polieren geglätteter Steine, darunter Beile und Hammer, mit ein.

Im 3. Jahrtausend v. Chr. entstehen in verschiedenen Regionen Europas Megalith-Anlagen (zum Beispiel Dolmen, Menhire und Tempel), darunter jene auf Malta, in Ägypten und im englischen Stonehenge. Diese Megalith-Kultur setzt sich bis in die Anfänge der Bronzezeit hinein fort.

DIE ERSTEN DÖRFER, STÄDTE UND BEWÄSSERUNGSANLAGEN

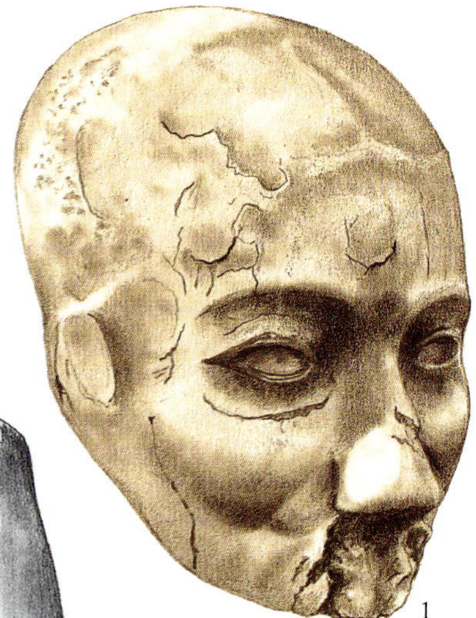

1

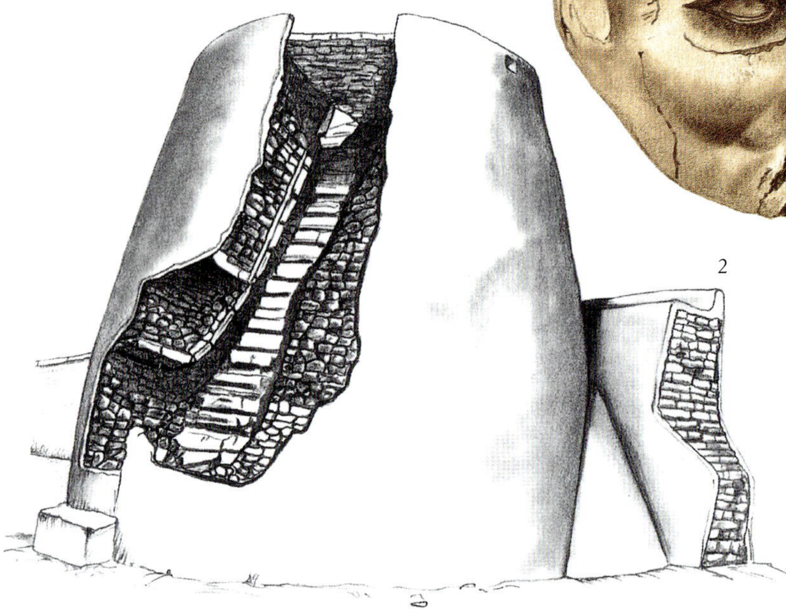

2

3

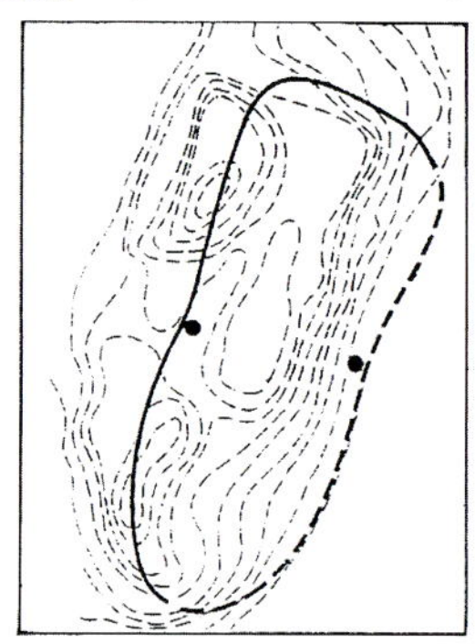

1. Ein mit Gips übermodellierter Schädel aus Tell es-Sultan, dem antiken Jericho, im Jordantal. Er bezeugt den Brauch, Gruppen von Schädeln getrennt zu bestatten, deren Augen durch Malereien oder Muscheleinlagen hervorgehoben waren.

2. Rekonstruktion und Querschnitt eines Rundturms von Jericho. Er verfügte über eine Treppe im Inneren, der Durchmesser lag bei etwa 10 m, die Höhe bei 8,5 m. Die Türme zeugen von den gemeinsamen Anstrengungen der Bewohner bei Gemeinschaftsbauten.

3. Ausdehnung der Stadt Jericho: Die Kreise zeigen die Position der neolithischen Wachttürme in der Stadtmauer an.

4. Aus der neolithischen Stadt Çatal Hüyük (Konya, Anatolien, Türkei): Detail eines jener Bauten, in denen man aufgrund des reichen Mosaikschmucks Heiligtümer vermutet, obwohl sich der Bau an sich nicht von anderen Gebäuden unterscheidet. Die große Muttergottheit der Stadt wird hier durch ein Stuckrelief in Lebensgröße angerufen, das die Attribute der Göttin darstellt: ein Leopardenpaar.

5. Rekonstruktion der Mauern eines Heiligtums in Çatal Hüyük. Die Bildnisse im Inneren werden lokalen Kulten zugeordnet: Stiere, Katzen, Personifikationen der Göttin, die einen Widder zur Welt bringt, von dem man nur den Kopf hervorragen sieht.

6. Rekonstruktion eines Wohnviertels in Çatal Hüyük: Die Häuser sind ohne Straßen aneinandergebaut, der Zugang erfolgt über die Dächer.

7. Ein Haus der anatolischen Stadt. Auffallend sind die eingetiefte Feuerstelle und ein Ofen mit einer Öffnung nach außen, die in die Mauer eingelassen ist.

8. Zeichnung des so genannten Geierheiligtums, Konkretisierung des Todes in Çatal Hüyük. Die Wandgemälde flankieren drohend eine menschliche Gestalt ohne Kopf.

9. Foto von Ausgrabungen eines neolithischen Heiligtums in Çatal Hüyük.

Der Natuf-Kultur, die vom Euphrat bis zum Sinai reichte und vor 12 500 bis 10 000 Jahren blühte, entstammen die ersten Formen der Sesshaftwerdung, noch vor Einführung des Ackerbaus. Erhalten haben sich Spuren von ersten Siedlungen auf offener Fläche, die sich aus leicht eingetieften runden Häusern mit je einer oder zwei Feuerstellen zusammensetzten. Die Wände bestanden aus Steinen und luftgetrockneten Lehmziegeln. Die Häuser mit rundem Grundriss wurden vor 8000 Jahren durch eine rechteckige Architektur ersetzt, Boden und Wände versah man mit einem Kalküberzug. Sehr alte Siedlungen sind auch in Mesopotamien und Anatolien belegt, während sie hin zu mediterranen Regionen mit zunehmender Entfernung vom Nahen Orient immer jünger werden.

Aus den zahlreichen neolithischen Wohnsiedlungen haben wir drei ausgesucht, die aus unterschiedlichen Gründen wichtige Anhaltspunkte für die Beziehung zum Territorium, das soziale Leben und die soziale Organisation liefern können: Jericho (Israel), Çatal Hüyük (Türkei) und Passo di Corvo (Süditalien).

Jericho entwickelte sich um 8350 v. Chr. nach einer ersten proto-neolithischen Phase. Der Wohnbezirk war von Mauern geschützt, kreisförmig angelegt und bestand aus Ziegelhütten mit rundem Grundriss. Die Bevölkerung stieg mit der Zeit auf etwa 2000 Einwohner. Belegt ist der Anbau von Weizen *(Triticum dicoccum)* und Gerste in dieser Zone, Wildgetreide dürfte es dort, in der Senke des Toten Meeres, nicht gegeben haben. Zwischen dem 8. und dem 6. Jahrtausend v. Chr. war die Oase Jericho ein Dorf von Ge-

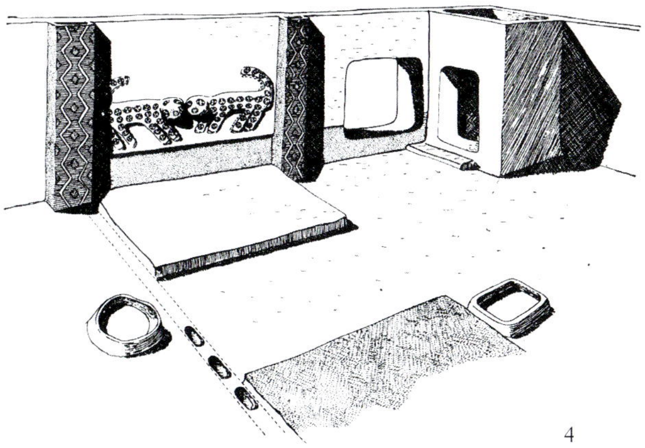

4

8

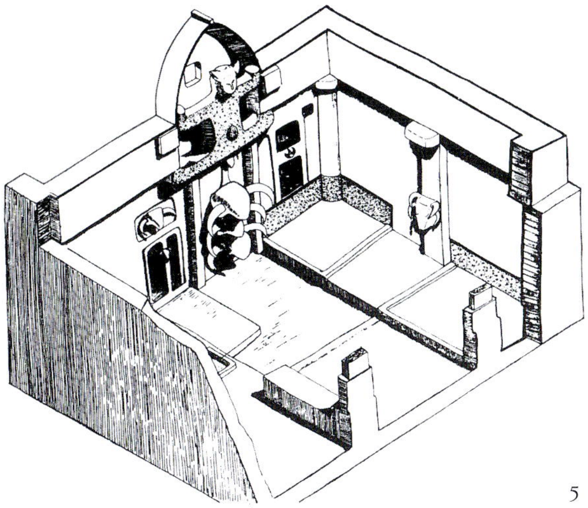

5

9

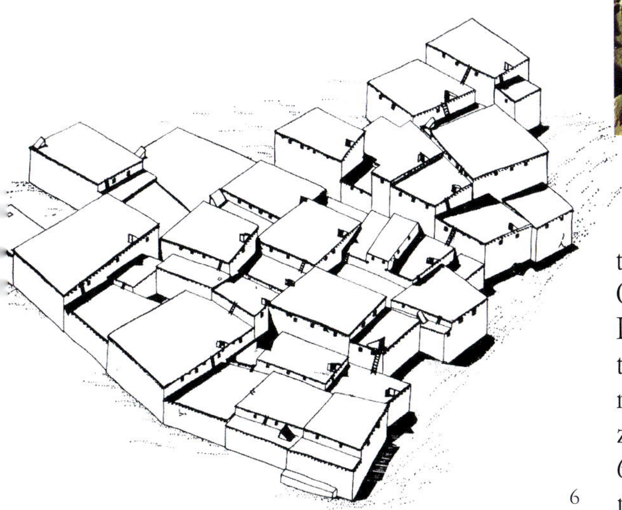

6

treidebauern, die zudem Handel mit den Zentren des Mittleren Orients trieben, wie Obsidiangegenstände vermutlich anatolischer Herkunft belegen.

Das anatolische Çatal Hüyük entwickelte sich um 6200 v. Chr. zu einem wichtigen Zentrum, bis die Stadt 5400 v. Chr. aus uns unbekannten Gründen unterging. Die sich vermutlich über eine große Fläche (etwa 32 Hektar) erstreckende Siedlung ist bisher nur zum Teil erforscht. Es dürften etwa 1000 Häuser mit einer Bevölkerung von 5000 bis 6000 Einwohnern gewesen sein. Hier handelt es sich bereits um eine städtische Struktur mit auffälligen architektonischen Merkmalen: Es gab keine Straßen, und die eng aneinander gebauten Häuser hatten keine Türen. Der Zugang erfolgte vermutlich über die mit Holzleitern verbundenen Dächer. Man fand zahlreiche Heiligtümer, in denen auch Verstorbene begraben wurden. Die deutlichen Unterschiede in der Grabausstattung könnten das Aufkommen gewisser gesellschaftlicher Differenzierungen anzeigen. Das wirtschaftliche und soziale Niveau dürfte vergleichsweise hoch gewesen sein. Außer Keramik und Feuerstein bearbeitete man auch Obsidian und schmolz Kupfer und Blei, um Rohre und kleine Werkzeuge herzustellen. Die Einwohner jener Stadt waren also nicht nur Ackerbauern, sondern auch Handwerker. Besonders wichtig war die Rolle der Frau, die nicht nur als Mutter im Mittelpunkt der Familie und des sozialen Lebens stand, sondern auch als Muttergottheit das Zentrum der religiösen Vorstellungswelt bildete.

Vor allem wegen seiner Wassergräben ist das Dorf Passo di Corvo im apulischen Tiefland aus der Zeit des mittleren Neolithikums von großem Interesse. In seiner zweiten Phase

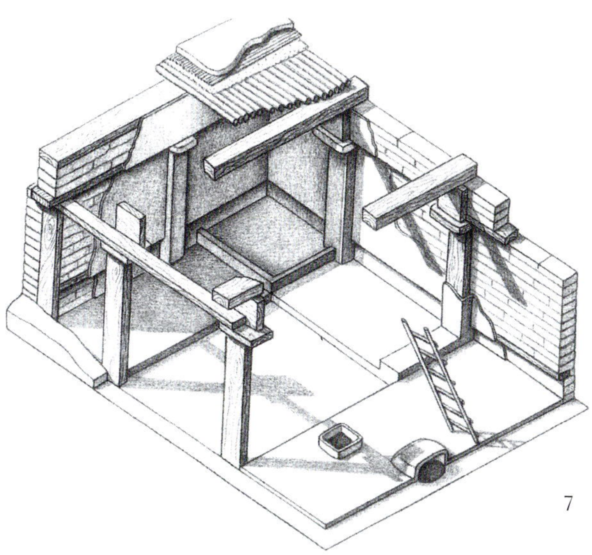

7

10

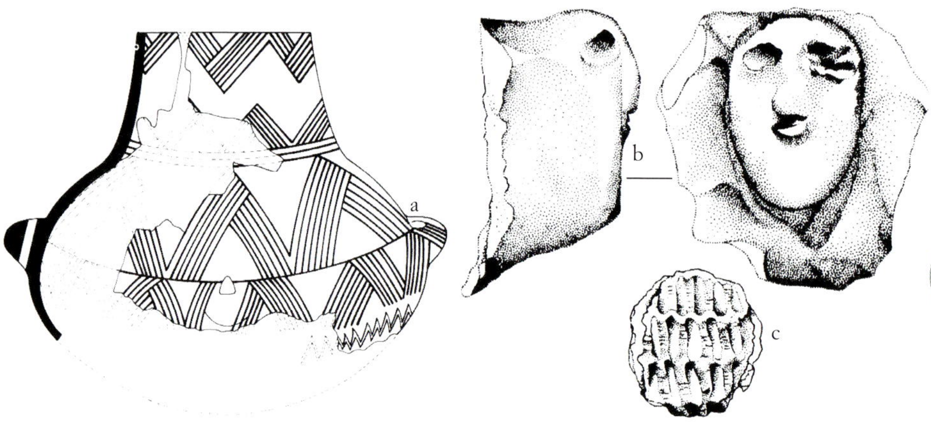

11

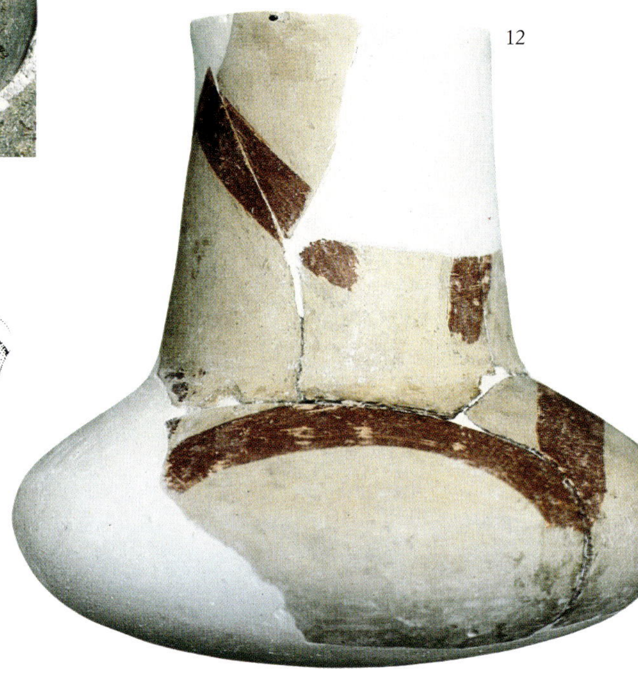

12

10. Passo di Corvo, apulische Ebene, Provinz Foggia: Rekonstruktion eines von einem Graben umgebenen Wohnbezirks mit einer Hütte, einem Brunnen, einem Pferch, in einem Dorf des mittleren Neolithikums.

11. Von derselben Fundstätte: a) Rekonstruktion eines Keramikgefäßes mit geometrischen Mustern; b) Griff eines Gefäßes mit anthropomorphem Motiv; c) Rundstempel zum Verzieren von Keramik.

12. Von derselben Fundstätte: ein Gefäß in Flaschenform, verziert mit roten Bändern, ein für Passo di Corvo typischer Stil.

13. Plan der auf dem Foto rekonstruierten Hütte.

wird es zwischen 4690 und 3650 v. Chr. datiert. Die zunächst mit Hilfe von Luftbildern ermittelte und später durch Ausgrabungen noch differenzierter dokumentierte architektonische Struktur zeichnet sich durch mehr als hundert Gräben in Form eines »C« aus, die jeweils einzelne Wohnbereiche umschließen. Umfassungsgräben von Siedlungen sind bereits im 8. Jahrtausend v. Chr. in Palästina und anderen neolithischen Fundstellen belegt. Sie dienten vielleicht zur Verteidigung, sicherlich aber zur Umgrenzung von bewohnten Gebieten. Nur im apulischen Tiefland sind jedoch diese C-förmigen Gräben zu finden, die nach Meinung des Archäologen Santo Tiné, der sie erforschte, als Entwässerungsgräben zu deuten seien, ohne die in jenem Gebiet weder eine menschliche Ansiedlung noch der Anbau von Getreide möglich gewesen wären. Die Gräben ähneln großen Kanälen, sind bis zu 3,50 Meter tief und bis zu 3 Meter breit und haben einen Durchmesser von etwa 20 Meter. Sie umfassten »Höfe«, in denen man Spuren u. a. von Hütten, Brunnen, Getreidelagern, Bestattungen gefunden hat. Andere besonders interessante archäologische Funde aus Passo di Corvo sind Keramikgefäße und weibliche Tonstatuetten.

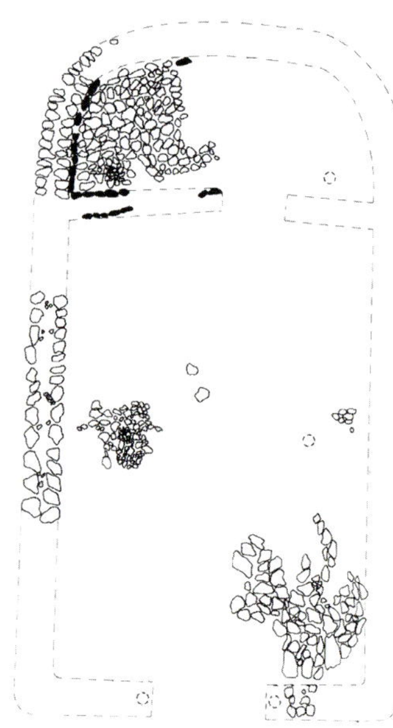

13

14

15

16

14. Reste einer Wohnbebauung der ersten Hälfte des 5. Jahrtausends v. Chr. in Kheit Qasim, Irak.

15. Von derselben Fundstätte und aus derselben Zeit: Keramikscherben mit dem Bild einer Ziege.

16. Links: Rekonstruktion eines Bereichs von Gawra, einem neolithischen Dorf im Norden des heutigen Irak. Man sieht Töpfer, eine Gruppe, die auf Schilfmatten die Spreu vom Getreide trennt, und im Hintergrund eine Schweineherde, die von der Weide zurückkehrt; rechts: Axonometrie eines reichen neolithischen Hauses in Ubaid im Süden des heutigen Irak.

DIE KUNST DER JUNGSTEINZEIT

1

Auch nach dem Jungpaläolithikum ist die Kunst ein zentraler Bestandteil im Leben der Menschen; sie findet jedoch andere Ausdrucksformen. Aus der Übergangszeit zwischen Paläolithikum und Neolithikum sind Felsmalereien und -ritzungen in Galizien, in den Alpen, in Skandinavien, in Anatolien und im Mittleren Orient bekannt. Sie dokumentieren den Übergang von einer vorwiegend naturalistischen hin zu einer immer mehr stilisierten und schematischen Kunst: Menschliche Gestalten kommen nun häufiger vor und nehmen eine beherrschende Stellung innerhalb von Jagd- oder Tanzszenen sowie Bildern des bäuerlichen Lebens ein.

Prächtige Felsbilder haben uns die Völker hinterlassen, die vom 8. bis zum 6. Jahrtausend v. Chr. im italienischen Valcamonica lebten. Für Ostspanien ist an die »Levante-Kunst« zu erinnern, in der der Mensch, umgeben von den von ihm erlegten Tieren, im Mittel-

1. Jagdszene, gemalt auf eine Felswand in Tadrart Acacus, Ehed, Libyen. Die Jäger sind mit Pfeil und Bogen bewaffnet und werden von domestizierten Hunden unterstützt.

2

2. Los Organos, Despeñaperros (Jaén, Spanien). Eine von zwei auf den Felsen gemalten schematisierten Frauengestalten. Das Wandgemälde zeigt Körper, die aus zwei Dreiecken, Mieder und Rock, bestehen – und Schmuck auf dem Kopf und am Hals, der mit Linien und Kreisen dargestellt ist.

punkt steht. Man sieht federgeschmückte Menschen, Stiere, Hirschgeweihe und Bogenschützen. Bisher nicht erklären lässt sich, weshalb die Künstler jener Zeit im Unterschied zu ihren Vorgängern der Magdalénien-Kunst mit Vorliebe Felsen im Freien für ihre Darstellungen wählten, allerdings sind auch Höhlenmalereien belegt. Trotz dieser Unterschiede sind sie aber als die Erben der paläolithischen Tradition zu betrachten (Emmanuel Anati).

Später im Neolithikum wird die Kunst noch schematischer. Die Malereien erscheinen immer mehr als Ausdruck von Völkern, die fest mit ihrem Land als Lebensgrundlage verbunden sind – sicherlich ein Abbild der damaligen Realität. Die Naturdarstellungen weichen nun Darstellungen von Menschen und Menschengruppen. Besonders interessant sind die Malereien der Höhle von Porto Badisco (Apulien) aus dem späten Neolithikum,

4 ▷

3

in denen man Menschengruppen in geometrischen Figuren – Kreuzen, Rechtecken oder Kreisen – erkennen kann. Nach Paolo Graziosi, der sie untersucht hat, stehen sie vielleicht mit der neuen Organisation der neolithischen Gesellschaft in Zusammenhang.
Im Valcamonica und auf der Iberischen Halbinsel setzt sich im späten Neolithikum die Felskunst mit schematisierten Steinritzungen (Petroglyphen) zum Thema Jagd fort. Jagdszenen, Szenen aus dem bäuerlichen Leben, Figuren mit sexuellem Bezug und Beterfiguren sind gegen Ende des Neolithikums belegt und werden auch noch in den folgenden Epochen dargestellt.
Auch im Mittleren Osten, in Nord- und Südafrika, in Zentralasien sowie in China zeigt die Felskunst der Jungsteinzeit und der Bronzezeit geometrisch stilisierte Bilder mit Jagd- und Alltagsszenen. Oft sind »Oranten« (Betende) mit erhobenen Händen zu sehen.

3. Teil eines großen Gemäldes in der Höhle von Porto Badisco nahe Otranto (Italien). Dargestellt ist eine Hirschjagd mit figurativen wie auch mit abstrakten Elementen: Man sieht Menschen, Hirsche und komplizierte Arabesken, »Knäuel« genannt, innerhalb derer man ebenfalls schematisierte menschliche Gestalten erkennen kann.

4. Felsritzungen in Naquane (Valcamonica, Italien), die man als Darstellung eines großen kollektiven Ereignisses deuten kann, bei dem viele Menschen zusammenkamen, die man wegen ihrer erhobenen Hände als »Oranten« bezeichnet. Auffallend sind ein Individuum mit Tierkopf, vielleicht eine Maske, unten in der Mitte, und direkt darüber eine Figur, die Energiestrahlen aussendet.

5

5. Ritzungen auf einem Fels aus dem Ort El Palque de Pacheco (San Juan, Argentinien): Ein Maskenkopf unten, darüber labyrinthische Erweiterungen und wahrscheinlich mythologische Szenen.

6. Zweiköpfige Marmor-Statuette aus Çatal Hüyük, Türkei; ein Skulpturentyp, der im Mittleren Osten und den europäischen neolithischen Kulturen weit verbreitet war – vielleicht eine Art, eine gewisse Zwiespältigkeit der dargestellten Person auszudrücken.

7. Felsüberhang Xique-Xique I, Carnaúba dos Dantas, Rio Grande do Norte (Brasilien): Felsmalerei von außergewöhnlicher Dynamik, wie in diesem Kulturhorizont häufiger. Menschliche Gestalten voller Bewegung sollen wohl ein überaus vitales Alltagsleben versinnbildlichen.

8. Dieses Gespräch zwischen einem Mann und einer Frau des algerischen Neolithikums (Sefar, Tassili) zeigt das Interesse dieser Jäger und Sammler an den Beziehungen des Gemeinschaftslebens. Man nimmt an, dass die Zeichen am Kopf des Mannes seine Gedanken darstellen sollen.

9. Auf der nächsten Doppelseite: Eine große Felswand voller Ritzungen von verschiedenen Tieren und Handabdrücken aus dem neolithischen China (Kunlunshan-Berge, chinesisches Turkestan).

6

Insgesamt setzt jedoch gegen Ende des Neolithikums ein Rückgang des künstlerischen Schaffens ein. Die Entstehung von Dörfern und die neue Art der Wirtschaft sowie die veränderte soziale Ordnung lösen die Verbindung der neolithischen Völker zu den Höhlen und den natürlichen Felsüberhängen, in bzw. unter denen der paläolithische Mensch sich aufhielt. Mit dem Ackerbau und der Viehzucht geht die Jagd zurück. Andere Interessen rücken in den Vordergrund.
Ebenso wie bei den paläolithischen Jägern die symbolischen und ästhetischen Darstellungen durch die Anforderungen bestimmt waren, die die Nahrungsbeschaffung an das Gruppenleben stellte, sind nun die künstlerischen Darstellungen der neolithischen Viehzüchter und Ackerbauern durch deren Ernährungsweise gekennzeichnet. Sie stellen auf ihren Bildern auf Höhlenwänden oder Felsen im Freien nicht mehr Jagdtiere dar, sondern Tiere, die sie züchten. Zu Figuren mit versöhnendem Charakter für die Gruppe hinzu kommen Zeichen und Kompositionen von Figuren, die in einer gewissen Beziehung zu dem sozialen Leben der Menschen stehen, das in jener Epoche sicherlich an Komplexität zugenommen hat.

7

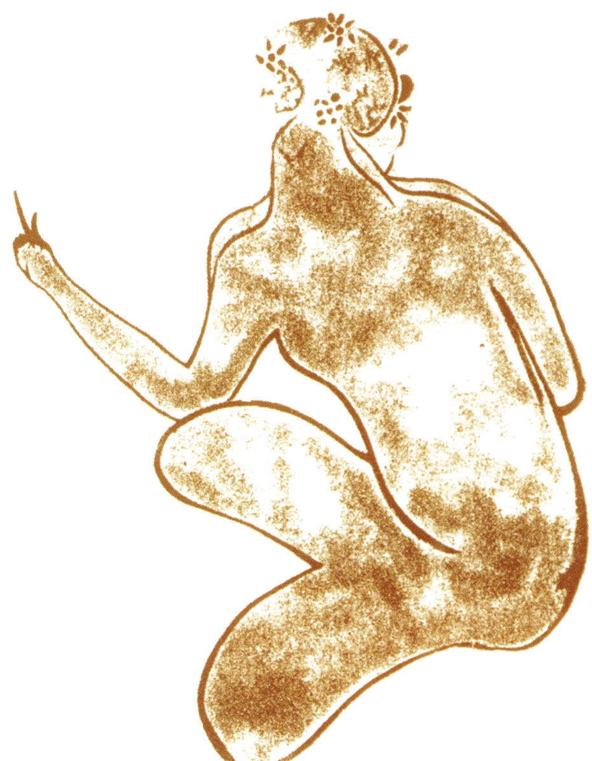

8

9 ▷

FRÜHE RELIGIOSITÄT

1 

Religiosität ist dem Menschen angeboren und findet sich bei allen Völkern. Sie findet aber unterschiedliche Ausdrucksformen, je nach den Weltanschauungen (zum Beispiel animistisch, kosmisch oder transzendental), die dahinter stehen.

Die Idee des »Heiligen« wird inspiriert durch die Wahrnehmung von etwas, das über dem Menschen steht und gegenüber dem er sich machtlos fühlt oder dessen Wesen er nicht kennt. Die Notwendigkeit eines Sinns für die eigene Existenz, eines Zufluchtsortes und einer Hoffnung, vor allem in Angstmomenten oder in Anbetracht des Todes, ruft Religiosität hervor.

Die religiöse Haltung oder die Wahrnehmung von sakralen Wirklichkeiten oder Bereichen muss mit der Fähigkeit des Menschen, über sich und seine Umgebung nachzudenken, ihren Anfang genommen haben. Der *Homo faber* war aber auch ein *Homo symbolicus* und *sapiens*, und wenn man darunter sein Abstraktionsvermögen versteht, so trug er die Voraussetzungen der Religiosität bereits in sich.

Vermutlich hat er sich seit seinem Erscheinen auf der Erde die Grundfragen über die Existenz, über die Bewegung der Sterne, über die Entstehung des Lebens und über das unvermeidliche Todesschicksal gestellt. Angesichts gewaltiger Naturschauspiele, Furcht erregender Vulkanausbrüche oder heftiger Gewitter haben sich in ihm sicherlich Gefühle der Verwunderung, des Staunens und vielleicht auch der Angst geregt, die ihn höhere Mächte und Gegebenheiten erahnen ließen.

Diese Naturerscheinungen konnten eine sakrale Bedeutung haben, waren »Hierophanien«, Offenbarungen des Göttlichen, wie Mircea Eliade sie nannte, und bewirkten religiöses Empfinden. Direkte Zeugnisse für Religiosität liegen allerdings erst aus den letzten 100 000 Jahren vor, meist in Form von Bestattungen. Für die lange Zeit davor können wir nur indirekt argumentieren, indem wir die Abstraktionsfähigkeiten des Menschen sowie die möglichen Rituale an Tier- und Menschenknochen in enger Verbindung mit seiner Religiosität sehen.

1. Der Mond, der sich im Meer spiegelt: Ein Naturereignis, das die Aufmerksamkeit des Menschen angezogen haben kann, der die Höhle Lazaret bewohnte und aus dieser Position heraus leicht die Bucht bewundern konnte, an der heute die französische Stadt Nizza liegt.

2. Muscheln auf einem etwa 20 000 Jahre alten fossilen Schädel, gefunden in der Grotta del Caviglione, einer Höhle im Komplex der Balzi Rossi (Grimaldi), die sich über hunderte Meter zwischen Ventimiglia und Menton an der Grenze zwischen Italien und Frankreich erstrecken. Die Bearbeitung des Schädels, dessen Kalotte mit Muscheln geschmückt wurde, ist auch als aufwändige Kopfbedeckung für den Toten gedeutet worden oder als ein Zeichen des Lebens, das die Muscheln vielleicht repräsentieren sollen. Abguss des Musée de Préhistoire des Gorges du Verdon, Quinson, Haute Provence.

3. Schädel eines Höhlenbären. Abguss des Anthropologischen Museums der Universität Bologna.

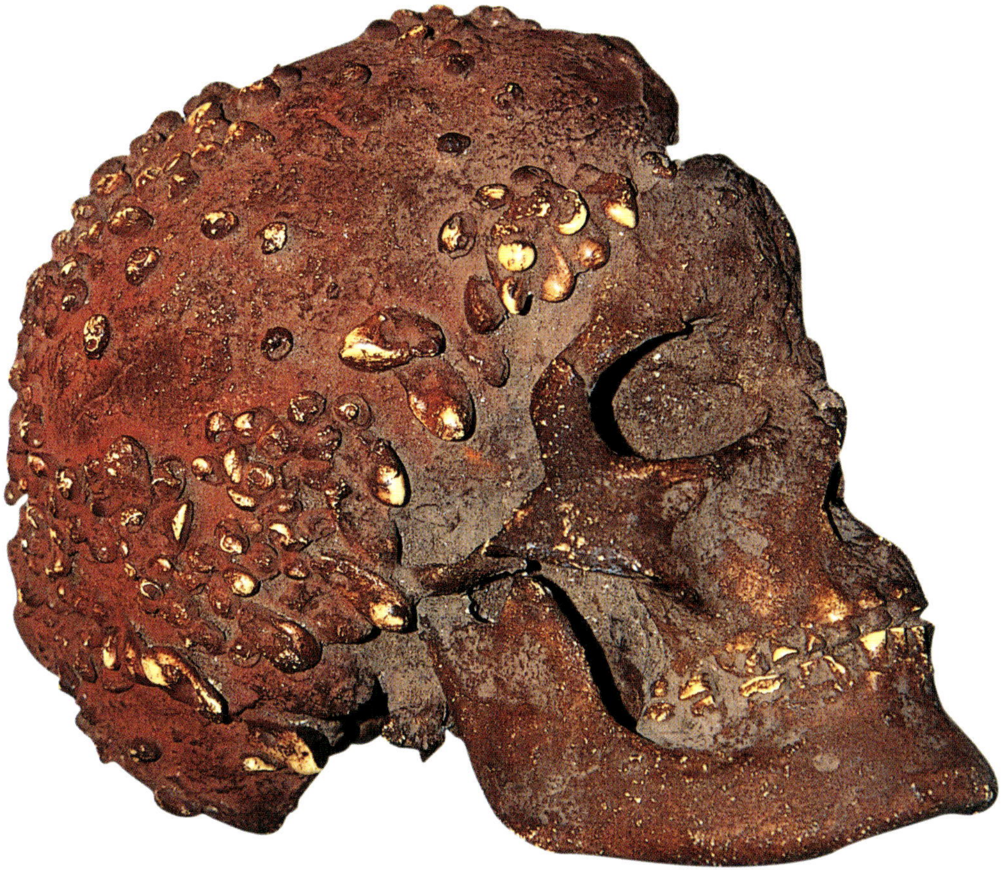

2

3

KNOCHENDEPOTS UND RITUALE

Depots von Knochen, vor allem von Tier- und Menschenschädeln, sind in mehreren prähistorischen Stätten in verschiedenen paläolithischen Schichten gefunden worden.
In Höhlen West- und Mitteleuropas aus der Würm-Zeit hat man Schädel und Knochen von Höhlenbären entdeckt, die an den Wänden entlang, in Nischen oder kreisförmig angeordnet waren.
Einige Forscher vertreten die Ansicht, dass diese Anordnung von Menschen bewusst hergestellt wurde. Der Mensch sei dem Bären mit Furcht und Respekt, wenn nicht sogar mit religiöser Ehrfurcht begegnet, wie jene glauben, die von einem »Bärenkult« sprechen – allerdings eine umstrittene Interpretation.
Von größerem Interesse sind das Abtrennen oder die besondere Behandlung von menschlichen Schädeln auch schon in sehr frühen Epochen. Die häufig erhaltenen menschlichen Unterkiefer haben einige Forscher so interpretiert, dass diese bereits im Altpaläolithikum als Trophäen oder Kultgegenstände angesehen wurden. Mehr aber als die einzelnen Unterkiefer legen vor allem Schädel mit Anzeichen künstlich beigebrachter Verletzungen eine rituelle Interpretation nahe.
Die zum Großteil auf Schädeldecken beschränkten Funde der Pithecanthropinen von Java und des *Sinanthropus* von Peking haben zur Ansicht geführt, dass der *Homo erectus* in jenen Gegenden kannibalische Riten ausübte, aber auch, wie vor allem durch den in einer Höhle gefundene *Sinanthropus* belegt, Schädelkulte pflegte, die nicht unbedingt im Zusammenhang mit Kannibalismus standen.
Leichter zu deuten sind die Manipulationen an Neandertalerschädeln von Krapina (Kroatien) und Hortus (Frankreich). Hier handelt es sich vermutlich um rituelle Praktiken, die sich auch bei einigen heutigen Menschengruppen finden und wohl den

4

4. Bestattung eines etwa sieben- bis achtjährigen Kindes (Faenza, Ravenna, Italien), das auf dem Rücken liegend, halb hockend, mit überbeugten Beinen und nach links geneigtem Kopf abgelegt wurde. Ähnliche Haltungen wurden auch an anderen Orten gefunden, zum Beispiel am mesolithischen Fundplatz Lepenski Vir in Serbien.

5. Doppelbestattung in Oleniy Ostrov, Onega-See, Russland, Ende des 6., Anfang des 5. Jahrtausends. Zu den Grabbeigaben gehörte auch die Skulptur eines Elchkopfes (hier schwarz eingezeichnet).

6. Ein Ocker-Depot in einer der Höhlen von Arcy-sur-Cure (Yonne, Frankreich).

7. Aus einem Hypogäum in Porto Ferro (Alghero, Sassari, Italien): Eine spätneolithische Marmorstatuette eines auf Sardinien, aber auch in anderen europäischen Regionen verbreiteten Typs. Sie wird interpretiert als Gottheit, die »Weiße Göttin«. In strenger Haltung, ohne Mund, aus weißem Stein geschlagen, wird sie mit dem Tod in Verbindung gebracht. Der Großteil dieser Figurinen wurde auch in Gräbern gefunden.

7 ▷

Wunsch ausdrücken, sich die körperlichen und geistigen Kräfte des Verstorbenen anzueignen.
Über die religiöse Bedeutung kann man allerdings streiten. Es könnte sich um Rituale mit magischen Inhalten gehandelt haben, denen man einen gewissen Ausdruck von Religiosität weder klar zu- noch absprechen kann.

DIE BESTATTUNGEN

Aussagekräftigere Zeugnisse für frühe Religiosität sind die Bestattungen. Die ältesten reichen 90 000 Jahre (Djebel Qafzeh und Skhul) zurück und sind in Höhlen gefunden worden. Doch ist nicht auszuschließen, dass es zu noch früheren Zeiten auch Bestattungen im Freien gab. Sicher ist immerhin, dass die Neandertaler Bestattungen kannten: In einem 60 000 Jahre alten Neandertalergrab in Kebara (Israel) ist ein Skelett ohne Schädel gefunden worden. Dieser wurde zu einem späteren Zeitpunkt nach der Beisetzung entfernt.
Die Bestattung zeigt Schutz und Fürsorge für den Leichnam. Vandermeersch hat es so ausgedrückt: »Von dem Moment an, in dem die Menschen ihre Verstorbenen bestatteten, bekam der Tod für sie eine neue Bedeutung: Er markierte das Ende des Lebens, nicht aber das Ende der Persönlichkeit.«
Dazu kommen einige Elemente, die die Bestattung begleiten und die Grablegung um weitere Bedeutungen bereichern können. Die Beisetzung des Leichnams in einer oft mit rotem Ocker ausgestreuten Grube, die Stellung des Toten (liegend, hockend oder mit leicht angezogenen Gliedmaßen) und die Grabbeigaben (Reste erlegter Tiere oder Ziergegenstände) sind Elemente, die auf ein Bewusstsein des Todes und auch des Jenseits schließen lassen. Der Ocker, Symbol von Blut und Leben, der häufig auch auf den Leichnam gestreut wird, könnte von der Vorstellung eines Lebens nach dem Tode zeugen. Stärker noch zeigen die Beigaben, Teile von Tieren oder Ziergegenstände, dass der Tod als Übergang aufgefasst wurde und man auf ein Leben nach dem Tod hoffte.

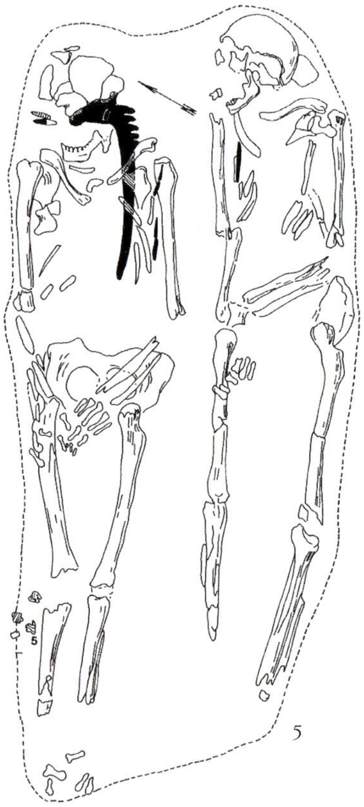

5

6

8

ZEICHEN VON RELIGIOSITÄT IN DER KUNST

Die Fresken, die jungpaläolithische Menschen an den Höhlenwänden hinterließen, gelten zumindest in zahlreichen Fällen auch als Äußerungen religiöser Überzeugungen. Auch die weiblichen Statuetten, die als Fruchtbarkeitssymbole gedeutet werden, könnten einen sakralen Gehalt besitzen. Nach Gimbutas waren »die kleinen Skulpturen der Altsteinzeit, aus Elfenbein oder Kalkstein hergestellt, keine Venus-Figuren, wie man sie in der archäologischen Literatur gern nennt, und sie waren auch keine Fruchtbarkeits-Amulette, die die männliche Sexualität anregen sollten. Sie besaßen sehr viel bedeutsamere Funktionen. Sie waren mit dem Akt verbunden, Leben zu schenken und es zu schützen, mit dem Tod und mit der Wiedergeburt«.

Vielen Darstellungen des Paläolithikums sind nicht nur ein künstlerischer Impuls oder magische Inhalte zuzuschreiben, etwa wenn es um Fruchtbarkeit und erfolgreiche Jagd geht. In der Kunst jener Zeit finden sich Elemente, die darüber hinausweisen, auch wenn die Grenzen zwischen Magie und Religion, etwa in Form von Totems oder Schamanismus, fließend sind. Manchmal ist auch an Initiationsrituale zu denken.

Bei den künstlerischen Darstellungen des prähistorischen Menschen spielten, wie schon bei den Bestattungspraktiken, sowohl die Grundbedürfnisse des Lebens, etwa die Ernährung und die Fruchtbarkeit, wie auch die Besorgnis und Angst in Hinblick auf den Tod eine wichtige Rolle. Der Lebenszyklus der Tiere ebenso wie der Kreislauf der Jahreszeiten muss die Menschen dazu angeregt haben, über den Anfang und das Ende der Dinge, das Leben und den Tod, nachzudenken. Ein gewisses religiöses Denken durchdrang sicher das Leben des prähistorischen Menschen, ohne dass man dahinter gleich ein differenziertes religiöses System vermuten muss.

In Anbetracht der Mentalität des vorgeschichtlichen Menschen, die ja bereits weitgehend durch Sozialisation geprägt war, ist es nicht unwahrscheinlich, dass die Tätigkeiten und Lebensbereiche des Menschen (Jagd, Initiation, Zeugung, Organisation des Clans) eine magisch-religiöse oder sakrale Dimension gehabt haben könnten, die in symbolischem Handeln ihren Ausdruck fand.

Die Bezwingung der Kräfte der Natur, die in vielen Bereichen noch geheimnisvoll oder jedenfalls noch nicht vollkommen beherrschbar waren, vermischte sich mit den Erfolgs- und Sicherheitsbedürfnissen der Gruppe. Aus diesem Grund werden die Höhlen auch als »Heiligtümer« der Vorgeschichte betrachtet. Zur kosmischen Religiosität, die der Mensch aus früherer Zeit übernommen hatte, kam vielleicht eine stärker von naturalistischen Ansichten und sozialen Voraussetzungen geprägte Vorstellungswelt, die die rein biologischen Notwendigkeiten idealisierte und transzendierte.

8. In der Höhle Les Tres Frères (Montesquieu-Avantès, Ariège, Frankreich) ist in beherrschender Position, 4 m über dem Zugang, diese rätselhafte Mensch-Tier-Gestalt zu sehen – vielleicht ein maskierter Mensch, der zu einem Tanzschritt ansetzt, bekannt als der »Zauberer«. Er ist etwa 75 cm hoch und teils in den Fels geritzt, teils mit schwarzen Strichen gemalt.

KONKURRENZ UND KOOPERATION

Konkurrenz und Kooperation, Zusammenarbeit und Aggressivität haben die Menschheit seit ihren Anfängen begleitet und auch ihre biologische Evolution beeinflusst. Welche der beiden Haltungen für die Entwicklung des Menschen wichtiger war und, mehr noch, wie viel biologisch Begründetes und kulturell Geprägtes in diesen Einstellungen wirkt, ist ein für Hypothesen und Interpretationen offenes Feld. Wie wichtig die Klärung dieser Frage ist, wird jedoch schnell deutlich, wenn man die möglichen Implikationen für die Zukunft der Menschheit bedenkt.

Vor einem Jahrhundert unterstrich Darwin die Rolle des Wettbewerbs und des Kampfes in der natürlichen Auslese. Seiner Auffassung nach konnte die Evolution auf Grund des Erfolgs der fähigeren und intelligenteren Wesen voranschreiten; diese verdrängten die weniger Tüchtigen. In Anlehnung an Darwin sahen auch Lorenz und Monod in Stammeskämpfen und Rassenkriegen einen Evolutionsfaktor. Doch es gab auch Wissenschaftler, unter ihnen Pearson, Kropotkin, Keith, Sahlins und Service, die das Kooperationsmoment hervorhoben, vor allem, wenn es um den inneren Zusammenhalt menschlicher Gruppen ging.

Die Deutung aggressiver Verhaltensweisen ist direkt mit ihren möglichen Ursachen verbunden. Einige Wissenschaftler betonen die genetische Komponente, also eine mögliche Erbanlage, die für ein bestimmtes Verhalten verantwortlich ist, andere heben dagegen den Umweltfaktor hervor und damit die Prägung durch Lebensbedingungen und Kultur. Lorenz behauptete, dass die Aggressivität den Tierarten angeboren sei und sich in Kämpfen ausleben müsse, eine Position, die heute kaum noch jemand teilt.

Bleibt man im Bereich der Prähistorie, so findet man für den Einfluss, den Kampf und Kooperation in der menschlichen Evolution ausgeübt haben könnten, auch Anhaltspunkte in der der fossilen Dokumentation.

Betrachten wir das Familienmodell der ersten menschlichen Formen. Genau können wir es nicht bestimmen, allerdings sind Promiskuität oder den heutigen Primaten ähnliche Organisationsformen auszuschließen. Die wahrscheinlich nicht mehr auf bestimmte Jahreszeiten begrenzte Fruchtbarkeit der Frau sowie die Fürsorge für den Nachwuchs, der nach der Geburt noch lange Zeit hilflos und pflegebedürftig war, konnte durch die gemeinsame Anstrengung aller Familienmitglieder leichter gewährleistet werden. Dazu kommt vermutlich eine Arbeitsteilung, in der der Mann vor allem für die Jagd verantwortlich war, während zu den Aufgaben der Frau außer der Kinderpflege auch das Sammeln von Nahrung in der Nähe des Familienlagers gehörte.

Diese Erfordernisse eines familiären und sozialen Lebens legen die Hypothese nahe, dass sich frühzeitig dauerhafte Paarbeziehungen bildeten, die die Kooperation förderten und für den Erfolg der menschlichen Art überaus wichtig waren.

Die Lagerplätze des *Homo erectus*, die uns durch fossile Funde bekannt sind, deuten darauf hin, dass sie relativ kleinen Gruppen (von 15 bis 20 Individuen) als Heimstatt dienten. Im Paläolithikum wurde die Kooperation vielleicht lange durch eine gewisse Endogamie zwischen Blutsverwandten im Rahmen einzelner Gruppen begünstigt. Im Neolithikum nimmt dann die Exogamie zu, das heißt, Kreuzungen mit anderen Gruppen kommen häufiger vor.

Zudem ist auch das Verhältnis der paläolithischen Menschen zum Territorium zu berücksichtigen. Die Jagd- und Sammelwirtschaft band sie nicht ausschließlich an ein bestimmtes Gebiet, und sie konnten wegen der niedrigen Bevölkerungsdichte über weit ausgedehnte Flächen verfügen. Damit fielen zumindest einige Ursachen von Kämpfen, zum Beispiel Nahrungsknappheit oder Gebietsstreitigkeiten, weitgehend weg. Die Wirtschaftsform selbst erforderte ferner eine enge Zusammenarbeit im Rahmen der Gruppe. Man denke nur an die Großwildjagd, die für das mittlere Pleistozän gut belegt ist und die auf einer umfassenden Organisation mit diver-

1. Auseinandersetzung zwischen Buschmann-Bogenschützen mit Pfeilen, die zwischen den beiden Gruppen hin und her fliegen. Vielleicht ist das Tier, das links verletzt und aus der Nase blutend dargestellt ist, der Gegenstand der Streitigkeiten. Felsmalerei entwickelter Jäger in De Rust im Ostteil des Kaps (Südafrika).

2. Nächste Seite: Szene aus dem Gemeinschaftsleben, in der wahrscheinlich ein Fest oder eine Gedenkfeier abgehalten wird. Das Dorf mit den Pfahlbauten befindet sich in der Mitte von Wegen voller Menschen und Tiere. Die Felsmalerei ist schwer zu datieren, wird aber annäherungsweise einem späten Neolithikum zugeordnet und befindet sich in Cangyuan (Yunnan, China).

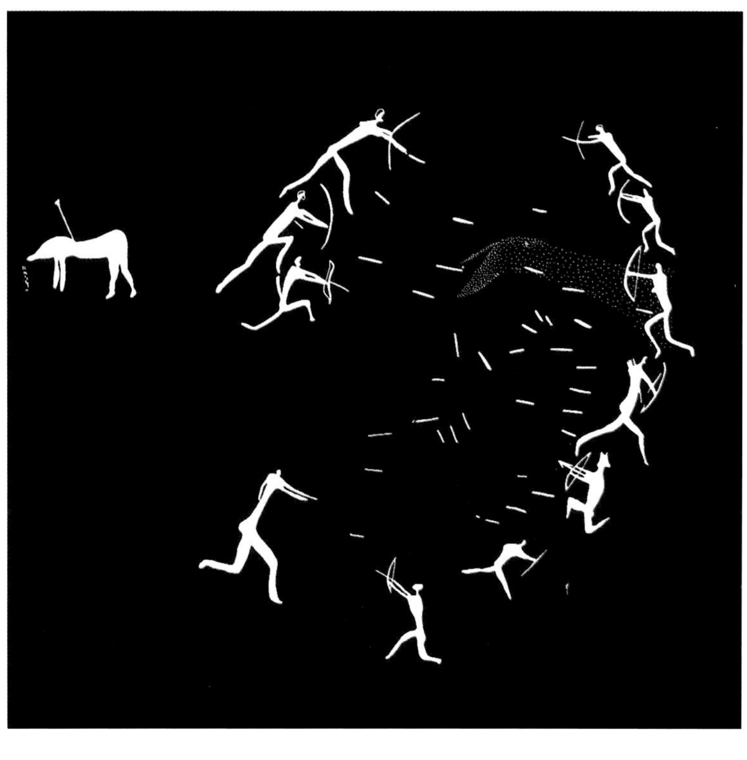
1

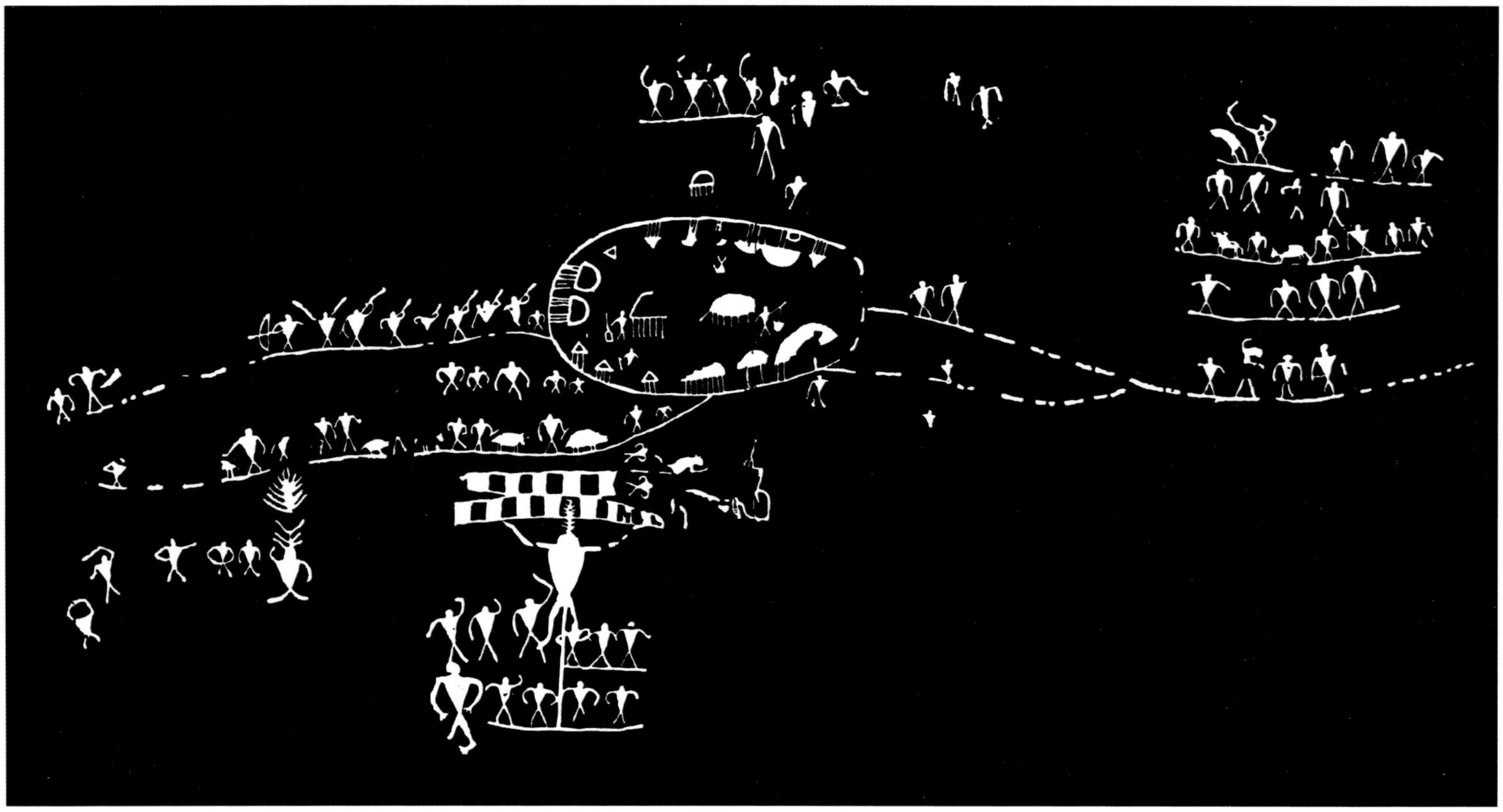

2

sifizierten Aufgabenbereichen fußte. Ebenso ist die Entwicklung von Techniken zur Herstellung von Steinwerkzeugen zu berücksichtigen, die spezialisierte Werkstätten erfordern konnten.
Erst mit dem Ackerbau und der Urbanisierung im Neolithikum entwickelt sich eine feste Bindung an Landbesitz, die Bevölkerung wächst. Hier entstehen zum ersten Mal Lebensbedingungen, die leichter zur Verteidigung oder Eroberung eines bestimmten Territoriums und damit zu Konkurrenz und Kampf führen können. Die stärkeren Wanderungsbewegungen, die die neolithische Epoche auszeichnen, begünstigen einerseits die Beziehungen zwischen den Gruppen, andererseits fördern sie aber auch den Konflikt. Nicht immer werden Neuankömmlinge in bereits besetzten Gebieten geduldet.
Wie Gordon Childe beobachtete, werden in der Zeit der Stadtstaaten Eroberungskriege zur festen Institution. Nach Giorgi liegen die Ursachen für die Ausbrüche von Gewalt im Überschuss an produzierten Nahrungsmitteln und der zunehmenden Größe der Gemeinschaften (mit der daraus folgenden Spezialisierung der Arbeit und der Entstehung sozialer Hierarchien). Allerdings sind in einigen neolithischen Gesellschaften, so zum Beispiel in Çatal Hüyük, keine Zeichen systematischer Zerstörungen gefunden worden.
Konkurrenz und Kooperation gab es zu allen Zeiten der Vorgeschichte, doch vermutlich verstärkte sich der Kampf in der jüngeren Prähistorie. Nach Melotti, der den Positionen von Lorenz nahe steht, »hatte die Jagd wahrscheinlich lange Zeit die Aggressivität der Menschen absorbiert; erst nach dem Ende der Eiszeiten, als das Jagdglück seltener wurde, ging den Menschen das wichtigste zwischenartliche Ventil für ihre zunehmende Aggressivität verloren, und diese, schon seit den Anfängen innerartlich orientiert, wandte sich gegen die ursprünglichen Ziele: die Individuen der eigenen Art.«
Vom Standpunkt der Evolution aus betrachtet hat aber sicherlich die Kooperation insofern eine wichtigere Rolle als die Konkurrenz und die Aggressivität gespielt, als sie gemeinsam mit anderen Kulturerscheinungen wie Sprache und Steinbearbeitung einen Erfolgsfaktor für die menschliche Art darstellte. Vermutlich war sie, zumindest indirekt und zusammen mit anderen Kulturelementen, auch ein Wachstumsfaktor für das Gehirn.
Die Neigung zu kooperativem Handeln ist eng mit der menschlichen Entwicklungsgeschichte verbunden und entspricht einer tief in der menschlichen Natur angelegten Haltung. Wettbewerb und Kampf um das eigene Überleben wie um das der Gruppe entsprechen ebenfalls der menschlichen Natur, doch ist – darüber sind sich Wissenschaftler wie Fromm, Wright und Childe einig – auf Eroberung und Vorherrschaft ausgerichtete Aggressivität eine relativ junge, vornehmlich kulturell bedingte Eigenschaft.

ALS OB …

1

1. An das Auftreten von Prokaryoten, die die Erde vor 2,6 Milliarden Jahren eroberten, erinnert diese Landschaft mit modernen Stromatolithen in West-australien. Sie ähneln den fossilen ältesten Zeugnissen prokaryoter Organismen.

Die atmosphärischen, thermischen, chemischen und auch anderen Bedingungen für die Entwicklung des Lebens sind so zahlreich und speziell, dass kein anderer Planet sie in gleicher Weise wie die Erde bietet. Im Universum unter den Milliarden Himmelskörpern, die nach dem Urknall vor 14 Milliarden Jahren entstanden, sind diese Bedingungen vielmehr etwas überaus Seltenes, wenn nicht Einmaliges.

Die Evolution, die Naturgesetze und die physischen Konstanten des Kosmos sind auf das Leben und seine Entwicklung auf der Erde, die im Erscheinen des Menschen gipfelt, ausgerichtet. Deshalb könnte es sein – zumindest nehmen das jene Forscher an, die das anthropische Prinzip vertreten –, dass das Universum seine besondere Gestalt erhalten hat, um zu einem bestimmten Zeitpunkt die Existenz beobachtungsfähiger, intelligenter Lebewesen zu ermöglichen.

Der Mensch erscheint, in Vergleich zu anderen Wirbeltierklassen oder auch anderen Säugerordnungen, als der Zielpunkt einer relativ späten Evolutionslinie, die sich durch eine immer komplexere Gehirnorganisation auszeichnet. Der im Menschen erreichte Höhepunkt ist durch die Entwicklung der Psyche und des Bewusstseins gekennzeichnet, wodurch der Mensch nicht nur selbst Bedeutung gewinnt, sondern auch die gesamte Evolution und das Universum mit einem neuen Sinn versieht.

Ist der Mensch also ein zufälliges Produkt der Evolution oder ihr notwendiges Ergebnis? Dazu der französische Paläontologe Jean Piveteau: »Wenn schon nicht behauptet werden kann, dass sein Erscheinen unvermeidlich war, ist er immerhin eng mit der Evolution, ihrem Ablauf und ihren Merkmalen verbunden. Man kann nicht behaupten, dass diese Evolution die Ursache des Menschen ist, doch erscheint dieser tatsächlich als ihre natürliche Folge.« Alles spielt sich so ab, als ob der Mensch tatsächlich den Punkt darstelle, an dem die gesamte kosmische und biologische Evolution zusammenlaufe. Teilhard de Chardin, der im Wachstum des Gehirns einen wichtigen Parameter der zunehmenden Komplexität der Lebewesen im Laufe der Evolution erkannt hat, sieht in der menschlichen Entwicklung und im Erscheinen des Menschen das Ziel der gesamten Evolution.

Zufall oder höherer Plan? Dieses Problem stellt sich jedem, der das Phänomen »Evolution« mit dem notwendigen Abstand betrachtet. Haben wir es mit Ereignissen zu tun, die sich rein zufällig ohne irgendeine vorrangige Richtung abspielen und scheint es also nur so, als stehe ein Plan dahinter, oder gibt es tatsächlich einen Plan, obwohl sich die Evolutionsphänomene ohne eine genaue Orientierung abzuspielen scheinen? Welche Faktoren sind maßgeblich?

Die Vorstellung eines allgemeinen Plans der kosmischen und biologischen Evolution lässt sich mit aus der empirischen Beobachtung abgeleiteten Argumenten weder stützen noch ausschließen. Das Thema gehört eher in das Gebiet der Philosophie als in das der empirischen Naturwissenschaft. Wenn man einen solchen Plan ausschließt, entscheidet man sich für eine reduktionistische und ideologische Option. Gleichzeitig lässt sich die Hypothese formulieren, dass ein Plan, nahegelegt durch die Ordnung des Universums und gegründet auf Gesetze und Konstanten, die die Materie und die lebenden Strukturen steuern, auch auf ein Zusammenspiel von natürlichen Ursachen und nicht vorherbestimmten Ereignissen – wie genetischen und Umweltveränderungen – zurückgehen könnte.

Der Eindruck eines höheren Plans, der in den Worten »als ob« ausgedrückt ist, verwandelt sich in eine Überzeugung, wenn man bereit ist, über die Hinweise und Fragestellungen der Naturwissenschaft hinauszugehen, und umfassenderen Betrachtungen Raum lässt. Gerade auf Grund seines Studiums des Gehirns und des Geistes ist John Eccles ein überzeugter Vertreter dieser These. Seiner Ansicht nach hat ein höherer Plan die Prozesse der biologischen Evolution geleitet.

Gewiss sind noch nicht alle Faktoren, die das Evolutionsphänomen kontrolliert oder bestimmt haben, geklärt.

Der Neodarwinismus neigt dazu, die gesamte Evolution als Interaktion zwischen zufällig erfolgten genetischen Mutationen und der natürlichen Auslese zu erklären. Auf diese Weise hätten sich die Träger von umweltgeeigneten genetischen Varianten behauptet. Dieses Interpretationsmodell, das für die Mikroevolution sicherlich Gültigkeit besitzt, wird von vielen Autoren abgelehnt, wenn es auf den gesamten Evolutionsprozess ausgedehnt und damit als Erklärung für die Entstehung der großen Evolutionslinien in relativ kurzer Zeit herangezogen wird, auch wenn man bei Gliederfüßern Genmutationen nachgewiesen hat, die nicht Proteine, sondern mophologisch-funktionelle Merkmale regeln.

Das Feld ist weiterhin offen für Hypothesen und Interpretationen. Das eigentliche Problem bleibt das Erkennen der Mechanismen, durch die sich – auch inmitten solcher zufälligen Ereignisse oder Vorgänge, deren genaue Gründe wir nicht kennen – bestimmte evolutionäre Trends in der Welt der Lebewesen durchgesetzt haben, darunter auch jener, der zum Menschen führte.

Mit dem Erscheinen des Menschen kommt zur biologischen Evolution die Intelligenz hinzu, die eine neue Variable mit sich bringt, nämlich die Kultur. Diese wird zum wichtigsten Faktor für den Evolutionserfolg des Menschen auf der Erde.

MENSCHLICHE ANPASSUNG UND KULTUR

Etwa 30 000 Gene bilden die 46 Chromosomen der menschlichen Zelle. In ihnen und in der mitochondrialen DNA des Zytoplasmas sind die Informationen enthalten, die alle morphologischen und funktionellen Merkmale des Individuums steuern.
Die heute lebenden Menschen haben sie von ihren prähistorischen Vorfahren übernommen. Dieses Erbe hat mit der Zeit einige Modifikationen erfahren, die aber nicht so markant waren, dass sie zu neuen Arten, also zu untereinander nicht mehr fruchtbaren Individuen, geführt hätten. Diese Fruchtbarkeit aller heute lebenden Menschengruppen untereinander ist auch für die Vergangenheit anzunehmen.
Doch nicht nur das Erbgut der vergangenen Generationen ist auf uns übergegangen. Die Milliarden Menschen, die vor uns da waren, haben uns auch Bräuche, Sprache und kulturelle Errungenschaften weitergegeben. Man schätzt, dass bis heute zwischen 70 und 100 Milliarden Menschen die Erde bevölkert haben. Ihr biologisches und kulturelles Erbe ist auf uns übergegangen.
Es ist schon mehrmals betont worden, dass die Kulturleistungen ein Erfolgselement in der Entwicklung des Menschen waren. Sie haben die natürlichen Selektionskräfte gehemmt und damit eine bessere Anpassung an die Umwelt ermöglicht. Man kann behaupten, dass kraft der Maßnahmen, durch die der Mensch in der Lage ist, sich auch an raue Umweltgegebenheiten anzupassen, jede Umgebung zum Lebensraum des Menschen werden kann.
Dies ist ein wesentlicher Unterschied zu anderen Arten. Während sich die ökologische Nische der anderen Tierarten aus der natürlichen Umwelt und aus der Fähigkeit zur strukturellen und funktionellen Anpassung an diese ergibt, wirken beim Menschen auch die Kulturleistungen mit, die gewissermaßen die biologischen Fähigkeiten und Anlagen zur Interaktion mit dem Ökosystem, dem der Mensch angehört, in sich aufnehmen.
Man kann daher behaupten, dass die Kultur aufgrund ihrer Interaktionsmöglichkeiten mit unserer Biologie und mit der Umwelt die eigentliche ökologische Nische des Menschen ist.
Dieser Faktor war von entscheidender Bedeutung für den Evolutionserfolg. Indem die Kultur die Anpassung und die Verbreitung unter unterschiedlichen Umweltbedingungen begünstigte, verhinderte sie vermutlich auch eine Reproduktionsisolation der verschiedenen menschlichen Gruppen einschließlich der daraus folgenden Artenbildung. Es gibt Hinweise darauf, dass in den verschiedenen Epochen der Prähistorie eine einzige Menschenart auf der Erde gelebt haben könnte. Die Paläoanthropologie ordnet die verschiedenen Etappen der menschlichen Evolution zwar in Arten (*Homo habilis, erectus* und *sapiens*), erkennt aber eine phyletische Kontinuität an. Einige Wissenschaftler betonen die Schwierigkeit, Trennlinien zwischen den verschiedenen Phasen zu ziehen, und neigen dazu, die zeitlich bedingten Unterschiede als Ausdruck von Unterarten zu deuten. Bei der Bewahrung einer einzigen Art, auch im diachronen Sinne, könnte die Kultur eine ausschlaggebende Rolle gespielt haben.

1. Die Komponenten des Ökosystems, der komplexen Umwelt, in der wir leben: Die menschliche Gemeinschaft im Geflecht von genetischen (Genpool) und kulturellen Faktoren interagiert mit der unbelebten (abiotischen) Umwelt und den verschiedenen Lebensformen (biotische Umwelt).

2. Die ökologische Nische der nicht menschlichen Arten und des Menschen. Bei den ersteren ist diese Nische vorgegeben von der Umwelt und den Anpassungen an diese Umwelt; beim Menschen haben die kulturellen Faktoren die Interaktion mit der Umwelt gewissermaßen umfasst und geprägt.

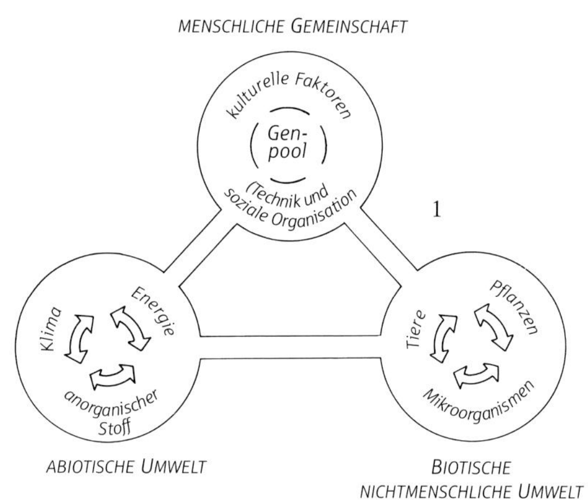

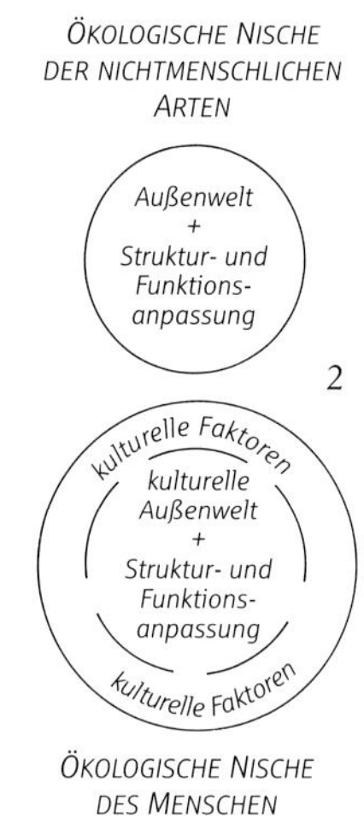

Noch viel größer jedoch ist ihre Bedeutung für die Zukunft der Menschheit: Es ist einerseits schwer vorstellbar, in welcher Richtung und auf Grund welcher Vorteile sich in Zukunft große genetische Mutationen behaupten könnten, und andererseits ist zu berücksichtigen, dass der Mensch immer besser in der Lage ist, auf die Herausforderungen der Umwelt mit kulturellen Mitteln anstatt mit genetischen Varianten zu reagieren. Wie der Genetiker Th. Dobzhansky beobachtet hat, passen sich die anderen Arten an die Umwelt an, indem sich Gene verändern, während sich der Mensch anpasst, indem er die Umwelt verändert. Dies ist ein entschieden schnellerer Prozess als genetische Mutationen.
Gleichzeitig ist der Mensch durch die wissenschaftliche und technische Entwicklung in der Lage, zunehmend nicht nur die Umwelt, sondern auch das Erbgut der Art zu kontrollieren und zu verwalten. Niemand kann die schwer wiegenden Gefahren einer Manipulation des menschlichen Genoms übersehen. Niemand kann überblicken, was passiert, wenn der Mensch dem Menschen restlos ausgeliefert ist. Deshalb darf man die Zukunft des Menschen nicht an seinen technologischen Errungenschaften messen, sondern an dem Gebrauch, den er von ihnen macht.

HEUTIGE MENSCHLICHE POPULATIONEN UND GRUPPEN: GLEICH ODER ANDERS?

Die Ähnlichkeiten der Menschen untereinander überwiegen bei weitem. Die unter den einzelnen Populationen beobachteten Unterschiede bei genetischen Polymorphismen wie Blutgruppen, Serumsproteinen oder Enzymen liegen bei nur rund 2%. Eine neuere Studie von Rosenberg und anderen zu zahlreichen Markern der mitochondrialen DNA bei 1056 Individuen aus 52 Populationen hat gezeigt, dass die Unterschiede zwischen Individuen ein und derselben Population zwischen 93 und 95% der genetischen Variationen ausmachen, die Unterschiede zwischen den großen Gruppen dagegen nur 3 bis 5%. Diese Gruppen entsprechen den großen geographischen Regionen: Afrika, Eurasien (Europa, Mittlerer Osten, Zentral- und Südasien), Ostasien, Ozeanien, Amerika. Die beobachteten Unterschiede legen eine frühe Wanderung aus Afrika nach Eurasien und von dort aus nach Ozeanien und Amerika nahe.
Und auch die Schlüsse aus den Untersuchungen an DNA-Markern stimmen mit jenen zu den genetischen Polymorphismen überein. Diese Schlüsse wiederum passen zu den Befunden der großen Linien körperlicher Merkmale, die zur Unterscheidung einiger großer Gruppierungen auf geografischer Basis führen (Negride, Mongolide, Europide, Austral(o)ide, Indianide).
Im Vergleich zu den klassischen Studien, die auf morphologischen Aspekten wie Hautfarbe, Statur und Haarstruktur beruhten, sind die genetischen Analysen aussagekräftiger, weil sie die genetische Struktur innerhalb fester Systeme offenlegen und eine Basis für die Rekonstruktion der Wanderungen bieten, die zur Verteilung und Mischung der menschlichen Populationen geführt haben.
Allgemein haben die genetischen Marker keine adaptive, auf Anpassung beruhende Bedeutung, anders als einige körperliche Merkmale wie etwa die Hautfarbe, bei denen wohl die Umwelt für die Selektion der genetisch am besten angepassten Varianten verantwortlich war. In anderen Fällen ist die biologische Variabilität (besonders die Größe und Robustheit des Körperbaus) durch Ernährung oder Lebensstil (Jagd, Ackerbau, Nomadentum) festgelegt.
Zwischen den Populationen gibt es biologische Unterschiede, und das hat die Anthropologen eine Zeitlang von Rassen sprechen lassen, in Analogie zur Systematik bei Pflanzen und Tieren, die anhand bestimmter Merkmale zugeordnet werden. Hat es aber überhaupt Sinn, von menschlichen Rassen zu sprechen, wenn in nahezu allen Gebieten die notwendige Isolation fehlt, um ihre Merkmale über längere Zeit aufrechtzuerhalten? Und durch welche Merkmale sollte eine menschliche Rasse definiert sein? Man kann Unterschiede in bestimmten Genfrequenzen feststellen, von denen einige adaptiven Wert haben, doch vor dem Hintergrund der Populationsgenetik ist es kaum noch sinnvoll, von Menschenrassen zu sprechen. Bestenfalls könnte man von menschlichen Typen reden, die durch häufiger auftretende Kombinationen einiger Merkmale charakterisiert sind. Besser spricht man von ethnischen Gruppen, wie es die UNESCO vorschlägt. Wenn man allerdings aus diesen Unterschieden ein Diskriminierungsmotiv gewinnen wollte, dann würde man schnell in den Bereich der Ideologie gelangen, wie es beim Rassismus der Fall ist, der nicht im Geringsten etwas mit Wissenschaft zu tun hat, auch wenn sich in der Vergangenheit einige Wissenschaftler auf diese Ideologie eingelassen haben.
Die Unterschiede, die wir heute beobachten, sind relativ jung. Die Merkmale der modernen menschlichen Form haben sich in den letzten 100 000 Jahren stabilisiert. Aber auch in frühesten Zeiten unterschieden sich die Menschen voneinander, wenn auch auf andere Weise als heute. Verschiedenheiten lassen sich in der zeitlichen Abfolge wie auch innerhalb einer einzigen Epoche beobachten.
Allerdings können wir nur jene Unterschiede ermitteln, die sich aus dem Studium des Skeletts erschließen lassen, das auch Informationen über die die Weichteile des Körpers, besonders über die Muskulatur, liefern kann.
Egal, ob es um vorgeschichtliche oder moderne Menschen geht, die Gründe für die Variablität bleiben im Wesentlichen dieselben: Bei kleinen Variationen unter Individuen derselben Population spielt die Fortpflanzung eine wichtige Rolle, denn die Keimzellen, die sich in ein und demselben Individuum bilden, sind vielfältig, und im Befruchtungsmoment gibt es eine Fülle möglicher Kombinationen.
Bei menschlichen Gruppen oder Populationen können Genetik und Umwelt verantwortlich sein. Auf genetischer Ebene können Mutationen oder genetische Neukombinationen stattfinden, die zu neuen, vererbbaren Merkmalen führen. Diese neuen Merkmale können umweltneutral, also weder schädlich noch günstig für ihre Träger sein, wie etwa bei einigen Blutgruppen-Varianten. In so einem Fall können sich die Merkmale zufällig erhalten, verbreiten oder auch wieder verschwinden, je nach Fortpflanzung und Mobilität der Menschen.
Wenn die neuen Merkmale jedoch einen adaptiven Wert haben, also einen Vor- oder Nachteil unter bestimmten Umweltbedingungen darstellen, dann können sie durch die Umwelt selektiert werden und sich durchsetzen bzw. schnell wieder verschwinden. So ist zum Beispiel eine geringe Pigmentierung in Gebieten schwacher Sonneneinstrahlung ein Vorteil, während sie in den tropischen Zonen von Nachteil ist. Auch kalte oder besonders hoch gelegene Regionen führen bisweilen im Laufe der Zeit zur Selektion einiger bestimmter Merkmale der entsprechenden Populationen.
Kulturell bedingte Verhaltensweisen des Menschen können die natürliche Auslese unterbinden. Daher wird auch von biokultureller Anpassung gesprochen. Die Mobilität, die die menschliche Gruppen seit der Frühzeit kennzeichnet, führt zu genetischem Austausch unter den Populationen. Deshalb sind auch die Genkombinationen, die man in den menschlichen Gruppen findet, immer provisorisch.
Bekannt sind Kreuzungsphänomene zwischen unterschiedlichen Gruppen mit Bildung von unterschiedlich stark gekennzeichneten Mestizen-Populationen. Die anthropologischen Züge menschlicher Gruppen sind also veränderlich. Was bleibt, sind die gemeinsame genetische Grundlage und die grundsätzliche Zugehörigkeit zur selben Art.

FRUCHTLOSE DEBATTEN UND WICHTIGE FRAGEN

1

Durch die Paläoanthropologie wissen wir, dass mit der Entwicklung des Menschen aus dem Primatenstamm ein evolutiver Sprung stattfand. Der Mensch stellt nicht nur eine neue Art dar, die sich von allen anderen unterscheidet, sondern er ist auch in der Lage, sein Ökosystem, in dem er lebt, zu beeinflussen. Es wird immer wieder behauptet, dass der Mensch vom Affen abstamme. Vielleicht ist es richtiger zu sagen, dass der Mensch von einem relativ hoch entwickelten Primaten abstammt, der sich von den heutigen Affen stark unterscheidet und den ein »Aufblitzen« der Intelligenz kennzeichnet. Diese intellektuelle Fähigkeit – neben anderen Merkmalen wie der aufrechten Haltung und einer gewissen Gehirnentwicklung – unterscheidet ihn von den anderen Formen des Primatenstammes. Wann und wie er dorthin gekommen ist, lässt sich allein anhand der Anatomie schwer ergründen. Auch um den modernen Menschen zu verstehen, würde die Erforschung von Anatomie und Physiologie nicht ausreichen.

Die tiefsten Ursachen der psychischen und intellektuellen Fähigkeiten des heutigen Menschen wie auch seiner ältesten Vorfahren entziehen sich der wissenschaftlichen Forschung und sind einer vielmehr geistigen Sphäre zuzuordnen. Man kann sie aber keinesfalls leugnen, sondern erkennt sie in den Manifestationen der menschlichen Kultur, die immer wieder den Beweis liefern für die abstrahierenden Fähigkeiten des Menschen. Der Versuch, Intelligenz und Kultur mit rein biologischen Faktoren zu erklären, wäre eher Frucht einer ideologischen Sichtweise als eines wissenschaftlichen Ansatzes. Wir können die transzendentale Natur des Menschen im Vergleich zu den anderen Wesen nicht leugnen, also seine Fähigkeit zu denken, zu planen, auszuwählen oder Haltungen einzunehmen, die nicht rein biologischen Bedürfnissen entspringen (zum Beispiel Moral, Religion und Kunst).

Die Anerkennung der Transzendenz des Menschen und einer geistigen Aktivität, die ihn auszeichnet, ist mit der Evolutionstheorie durchaus vereinbar, obwohl es in den letzten beiden Jahrhunderten nicht an Wissenschaftlern und Philosophen gemangelt hat, die das Gegenteil behaupteten. Das bedeutet, in der Evolution (wie in der Entstehung jedes menschlichen Wesens) eine absolute Neuheit zu sehen, die nicht von vorher existierenden Organismen oder Keimzellen her abgeleitet werden kann. Und es bedeutet, dass der Mensch auf jeder beliebigen Evolutionsstufe auftreten könnte. In der Philosophie spricht man von »ontologischer Diskontinuität«, repräsentiert vom geistigen Element.

Umgekehrt ist aber auch der Einspruch, der gegen die Evolutionstheorie auf Grund philosophischer oder theologischer Argumente erhoben wird, zumindest methodologisch ebenso falsch wie eine Verleugnung der geistigen Sphäre des Menschen aufgrund der Evolution.

Es handelt sich um unterschiedliche Aspekte der Wirklichkeit, zu denen man über verschiedene, einander nicht widersprechende Ansätze gelangt. Auf das Fehlen der notwendigen Unterscheidung von Erkenntnishorizonten und methodologischen Ansätzen kann zum Beispiel die Einstellung der Vertreter des wissenschaftlichen Kreationismus zurückgeführt werden. Es handelt sich dabei um eine von religiösen Sekten in den Vereinigten Staaten vertretene Sichtweise, die auch einige Wissenschaftler teilen. Die Anhänger des wissenschaftlichen Kreationismus stützen sich auf eine wörtliche Auslegung der ersten Genesis-Kapitel, d. h., sie messen der Schöpfungs-

1. Ein Raum der Fundació Joan Miró in Barcelona mit einem Gemälde des Künstlers, auf dem Handabdrücke zu sehen sind. Solche Abdrücke sind Teil eines weltweiten prähistorischen Kulturhorizonts: Man findet sie in der Felskunst Europas, Amerikas, Afrikas und Asiens – graphische Zeichen einer bewussten Anwesenheit des Menschen, die auch moderne Künstler noch beschäftigen.

2. Petroglyphen der Bronzezeit aus Saimaly-Tach (Kasachstan): Ein Mensch und ein Steinbock unter dem Himmelsgewölbe.

geschichte einen wissenschaftlichen Charakter bei. Deshalb sind sie der Meinung, dass die Welt – so wie wir sie beobachten – direkt von Gott vor einigen Jahrtausenden geschaffen worden sei und keine Evolution stattgefunden haben könne.

Bei der Verwendung des Schöpfungskonzepts auch für einzelne Momente des Evolutionsprozesses überträgt man ganz offensichtlich einen vorwiegend philosophisch-religiösen Begriff wie den der Schöpfung ohne Notwendigkeit auf die empirische Ebene – eine methodologisch nicht korrekte und grundlose Vorgehensweise. Wie Johannes Paul II. bestätigt hat, »stehen sich recht verstandener Schöpfungsglaube und recht verstandene Evolutionslehre nicht im Wege: Evolution setzt Schöpfung voraus; Schöpfung stellt sich im Licht der Evolution als ein zeitlich erstrecktes Geschehen – als *creatio continua* – dar ...« (Rede auf dem internationalen Symposium »Christlicher Glaube und Evolutionstheorie« am 26.4.1985) Im Oktober 1996 billigte Johannes Paul II. in einer Ansprache vor der Päpstlichen Akademie der Wissenschaften der biologischen Evolution den Charakter einer wissenschaftlichen Theorie zu und bestätigte gleichzeitig noch einmal die ontologische Diskontinuität zwischen dem Tierwesen und dem Menschen, die nicht in den Möglichkeiten der Materie enthalten und deshalb direkt gewollt ist vom Schöpfergott, sowohl im evolutionären Prozess als auch in der Entstehung jedes einzelnen menschlichen Wesens.

Der wahre Gegensatz besteht nicht zwischen Evolution und Schöpfung. Er besteht zwischen denen, für die die Evolution der Welt, vielleicht auch durch sekundäre Mächte gesteuert, einem höheren Plan entspricht, und denen, die die Welt für selbstgenügsam erachten, die glauben, dass sie in der Lage ist, sich allein, aus rein zufälligen Ereignissen heraus zu erschaffen und zu verändern. Von der Harmonie und der Ordnung des Universums kann man auf einen Schöpfergott schließen, nicht aufgrund wissenschaftlicher Beweise, sondern durch philosophisches Denken.

Ein anderes nicht unwichtiges Problem ist der letzte Sinn des Menschen auf der Erde und die Gestaltung der Zukunft. Die Frage nach der Bedeutung, dem Sinn, gehört nicht per se in das Gebiet der Naturwissenschaften, aber sie verbindet sich auf gewisse Weise wieder mit einer wissenschaftlichen Sicht der Realität. Ob die Welt, die herrschende Realität und der Mensch Ergebnisse des Zufalls sind oder sich auf eine höhere Macht zurückführen lassen, ist nicht unwichtig für die Entscheidungen des Menschen und seine Zukunft. Die Aufgaben und die Verantwortlichkeiten des Menschen sind leichter zu erfassen und erlangen einen tieferen Sinn im Lichte eines Plans, der dem Menschen vorausgeht, als in der Dunkelheit des Zufalls.

Seit dem Erscheinen des Menschen beobachtet man Umweltveränderungen und eine Entwicklung der Lebensstile durch die Kultur, die als ein Prozess der Humanisierung gedeutet werden können, der darauf ausgerichtet ist, das Leben und die Umwelt besser an die Bedürfnisse des Menschen anzupassen. Diesen Gedanken kann man trotz aller Widersprüche und Irrtümer im Großen und Ganzen festhalten. Aber diese Humanisierung ist kein Gesetz, kein selbstverständlich einsetzendes Phänomen. Letztendlich hängt sie vom Menschen ab. Wir können nicht verleugnen, dass einige Herausforderungen der Zukunft sicherlich von durchführbaren und abweichenden Anwendungen der Technik, etwa der Energietechnik und der Biotechnologien, herrühren, die nicht aus wissenschaftlichen Motiven heraus eingesetzt werden.

In diesem Zusammenhang ist die Wissenschaft stärker dazu aufgefordert, Horizonte zu öffnen und Fragen zu formulieren: Sie lässt eine Welt erkennen, die von physikalisch-chemischen Gesetzen und von lebendigen Strukturen mit bestimmten Eigenschaften und verschiedenen Organisationsniveaus gesteuert ist; sie begnügt sich aber nicht damit, dem Menschen all diese Dinge zu enthüllen und ihm seine Einzigartigkeit zu zeigen, sondern drängt auf Antworten auf der Ebene der Bedeutung, des Sinns, die nicht die Wissenschaft allein geben kann. Überdies ruft die Wissenschaft den Menschen auf zum besonnenen Umgang mit der Umwelt und zur verantwortungsbewussten Vorbereitung der Zukunft, und das ist tatsächlich einzigartig in der Welt der Lebewesen. In der Geschichte des Lebens kann der Mensch aus der Sicht der Evolution als ein Erfolg gelten. Aber seine erfolgreiche Vergangenheit ist keine Garantie und liefert keine notwendige Richtung für seine Zukunft. Es besteht eine umfassende Einheit, die den Menschen mit der Erde und seiner eigenen Vergangenheit verbindet und alle Menschen in der gleichen genetischen Grundlage und im gleichen Abenteuer auf der Erde vereinigt. Als noch wichtiger für die Zukunft des Menschen erweist sich jedoch die kulturelle und geistige Verbundenheit. Es ist das Bewusstsein einer gemeinsamen Würde und eines gemeinsamen Schicksals in einer zunehmenden Humanisierung, das – trotz aller Katastrophen, zu denen der Menschen fähig ist – die Zukunft des Menschen gestalten kann.

BIBLIOGRAPHIE

ABBATE E., WOLDEHAIMANOT B., LIBSEKAL Y., TECLE T.M., ROOK L. (Hrsg.), *A step towards human origins. The Buia Homo one-million-years ago in the Eritrean Danakil depression (East Africa)*, »Rivista Italiana di Paleontologia«, Bd. 110, Suppl., Mailand, Dip. Scienze della Terra, Juli 2004.

AKAZAWA T., AOKI K., BAR-YOSEF O. (Hrsg.), *Neandertals and Modern Humans in Western Asia*, Plenum Press, London-New York 1998.

ALEXEEV V.P., *Paleoantroplogia zemnogo shara i formirovanie chelovecheskikh ras*, Nauka, Moscow 1978.

ALT K.W., HENKE, W., TÜRP, J. C., *Zähne und Kiefer – Schlüsselstrukturen zum Verständnis der Evolution*, »Quintessenz« 47, 1996, S. 1711–1724.

AMMERMAN A.J., CAVALLI-SFORZA L.L., *The Neolithic transition and the genetics of populations in Europe*, Princeton University Press, Princeton NJ 1984.

ANATI E., *I Camuni*, Jaca Book, Mailand 1982.

–, *Origini dell'arte e della concettualità*, Jaca Book, Mailand 1988.

ANDREWS P., *Evolution and Environment in Hominoidea*, »Nature«, 360, 1992, S. 641–646.

ARAMBOURG C., COPPENS Y., *Sur la découverte dans le Pléistocène inférieur de la Vallée de l'Omo (Éthopie) d'une mandibule d'Australopithécien, »Comptes rendus Acad. Sciences«*, 265, Paris 1967, S. 589–590.

ARSUAGA J.L., *El collar del Neandertal. En busca de los primeros pensadores*, Ed. Temas de Hoy, Madrid 1999.

ARSUAGA J.L., MARTÍNEZ I., *La especie elegida. La larga marcha de la evolución humana*, Temas de Hoy, Madrid 1998.

AX, P., *Das phylogenetische System*, Stuttgart-New York 1984.

AYALA F.J., *Biologie moléculaire et évolution*, Masson, Paris 1982.

–, *La revolución conceptual de Darwin*, in *Solemne investidura de doctor honoris causa al Dr. Francisco Ayala*, Barcelona 1986.

–, *The Biological Roots of Morality*, »Biology and Philosophy«, 2, 3, 1987, S. 235–252.

–, *Arguing for evolution*, »The Science Teacher«, Feb. 2000, 67, 2, 30–32.

BALBÍN BEHRMANN R., ALCOLEA GONZÁLEZ J.J., *Vie quotidienne et vie religieuse. Les sanctuaires dans l'art paléolithique*, »L'Anthropologie«, 103, 1, 1999, 23–49.

BALOUT L., *Origines et enchaînement des industries lithiques, de l'Olduwayen au Paléolithique supérieur*, in *Le origini dell'uomo*, Accademia Nazionale dei Lincei, Rom 1973, S. 243–252.

BAUR M., ZIEGLER G., *Die Odyssee des Menschen*, Ullstein, München 2001.

BAR-YOSEPH O, VANDERMEERSCH, B., *Koexistenz von Neandertaler und modernem Homo sapiens*, »Spektrum der Wissenschaft« 6, 1993, S. 32–39.

BELLWOOD P., RENFREW C. (Hrsg.), *Examining the farming/language dispersal hypothesis*, McDonald Institute for Archaeological Research, Cambridge (Großbritannien) 2002.

BERGOUNIOUX F.-M., *Note sulla mentalità dell'uomo preistorico*, in S.L. Washburn, *Vita sociale dell'uomo preistorico*, S. 173–192.

BERGOUNIOUX F.-M., GOETZ J., *Les religions des préhistoriques et des primitifs*, Fayard, Paris 1958.

BERGSON H., *L'évolution créatrice*, Paris 1907.

BERMÚDEZ DE CASTRO J.M., ARSUAGA J.L., CARBONELL E., ROSAS A., MARTÍNEZ I., MOSQUERA M., *A Hominid from the lower Pleistocene of Atapuerca, Spain: possible ancestor to Neandertals and modern humans*, »Science«, 276, 1997, 1392–1395.

BINANT P., *La Préhistoire de la mort*, Errance, Paris 1991.

BINFORD L.R., *Post-Pleistocene adaptations*, in S.R. Binford, L.R. Binford (Hrsg.), *New perspectives in Archaeology*, Aldine, Chicago 1968, S. 312–341.

–, *Willow smoke and dogs tails: Hunter-gatherer settlement Systems and archaeological site formation*, »American Antiquity« 45, 1980, 4–20.

BLANC A.C., *Documenti sulla ideologia dell'uomo preistorico*, in S.L.Washburn, *Vita sociale dell'uomo preistorico*, c. l., S. 193–216.

–, *Origini e sviluppo dei popoli cacciatori e raccoglitori*, Ed. Ateneo, Rom 1956.

BLUMENSCHINE R. J., CAVALLO J. A., *Frühe Hominiden – Aasfresser*, »Spektrum der Wissenschaft« 12, 1992, S. 88–95.

BLUMENBERG B., *The evolution of the advanced Hominid brain*, »Curr. Anthrop.«, 24, 5, 1983, S. 589–623.

BOEDA E., *Il concetto di Levallois e le sue implicazioni nell'evoluzione della tecnologia*, in G. Giacobini, F. D'Errico (Hrsg.), *I cacciatori neandertaliani*, Jaca Book, Mailand 1986, S. 95–100

BONIS L., DE, *Phyletic relationships of Miocene Hominoids and higher Primate classification*, in R.L. Ciochon, R.S. Corruccini (Hrsg.), *New interpretations of Ape and Human Ancestry*, Plenum Press, New York 1983, S. 625–649.

BOSINSKI G., *Die große Zeit der Eiszeitjäger*, »Jahrbuch Römisch-Germanisches Zentralmuseum Mainz« 34, 1987, S. 1–139.

–, *Der Neandertaler und seine Zeit*, »Archäologie im Ruhrgebiet«, 1, 1991, S. 25–48.

BRAIN C.K., *The Hunters or the Hunted?*, University of Chicago Press, Chicago 1981.

BRANDT, M., *Der Ursprung des aufrechten Ganges*, Hänssler Verlag, Stuttgart 1995.

BREUIL H., *Les peintures rupestres*, Imprimerie de Lagny, 1933.

BREUIL H., LANTIER R., *Les Hommes de la pierre ancienne*, Payot, Paris 1951.

BROGLIO A., KOZLOWSKI J., *Il Paleolitico*, Jaca Book, Mailand 1987.

BRUCE E.J., AYALA F.J., *Phylogenetic Relationships Between Man and the Apes: Electrophoretic Evidence*, »Evolution«, 33, 1979, 1040–1056.

BRYAN A.L. (Hrsg.), *Early Man in America*, Archaeological Researches International, University of Alberta, Edmondton, Kanada 1978.

BYERS A.M., *Symboling and the Middle-Upper Palaeolithic transition*, »Current Anthropology« 35, 1994, 369–400.

CALVIN W.H., *A brain for all seasons: climate and intelligence from the ice age to greenhouse era*, Bantam Books, New York 1991.

–, *The unitary hypothesis, a common neural circuitry for novel manipulations, language, plan-ahead and throwing?*, in K.R. Gibson & T. Ingold (Hrsg.), *Tools, language and cognition in human evolution*, Cambridge University Press, Cambridge 1993, S. 230–250.

CAMPBELL B.G., *Storia evolutiva dell'uomo*, Isedi, Mailand 1973.

CAMPS G., *La Préhistoire*, Librairie Académique Perrin, Paris 1982.

CARAMELLI D., LALUEZA FOX C., VERNESI C., CASOLI A., MALLEGNI F., CHIARELLI B., DUPANLOUP I., BERTRANPETIT J., BARBUJANI G., BERTORELLE G., *Evidence for a genetic discontinuity between Neandertals and 24.000-year old anatomically modern Europeans*, »Proc. Natl. Acad. Sci. USA«, 27. Mai 2003, 6593–97.

CAUVIN J., *di Naissance des divinitiés. Naissance de l'agricolture. La révolution des symboles au Néolithique*, CNRS, Paris 1994.

CAVALLI-SFORZA L.L., CAVALLI-SFORZA F., *Chi siamo. La storia della diversità umana*, Mondadori, Mailand 1993.

CAVALLI-SFORZA L.L., MENOZZI P., PIAZZI P., *The history and Geography of Human Genes*, Princeton University Press, Princeton NJ 1994.

CELA CONDE C.J., AYALA F.J., *Senderos de la evolución umana*, Alianza editorial, Madrid 2001.

CHAGAS C. (Hrsg.), *Recent advances in the evolution of Primates*, Pontificia Academia Scientiarum, Città del Vaticano, Rom 1983.

CHAVAILLON J., *L'age d'or de l'humanité*, Odile Jacob, Paris 1996.

CHILDE V.G., *Man makes himself*, Watts, London 1936.

CIOCHON R.L., OLSEN J., JAMES J., *Warum musste Giganto sterben. Auf der Suche nach dem Riesenaffen aus prähistorischer Zeit*, Westermann, Braunschweig 1995.

CLARK J.D., *Lithic industries, language and social behaviour of the first human forms*, in F. Facchini (Hrsg.), *The first humans and their cultural manifestations (XIII International Congress of Prehistoric and Protohistoric Sciences, Forlì, 8–14. Sept. 1996)*, ABACO, Forlì 1996, S. 85–86.

COCKBURN A., *Evolutionsökologie*, Gustav Fischer Verlag, Stuttart-New York-Jena 1995.

COLINVAUX P.A., *Towards a theory of history fitness, niche and clutch of Homo sapiens*, »J. Ecol.«, 70, 1982, 393–412.

CONDEMI S., *Les Hommes fossiles de Saccopastore*, CNRS, Paris 1992.

–, *I Neandertaliani e l'origine dell'uomo moderno*, »Nuova Secondaria«, XVI, 15 maggio 1999, S. 30–36.

–, *Les Néandertaliens de La Chaise*, Ed. du CTHS, Paris 2001.

COPPENS Y., *L'origine du genre Homo, Colloque international*, in D. Ferembach (Hrsg.), *Les processus de l'hominisation*, CNRS, Paris 1981, S. 55–60.

–, *Le cerveau des hommes fossiles. Hominoïdés, Hominidés et Hommes. Evolution de l'Homme*, »Comptes rendus Acad. Sciences«, Paris 1981, 1984, 1986.

–, *Le singe, l'Afrique et l'homme*, Fayard, Paris 1983.

–, *Les plus anciens fossiles d'Hominidés*, in C. Chagas (Hrsg.), *Recent advances in the evolution of Primates*, Pontificia Academia Scientiarum, Città del Vaticano, Rom 1983.

–, *Comptes rendus de l'Académie des Sciences*, 302, série II, Paris 1986, S. 227–243.

–, *Pré-ambules. Les premiers pas de l'homme*, Odile Jacob, Paris 1988.

–, *L'évolution des Hominidés, de leur locomotion et de leur environnements*, in Y. Coppens, B. Senut (Hrsg.), *Origin(e) de la bipedie chez les Hominidés*, CNRS, Paris 1991, S. 295–301.

–, *Le genou de Lucy*, Odile Jacob, Paris 1999.

–, (Hrsg.), *Origine de l'homme : réalité, mythe, mode, Actes du Colloque organisé par le Collège de France, 4–6. Dez. 1998*, Editions Artcom', Paris 2001.

COPPENS Y., PICK S. (Hrsg.), *Aux origines de l'humanité*, vol. I *De l'apparition de la vie à l'homme moderne*, Fayard, Paris 2001.

CRONIN J.E., BOAZ N.T., STRINGER C.B., RAK Y., *Tempo and Mode in Hominid Evolution*, »Nature«, 292, 9. Juli 1981, 113–122.

DALLA PORTA N., SECCO L., *Il principio antropico in fisica e cosmologia*, »Il futuro dell'uomo«, 18, 2, 1991, 61–110.

DART R., *Australopithecus africanus: the man-ape of South Africa*, »Nature«, 7. Feb. 1925.

DARWIN C., *The Descent of Man*, J. Murray, London 1871.

DAVIDSON I., NOBLE W., *Tools and language in human evolution*, in K.R. Gibson, T. Ingold (Hrsg.), *Tools, etc.*, 1993, S. 363–388.

DAWKINS R., *La natura: un universo di indifferenza*, »Le Scienze«, 329, Januar 1996, 56–61.
DEACON T.W., *Primate brains and senses: Human brain*, in S. Jones, R. Martin, D. Pilbeam (Hrsg.), *Human evolution*, Cambridge University Press, Cambridge 1992.
–, *The symbolic species. The coevolution of language and the human brain*, Allen Lane, The Penguin Press, London 1997.
DELPORTE H., *L'image des animaux dans l'art préhistorique*, Picard, Paris 1990.
DE LUMLEY H. (Hrsg.), *Origine et evolution de l'homme*, Muséum National d'Histoire Naturelle, Paris 1982.
–, *L'Homme premier. Préhistoire, évolution, culture*, Odile Jacob, Paris 1998.
–, *De l'Afrique à l'Europe méridionale. Les premiers peuplements du bassin Méditerranéen et les industries archaiques*, (resumé), Colloque sur »Origine de l'Homme et peuplement de la Terre«, Musée d'Anthropologie préhistorique de Monaco, 17–18. Nov. 2005.
DOBZHANSKY TH., *The biology of ultimate concern*, The New American Library, New York 1967.
–, *Genetics of the Evolutionary Process*, Columbia Univ. Press, New York 1970, S. 505.
–, *L'evoluzione e l'ominazione, in Le origini dell'uomo*, Accademia Nazionale dei Lincei, Rom 1973, S. 13–32.
–, *Teilhard de Chardin and the orientation of evolution. A critical essay*, »Zygon«, 3, (1976), S. 245–258.
DOBZHANSKY TH., AYALA F.J., *Humankind, a Product of Evolutionary Transcendence*, 1977.
DOBZHANSKY TH., BOESIGER E., *Human culture. A Moment in Evolution*, edited and completed by B. Wallace, Columbia University Press, New York 1983.
ECCLES J.C., *The Human Mystery*, Springer International, Berlin 1979.
–, *Evolution of the Brain: Creation of the Self*, Routledge, London-New York 1989.
ECCLES J.C., ROBINSON D.N., *The wonder of being human*, Collier Mcmillan, London 1984.
EIBL-EIBESFELDT I., Grundriss der vergleichenden Verhaltensforschung: Ethologie, Piper, München 1967.
ELDREDGE N., GOULD S.J., *Punctuated equilibria: an alternative to phyletic gradualism*, in Schopf T.J.M. (Hrsg.), *Models in Paleobiology*, Freeman, Cooper & Co., San Francisco 1972, S. 82–115.
ELIADE M., *Images et symboles*, Gallimard, Paris 1952.
–, *Le sacré et le profane*, Paris 1965.
ETTER W., *Paläökologie. Eine methodische Einführung*, Birkhäuser, Basel-Boston-Berlin 1994.
FACCHINI F., *Il cammino dell'evoluzione umana*, Jaca Book, Mailand 1985, 2. Aufl. 1994.
–, *Culture et spéciation dans la phylogénèse humaine*, »Comptes rendus Acad. Sciences«, t. 307, série II, Paris 1988, 1573–1576.
–, *Evoluzione, uomo e ambiente. Lineamenti di antropologia*, Utet, Turin 1988.
–, *L'emergenza dell'Homo religiosus. Paleoantropologia e Paleolitico*, in J. Ries (Hrsg.), *Le origini e il problema dell'Homo Religiosus*, Bd. 1 von *L'uomo e il sacro*, unter der Leitung von J. Ries, Jaca Book-Massimo, Mailand 1989, S. 141–165.
–, *Le origini. L'uomo*, Jaca Book, Mailand 1990.
–, *Premesse per una Paleoantropologia culturale*, Jaca Book, Mailand 1992.
–, *La culture dans l'evolution humaine*, »Comptes rendus Acad. Sciences«, 10, 1, Paris 1993, 51–66.
–, *Quand la technique instrumentale peut-elle être definie activité humaine chez les Hominidés?*, in M. Otte (Hrsg.), *Actes du Colloque »Nature et Culture«, Liège, 13–16. Dez. 1993*, Université de Liège, Liège 1995, S. 945–952.
–, *Structures anatomiques et correlations culturelles dans le développement du langage humain*, in F. Facchini (Hrsg.), *The first humans and their cultural manifestations (XIII International Congress of Prehistoric and Protohistoric Sciences, 8–14. Sept. 1996)*, ABACO, Forlì 1996, S. 125–133.
–, *Il simbolismo nell'uomo preistorico. Aspetti ermeneutici e manifestazioni*, »Rivista di Scienze Preistoriche«, XLIX (1998) S. 651–671.
–, *Evoluzione umana e cultura*, Editrice La Scuola, Brescia 1999.
–, *Planning capacity and symbolism as survival strategies*, in H. Ullrich (Hrsg.), *Hominid evolution: lifestyles and survival strategies*, Edition Archaea, Gelsenkirchen 1999, S. 517–525.
–, *Niche écologique de l'homme*, in Y. Coppens (Hrsg.), *Origine de l'homme : réalité, mythe, mode*, Editions Artcom', Paris 2001, S. 209–226.
–, *Origini dell'uomo ed evoluzione culturale. Profili scientifici, filosofici, religiosi*, Jaca Book, Mailand 2002.
–, *La vita quotidiana 2 milioni di anni fa. Fiorenzo Facchini racconta la giornata di un Homo habilis*, Jaca Book, Mailand 2002.
–, *La vita quotidiana 400.000 anni fa. Fiorenzo Facchini racconta la giornata di un Homo erectus*, Jaca Book, Mailand 2002.
–, *La vita quotidiana 70.000 anni fa. Fiorenzo Facchini racconta la giornata di un Uomo di Neandertal*, Jaca Book, Mailand 2003.
–, *La vita quotidiana 15.000 anni fa. Fiorenzo Facchini racconta la giornata di un Homo sapiens sapiens*, Jaca Book, Mailand 2003.
FACCHINI F., BELTRÁN A., BROGLIO A. (Hrsg.), *Paleoantropologia e Preistoria. Origini, Paleolitico, Mesolitico. Enciclopedia Tematica Aperta*, Jaca Book, Mailand 1993.
FACCHINI F., MAGNANI P. (Hrsg.), *Miti e riti della Preistoria*, Jaca Book, Mailand 2000.
FACCHINI F., GIMBUTAS M., KOZLOWSKI J.K., VANDERMEERSCH B., *La religiosità nella preistoria*, Jaca Book, Mailand 1991.
FALK D., *Cerebral cortices of East African early Hominids*, »Science«, 222, 1983, 1072–1074.
FEREMBACH D., *Conclusions*, in D. Ferembach (Hrsg.), *Les processus de l'hominisation*, CNRS, Paris 1981, 357–366.
–, *Conclusions*, in D. Ferembach, Ch. Susanne, M.-C. Chamla (Hrsg.), *L'homme, son évolution, sa diversité*, Doin, CNRS, Paris 1986, S. 297–314.
FIEDLER L., *Die kulturelle Interpretation der Artefakte aus der Zeit des Homo erectus*, in H. Ullrich (Hrsg.), *Man and environment in the Palaeolithic*, Université de Liège, Liège 1995, S. 231–238.
FORTEY R., *Leben. Die ersten vier Milliarden Jahre*, dtv, München 2002.
FRAZER J. G., *The Golden Bough*, Macmillan, London 1917.
FROMM E., *The anatomy of human destructiveness*, Holt, Rinehart & Winston, New York 1973.
GABOW S.L., *Population Structure and the Rate of Hominid Brain Evolution*, »Journ. Hum. Evol.«, 6, 7, 1977, S. 643–665.
GAMBLE C., *The Palaeolithic settlement of Europe*, Cambridge 1986.
GARDNER R.A., GARDNER B.T., VAN CANTFORT T.E. (Hrsg.), *Teaching sign language to Chimpanzees*, Albany State University Press, Albany 1989.
GIACOBINI G. (Hrsg.), *L'evoluzione degli Ominidi*, Jaca Book, Mailand 1989.
GIACOBINI G., D'ERRICO F. (Hrsg.), *I cacciatori neandertaliani*, Jaca Book, Mailand 1986
GIBSON K.R., *Tools, language and intelligence: Evolutionary implications*, »Man«, 26,2, 1991, 255–264.
–, *Technology, Language and Cognitive Capacity*, in F. Facchini (Hrsg.), *The first humans and their cultural manifestations (XIII International Congress of Prehistoric and Protohistoric Sciences, Forlì, 8–14. Sept. 1996)*, ABACO, Forlì 1996, S. 117–123,
GIBSON K.R., INGOLD T. (Hrsg.), *Tools, language and cognition in human evolution*, Cambridge University Press, Cambridge 1993.
GIMBUTAS M., *La religione della dea nell'Europa pristorica*, in F. Facchini, M. Gimbutas, J.K. Kozlowski, B. Vamdermeersch, *La religiosità nella preistoria*, Jaca Book, Mailand 1991.
GIESELER W., *Die Fossilgeschichte des Menschen*, Gustav Fischer Verlag, Stuttgart-New York 1974.
GIORGI P., *The origin of violence by cultural evolution in humans*, Minerva, Birsbane 1999.
GOODMAN M., *Amino acid sequences of Primates*, in D. Ferembach (Hrsg.), *Les processus de l'hominisation*, CNRS, Paris 1981, S. 299–303.
GOODMAN M., ET AL., *Toward a phylogenetic classification of Primates based on dna evidence complemented by fossil evidence*, »Mol. Phylogenet. Evol.« 9, 1998, 585–598.
GOULD S.J., *L'evoluzione della vita sulla terra*, »Le Scienze«, 316, Dezember 1994, 65–72.
GOULD S.J., ELDREDGE N., *Punctuated equilibria: the tempo and mode of evolution reconsidered*, »Paleobiology«, 3, 1977, 115–151.
GOUSTARD M., *L'éthologie cognitive et affective des singes supérieurs (gibbons, chimpanzés, gorilles, orangs-outans) à l'épreuve de la différence anthropologique*, »Revue des questions scientifiques«, 1, 1991, 43–80.
GRASSÉ P.-P., *L'évolution du vivant*, Albin Michel, Paris 1973.
–, *Le rôle de la vie sociale dans l'hominisation*, in E. Boné et al., *Les origines humaines et les époques de l'intelligence*, Masson, Paris 1978, S. 283–293.
GRAZIOSI P., *L'arte dell'antica età della pietra*, Sansoni, Florenz 1956.
–, *Le pitture preistoriche della Grotta di Porto Badisco*, Giunti-Martelli, Florenz 1980.
GREENFIELDS P.M., *Language, tools and brain: the development and evolution of hierarchically organized sequential behaviour*, »Behavioral and Brain Sciences«, 14, 1991, 531–595.
GRIMAUD-HERVÉ D., *L'évolution de l'encéphale chez Homo erectus et Homo sapiens*, CNRS, Paris 1997.
GUILAINE J., *De la vague à la tombe. La conqu'te néolithique de la Méditerranée*, Editions du Seuil, Paris 2003.
HALVERSON J., *Art for Art's Sake in the Paleolithic*, »Current Anthropology«, 28, 1, 1987, 63–89.
HAMBURGER J., *L'Homme et les Hommes*, Flammarion, Paris 1976.
HENKE W., *Die Proto-Cromagnoiden – Morphologische Affinitäten und phylogenetische Rolle*, »Anthropologie«, 30, S. 1–36.
HENKE W., ROTHE H., *Stammesgeschichte des Menschen*, Springer, Berlin-Heidelberg 1998.
–, *Menschwerdung*, Fischer Verlag, Frankfurt (Main) 2003.
–, *Streifzug durch die Stammesgeschichte des Menschen*, in V. König, H. Hohmann (Hrsg.), *Bausteine der Evolution*, Edition Achaea, Gelsenkirchen 1997, S. 115–158.
HOLLOWAY R.L., *Neural Parameters, Hunting, and the Evolution of the human Brain*, in C.R. Noback, W. Montagna (Hrsg.), *The Primate Brain*, Appleton-Century-Crofts, New York 1970, S. 299–310.
–, *I cervelli degli ominidi fossili*, »Le Scienze«, 11, 1974, 88–95.
–, in R.H. Tuttle (Hrsg.), *Primate functional morphology and evolution*, Mouton, La Haye 1975, S. 393–416.
HOWELLS W.W., *Current theories on the origin of Homo sapiens sapiens*, in D. Ferembach (Hrsg.), *Les processus de l'hominisation*, CNRS, Paris 1981, S. 73–77.
HÜRZELER J., *Zur systematischen Stellung von Oreopithecus*, Verhandlungen Naturforschende Gesellschaft Basel, Basel 1954, S. 65.
HUXLEY J., *Evolution. The modern Synthesis.* Allen & Unwin Ltd., London 1963.
ISAAC G., *The food-sharing behavior of protohuman Hominoids*, »Scient. Amer.«, 238, 1978, S. 90–108.
JACOB F., *La logique du vivant. Une histoire de l'hérédité*, Gallimard, Paris 1970.
JACOB T., *The Pithecanthropines of Indonesia*, »Bull. Mem. Soc. Anthrop.«, Paris, 2, XIII, 1975, 243–254.
JELINEK J., *Was Homo erectus already Homo sapiens?*, in D. Ferembach (Hrsg.), *Les processus de l'hominisation*, CNRS, Paris 1981, S. 85–90.
–, *New Upper Palaeolithic Human Remains in Dolni Vestonice (Czechoslovakia)*, »Rivista di Antropologia«, 65, 1987, S. 420–422.
JERISON H.J., *Evolution of the brain and intelligence*, Academic Press, New York 1973.
–, *Paleoneurologia ed evoluzione della mente*, »Le Scienze«, 5, 1976, 90–99.
JOBLING M.A., HURLES M., TYLER-SMITH C., *Human evolutionary Genetics: Origins, Peoples and Desease*, Garland Science, Taylor & Francis Group, New York 2004.
JOHANSON D.C., *Gli Australopiteci: problematica attuale*, in G. Giacobini (Hrsg.), *L'evoluzione degli Ominidi*, Jaca Book, Mailand 1989.
JOHANSON, D.C., EDGAR, B., *Lucy und ihre Kinder*, Spektrum Verlag, Heidelberg 2000.

JOHANSON D.C., EDEY M.A., *Lucy, the beginnings of humankind*, Granada, London 1981 (dt. *Lucy. Die Anfänge der Menschheit*, Piper, München 1982).
JOHANSON D.C., WHITE T., COPPENS Y., *A new species of the genus Australopithecus (Primates: Hominidae) from the Pliocene of Eastern Africa*, »Kirtlandia«, 28, 1978, 1–94.
JONES S., MARTIN R., PILBEAM D. (Hrsg.), *The Cambridge Encyclopedia of Human Evolution*, Cambridge Univ. Press, Cambridge 1992.
KEITH A., *A new Theory of human Evolution*, Watts & Co., London 1950.
KITAHARA FRISCH J., *Ethologie animale et image de l'homme*, »Nouvelle Revue Théologique« 106, 1984, 235–250.
KOENIGSWALD G.H.R. VON, *A Review of the Stratigraphy of Giava and its Relations to Early Man*, in *Early Man*, Philadelphia 1937.
–, *Die Geschichte des Menschen*, Springer, Berlin 1960.
KOZLOWSKI J.K., *Preistoria dell'arte orientale europea*, Jaca Book, Mailand 1992.
–, *Contrasting lifestyles and survival strategies between the Gravettian and the Epigravettian in Central and South-East Europe*, in H. Ullrich (Hrsg.), *Hominid evolution: lifestyles and survival strategies*, Edition Archaea, Gelsenkirchen 1999, S. 335–348.
KRINGS M., STONE A., SCHMITZ R.W., KRAINITZKI H., STONEKING M., PAABO S., *Neandertal DNA sequences and the origin of modern humans*, »Cell.« 90, 11. Juli 1997, 19–30.
KROPOTKIN P., *Mutual Aid: a Factor in Evolution*, Heinemann, London 1902.
LAITMAN J.T., *Evolution of the Hominid upper Respiratory Tract: the Fossil Evidence*, in Ph. Tobias (Hrsg.), *Hominid Evolution. Past, Present and Future*, Alan R. Liss, New York 1985, S. 281–286.
LAITMAN J.T., HEIMBUCH R.C., *The Basicranium of Plio-Pleistocene Hominids as an Indicator of their upper Respiratory System*, »American Journal of Physical Anthropology«, 59, 1982, 323–343.
LAITMAN J.T., HEIMBUCH R.C., CRELIN E.S., *The Basicranium of Fossil Hominids as an Indicator of their upper Respiratory System*, »American Journal of Physical Anthropology«, 51, 1979, 14–34.
LAMARK J.-B. DE, *Philosophie Zoologique*, Dentu, Paris 1809.
LAMING-EMPERAIRE A., *La signification de l'art rupestre paléolithique*, Picard, Paris 1962.
–, *Systèmes de pensée et d'organisation sociale dans l'art rupestre préhistorique*, in G. Camps, G. Olivier (Hrsg.), *L'Homme de Cro-magnon*, Arts et métiers graphiques, Paris 1970.
LANCASTER J., *The dynamics of tool using behaviour*, »Amer. Anthropol.«, 70, 1967, 56–66.
LARTET E., *Note sur un grand Singe fossile qui se rattache au groupe des Singes supérieurs*, »Comptes rendus Acad. Sciences« 43, Paris 1856.
LEAKEY M.D., *Olduvai Gorge*, vol. 3, Cambridge University Press, Cambridge 1971.
LEAKEY M.D., HARRIS J.M., LAETOLI. *A Pliocene Site in Northern Tanzania*, Clarendon Press, Oxford 1987.
LEAKEY L.S.B., TOBIAS PH., NAPIER J.R., *A new species of the genus Homo*, »Nature«, 202, 1964, 5–7.
LEAKEY R.E., *Die ersten Spuren. Über den Ursprung des Menschen*, Goldmann, München 1999.
–, *The making of Mankind*, Michael Joseph, London 1981.
LEAKEY R.E., LEWIN R., *Origins. What new Discoveries reveal about the Emergence of our Species and its possible Future*, Dutton, New York 1977.
–, *People of the lake*, Anchor Press-Doubleday, New York 1978.
LEROI-GOURHAN A., *Les religions de la Préhistoire*, Presses Universitaires de France, Paris 1964.
–, *Le geste et la parole*, Paris 1964.
–, *Les racines du monde*, Belfond, Paris 1982.
–, *Le fil du temps. éthnologie et préhistoire*, Fayard, Paris 1983.
–, *Les chasseurs de la Préhistoire*, A.-M. Métailié, Paris 1983.
LEROY Y., *Communication animale et évolution*, »Revue des Questions scientifiques«, 160, 1, 1989, 59–76.
LÉVI-STRAUSS C., *Introduction à l'oeuvre de Marcel Mauss*, in M. Mauss, *Sociologie et Anthropologie*, Presses Universitaire de France, Paris 1950.
LÉVY-BRUHL L., *Les fonctions mentales dans les societés inferieures*, Paris 1910.
–, *L'experience mystique et les symboles chez les primitifs*, Paris 1938.
LEWIN R., *Recognizing ancestors is a species problem*, »Science«, 23, 234, 19. Dez. 1986, 1500.
LIEBERMAN P., *On the evolution of human syntactic hability. Its pre-adaptive bases-motor control and speech*, »Journal of Human Evolution«, 14, 1985, 675–668.
LITSCHE G., *Theoretische Anthropologie – Grundzüge einer Rekonstruktion der menschlichen Seinsweise*, Lehmanns Media, Berlin 2004.
LORBLANCHET M., *Les grottes ornées de la préhistoire*, Errance, Paris 1995.
LORENZ K., *Evolution and modification of behavior*, University of Chicago Press, Chicago 1965.
LOVEJOY C.O., *The origin of Man*, »Science«, 211, 1981, 341–350.
LUBBOCK J., *I tempi preistorici e l'origine dell'incivilimento*, Società Anonima L'Unione tipografico-editrice, Turin 1875.
MANIA D., *Geology, palaeontology, archaeology and palaeoecology of the Homo erectus site Bilzingsleben*, in H. Ullrich (Hrsg.), *Hominid evolution: lifestyles and survival strategies*, Edition Archaea, Gelsenkirchen 1999, S. 124–130.
MANIA D., MANIA U., VLCEK E., *The Bilzingsleben site. Homo erectus, his culture and his ecosphere*, in H. Ullrich (Hrsg.), *Hominid evolution: lifestyles and survival strategies*, Edition Archaea, Gelsenkirchen 1999, S. 293–314.
MANZI G., MALLEGNI F., ASCENZI A., *A cranium for the earliest Europeans: Phylogenetic position of the Hominid from Ceprano, Italy*, »PNAS«, 98, 2001, 10011–10016.
MARCOZZI V., *I problemi delle origini dell'Uomo e la Paleontologia*, »Gregorianum«, 59/3, Pontificia Universitas Gregoriana, Rom 1978, S. 511–535.
–, *Teorie evoluzionistiche attuali*, »Gregorianum«, 62/1, Pontificia Universitas Gregoriana, Rom 1981, S. 51–73.
–, *Alla ricerca dei nostri predecessori*, San Paolo, Cinisello Balsamo 1992.
MARTELET G., *Libre réponse à un scandale*, Cerf, Paris 1986.
–, *Evolution et création*, tome 1, Cerf, Paris 1998.
MARTIN R. D., *Hirngröße und menschliche Evolution*, »Spektrum der Wissenschaft«, 9, 1995, S. 48–55.
MAY F., *Les sépoltures préhistoriques*, CNRS, Paris 1986.
MAYR E., *Sistematics and the Origin of Species*, Columbia University Press, New York 1949, S. 344.
–, *Animal Species and Evolution*, Harvard University Press, Cambridge, Mass. 1963.
–, *Das ist Evolution*, Bertelsmann, München 2003.
MCGREW W.C., *Chimpanzee material culture. Implications for human evolution*, Cambridge University Press, Cambridge, Mass. 1992.
MELLARS P., *Technological changes across the Middle-Upper Palaeolithic transition: economic, social and cognitive perspectives*, in P. Mellars, C. Stringer (Hrsg.), *The human revolution*, Edinburgh University Press, Edinburgh 1989, S. 321–337.
MELLAART J., Çatal Hüyük. *A Neolithic town in Anatolia*, Mortimer Wheeler, London 1967
MELOTTI U., *L'uomo tra natura e storia. La didattica delle origini*, Centro Studi Terzo Mondo, Mailand 1978.
MOLLISON TH., *Die Präzipitinreaktion als Zeugnis für die Anthropomorphenverwandtschaft des Menschen*, »Korresp. bl. Deutsch. Ges. Anthrop.«, 43, 1912, 151–154.
MONOD J., *Le hasard et la nécessité*, Seuil, Paris 1970.
MONTAGU M.F.A., *The human revolution*, Bantam, New York 1967.
MOYÁ-SOLÁ S., *Viaje a los origines del bipedismo y una escala en la isla de los simios*, in J. Augustí (Hrsg.), *Antes de Lucy. El agujero negro de la evolución humana*, Tusquets, Barcelona 2000, S. 171–209.
MOYÁ-SOLÁ S., KOHLER M., ALBA D.S., CASANOVAS-VILAR I., GALINDO J., *Pierolapithecus catalauinicus, a New Middle Miocene Great Ape from Spain*, »Science«, 306, 19. Nov. 2004, 1339–1344.
NOBLE W., DAVIDSON I., *Human evolution, language and mind: a psychological and archaeological Inquiry*, Cambridge University Press, Cambridge 1996.
–, *The Evolutionary Emergence of Modern Human Behaviour: language and its archaeology*, »Man«, 26, 2, 1991, 223–254.
NOUGIER L.-R., *Preistoria*, in *Enciclopedia Universale dell'arte*, vol. X, Istituto Geografico De Agostini, Novara 1988, S. 874–906.
OAKLEY K.P., *Emergence of higher thought 3,0–0,2 My BP*, in J.Z. Young, E.M. Jope, K.P. Oakley (Hrsg.), *The emergence of Man*, Royal Society-British Academy, London 1981, S. 205–211.
OBERAI A.S., *Land settlements policies and population redistribution in developing countries: achievement, problems and prospect*, Praeger, New York 1988.
ODUM E.P., *Fundamentals of Ecology*, W.B. Saunders ed., Philadelphia and London 1971, 3. Aufl.
OTTE M., *Préhistoire des réligions*, Masson, Paris 1993.
–, *Modes of life in the Palaeolithic: Not survival but well-being*, in H. Ullrich (Hrsg.), *Hominid evolution: lifestyles and survival strategies*, Edition Archaea, Gelsenkirchen 1999, S. 248–251.
OTTO R., *Le sacré*, Payot, Paris 1926.
PARKER S.T., GIBSON K.R., *A developmental model of the evolution of language and intelligence in early Hominids*, »The behavioral and Brain Sciences«, 2, 1979, 367–408.
–, *Language and intelligence in monkeys and apes. Comparative developmental perspectives*, Cambridge University Press, Cambridge 1990.
–, *The importance of theory for reconstructing the evolution of language and intelligence in Hominids*, in B. Chiarelli, R.S. Corruccini (Hrsg.), *Advanced views in Primate Biology*, Springer, Berlin 1982, S. 42–64.
PATTERSON F., LINDEN E., *The education of Koko*, Holt, Rinehart and Winston, New York 1981.
PEARSON K., *The grammar of science*, Walter Scott, London 1892; Dover Publications, New York 2004.
PERETTO C. (Hrsg.), *I primi abitanti della Valle Padana: Monte Poggiolo*, Jaca Book, Mailand 1992.
PINKER S., *The language instinct*, William Morrow, New York 1994.
PIVETEAU J., *Des premiers vertébrés à l'homme*, Albin Michel, Paris 1963.
–, *Origine et destinée de l'homme*, Masson, Paris 1983.
–, *L'apparition de l'homme*, OEIL, Paris 1986.
–, *La main et l'hominisation*, Masson, Paris 1991.
PRAT S., MARCHAL F. (Hrsg.), *Les premiers représentants du genre Homo en Afrique, Homo rudolfensis, Homo habilis*, Editions Artcom', Paris 2001.
PROBST E., *Deutschland in der Urzeit. Von der Entstehung des Lebens bis zum Ende der Eiszeit*, Orbis Verlag, München 1999.
RADMILLI A., BOSCHIAN G., *Gli scavi a Castel di Guido*, Istituto Italiano di Preistoria e Protostoria, Florenz 1996.
RAPHAEL M., *L'art pariétal paléolithique*, Chronos, Paris 1986.
READLEY M., *The Problems of Evolution*, Oxford University Press, Oxford 1985, S. 160.
RENAULT-MISKOWSKY J., *L'environnement au temps de la Préhistoire*, Masson, Paris 1986.
RIES J., *Il sacro nella storia religiosa dell'umanità*, Jaca Book, Mailand 1982.
–, *L'uomo religioso e il sacro*, in J. Ries (Hrsg.), *Le origini e il problema dell'Homo religiosus*, Jaca Book-Massimo, Mailand 1989.
–, *Le Religioni*, Jaca Book, Mailand 1993
RIGHTMIRE P., *Species recognition and Homo erectus*, »Journal of Human Evolution«, 15, 1986, 823–826.
RIVET P., *Les origines de l'homme américain*, Gallimard, Paris 1957.
ROCHE H., *Comportéments techniques au Plio-Pleistocène*, in S. Prat, F. Marchal (Hrsg.), *Les premiers réprésentants du genre Homo en Afrique, Homo rudolfensis, Homo habilis*, Editions Artcom', Paris 2001, S. 41–44.
ROCHE H., DELAGNES A., BRUGAL J.P., FEIBEL C.S., KIBUNJIA M., MOURRE V., TEXIER P.J., *Early hominid stone tool production and technical skill 2,34 My BP in West Turkana*, Kenya, »Nature«, 399, 1999, 57–60.
ROGERS M.J., *Early Homo erectus land use and future planning: inferences from lithic discard patterns across a 1.6 million-year old paleolandscape at East Turkana, Kenya*, Abstract, »Journal of Human Evolution«, 32, 1997, A 17–18.

ROOK L. U. A., *Oreopithecus was a bipedeal after all. Evidence from the iliac cancellous architecture*, »Proc. Nat. Acad. Sci. USA«, 96, 1999, 8795–8799.

ROSENBERG N.A., PRITCHARD J.K., WEBER J.L., CANN H.M., KIDD K.K., ZHIVOTOVSKY L.A., FELDMAN M.W., *Genetic structure of human populations*, »Science«, 298, 20. Dez. 2002, 2381–2385.

RUMBAUGH E.S., RUMBAUGH D.M., BOYSEN S., *Do apes use language?*, »American Scientist«, 68, 1980, 52.

RUVOLO M., *Molecular Phylogeny of the Hominoids: Inferences from Multiple Independent dna Sequence Data Sets*, Mol. Biol. Evol., 14, 1997, 248–265.

SABAN R., *Aux sources du langage articulé*, Masson, Paris 1993.

SAHLINS M.D., *Stone Age Economics*, Aldine-Atherthon, Chicago 1972.

–, *Culture and practical reason*, Chicago University Press, Chicago 1976.

SARTONO S., *Characteristic and chronology of early man in Java, I Intern. Congr. Paléont. Hum., Nice, 16–21. Okt. 1982*, Prétirage, 491–541.

SAVAGE-RUMBAUGH E.S., *Ape language: from conditioned response to symbol*, Columbia University Press, New York 1986.

SAVAGE-RUMBAUGH E.S., RUMBAUGH D.M., *The emergence of language*, in K.R. Gibson, T. Ingold (Hrsg.), *Tools, language and cognition in human evolution*, Cambridge University Press, Cambridge, Mass. 1993.

SCHÄFER J., *Die Wertschätzung außergewöhnlicher Gegenstände (non-utilitarian objects) im Alt- und Mittelpaläolithicum*, »Ethnographisch-Archäologische Zeitschrift«, 36, 1996, S. 173–190.

SCHEPARTZ L.A., *Language and modern human origins*, »Yearbook of Physical Anthropology«, 36, 1993, 91–126.

SCHMITZ R.W., THISSEN J., *Neandertal. Die Geschichte geht weiter*, Spektrum Akademischer Verlag, Heidelberg 2002.

SCHRENK F., BROMMAGE T.G., *Adams Eltern. Expedition in die Welt der Frühmenschen*, C.H. Beck, München 2002

SCHRENK F., *Die Frühzeit des Menschen*, C.H. Beck, München 2003.

SCHRENK F., BROMAGE T.G., BETZLER G., RING U., JUWAYEYI Y.M., *Oldest Homo and Pliocene biogeography of the Malawi Rift*, »Nature«, 365, 28 Oct. 1993, 833–836.

SCHWARCZ H.P., *New dates for the Tata Hungary archaeological site*, »Nature«, 1982, 295, 590–591.

SENUT B., *La bipédie des Hominidés: origines et significations adaptatives, systématiques et phyolgénetiques*, in F. Facchini (Hrsg.), *The first humans ...*, c. l., 1996, S. 14.

–, *L'emergence da la famille de l'Homme*, in Y. Coppens, P. Pick (Hrsg.), *Aux origines de l'humanité*, Bd. 1, Fayard, Paris 2001, S. 166–199.

SERVICE E.R., *Primitive social organization. An evolutionary perspective*, Random House, New York 1962.

SIMONS E.L., PILBEAM D., *Preliminary revisions of the Dryopithecinae (Pongidae, Hominoidea)*, »Folia Primatologica«, 3, 2–3, 1965, 81–152.

SIMPSON G.G., *The meaning of evolution*, Yale University Press, London 1949.

–, *Biology and Man*, Harcourt, Brace Jovanovich, New York 1969.

SMOUSE P.E., LI W.H., *Likelihood Analysis of Mytochondrial Restriction-clavage Patterns for the Human-Chimpanzee-Gorilla Trichotomy*, »Evolution«, 41, 1987, 1162–1176.

STEBBINS G.L., *Darwin to* DNA, *Molecules to Humanity*, Freeman, New York 1982.

TAJEB M., COPPENS Y., JOHANSON D.C., BONNEFILLE R., *Hominidés de l'Afar Central, Ethiopie* (Site d'Hadar, Campagne 1973), »Bull. et Mém. Soc. Anthrop. de Paris«, 2, XIII, 1973, 117–124.

TATTERSALL I., *Species recognition in Human Paleontology*, »Journal of Human Evolution«, 15, 1986, 165–175.

–, *Becoming Human*, Oxford University Press, Oxford 1998.

–, *The last Neanderthal*, Westview Press, Boulder co 1999.

TATTERSALL J., DELSON E., VAN COUVERING J., *Encyclopedia of Human Evolution and Prehistory*, Garland Publishing, New York & London 1988.

TEILHARD DE CHARDIN P., *Le phénomène humain*, Seuil, Paris 1955.

–, *L'apparition de l'homme*, Seuil, Paris 1956.

–, *La place de l'homme dans la nature*, Seuil, Paris 1956.

–, *La vision du passé*, Seuil, Paris 1957.

THOMS S.P., *Ursprung des Lebens*, Fischer Verlag, Frankfurt (Main) 2005.

TINÉ S., *Passo di Corvo e la civiltà neolitica del Tavoliere*, SAGEP Editrice, Genova 1983.

TOBIAS PH., *Recent advances in the evolution of the Hominids with especial reference to brain and speech*, in C. Chagas (Hrsg.), *Recent advances in the evolution of Primates*, Pontificia Academia Scientiarum, Città del Vaticano, Rom 1983, S. 85–140.

–, *The brain of Homo habilis: a new level of organization in cerebral evolution*, »Journal of Human Evolution«, 16, 1987, 7–8, 741–761.

–, *The emergence of spoken language in hominid evolution*, in J.D. Clark (Hrsg.), *Cultural beginnings. Approaches to undertasting early hominid life-ways in the African Savannah*, Rudolf Habelt, Bonn 1991, S. 67–78.

–, *The evolution of the brain, language and cognition*, in F. Facchini (Hrsg.), *The first humans and their cultural manifestations (XIII International Congress of Prehistoric and Protohistoric Sciences, Forlì, 8–14. Sept. 1996)*, abaco, Forlì 1996, S. 87–94.

TOTH N., *Archaeological evidence for preferential right-handedness in the lower and middle Pleistocene, and its possible implications*, »Journal of Human Evolution«, 14, 1985, 607–614.

TOTH N., SCHICK K., *Early stone industries and inferences regarding language and cognition*, in K.R. Gibson, T. Ingold (Hrsg.), *Tools, etc.*, 1993, c. l., S. 346–362.

TRINKAUS E., SHIPMAN P., *Die Neanderthaler. Spiegel der Menschheit*, C. Bertelsmann, München 1995.

TURNER A., *Species, Speciation and Human Evolution*, »Human Evolution«, 1, 5, 1986, 419–430.

ULLRICH H., *Artificial Injurees on Fossil Human Bones and the Problem of Cannibalism, Skull-cult, and Burial-rites*, in *Man and his Origins*, »Anthropos«, Brno, 21, 1982, 253–262.

–, *Introduction to »Man and Environment in the Palaeolithic: proceedings of the symposium, Neuwied, Germany, 2–7. Mai 1993«*, in H. Ullrich (Hrsg.), *Man and environment in the Palaeolithic*, Université de Liège, Liège 1995, S. 1–8.

–, *Mortuary practices in the Palaeolithic. Reflections of human-environment relations*, in H. Ullrich (Hrsg.), *Man and environment in the Palaeolithic*, Université de Liège, Liège 1995, S. 363–378.

– (Hrsg.), *Hominid evolution: lifestyles and survival strategies (International interdisciplinary symposium Lifestyles and survival strategies in Pliocene and Pleistocene hominids, Weimar, Germany, 4–10. Mai 1997)*, Edition Archaea, Gelsenkirchen 1999.

VANDERMEERSCH B., *Les sépultures néanderthaliennes*, in H. De Lumley (Hrsg.), *La Préhistoire française*, vol. I, CNRS, Paris 1976, S. 725–727.

–, *Les Hommes fossiles de Qafzeh (Israél)*. Cahiers de Paléontologie, CNRS, Paris 1981.

–, *Le più antiche sepolture*, in F. Facchini et al., *La religiosità nella preistoria*, Jaca Book, Mailand 1991.

WALLACE A.R., *Man's Place in the Universe*, Chapman & Hall, London 1903.

WASHBURN S.L., *Vita sociale dell'uomo preistorico*, Rizzoli, Mailand 1971.

WEBER, P.F., *Der domestizierte Affe. Die Evolution des menschlichen Gehirns*, Walter Verlag, Düsseldorf-Zürich 2005.

WEINERT H., *Über die neuen Vor-und Frühmenschenfunde aus Africa, Java, China und Frankreich*, »Zeitschr. Morphol. Anthrop.«, XLII, 1950, 113–148.

WHITE L., *The historical roots of our ecological crisis*, »Science«, 155, 1967, 1203–1207.

WHITE M.J.D., *Modes of Speciation*, Freeman, San Francisco 1978.

WHITE T.D., *Additional fossil hominids from Laetoli, Tanzania: 1976–1979 specimens*, »Amer. Journ. Phys. Anthrop. «, 53, 1980, 487–504.

WIERCINSKI A., *The recent evolution in Poland*, in D. Ferembach (Hrsg.), *Les processus de l'hominisation, Colloque International*, CNRS, Paris 1981, S. 177–181.

WILSON E.O., *On Human Nature*, Harvard University Press, London 1978.

–, *Sociobiologia. La nuova sintesi*, Zanichelli, Bologna 1979.

WINN T., *The intelligence of Oldowan Hominids*, »Journal of Human Evolution«, 10, 1981, 529–541.

WOOD B., *Origin and evolution of the genus Homo*, »Nature«, 3355, 27. Feb. 1992, 783–790.

–, *La définiton du genre Homo*, in S. Prat, F. Marchal (Hrsg.), *Les premiers représentants du genre Homo en Afrique, Homo rudolfensis, Homo habilis*, Editions Artcom', Paris 2001, S. 36–40.

WOOD B., COLLARD M., *The human genus*, »Science«, 284, 1999, 65–71.

WUKETIS, F.M., *Gene, Kultur und Moral. Soziobiologie – Pro und Contra*, Wissenschaftliche Verlagsgesellschaft, Stuttgart 1990.

WYNN T., *Tods grammar and the archaeology of cognition*, »Cambridge Archaeological Journal«, 1, 1991, 191–206.

ZIHLMAN A.L., *The human evolution coloring book*, Barnes & Noble Books, New York 1982.

REGISTER

BILDNACHWEISE

Archiv Jaca Book: Bacchin G.: 25 (9), 58 (1), 61, 72 (5), 74 (1), 129 (3), 173 (5). Baldanzi A.: 100 (6), 104, 113, 178 (2). Balloni D.: 14 (8), 27 (12), 47 (7), 146-147, 151 (8), 167 (2a, b, c), 172 (3), 204 (6), 205 (7, 8). Baraldi S.: 68 (1). Bartolozzi A.: 91, 114-115 (5, 6), 122 (1). Belcastro G.: 12 (2), 14 (7), 22 (3), 25 (8), 36 (5), 38 (8), 45 (2), 56 (5), 86 (5), 94 (3), 98 (2), 100 (7), 102 (1c), 105 (7), 110-111, 154 (3), 155 (5, 6), 156 (8), 166, 169 (7), 174-175, 179, 181 (7), 182 (8), 183 (10), 186 (4). Beltrán A.: 205 (9), 207 (13), 215. Berselli R.: 44-45 (1). Blandino D.: 157 (10). Breuil H.: 226. Broglio A.: 185. Chavaillon J.: 101, 178 (1). Citi D.: 33 (7). Dicorato A.: 137 (23), 203 (3). Dué A.: 75 (3), 121 (7), 190 (5), 210, 211 (7). Facchini F.: 68 (2), 75 (2), 77, 112, 121 (6), 129 (4), 130, 131 (7), 132, 158. Fazzini E.: 10-11. Forest J.-D.: 208 (14), 213 (14, 15). Garagnani P., Bologna: 13 (4, 5, 6), 14 (7), 15, 57, 60, 62 (1), 64-65 (6, 8), 67 (11), 73 (9), 90 (9), 94-95 (4), 97, 99, 117, 119, 145 (13), 153 (fila in basso), 156 (9), 159 (2), 160 (5), 161 (8), 191, 192, 223 (3), 224 (4). Giuffrida S.: 199 (18). González Prats A.: 172 (4). Hook R.: 168 (4). Jorio: 16 (10), 116, 153 (o), 165. Kozlowski J.K.: 35 (15), 181 (6), 193. Leroi-Gourhan A.: 194 (10), 196-197, 224 (6). Lewis-Williams J.D.: 198 (16), 227. Massa R.: 24 (6), 43 (11). Micheletti A.: 51 (4). Molino A.: 40, 50, 68-69 (3), 71 (4), 120, 206 (10). Moriggia R./Piatto M.: 48 (9). Pizzocchero F.: 209. Pollesch K.: 171, 173 (6), 177 (4, 5), 182-183 (9), 188-189 (1). Ripamonti A.: 213 (16). Sansoni U.: 200-201. Schobinger J.: 218 (5), 219 (7). Scotti C.: 32 (4, 5), 36 (1, 2), 38 (6), 59 (5), 78 (2), 79, 86 (4), 92, 103 (3), 118, 126, 130, 145 (13), 159 (3), 184. Simoni R.: 42 (9), 43 (10), 122 (1), 135. Stabin A.: 17 (14), 125, 128 (1), 133 (13, 14), 134, 136 (19, 20), 137 (22), 138, 139 (6), 149 (3), 150 (5), 160 (6), 164, 198 (17), 202 (1), 204 (5), 222, 223 (2), 232. Tamer M.: 46 (1). Tattersall I.: 47 (6). Terraneo F.: 131 (6), 143, 145 (13). Zhao Fu C.: 220-221.

Andere Archive: Anati E.: 69 (4), 114 (3), 115 (4), 180 (5), 217. Arcudi G., Bergamo: 23 (4). Bams Foto Rodella: 42 (7). Borgia A., Milton Keynes, Uk: 148 (2). Carrieri M.: 225. Cossa B., Milano: 48 (8), 49. Deutsches Bergbaumuseum, Bochum/Foto Opel: 32 (3). Fatka O., Universität Karlová, Prag: 30. Giusberti G.: 141, 144. Granataimages.com/Foto R. Berger: 41, Foto R. Williams: 51 (3), Foto G.D. Dodge: 53, Foto J. Carvalho: 148 (1). Graziosi P.: 216. Johanson D.C.: 19, 21, 76 (5), 80-81, 82 (7), 83, 84 (2), 85, 87, 88-89, 93. Ligabue G., Venezia: 9. Milne R., Ifa-Cnr, Torino: 27 (13). Missione di Larsa: 39 (9), 208 (15). Mori F.: 214. Museum of Anatolian Civilizations, Ankara: 218 (6). Nou J.-L., Paris: 55. Poccianti M., Scandicci, Firenze: 38 (7). Renault-Miskovsky J.: 33 (6). Rieber H.P., Universität Zürich: 37 (4). Saura Ramos P.A.: 194 (9), 195. Schmid P./Capecchi V.: 82 (6). Senckenberg-Museum, Frankfurt/Foto Wedmann: 31. Serrette D., Paléontologie, Mnhn, Paris: 39 (10). Stanton R./Romagno D.: 29 (3). Swiss-3D Image Collection/Manuel C. Peitsch, Geneva Biomedical Research Institute, Glaxo-Wellcome Experimental Research, Ch: 26 (11). Teruzzi G., Milano: 37 (3), 229. Thomas H.: 8 (2), 35 (13, 14), 63 (5). Tinè S.: 208 (18). Alle übrigen Bildmotive stammen aus dem Archiv Jaca Book.

Bildquellen: Arensburg B. et Al., *Une sépulture moustérienne dans la grotte de Kébara*, in »CR Académie des Sciences«, Paris, n. 300, 1985 (Zeichnung von D. Ladiray): 161 (9). – Barbour G.B., *In the field with Teilhard de Chardin*, Herder & Herder, New York 1965: 17 (13). – Broglio A., Kozlowski J., 1987: 103 (4, 5), 139 (5), 180 (4). – Camps G., 1982: 205 (7, 8). – Cauvin J., 1994: 203 (3). – Conroy G.C., *Primate evolution*, W.W. Norton, New York-London 1990: 52 (5). – Coppens Y., *Le singe…*, 1983: 18 (2), 20 (6), 42 (8, 9), 43 (10), 45 (2), 46 (5), 52 (6), 54, 63 (3, 4), 64 (7), 65 (9), 78 (1), 84 (1), 90 (10), 95 (5), 98 (1), 136 (21). – Coppens Y., *Ominoidi…*, 1996: 56 (6), 58 (2, 3, 4), 59 (7), 102 (2). – De Lumley H., *Une cabane acheuléenne dans la grotte de Lazaret, Nice*, Mem. Soc. Préhist. Française, vol. 7, 1969: 151 (7). – De Lumley H., 1982: 71 (3). – Ducros A., *Préhistoire de la France*, Fernand Nathan, Paris 1983: 142 (9), 145 (14). – Fagan B.M., *The Great Journey*, Thames and Hudson, London 1987: 167 (2b, c), 172 (3). – Giacobini G., D'Errico F., 1986: 142 (10), 154 (3). – Gurina N.N., *Oleniyostrovskii mogil'nik*, Izdatel'stvo Akademii Nauk, Moskau-Leningrad 1956: 224 (5). – Harding G.L., *The Cairn of Hani*, in »Annual of the Department of Antiquities of Jordan«, vol. II, London 1953: 207 (12). – Holloway R.L., *The casts of Fossil Hominid Brains*, in »Scientific American«, n. 231, 1974: 102 (1a, b). – Jerison H.J., 1973: 176 (2). – Laitman J.T., Heimbuch R.C., 1982: 146-147 (1a, b, c, d). – Lambert D., *The Cambridge Guide to Prehistoric Man*, Cambridge University Press, Cambridge 1987: 100 (7). – Leakey M.D., 1971: 105 (8). – Lewis D., *The rock paintings of Arnhem Land, Australia*, BAR, Oxford 1988: 199 (19). – Lhote H., *À la découverte des fresques du Tassili*, Arthaud, Paris 1958: 219 (8). – Lowenstein J.M., *Fossil Proteins and Evolutionary Time*, in C. Chagas, 1983: 28 (2). – Mania U., *Zur kulturellen Adaptation des Homo erectus von Bilzingsleben*, in »Archäologisch-Ethnographische Zeitschrift«, 30, Berlin 1989: 133 (15), 187. – Martynov A.I., Mariachev A.N., Abetekov A.K., *Gravures rupestres de Saimlay-Tach*, AGU im. Abaia, Alma-Ata 1992: 233. – McCown T.D., *Mugharet-el-Skhul. Descriptions and excavations*, in D.A.E. Garrod, D.M.A. Bate, *The stone age of Mount Carmel*, vol. 1, Clarendon Press, Oxford 1937: 154 (4), 202 (2). – Mellaart J., *Çatal Hüyük*, Thames and Hudson, London 1967: 211. – Minelli G., *I mammiferi e la strada dell'evoluzione*, Jaca Book, Milano 1987: 44-45 (1). – Oakley K.P., 1981: 186 (4). – Okladnikov A.P., *Investigation of the Mousterian station and burial of a Neanderthal in the cave of Teshik-Tash, Southern Uzbekistan* (in russo), Trudt Nanchno-Issledovatelskogo Institute Antropologii, Moskau 1949: 161 (7). – Peyrony D., *La Ferrassie*, in »Préhistoire«, vol. III, 1934: 160 (4), 188 (3). – Piña Chan R., *Gli Olmechi*, Jaca Book, Mailand 1989: 206 (11). – Renault-Miskovsky J., 1986: 34, 128-129 (2), 179 (3). – Saban R., 1993: 174-175 (1). – Tinè S., 1983: 212. – Tobias P.V., *Recent advances…*, in C. Chagas, 1983: 27 (12), 176 (3). – Walker A., Pickford M., *New postcranial fossils of Proconsul africanus and Proconsul nyanzae*, in R.L. Ciochon, R.S. Corruccini, *New interpretations of ape and human ancestry*, Plenum Press, New York 1983: 59 (6). – Zegura S.L., in »Acta Anthropogenetica«, n. 8, 1984: 167 (2a). – Zhao Fu C., *Cina. L'arte rupestre preistorica*, Jaca Book, Milano 1987: 203 (4), 228. – Zihlman A.L., 1982: 36 (5), 50, 94 (3).